Jetzt helfe ich mir selbst

Einbandgestaltung: Louis dos Santos

Bilder/Zeichnungen: Christoph Pandikow, Silke Pandikow, Krüger GmbH,.

Vielen Dank für die tatkräftige Unterstützung an die Firma Krüger GmbH, Limburg; MOTO-DROM, Merenberg; SI-Zweirad GmbH, Rheda-Wiedenbrück; Silke Pandikow und Nina Pandikow

Text und redaktionelle Bearbeitung:
Christoph Pandikow.

Alle Angaben und Ratschläge in diesem Ratgeber sind nach bestem Wissen und Gewissen erteilt. Eine Haftung der Autoren oder des Verlages und seiner Beauftragten für Personen-, Sach- und Vermögensschäden ist jedoch ausgeschlossen.
Dieser Band entspricht dem Kenntnisstand zum Zeitpunkt der Drucklegung. Abweichungen durch Weiterentwicklung der beschriebenen Fahrzeuge, geänderte Anweisungen des Fahrzeugherstellers bzw. neue gesetzliche Bestimmungen sind möglich.

ISBN 978-3-613-03081-7

1. Auflage 2010

Herstellung: Ipa, 71665 Vaihingen/Enz
Druck und Bindung: Druck + Verlag Südwest,
76131 Karlsruhe
Printed in Germany

Motorroller

Motorroller 50 ccm
Zweitakt-Minarellimotoren
und Nachbauten, sowie
Viertaktmotoren aus China

Motor
buch
Verlag

Inhalt

Bauteile und Prüfungen

Schaltplan

Ein Ratgeber stellt sich vor

Hilfe zur Selbsthilfe

Was Sie tun können, wenn der Roller den Dienst verweigert, oder besser noch: Was Sie tun können, damit es gar nicht erst so weit kommt, soll Gegenstand dieses Ratgebers sein. Und auch wenn Sie Fehler vielleicht nicht alle selbst beheben können – wir zeigen Ihnen, wie Sie die Ursache präzise einkreisen können – und zwar ohne Profi-Ausrüstung. So können Sie der Werkstatt wichtige Informationen liefern und kostbare Arbeitszeit für die Fehlersuche einsparen.
Manchmal werden Sie erleben, dass auch Werkstätten nicht unfehlbar sind. Sie sehen das dann auf Ihrer Reparaturrechnung, wenn Teile ausgetauscht worden sind, die noch voll funktionsfähig waren.

Tipps und Wissenswertes

Damit Ihnen niemand so schnell etwas vormachen kann, gewähren wir Einblick in die Motorrollertechnik und informieren Sie über Wissenswertes aus der Welt der Roller-Technik. Darüber hinaus erhalten Sie Tipps, die bares Geld wert sind: Der richtige Umgang mit der Werkstatt, falls sie gebraucht wird – wenn Sie gezielt Reparaturaufträge erteilen können, haben Sie die Werkstattkosten fest im Griff. Sehen Sie die Kapitel als technische Beratung über die Möglichkeiten, die einzelnen Bauteile zu prüfen und so manche Fehlersuche anzugehen. Mit dem vermittelten Wissen können Sie manchen Euro an Neuteilen sparen. Neben vielen kleinen und größeren Reparaturen zeigen wir Ihnen alle wichtigen Arbeiten, die in meiner über 20-jährigen Berufserfahrung im KFZ-Bereich an den Rollern dieser Bautypen vorgekommen sind. Sicherlich werden Sie sich etwas wundern, warum wir nicht schon im Titel die Fahrzeugtypen, für die dieses Buch Anwendung findet, aufgegliedert haben. Der Grund dafür ist, dass weit über 200 Motorroller-Marken davon betroffen wären. Viele weitere Marken und art-ähnliche Bautypen können ebenfalls nach dieser Anleitung betreut werden. Die Liste wäre also niemals vollständig und würde den Umfang nicht rechtfertigen. Lieber stellen wir Ihnen einige Bauteile mehr vor. Eine weitere Besonderheit ist der Schaltplan. Es sind mit Absicht keine Kabelfarben angegeben. Die Farben fallen schon in der gleichen Baureihe eines Fahrzeuges zu unterschiedlich aus. Einige Bauteile finden Sie auch mit mehreren Anschlussmöglichkeiten. Das dient nicht der Verwirrung, sondern ermöglicht Ihnen alle derzeit bekannten Varianten wiederzuerkennen.
Auch die geführte Fehlersuche ist sehr umfangreich. Sie können sich denken, dass diese noch um viele Varianten erweitert werden könnte. Allein dieser Teil könnte mehrere Rollerbücher in dieser Stärke füllen.

Sicherheit hat Vorrang

Auch wenn viele der Bauteilprüfungen, die Fehlerbeschreibung und auch der Schaltplan sehr übersichtlich erscheinen, lassen Sie sich bei Arbeiten, die Sie noch nicht durchgeführt haben, grundsätzlich von einem erfahrenen Schrauber über die Schulter blicken. Auch die Arbeiten an der Zündanlage sind aufgrund der hohen Spannungen nicht ungefährlich. Achten Sie immer auf die eigene Sicherheit. Ihre Sicherheit und Zufriedenheit steht bei der Arbeit mit Ihrem Roller und diesem Handbuch an erster Stelle.

Reparaturen in der heimischen Garage

Sollten Sie bereits im Umgang mit Werkzeug geübt sein, werden wir Sie Schritt für Schritt durch die einzelnen Arbeitsgänge führen. Dabei beschränken wir uns in diesem Buch nicht nur auf Wartungs-, Pflege- und leichte Reparaturmaßnahmen, die Sie ohne Weiteres in der heimischen Garage durchführen können. Wir zeigen Ihnen auch den Einsatz von Messgeräten, die Ihre Ausrüstung sinnvoll erweitern. Welche Grundausstattung Sie dafür benötigen, haben wir für Sie gleich am Anfang dieses Buches zusammengefasst. Ein Problem tut sich in Sachen Entsorgung auf: Während Sie aus der Werkstatt Ihren hoffentlich einwandfrei reparierten Roller lediglich abholen müssen, fallen in der Heimwerkstatt natürlich Abfälle an, die Sie fachgerecht entsorgen müssen. In Deutschland können Sie ölgetränkte Lappen, Altöle, Farbreste o. Ä. in einem Schadstoffmobil umweltschonend entsorgen.
Das Recycling von Altmetallen kann sogar neben dem Umweltschutzgedanken noch einen Obolus in die Kaffeekasse einbringen. Altmetalle, nach Material sortiert, werden von Schrotthändler angekauft.

Damit Sie sich besser zurechtfinden

Damit Sie sich besser zurechtfinden, wenn Sie etwas Bestimmtes in diesem Buch suchen, haben Sie verschiedene Möglichkeiten. Natürlich können Sie auf das vertraute Inhaltsverzeichnis zurückgreifen. Aber auch beim schnellen Durchblättern werden Sie sich leicht zurechtfinden. Den Hinweis, in welchem Kapitel Sie sich bewegen, finden Sie oben links. Dazu die Information, ob es sich in diesem Abschnitt um theoretisches Wissen, konkrete Arbeitsanleitungen oder Vorschläge zur Optimierung handelt. Auf jeder rechten Seite haben wir oben den Bereich dargestellt, der im jeweiligen Abschnitt behandelt wird. Damit können Sie das Buch auch über den Daumen laufen lassen, ohne zuerst im Inhaltsverzeichnis suchen zu müssen.

INFORMATION

Bevor Teile ausgebaut oder etwas auseinander genommen wird, ist es immer besser, Einzelheiten und theoretische Zusammenhänge zu kennen. Wenn Sie dieses Zeichen sehen, erklären wir Grundlagen über Funktion, Technik und ihre Bedeutung für die ganze Maschine. Oder wir informieren Sie über historische Hintergründe und vermitteln allgemeines Technik-Wissen. Dieser Abschnitt soll Sie also über die allgemeine Technik Ihres Rollers informieren. Mit dem nötigen theoretischen Wissen im Hinterkopf schraubt es sich viel leichter.

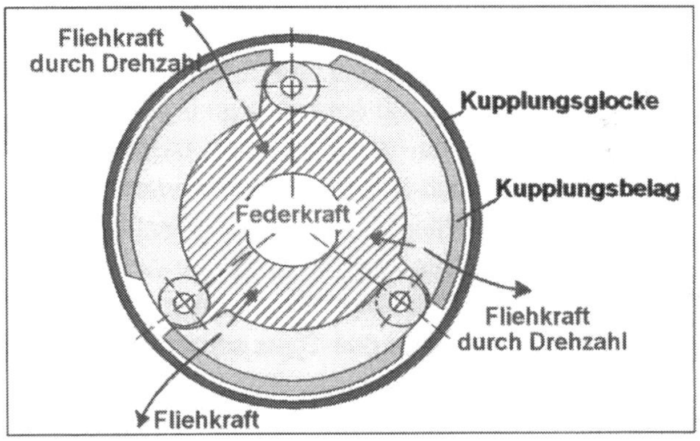

ARBEITSSCHRITTE

Sobald an einem Roller gearbeitet wird, werden Sie dieses Symbol sehen. Auf diesen Seiten erhalten Sie Schritt für Schritt Anleitungen zum Ein- und Ausbau von Teilen. Bei der Auswahl haben wir uns strikt daran gehalten, was in der heimischen Garage noch machbar ist und was nicht. Sie werden überrascht sein, was sich mit wenigen Mitteln doch bewegen lässt. Damit Sie sehen, dass wir uns gerne die Finger für Sie schmutzig machen, haben wir uns bewusst nicht ständig die Hände gewaschen. Wir hoffen, dass die Fotos Ihnen dennoch Appetit auf das Schrauben machen.

BESSER MACHEN

Unter diesem Label finden Sie Tipps und Ausrüstungen oder Umbauten, die Ihnen den Alltag mit Ihrem Roller deutlich erleichtern können. Diese für die Buchreihe eigentlich typische Sparte wird im Gegensatz zu Technik und Diagnose etwas vernachlässigt. Die vorgestellten Roller werden in derart großer Stückzahl auf dem Markt vertrieben, dass sie alle Stückzahlen jedes Zweirades in den Schatten stellen. Aufgrund der sehr, sehr östlichen Produktion sind die Produktion und das Vorantreiben der Entwicklung nur durch die großen Importeure wirklich realisierbar.

Kennen Sie Ihren Roller?

Woran können Sie Ihren Roller erkennen? Natürlich gibt es individuelle Merkmale, die Sie nachträglich verändert haben. Nur den Aufkleber oder das Anbauteil kann bei einem Diebstahl sehr schnell verschwinden. Im Übrigen sollten Sie Ihren Roller nicht nur mit dem serienmäßigen Schloss sichern. Das Zündschloss und die Lenkradsperre bekommen geübte Rollerdiebe innerhalb von 2–3 Minuten auf. Schon oft haben wir es erlebt, dass dann der Roller nur für die Fahrt in die Stadt benutzt wurde und dort angekommen vom Dieb einfach weggeworfen wurde. In der Regel ist dann der Schaden deutlich höher als der Zeitwert des Rollers. Ein schön dickes, neongelbes Bügelschloss zeigt schon optisch: »... iss nich! Such Dir was anderes!«
Gerade wenn ein Diebstahl eingetreten ist, ist die Fahrgestellnummer und das Typenschild wichtig, um beweisen zu können, wem der Roller gehört. Grundsätzlich sollten Sie die Fahrgestellnummer auch beim Kauf des Rollers kontrollieren. Es gab da schon lustige Verwechselungskomödien (nicht aus der Sicht der Kunden).

Typen und Bezeichnungen

Mit den Minarellinachbaumotoren der Firma SMC fing es an. Sehr schnell kamen die meisten Motoren aus Taiwan und verdrängten sogar die Originale aus dem Hause Minarelli. Die 4-Takter verbreiteten sich gleichmäßiger. Im Prinzip sind in allen 50-ccm-Rollern aus Fernost die kleine 50-ccm-Chinesen verbaut. Mit jedem Sonnenaufgang in China entstanden mindestes drei neue »Hersteller« und einer verschwand wieder. Jeder Importeur nach Deutschland verkaufte das bessere Produkt und hob sich natürlich auch deutlich von

Typbezeichnung, Hersteller und die Farbe sind deutlich anders – die Bauteile unterscheiden sich aber meistens nicht.

Alles gleich, aber trotzdem anders – Roller, Modelle und Bauformen

der Masse ab. Wie immer sind die Unterschiede sehr gering. In der Regel bestehen Sie nur aus der Evolutionsstufe der chinesischen Rollerentwicklung. »Namen sind Schall und Rauch«, sagt der Volksmund. In China bestehen sie aus Aufklebern und Etiketten. Heben Sie sich die Unterlagen für Ihren Roller immer gut auf. Auch wenn der Importeur Ihres Rollers einmal nicht mehr liefern kann, ist ein erfahrener Händler in der Lage, das passende Teil bei einem anderen Zulieferer zu beschaffen.

Die Fahrgestell-Identifikationsnummer

In den meisten Fällen ist sie auf dem Rahmen eingeschlagen oder einerodiert worden. Drei Stellen bieten sich bei den unterschiedlichen Rollerbauweisen an: Oft finden Sie die Fahrgestellnummer auf dem Tragrohr zwischen Trittbrett und Lenkkopf. In diesem Fall ist im Beinschild innen ein kleiner Deckel zur Kontrolle angebracht worden. Eine weitere Variante ist eine fest verschweißte Plakette, die im Bereich des Trittbrettes von rechts unten zu erkennen ist. In der dritten Version findet sich die Fahrgestellnummer im Bereich des Lenkrohres. Dort gehört sie eigentlich nicht hin, da sie ohne die Demontage der Beinschildverkleidung nicht ersichtlich ist.

Das Typenschild

Das Herstellertypenschild findet sich immer gut lesbar auf der rechten Seite des Fahrzeuges, jedenfalls sollte das so sein. Bei einigen älteren Rollern trifft oft aber weder das eine noch das andere zu. Gelegentlich wurden die Schilder schon mal am Rahmen im Bereich des Helmfaches befestigt oder es müssen einige Verkleidungsteile weichen, bis sie wirklich lesbar sind.

1 Fahrzeughersteller, 2 EG Typprüfnummer für diesen Fahrzeugtyp des Herstellers, 3 Fahrgestellnummer des Fahrzeuges, 4 Geräuschpegel bei der angegebenen Drehzahl.

Die Motorkennzeichnung

Die Motorkennzeichnung verrät, welcher Motorenhersteller hier aktiv war und um welchen Motortyp es sich handelt. Bei den Viertaktmotoren befindet sich der Einschlag in den Motorblock auf der linken Fahrzeugseite im Bereich der Ölablassschraube (Ölfilter).

Am besten notieren Sie sich auch diese Kenzeichnung mit Motornummer. So besteht die Chance, dass der Motor bei einem Diebstahl auch einzeln wieder auftaucht.

Die Motornummer

Die Motornummer zeigt die fortlaufende Seriennummer Ihres Motors. Sie wurde nur einmal vergeben und kann so als weiteres Identifizierungsmerkmal herhalten.

Wenn diese Nummer fehlt, ist die Herkunft des Motors ganz sicher suspekt!

Die Zulassungsbescheinigungen

Im Laufe der Jahre ergaben sich mehrere Veränderungen, denen die Importeure auch durch die Ausführung ihrer Fahrzeugpapiere Rechnung getragen haben. Früher waren bei fast allen Kleinherstellern die sogenannte »BE« üblich (Betriebserlaubnis … oder besser das Gutachten zur Erlangung einer solchen). Hiermit wurde die Einzelabnahme beim TÜV bestätigt. Die Betriebserlaubnis wurde aber schon immer von der Zulassungsstelle erteilt und mit einem Stempel bestätigt. Wahrscheinlich haben 90% der Rollerfahrer das damals übersehen. Wir jedenfalls waren nicht in der Lage eine abgestempelte BE als Muster aufzutreiben.

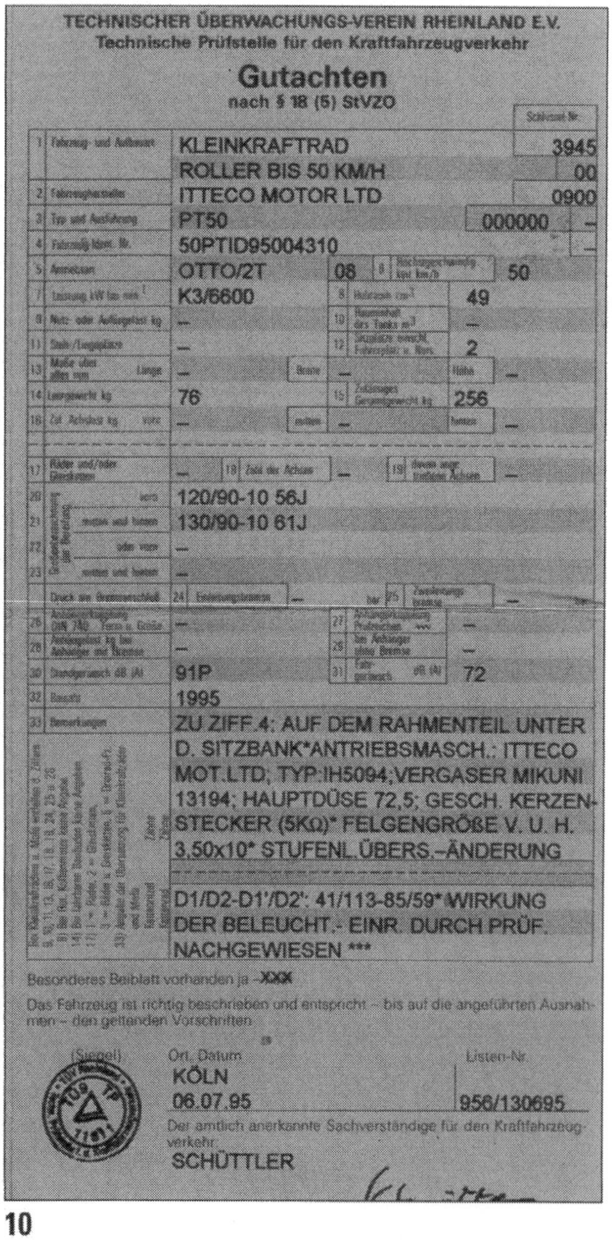
TECHNISCHER ÜBERWACHUNGS-VEREIN RHEINLAND E.V.
Technische Prüfstelle für den Kraftfahrzeugverkehr

Gutachten
nach § 18 (5) StVZO

KLEINKRAFTRAD ROLLER BIS 50 KM/H — 3945 00
ITTECO MOTOR LTD — 0900
PT50 — 000000
50PTID95004310
OTTO/2T — 08 — 50
K3/6600 — 49
2
76 — 256
120/90-10 56J
130/90-10 61J
91P — 72
1995
ZU ZIFF.4: AUF DEM RAHMENTEIL UNTER D. SITZBANK*ANTRIEBSMASCH.: ITTECO MOT.LTD; TYP:IH5094;VERGASER MIKUNI 13194; HAUPTDÜSE 72,5; GESCH. KERZENSTECKER (5KΩ)* FELGENGRÖßE V. U. H. 3,50x10* STUFENL.ÜBERS.-ÄNDERUNG
D1/D2-D1'/D2': 41/113-85/59* WIRKUNG DER BELEUCHT.- EINR. DURCH PRÜF. NACHGEWIESEN ***
Besonderes Beiblatt vorhanden ja -XXX
Das Fahrzeug ist richtig beschrieben und entspricht – bis auf die angeführten Ausnahmen – den geltenden Vorschriften
(Siegel) Ort, Datum: KÖLN 06.07.95 — Listen-Nr. 956/130695
Der amtlich anerkannte Sachverständige für den Kraftfahrzeugverkehr: SCHÜTTLER

Die COC (Certitificate Off Confirmity), also die Übereinstimmungserklärung des Herstellers oder des Vertreters des Herstellers für den Marktbereich, bestätigt die Übereinstimmung des Fahrzeuges mit dem Musterfahrzeug, für das dieses Gutachten erstellt wurde. Es wird also nur ein Fahrzeug abgenommen und erhält automatisch die Betriebserlaubnis. Der Zustand der weiteren Fahrzeuge wird nur noch bestätigt. Die Form und Größe des Papieres ist nicht vorgegeben. Es darf in der Landessprache oder in Englisch ausgeführt werden. Sie haben ein Fahrzeug erworben und sind

SI Zweirad-Vertriebs-GmbH
EG-Übereinstimmungsbescheinigung — RS_CLASSIC_25

COC in Großformat.

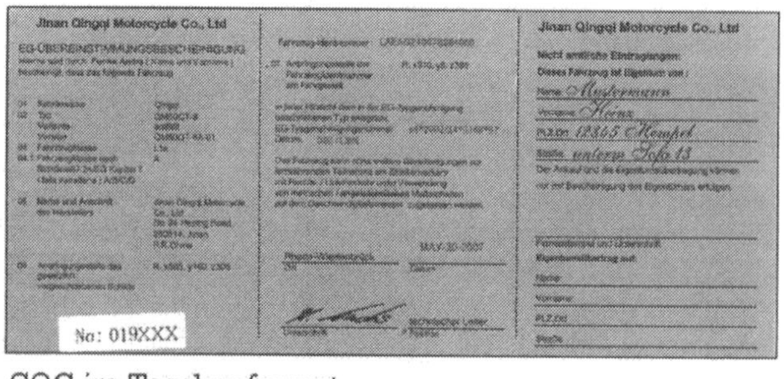
Jinan Qingqi Motorcycle Co., Ltd
EG-ÜBEREINSTIMMUNGSBESCHEINIGUNG
No: 019XXX

COC im Taschenformat.
Links: BE als Eigentumsnachweis.

Rechte und Pflichten

der Meinung, es ist kaputt oder funktioniert nicht so wie es sollte? Bevor Sie sich unnötig aufregen, sollten Sie sich zuerst kundig machen, wie es um Ihre Rechte steht. Dann müssen Sie sicherstellen, dass Sie keinem Irrtum unterliegen und es sich hier tatsächlich um einen Mangel handelt.

Was ist ein Mangel?

Vereinfachte Darstellung des § 434 BGB:
Eine Sache ist frei von Mängeln, wenn sie sich für die Verwendung eignet, für die sie gemäß Kaufvertrag gedacht war oder sie sich für die gewöhnliche Verwendung eignet oder die Beschaffenheit aufweist, die man üblicherweise erwarten kann. Das beinhaltet auch Eigenschaften, von denen der Käufer aufgrund von Aussagen, die in der Werbung oder von Mitarbeitern des Verkäufers gemacht wurden, ausgehen kann. Liegt also tatsächlich ein Mangel vor, wie z.B. eine deutlich geringere Höchstgeschwindigkeit als im Prospekt angegeben, sollten Sie sich auf das Gespräch mit dem Kundendiensttechniker vorbereiten und Ihr Recht einfordern. Damit Sie Ihr Anliegen präzise und fachlich richtig an den Mann bringen können, nachfolgend einige Begriffserklärungen und Zusammenhänge:

Gewährleistung, Sachmangelhaftung & Garantie

Garantie und Gewährleistung (Letzteres ist die so genannte Sachmangelhaftung) sind zwei völlig verschiedene und vor allem unabhängige Sachverhalte. Diese beiden Begriffe werden oft umgangssprachlich miteinander verwechselt oder vertauscht. Um nicht missverstanden zu werden, sollten Sie diese Begriffe unbedingt voneinander trennen.

Die **Garantie** ist eine freiwillige und zusätzliche Leistung des Verkäufers oder Herstellers. Sie kann nach Belieben ausgestaltet oder befristet sein und sie folgt aus einer eigenständigen Vereinbarung im Rahmen des Kaufvertrages bzw. in Verbindung mit dem Kaufvertrag. Die Garantie kann an bestimmte Voraussetzungen geknüpft sein, kann bestimmte Kosten ausschließen und auch die Leistungen einschränken. Dies könnte beispielsweise bedeuten, dass die Garantie nur greift, wenn Sie das Fahrzeug regelmäßig in der dem Händler angegliederten Werkstatt warten lassen und Sie nur die Materialkosten und nicht die Arbeitszeit bei einem Schaden erstattet bekommen. Also sollten Sie sich die Garantiebedingungen vor dem Kauf genau anschauen, um diese später nicht durch ein Falschverhalten zu verwirken. Auf Verlangen müssen Ihnen die Garantiebestimmungen, wenn sie Ihnen zugesprochen werden, auch in schriftlicher Form ausgehändigt werden.

Die **Gewährleistung** (Sachmangelhaftung) folgt aus den gesetzlichen Regelungen zum Kaufvertrag. Eine Gewährleistung (Sachmangelhaftung) ist in dem Augenblick gegeben, wenn ein rechtsgültiger Kaufvertrag geschlossen wird. Eine Ausnahme ist nur möglich, wenn die Gewährleistung (Sachmangelhaftung) wirksam ausgeschlossen ist. Ein vollständiger Ausschluss der Gewährleistung (Sachmangelhaftung) im Rahmen eines Kaufvertrags zwischen einem Unternehmer (z.B. Zweirad-Händler) als Verkäufer und einer Privatperson als Käufer ist nicht möglich. Die Gewährleistung (Sachmangelhaftung) kann aber z.B. bei Abschluss eines Kaufvertrages zwischen Privatpersonen vollständig ausgeschlossen werden. Dies muss dann aber ausdrücklich und individuell im Kaufvertrag geregelt sein.

Mit dem **Gewährleistungsrechts-Änderungsgesetz** vom 01.01.2007 ergaben sich unter anderem folgende Neuerungen:
- Bei neuen Sachen beträgt die Frist grundsätzlich 2 Jahre ab Datum der Übergabe.
- Bei gebrauchten Sachen kann eine Frist von 1 Jahr vereinbart werden (nicht in Allgemeinen Geschäftsbedingungen!), wobei nur Fahrzeuge, die älter als ein Jahr (ab Erstzulassung) sind, als gebrauchte Sachen gelten.
- Innerhalb der ersten sechs Monate hat bei einer Reklamation der Händler zu beweisen, dass die Sache zum Zeitpunkt der Übergabe dem Vertrag entsprach (also keinen Mangel hatte). Nach 6 Monaten hat der Kunde die Beweispflicht (bisher hatte ausschließlich der Kunde die Beweispflicht).

Diese beschriebenen Regelungen, die die Rechte des Endkunden stärken, sind verständlicherweise bei den

Händlern nicht so gut angekommen und diese suchen nach Möglichkeiten, wie sie die Gewährleistung (Sachmangelhaftung) einschränken oder gar ausschließen können. In den letzten Jahren hat darum der Handel mit Bastler- und Schrottfahrzeugen massiv zugenommen.
In solchen Verträgen werden dann sämtliche Gewährleistungsansprüche (Sachmangelhaftung) ausgeschlossen, obwohl die Fahrzeuge teilweise mit frischer Plakette der Hauptuntersuchung versehen sind. Solche und ähnliche Vorgänge können die Gerichte allerdings recht gut einschätzen und entscheiden meistens zu Gunsten des Verbrauchers. Ebenso verhält es sich mit den Verkäufen, die »im Auftrag« stattfinden. Ein Händler, der in seinem Namen Instandsetzungsarbeiten durchgeführt hat, wird es vor Gericht schwer haben, zu beweisen, dass er den Fahrzeugverkauf nur vermittelt hat. Er wird damit auch nicht die gesetzlichen Regelungen beschneiden können. Je klarer die Vereinbarung und je genauer die Fahrzeugbeschreibung, desto geringer ist das Haftungsrisiko. Wir raten Ihnen, einen Musterkaufvertrag für Gebrauchtfahrzeug sowie einen Gebrauchtfahrzeug-Zustandsprüfbericht zu verwenden. Damit lassen sich kostspielige Prozesse und unangenehme Streitigkeiten vermeiden.

Zusammenfassung:
Eine freiwillige Garantie besteht also zusätzlich zur gesetzlichen Gewährleistung (Sachmangelhaftung) und ist im Umfang der Leistungen, im Vergleich zur Gewährleistung (Sachmangelhaftung), meistens eingeschränkt.
Allerdings greift sie oft auch noch für Mängel, die erst nach dem Kauf auftreten, was so nicht auf die gesetzliche Gewährleistung (Sachmangelhaftung) zutrifft.

Zum Reizthema Farbabweichung

Farbabweichung kann ein Sachmangel sein. Das Oberlandesgericht Köln hat zu diesem Thema eine wichtige Entscheidung getroffen: Danach gehört die Farbe eines Neufahrzeugs zu den Beschaffenheitsmerkmalen und stellt ein äußerliches Merkmal des Fahrzeugs dar, welches für den Käufer im Rahmen der Kaufentscheidung maßgeblich ist. Ergeben sich Abweichungen im Farbton des bestellten zu dem tatsächlich gelieferten Fahrzeug, so kann der Käufer hierauf grundsätzlich Gewährleistungsansprüche geltend machen. Durch das OLG Köln bestätigtes Urteil des LG Aachen vom 26.04.2005 (Az. 12 O 493/04).

Das Recht der Nachbesserung

Seit dem 01.01.2002 gibt die neue Rechtslage sowohl dem Käufer als auch dem Verkäufer einen Anspruch auf Beseitigung eines Mangels. Anstatt von Nachbesserung spricht jetzt das Gesetz von Nacherfüllung. Grundsätzlich hat der Händler das Recht, bis zu dreimal nachzuerfüllen. Hierbei hat der Verkäufer die zum Zwecke der Nacherfüllung erforderlichen Aufwendungen zu tragen, das sind Transport-, Wege-, Arbeits- und Materialkosten. Zu beachten ist in diesem Zusammenhang, dass der Verkäufer sein Recht, einen Mangel nachzubessern, behält, auch wenn Reparaturen bereits in einer fremden Werkstatt erfolglos waren. Der Verkäufer muss sich diese Nachbesserungsversuche nicht zurechnen lassen, er kann auf eine Nacherfüllung im eigenen Firmensitz bestehen. OLG Köln vom 14.02. 2006 (Az. 20U 188/05)

Wandlung und Preisnachlass

Hat sich ein erheblicher Mangel nach drei Nacherfüllungsversuchen immer noch nicht beseitigen lassen oder fehlen zugesicherte Eigenschaften, haben Sie das Recht auf Wandlung oder Preisnachlass. Dies ist dann auch der Zeitpunkt, an dem Sie einen Rechtsanwalt zu Rate ziehen sollten. Sie werden sich auf jeden Fall eine Nutzungspauschale, die abhängig ist von der genutzten Laufleistung des Fahrzeugs, anrechnen lassen müssen. Eine Wandlung ist grundsätzlich nur dann möglich, wenn sich das Fahrzeug noch im Originalzustand befindet.

Der Kulanzantrag

Nach Ablauf der Gewährleistungszeit und gegebenenfalls der Garantiezeit bleibt Ihnen immer noch die Möglichkeit der Kulanzregelung beim Händler. Die Kulanz bezeichnet im Allgemeinen ein Entgegenkommen zwischen den Vertragspartnern nach Vertragsabschluss. Sie regelt den Ablauf der freiwilligen Reparatur- und Serviceleistungen nach Ablauf der gesetzlichen oder individualvertraglichen Gewährleistungsverpflichtungen. Die Kulanzregelung wird in der Regel als Maßnahme zur Kundenbindung dargestellt.

Hinweis: Dieses Kapitel soll nur erste Hinweise geben und erhebt daher keinen Anspruch auf Vollständigkeit. Obwohl es mit größtmöglicher Sorgfalt erstellt wurde, kann eine Haftung für die inhaltliche Richtigkeit nicht übernommen werden.

In der Werkstatt

Was braucht die Werkstatt?

Aufgrund der vielen Ausstattungsvarianten und verfügbaren Extras moderner Fahrzeuge ist eine genaue Bestimmung des Fahrzeugtyps nicht immer nur anhand der Fahrgestellnummer möglich. Wenn Sie also eine Werkstatt aufsuchen, die Ihren Motorroller noch nicht kennt, sollten Sie alle Unterlagen mitnehmen. Berücksichtigen Sie auch vorhandenes Zubehör.

Diese Angaben braucht die Werkstatt:

- Hersteller
- Fahrzeugmodell
- Zulassungsdatum
- Motorisierung
- Fahrgestellnummer

Das müssen Sie dabei haben:

- COC

Eine klare Auftragserteilung

Um nicht mit einer Reparaturrechnung konfrontiert zu werden, die weit über dem Erwarteten liegt, sollten Sie der Werkstatt Ihres Vertrauens ein Kostenlimit angeben und darauf bestehen Sie zu kontaktieren, falls es zu unerwarteten Mehrarbeiten kommt. Erteilen Sie Ihren Arbeitsauftrag immer schriftlich, denn mündliche Absprachen sind nur schwer einklagbar und beweisbar. Die Kopie des schriftlichen Arbeitsauftrags in Ihrer Tasche gibt Ihnen die Rechtssicherheit. Dank moderner EDV-Anlagen ist es oft kein Problem, auf die Schnelle einen schriftlichen Kostenvoranschlag zu erhalten. Dieser ist ebenfalls verbindlich und in der Regel noch detaillierter als der Arbeitsauftrag. Beachten Sie bitte: Der tatsächliche Rechnungsbetrag darf bis zu 10% über den geschätzten Kosten liegen, ohne dass es einer erneuten Zustimmung Ihrerseits bedarf. Eine termingerechte Fertigstellung einer Standardreparatur ist heutzutage üblich.

Oberste Voraussetzung für ein gutes Arbeitsergebnis in der Werkstatt und einen geringen Geldschwund in ihrem Geldbeutel ist eine exakte Fehlerbeschreibung mit Angabe des gewünschten Ergebnisses.

Die Fehlerbeschreibung

Nehmen wir einmal an, Ihr Motorroller klappert hin und wieder und Sie möchten dieses in einer Werkstatt beseitigen lassen. Bei unserem jetzigen Beispiel spielt es keine Rolle, ob Sie selbst bezahlen oder an andere Ansprüche stellen.

Denn im Vordergrund steht erst einmal ein nicht funktionierender Motorroller, der repariert werden soll, und dem Schaden ist es schließlich egal, wer die Rechnung bezahlt.

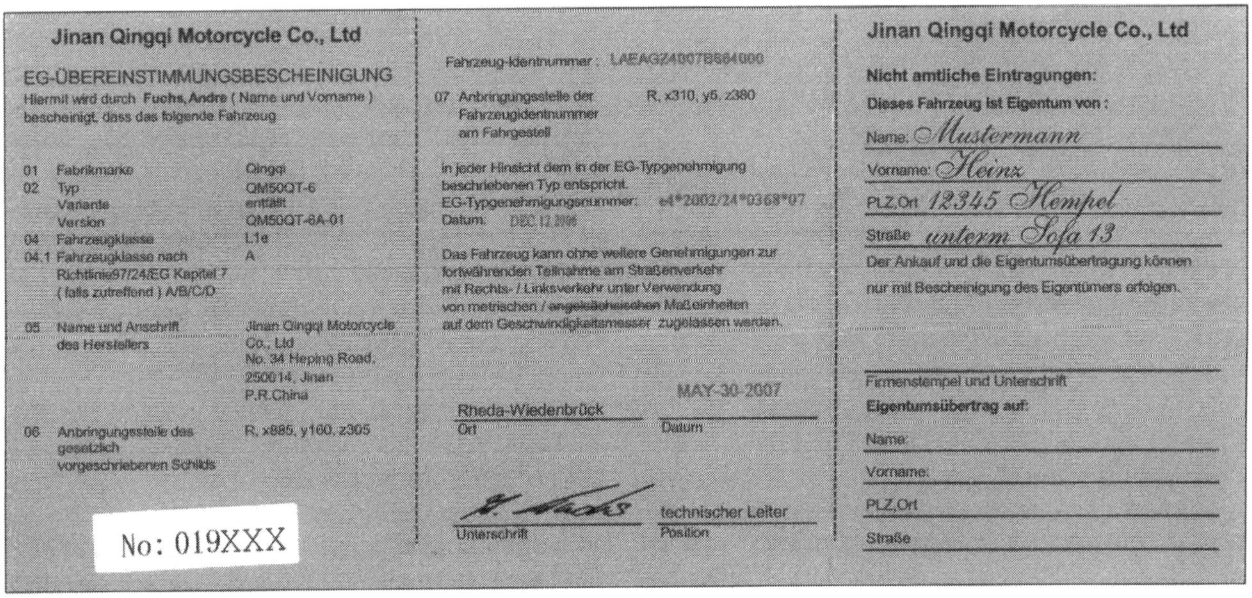
Jinan Qingqi Motorcycle Co., Ltd

EG-ÜBEREINSTIMMUNGSBESCHEINIGUNG

Hiermit wird durch **Fuchs, Andre** (Name und Vorname) bescheinigt, dass das folgende Fahrzeug

01	Fabrikmarke	Qingqi
02	Typ	QM50QT-6
	Variante	entfällt
	Version	QM50QT-6A-01
04	Fahrzeugklasse	L1e
04.1	Fahrzeugklasse nach Richtlinie97/24/EG Kapitel 7 (falls zutreffend) A/B/C/D	A
05	Name und Anschrift des Herstellers	Jinan Qingqi Motorcycle Co., Ltd No. 34 Heping Road, 250014, Jinan P.R.China
06	Anbringungsstelle des gesetzlich vorgeschriebenen Schilds	R, x885, y160, z305

No: 019XXX

Fahrzeug-Identnummer : LAEAGZ4007B884000

07	Anbringungsstelle der Fahrzeugidentnummer am Fahrgestell	R, x310, y5, z380

in jeder Hinsicht dem in der EG-Typgenehmigung beschriebenen Typ entspricht.

EG-Typgenehmigungsnummer: e4*2002/24*0368*07

Datum: DEC 12 2006

Das Fahrzeug kann ohne weitere Genehmigungen zur fortwährenden Teilnahme am Straßenverkehr mit Rechts- / Linksverkehr unter Verwendung von metrischen / ~~angelsächsischen~~ Maßeinheiten auf dem Geschwindigkeitsmesser zugelassen werden.

Rheda-Wiedenbrück — Ort

MAY-30-2007 — Datum

Unterschrift

technischer Leiter — Position

Jinan Qingqi Motorcycle Co., Ltd

Nicht amtliche Eintragungen:

Dieses Fahrzeug ist Eigentum von :

Name: Mustermann

Vorname: Heinz

PLZ,Ort 12345 Hempel

Straße unterm Sofa 13

Der Ankauf und die Eigentumsübertragung können nur mit Bescheinigung des Eigentümers erfolgen.

Firmenstempel und Unterschrift

Eigentumsübertrag auf:

Name:

Vorname:

PLZ,Ort

Straße

Die COC: Hier findet der Werkstattmeister die wichtigsten Daten und auch die Fahrgestellnummer.

Damit also der Werkstattmeister nicht viele Stunden aufwenden muss, um ein Klappern zu lokalisieren, das eventuell gar nicht dasselbe ist, das Sie meinen, sollten Sie möglichst präzise Angaben machen. Der vorhandene Fehler muss reproduzierbar sein. Das heißt, Sie sollten genau beschreiben, wann der Fehler meistens auftritt.

Eine gute Hilfestellung bieten hier die **W-Fragen**:

Wann tritt das Problem immer auf? »Beim Befahren von Unebenheiten, wie zum Beispiel über die Brücke XY in eine bestimmte Richtung. Bei Temperaturen unter null Grad ist das Klappern am deutlichsten zu hören, die Motortemperatur spielt dabei keine Rolle.«

Wie kann man das Geräusch verstärken oder abschwächen? »Die Geschwindigkeit, mit der man über die Brücke fährt, ist egal, aber man darf kein Gas geben, damit man das Klappern hören kann.«

Wo kommt das Geräusch her? »Es scheint von vorn rechts zu kommen, wenn ich meine Hand auf die Verkleidung lege, kann ich es sogar fühlen.«

Wieso sind Sie nicht schon früher damit gekommen? »Weil das Klappern erst seit ein paar Wochen vorhanden ist.«

Wer hat zuletzt am Fahrzeug geschraubt? »Sie haben hier den letzten Ölwechsel gemacht, ich habe lediglich die Seitenverkleidung lackiert.«

Was haben Sie schon dagegen unternommen? »Ich habe schon alle Schrauben in dem Bereich nachgezogen, aber es hat sich nichts geändert.«

Bei einer präzisen Fehlerbeschreibung können Sie sicher sein, dass der Mechaniker den Fehler schneller eingrenzen kann und auch das Reparaturergebnis für alle Beteiligten einfach und schnell überprüfbar ist. Diese W-Fragen sind mit leichten Abwandlungen auf nahezu alle Mängel anwendbar. Möglicherweise finden Sie das Problem auch selbst, wenn Sie sich die richtigen Fragen stellen. Denn niemand kennt Ihren Motorroller besser als Sie selbst.
Oft sind es Kleinigkeiten, die Sie beiläufig erwähnen, dem Mechaniker aber die richtige Richtung weisen.

Der Ton macht die Musik

Oft treten Streitigkeiten auf, wenn es um Leistungen der Gewährleistung oder Garantie einer Reparatur geht. Auch wenn Sie sich im Recht fühlen und vielleicht auch Recht haben, beachten Sie bitte, dass Sie oft nur mit einem Angestellten sprechen, und dessen Motivation entscheidet in der Regel über die Art und Dauer Ihrer Auftragsabwicklung.
Damit Ihr Anliegen zur vollsten Zufriedenheit bearbeitet wird, sollten Sie die üblichen zwischenmenschlichen Verhaltensregeln einhalten, auch wenn Sie schon eine halbe Stunde in der Warteschlange stehen. Nicht jeder Zeitpunkt ist gleich gut für einen Werkstattbesuch – der Freitag vor einem langen Wochenende oder Ferienbeginn ist kein so guter Tag. Wir empfehlen Ihnen, sich vorher anzumelden und dem entsprechenden Mitarbeiter eine kurze Schilderung Ihres Anliegens zu geben. Oft kann dieser schon im Vorfeld wichtige Informationen bereitstellen oder auf etwas hinweisen, das Sie nicht vergessen sollten mitzubringen.

Wenn es doch zu Differenzen kommt

Versuchen Sie, den Vorgang noch einmal mit dem Verantwortlichen sachlich durchzugehen, eventuell auch unter Beteiligung des Mechanikers oder Meisters. Dieses Gespräch sollte in einem seperaten Raum stattfinden und nicht vor weiteren Kunden. Für das Unternehmen kann es sehr schädlich sein, wenn laute Streitereien vor der Kundschaft ausgetragen werden, entsprechend wird die Reaktion ausfallen.
Nehmen Sie ruhig sachkundige Verstärkung mit, Ihr Gegenüber wird auch nicht alleine sein. Ein Zeuge kann später sehr wichtig sein. Sollte das Gespräch nicht das gewünschte Ergebnis bringen, haben Sie noch die Möglichkeit, ein Schlichtungsverfahren einzuleiten.
Ein solches Verfahren, welches unter der Regie der jeweils zuständigen Handwerkskammer durchgeführt wird, stellt ein Angebot sowohl an das Mitgliedsunternehmen der Handwerkskammer als auch an dessen Auftraggeber dar, sich außergerichtlich zu einigen.
Ziel eines Schlichtungsverfahrens ist, die Streitigkeiten zwischen dem Handwerker und dem Auftraggeber schnell und unbürokratisch, möglichst durch eine gütliche Einigung, beizulegen.
Sollte dies alles nicht funktionieren, können Sie immer noch den teilweise langwierigen und möglicherweise auch kostspieligen juristischen Weg einschlagen. Soweit sollten Sie es aber nicht kommen lassen.

Richtig schrauben

Bei der Arbeit an Kraftfahrzeugen geht es nicht darum, etwas irgendwie zu zerlegen. In der Regel wird man keine Schraube an seinem Fahrzeug drehen, solange es läuft, nicht gewartet oder eben verbessert (getunt) werden muss. Es kann sehr viel Arbeit einsparen, die Tipps und Vorschläge in diesem Kapitel genauer zu betrachten und in Sachen Ausrüstung und grundsätzlicher Arbeitsweise eventuell den einen oder anderen Hinweis anzunehmen.

Ausrüstung der Werkstatt

Viele von uns Schraubern müssen gerade zum Anfang ihrer Kariere mit der Garageneinfahrt oder einem Behelfunterstand zufrieden sein. Einigen wenigen steht eine Garage oder ein Schuppen zur Verfügung. Die glücklichen Nutzer einer komplett eingerichteten Werkstatt werden auf die meisten Werkzeuge, die in diesem Kapitel angesprochen werden, zurückgreifen können.

Werkzeug	Wozu?	Preis ca.
Ratschenkasten	Allgemein	50 bis 200 Euro
Schraubendrehersatz	Zum Schrauben lösen	30 Euro
Schonhammer	Das Klopfeisen mit Schonausrüstung	15 Euro
Handlampe	Fürs Licht im Dunkeln bei der Montage	15 Euro
Taschenlampe	Fürs Licht im Dunkeln in engen Ecken	15 Euro
Gabelschlüsselsatz	Zum Lösen fester und weniger gut erreichbarer Schrauben	50 Euro
Tester Zündanlagen	Überprüfung der Zündanlage und deren Komponenten	1.000 Euro
Motortester gebraucht	Überprüfung von Zündanlage und Elektrik	500 Euro
Kompressionsprüfer	Prüfen der Motorfunktion	30 bis 200 Euro
Bügelmessschraubenset	Prüfen von Zylinder, Kolben und Wellen	50 bis 200 Euro
Innenmessgerät	Prüfen von Zylinder und Kolben	50 bis 200 Euro
Multimeter	Universalgerät fürs Elektrische	25 bis160 Euro
Drehmomentschlüssel	Um die Schrauben RICHTIG anzuziehen	50 bis 300 Euro
Messschieber	Für die kleine Messung zwischendurch	25 Euro
Auffangwanne	Für alles, was abläuft, tropft oder aufgefangen werden muss	5 Euro
Spitzzange	Die Fingerverlängerung bei wenig Platz	15 Euro
Wasserpumpenzange	Zum Drücken, Ziehen und Festhalten	17 Euro
Federzange	Für Ständer und Bremsenfedern	17 Euro
Seitenschneider	Zum Kürzen von Kabeln, Zügen und Kabelbindern	15 Euro
Polradabzieher	Zur sachgemäßen Demontage des Polrades	15 Euro
Klauenabzieher	Für alles, was sonst abgezogen werden muss	35 Euro
Schlosserhammer 100g	Das Klopfeisen für den Normalfall	5 Euro
Schlosserhammer 500g	Das Klopfeisen für hartnäckige Fälle	5 Euro
Hebekran	Anheben des Motorrollers beim Motor oder Gabelausbau	150 Euro
Ringschlüsselsatz	Zum Lösen fester und gut erreichbarer Schrauben	60 Euro

Multimeter

Das Multimeter, oder besser gesagt das Multifunktionsmessgerät, ist ein Werkzeug, das gerade bei der Fehlersuche und der Beurteilungen von Funktionszuständen sehr wichtig ist. Der Umgang mit ihm erscheint nur auf den ersten Blick sehr schwierig. Anhand einiger Messungen am Fahrzeug kann der Umgang mit ihm schon bei der Inspektion eingeübt werden. Einfache und in der Messqualität ausreichende Geräte sind durchaus schon um 20 Euro zu erstehen. Die wichtigsten Funktionen liegen in der Durchgangs-

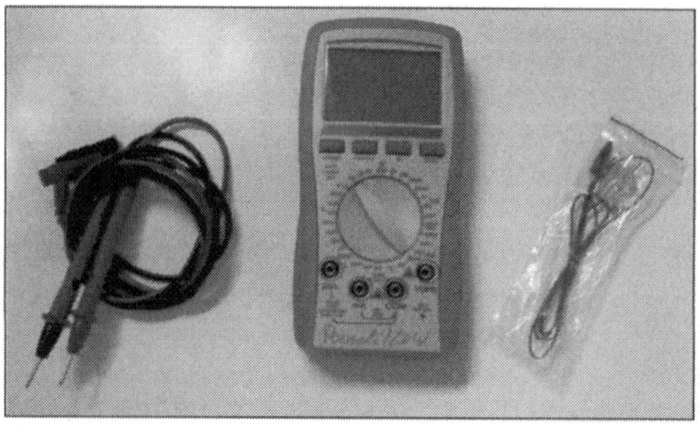

Klein, handlich und universell.

prüfung, der Widerstandsmessung und der Spannungsmessung. Modernere Geräte sind zudem noch in der Lage, die Temperatur mittels einer speziellen Sonde zu erfassen. Diese Funktion kann die Motorreparatur im Bereich der Montage deutlich erleichtern.

Messschieber

Der Messschieber wird zur Beurteilung oder Größenbestimmung bei der Vergaserreparatur, an der Variomatik und als »Schätzeisen« beim Ausmessen des Zylinders verwendet. Auf den genauen Umgang mit diesem Messgerät wird bereits schon im Bereich der Bauteile und Prüfungen genauer eingegangen.

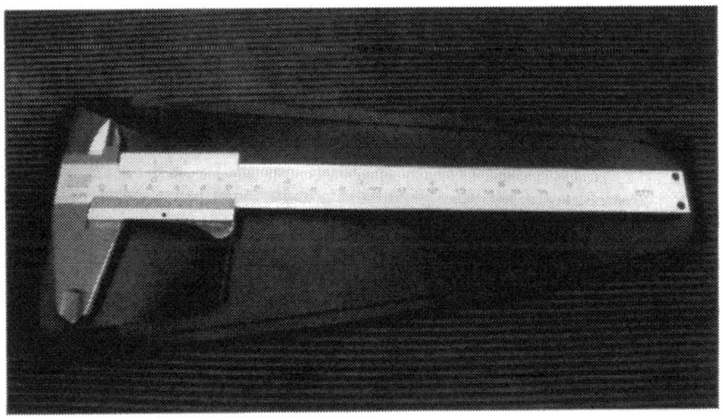

Zum Messen und Schätzen.

Innenmessgerät

Das Innenmessgerät besteht eigentlich aus einem Satz, der in den meisten Fällen die erforderliche Messuhr bereits mit einschließt. Mit diesem Messgerät wird der Zylinderverschleiß erfasst. Gleichzeitig stellt der Umgang mit dem Innenmessgerät so etwas wie den eigentlichen Sinn des Messens dar. Messen, so sagt man, sei vergleichen. Und gerade beim Messen mit dem Innenmessgerät wird eben das Zylindermaß mit dem angegebenen Grundmaß verglichen.

Genaue Aussagen möglich.

Ratschenkasten

Gerade beim Minarelli sollten in dem Knarrenkastenset auch vernünftige Inbusnüsse vorhanden sein. Die fummelige Schrauberei mit dem Winkelschlüssel entfällt und der Einsatz einer Ratsche spart so Zeit und Nerven. Die Lizenzbaumotoren sind in den meisten Fällen mit 8-mm-Maschinenkopfschrauben ausgerüstet. Hier sind eben die kleineren Knarrennüsse gefragt.

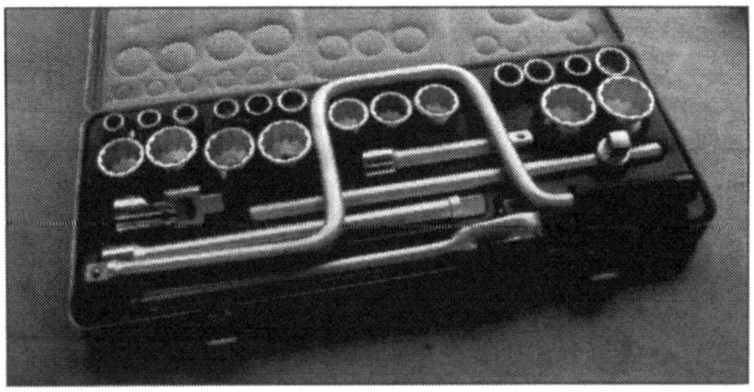

Schrauber-Set.

Drehmomentschlüssel

Weil die Gehäuseteile aus Aluminium-Magnesium Material gefertigt sind, ist es zu empfehlen, die Schrauben mit Hilfe des Drehmomentschlüssels anzuziehen.
Sollte doch einmal eine Schraube abreißen, gibt's Tipps in dem Kapitel »Reparaturen und Montagearbeiten«.

Die richtige Kraft zum Schrauben.

Schraubendreher

Gerade bei den Schraubendrehern stellt sich die Qualität der Werkzeuge sehr schnell heraus. Nichts ist ärgerlicher, als eine halbe Stunde unnötig an dem Herausbekommen einer Schraube arbeiten zu müssen, die durch »Runddrehen« eines Schraubendrehers beschädigt wurde. Schraubendrehersätze sollten gerade für den KFZ-Bereich nicht in günstiger Qualität angeschafft werden. Gehärtete Klingen und ergonomische Griffe sollten sie haben und natürlich in benzinfester Ausführung vorliegen. Aber auch hier ist es nicht unbedingt notwendig, mehr als 20 Euro für einen kompletten Satz auszugeben.

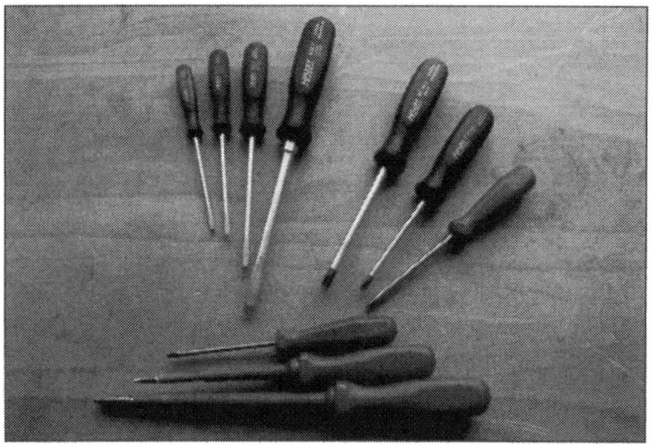

Immer den Passenden.

Ring-Maulschlüsselset

Sicherlich wäre es erstrebenswert, sowohl Ringschlüssel als auch Maulschlüssel und Gabelschlüssel in allen denkbaren Varianten zur Verfügung zu haben. Für den Heimbedarf und als Einstieg für die Schrauber unter uns sollte ein kombinierter Ring-Maulschlüssel ausreichen. So können sowohl schwerer erreichbare Schrauben festgehalten, als auch mit dem Ringschlüssel (zur eigenen Sicherheit) Schrauben mit hohem Drehmoment angezogen oder gelöst werden. Ebenso wie bei den Schraubendrehern ist es wichtig auf gute Qualität zu achten, da ein ungenauer Schlüssel sehr viel Arbeit verursachen kann, wenn eine Verschraubung durch einen ungenauen Schlüssel »rundgedreht« ist.

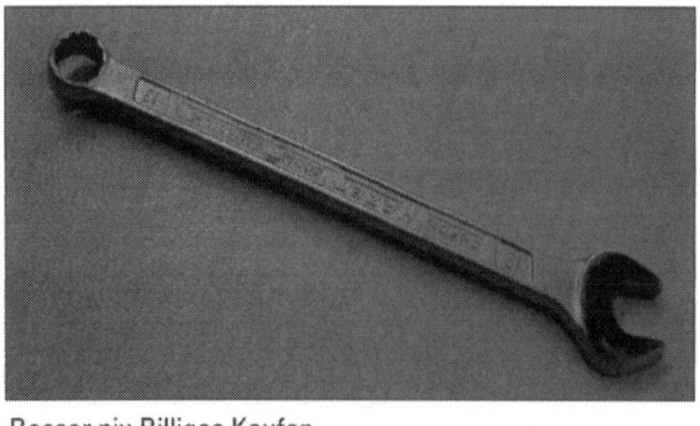

Besser nix Billiges Kaufen.

Auffangwanne

Eine gute Auffangwanne kommt meist aus dem Automobilbereich. Sie sollte ausreichend elastisch sein und natürlich öl-, benzin- und verdünnungsfest. Weitere recht wichtige Merkmale sind die Ausgussecke und selbstverständlich eine Ablage in der Mitte der Wanne. Gelegentlich kann man eine solche Wanne schon für unter 5 Euro im Autozubehörmarkt erstehen.

... da muss es rein!

Schonhammer

Der Schonhammer wird zum Trennen der Motorgehäuse sowie für so manche Arbeit benutzt, wo etwas mit einem kleinen »Schlag« in Bewegung gesetzt werden muss, ohne dass etwas beschädigt werden darf. Hierfür reicht ein Hammer einer kleineren Gewichtklasse um 100 g aus. Die Schlagseiten sollten mit hartem Kunststoff bestückt sein, um so wenig wie möglich zu federn, aber bestmöglich vor Beschädigung zu schützen.

Vorsichtig und schonend.

Zangen

Für die Montage und Demontage werden unterschiedliche Zangen benötigt.

Zangen für alle Fälle: Spitzzange: Wird beispielsweise für die Demontage der Kolbenklipse benötigt. Wasserpumpenzange: Für die Demontage der Zylinderstehbolzen sehr hilfreich. Federzange: Vereinfacht die Demontage der Ständerfedern erheblich. Seitenschneider: Um Splinte zu entfernen oder auch um Kabel und Kabelbinder zu kürzen. Elektro-Kombizange: Zum Abisolieren der Kabel und zum Quetschen der Steckverbinder. Abisolierzange: Für die professionelle Abisolierung.

Teppichmesser

Auch hier stehen viele Aufgaben für dieses Werkzeug an. Neben dem Einschneiden von Schrumpfschläuchen eignet sich die Klinge sehr gut, um Dichtungsreste zu entfernen. Zu empfehlen ist ein Messer mit sogenannten Abbrechklingen. Am besten ist es, ein Gehäuse aus Metall zu verwenden. Die Kunststoffvariante reicht aber auch aus.

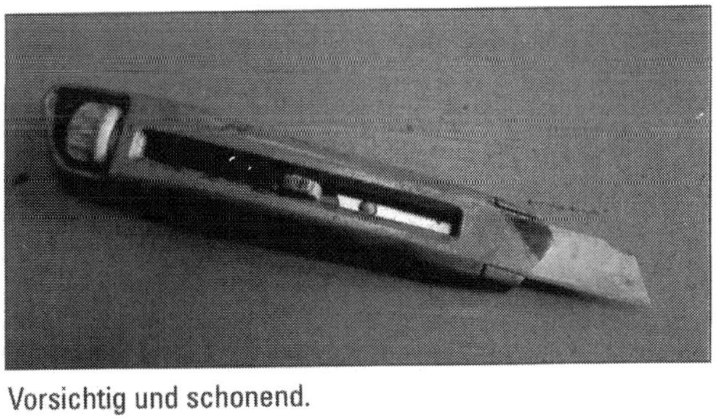

Vorsichtig und schonend.

Schaber

Ein Dreieckschaber ist auch sehr gut für die Entfernung von Dichtungsresten geeignet. Ein alter Schraubenzieher kann recht leicht zum Flachschaber umgebaut werden.

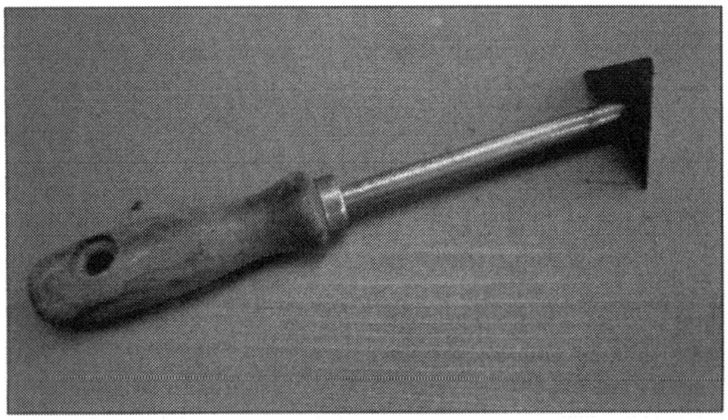

Dichtungen müssen hiermit weichen ...

Döschen und Deckelchen

Ein riesiges Chaos steht an, wenn ein Motorroller zerlegt werden muss. Da gibt es viele verschiedene Schrauben, Muttern und Clipse, die alle zwar sehr ähnlich aussehen, aber nicht unbedingt so ohne weiteres austauschbar sind. Abhilfe können hier kleine Kunsthoffbehälter leisten, die im Haushalt eigentlich entsorgt werden. Wiederverschließbare Döschen von Gummibären bis zu Hunde-Snacks bieten Aufbewahrungsboxen, die aufgrund des festverschließbaren Deckels auch mal umfallen dürfen. Die meisten oder zumindest einige der Behälter sind nicht lösungsmittelfest. Um zu vermeiden, dass der sauber verpackte Vergaser am nächsten Morgen in einer undefinierbaren Kunststoffmasse liegt, muss getestet werden, welche Stoffe der Behälter verträgt. Oder es dürfen eben keine Lösungsmittel oder Bauteile mit Lösungsmittel in den Boxen gelagert werden, in denen noch Lösungsmittelrückstände festgestellt werden.

Damit nichts verloren geht!

Lappen

Für die Montage und Reinigungsarbeit eignen sich am besten fusselfreie Leinentücher. Die wichtigste Eigenschaft neben der Eigenschaft nicht zu fusseln ist die Saugfähigkeit. Alte Bettwäsche, Geschirrtücher, Handtücher oder auch Unterwäsche lassen sich auch sehr gut hierfür verwenden.

Sauberkeit und Schutz.

Spezialwerkzeug

Spezialwerkzeug ist bei vielen Bauteilmontagen auch schon beim Roller unabdingbar. Natürlich hat ein »Kolbenstopper« nichts in der Werkzeugkiste zu suchen. Es macht einfach keinen Sinn, einen Kolben der Belastung auszusetzen, der eventuell bei einer festsitzenden Schraube einwirken könnte. Man kann nicht ausschließen, dass Kolben, Pleuel oder Kurbelwelle beschädigt oder verzogen werden. Um den Motor zu blockieren, gibt es Spezialwerkzeug, mit dem die Demontage leicht möglich ist, ohne den Motor oder seine Bauteile zu beschädigen.

Hilfreich und nicht unbedingt teuer!

Lüfter Gegenhalter:
Wenn Arbeiten an der Variomatic oder am Anlasserfreilauf durchgeführt werden sollen, ist der Abzieher nicht wegzudenken. Die Kräfte, die beim Lösen der Mutter entstehen, werden vom Gegenhalter aufgenommen. Ein Nachbau lohnt sich bei Preisen von ca. 10 Euro nicht.

Lima Gegenhalter / Polradgegenhalter:
Auch für die Lichtmaschine gibt es einen Spezialschlüssel, um beim Lösen oder Befestigen der Mutter das Polrad oder Rotor festhalten zu können.

Polradabzieher:
Auch für das Abnehmen des Polrades (Rotor) gibt es Spezialwerkzeug. Die Kurbelwelle ist konisch aufgebaut und zusätzlich noch mit einem Keil gegen Verdrehen gesichert. Ohne den Abzieher lässt sich das Polrad nicht von der Kurbelwelle abnehmen. Für einen Universalabzieher ist nicht genug Platz im Gehäuse und zudem wird das Polrad außen belastet und könnte so verzogen werden. Der Abzieher muss ein passendes Gewinde aufweisen.
Auch hier sind die Kosten im Zubehör so gering, dass sich eine Eigenproduktion nicht rechnet.

Gehäuseabdrücker:
Der Gehäuseabdrücker ist ein Hilfswerkzeug, das die Kurbelwellendemontage wesentlich erleichtert. Bisher habe ich noch keinen Abdrücker im Zubehörhandel gefunden. Dieses Werkzeug lässt sich aber auch leicht selber herstellen. Der Gehäuseabdrücker soll die Kurbelwelle aus dem Motorgehäuse drücken. Sicherlich geht das auch mit einem Schonhammer, sieht aber nicht halb so elegant aus.

Planplatte und Schleifpapier:
Sollte der Zylinderkopf einmal verzogen sein, ist es erforderlich den Zylinderkopf »plan« zu schleifen. Um die Schleifarbeiten am Zylinderkopf durchführen zu können, wird lediglich eine nicht leicht verformbare Platte als Schleifebene benötigt. Die Größe sollte etwa 20 auf 30 cm groß sein. Entsprechendes Schleifpapier sollte für den Vorschliff eine Körnung von 80 und für den Feinschliff von 240 haben. Zwischen dem Vor- und dem Feinschliff kann durchaus 150er-Papier verwendet werden. Alle Schleifpapiersorten gibt es als Papierbogen. Man kann das Schleifpapier länger benutzen und zudem verknittert es nicht so leicht, wenn man die leinenverstärkten Papierbögen verwenden.

Hebebühne

Eine sogenannte Motorradhebebühne erleichtert die Arbeit am Motorroller ganz erheblich. Zwar gibt es »Selbstbau-Geräte«, die mit wenigen Euro und einem Wagenheber selber gebaut werden können, aber mit den Profigeräten sind sie nicht zu vergleichen. Wichtig ist, dass zum einen der Roller zu befestigen ist und zum anderen sich die Bühne problemlos und ruckfrei bedienen lässt.

Der Traum der Schrauber.

Teilewaschgerät

Wie der Name schon sagt, wird dieses Gerät zur Reinigung von Teilen benötigt. Es besteht aus einem Vorratsbehälter, in dem ein spezieller Reiniger mit guten Löseeigenschaften für Fette und Öle enthalten ist.

Sauberkeit muss kein Zufall sein.

Mittels einer Pumpe werden diese Reinigungsmittel durch einen Schlauch durch einen Hohlpinsel gedrückt. Der Pinsel übernimmt die mechanische Reinigung, der Reiniger löst die Verschmutzungen und spült sie wieder in den Behälter. Gute Reinigungsgeräte haben einen Schlammfang, in dem die Grobpartikel und andere Überreste aufgefangen werden und nicht erst in den Vorratstank gelangen.

Betriebsmittel

Betriebsmittel sind die Stoffe, die zwar nicht zum Motorroller selber gehören, aber für den Betrieb unbedingt benötigt werden. Diese Betriebsmittel sollten auch schon in der Hobbywerkstatt bevorratet werden.

Getriebeöl:
Das Getriebeöl befindet sich im Radgetriebe. Das Radgetriebe hat ein abgeschlossenes Gehäuse und muss aufgrund der hohen Kräfte, die durch Antrieb und Rad entstehen, mit einem speziellen Öl versorgt werden. SAE 20W40 wird bei den meisten der Hersteller vorgeschrieben. Wie bei den großen Motorrädern handelt es sich hierbei um ein Viertakt-Motorenöl. Die Einfüllmengen werden in der Regel auf dem Block »erhaben« eingegossen und liegen bei ca. 0,11 Liter. 1 Liter dieses Öls kann also gut für neun Ölwechsel reichen. Es besteht also kaum ein Grund auf ein möglichst billiges Öl auszuweichen.

Zweitaktöl:
Die Minarelli-Motoren und deren Nachbauten, um die es in diesem Buch geht, sind Zweitaktmotoren und benötigen Gemischschmierung. Bei den meisten Motorrollern auf dem Markt sind heutzutage Gemischpumpen verbaut. Die Gemischpumpen setzen dem Kraftstoff im Vergaser eine ganz bestimmte Menge Öl zu. Natürlich gibt es einen Vorratsbehälter, der mehrere Tankfüllungen benötigt, bis er leer ist. Das Zweitaktöl wird zum einen zum Nachfüllen des Reservetanks benötigt, zum andern aber auch, um dem Kraftstoff im Tank eine bestimmte Menge Öl zufügen zu können, wenn durch Arbeiten an der Gemischpumpe oder an den Zuleitungen Luft in die Leitungen gelangt sein könnte. Ein gutes Öl mit guten Mischeigenschaften gehört also wie Werkzeug in die Werkstatt.

Fette:
Viele Bauteile des Motorrollers müssen geschmiert werden. Die Anforderungen an die Schmierfette sind

sehr vielfältig. Im Grunde genommen kann man sich aber für den Motorroller auf ein gutes Lagerfett beschränken.

Dichtungsmassen:
Nicht jede Dichtungsmasse ist für alle Anwendungen im KFZ -Bereich geeignet. Eine Besonderheit findet sich gerade beim Zweitaktmotor. Bei den hier beschriebenen Minarelli-Typen wird mit Flüssigdichtmasse das Kurbelgehäuse abgedichtet.
Die Anforderungen an die Dichtmasse liegen nicht nur bei der Eigenschaft der Benzinfestigkeit. Sie muss auch der dauernden, wechselnden Belastung durch Vorverdichten und Ansaugen gewachsen sein. In der Regel findet man diese Eigenschaften bei Flächendichtmassen wie »DIRKO«, die es in jedem Autozubehörladen zu kaufen gibt. Viele Flächendichtmassen sind entweder nicht ausreichend benzinfest oder aber halten den Belastungen auf Dauer nicht stand.
Die Arbeiten mit dem Dichtmittel müssen sehr gründlich vorbereitet und durchgeführt werden. Ein Fehler bei der Verarbeitung würde eine erneute Demontage des Motors erforderlich machen. Die richtige Verarbeitung wird im Kapitel »Arbeiten am Motor« ausführlich beschrieben.

Weißes Kettenfett:
Ein vielseitiges Hilfsmittel für diverse Schmierstellen ist weißes Sprühkettenfett. Es ist es sehr schleuderfest, da es ja eigentlich für Motorradketten ausgelegt ist, und aufgrund der zielgenauen Sprühköpfe auch leicht an schlecht erreichbare Stellen anzubringen. Zudem hindern die Korrosionsschutzeigenschaften, die eigentlich für die Motorradkette ausgelegt waren, auch beispielsweise den Hauptständer am Rosten. Die wasserabweisenden Eigenschaften ergeben noch einen zusätzlichen Aufgabenbereich für das Sprühfett. Nachträgliches Abdichten von Steckerkombinationen und Massekontakten ist selbstverständlich genauso leicht möglich.

Kraftstoff:
Auch ein Kanister mit Kraftstoff sollte in der Werkstatt bereitstehen. Nicht nur als Treibstoff, auch zum Reinigen und zum Entfernen von Aufkleberresten ist der Kraftstoff sehr gut geeignet. Oftmals wird die Frage gestellt, welcher Kraftstoff denn im Roller gefahren werden müsse. An den Tankstellen sind drei Kraftstoffsorten mit unterschiedlicher Klopffestigkeit im Angebot. Die höheren Anforderungen an die Klopffestigkeit werden aber eher von hochverdichtenden Viertaktmotoren erfüllt. Bei Zweitaktern kommt das sogenannte »Klingeln«, also eine verfrühte Kraftstoffentzündung aufgrund der niedrigeren Verdichtung und der daraus resultierenden niedrigeren Temperatur, eigentlich nicht vor.

Gesundheit

Die Arbeiten an dem Roller an sich erscheinen zuerst einmal gar nicht gefährlich. Natürlich ist jedem klar, dass man einen Motor nicht in geschlossenen Räumen laufen lassen soll. Neben dem Abgas entstehen aber noch andere Gefahren, die einem vor der Arbeit am Fahrzeug zumindest bewusst sein sollten. Schadstoffe dringen auch schon über die Poren in die Haut ein. Deutlich sichtbar wird das, wenn »Bremsenreiniger« zum Einsatz kommt. Bei häufiger Verwendung wird die Haut schnell spröde und reißt ein. Das ist nicht nur unangenehm, sondern ein ganz sicheres Zeichen für die Schädigung der Haut. Abhilfe schafft da schon eine einfache Hautschutzsalbe. Die Poren der Haut werden verschlossen und Schadstoffe können nicht mehr eindringen. Des Weiteren erleichtert gut einmassierte Hautschutzsalbe auch unter den Fingernägeln die Handreinigung erheblich.
Gerade am laufenden Motor muss der Einsatz von leicht brennbaren Materialien wie Bremsenreiniger oder Kraftstoffen sehr vorsichtig erfolgen. Für Überprüfungen, wie beispielsweise solche der Dichtheit des Ansaugsystems, kommt man ohne diese brennbaren Hilfsmittel auch nicht aus.

Säuren:
Im Regelfall kommt man eigentlich nicht mit Batteriesäure in Kontakt. Wenn jedoch eine neue Batterie befüllt werden muss oder an einer Batterie Wartungsarbeiten durchgeführt werden sollen, muss man besondere Vorsicht walten lassen.

Bremsflüssigkeit:
Die Bremsflüssigkeit wird als brandfördernd, sehr giftig und reizend eingestuft. Anhand dieser für die Arbeitssicherheit gemachten Aussagen wird eigentlich schon klar, dass auch dieser eigentlich harmlos erscheinende Stoff recht gefährlich sein kann, wenn man nicht entsprechend mit ihm umgeht. Beim Bremsflüssigkeitswechsel ist es schon oft vorgekommen, dass die alte Flüssigkeit in einer Getränkeflasche zur Entsorgung aufbewahrt wird. Alte Bremsflüssig-

keit ist oftmals sehr dunkel bis schwarz und kann somit leicht mit Cola oder anderen Getränken verwechselt werden. Mit einer entsprechenden Getränkeflasche und einer nicht vorhandenen oder schlecht lesbaren Beschriftung ist ein Unfall vorprogrammiert. Als Aufbewahrungsbehälter für alte Bremsflüssigkeit eignet sich am besten ein verbrauchter Behälter Bremsflüssigkeit. Der Schriftzug »ALT« stellt dann sofort klar, um was es sich handelt. Bremsflüssigkeit darf übrigens nicht ins Altöl gekippt werden. Unter Umständen wird das Altöl zu Sondermüll, der dann teuer entsorgt werden muss.

Reiniger:
Als Reinigungsmittel werden oftmals Nitroverdünnung oder Benzin verwendet. Diese Stoffe sind nicht nur leicht entzündlich und gesundheitsschädigend, sondern können auch die Gummiteile des Motorrollers angreifen. Der Einsatz am Motor ist aufgrund der ölgebundenen Verschmutzung sicher nicht ganz abzuwenden. Man sollte den Einsatz von diesen lösemittelhaltigen Stoffen sehr gezielt und überlegt durchführen. Die Reinigungsarbeiten sollten immer in gut belüfteten Räumen durchgeführt werden.

Dichtmassen:
Wie auch bei den Reinigern kann man recht schnell riechen, dass die Dichtmasse auch Lösungsmittel enthält. Auch hier ist dann auf ausreichende Belüftung zu achten. Angebrochene Tuben sollten sofort verschlossen werden, benutzte Lappen am besten sofort entsorgt.

Aussichten und Optimierung

Die beschriebenen Werkzeuge stellen eher die Minimalausstattung einer Schrauberwerkstatt statt. Wer häufiger mit Motorrollerreparaturen zu tun hat oder sich einfach genauer mit der Technik befassen möchte, sollte seine Werkstattausrüstung langsam so ausbauen, dass jegliche Diagnose und Einstellung möglich ist.

Oszilloskop

Sicherlich ist es nicht Aufgabe dieses Buches, sich mit der Zukunft der Zweiradtechnik auseinander zusetzen. Beschreibt man die Einrichtung einer Schrauberwerkstatt, und damit auch den Arbeitsplatz, an dem sicherlich so manche der hier beschriebenen Arbeiten nachvollzogen werden, muss es erlaubt sein, sich einige Gedanken zur zukünftigen Aufgabe der Schrauberwerkstatt und ihrer Ausrüstung machen zu dürfen. Zunehmend wichtiger wird die Auswertung von Signalen und Ausgabewerten. In nicht allzu ferner Zukunft werden auch die Motorroller aufgrund der steigenden Anforderungen durch die strengeren Abgasnormen mit elektronischen Einspritzsystemen ausgerüstet sein. Modulierte Spannungen nennt man die Gleichspannungen, die in hoher Frequenz ein- und ausgeschaltet werden und somit eine teilweise Betätigung von Bauteilen ermöglichen. Die Auswertung ist ohne Oszilloskop gar nicht möglich. Für Multimeter ist die Schaltfrequenz viel zu hoch. Man benötigt nicht unbedingt ein teures Oszilloskop; sogar mit recht günstigen Speicheroszilloskopen lassen sich sehr gute Messergebnisse erzielen.
Bei Pkw und Lkw sind diese elektronischen Einspritzsysteme mittlerweile Standart. Bei Motorrad und Roller werden sie kommen, genauso wie eine rechnergesteuerte Lichtanlage. Der Schrauber von morgen muss gerüstet sein. Natürlich sind zuerst einmal recht einfache Systeme zu erwarten. Ganz sicher aber ist, dass noch so manche Träne den Minarelli-Systemen mit ihrer Funktionssicherheit und der recht einfachen Fehlersuche nachgeweint werden wird. Diese hat sich aber auch schon beim chinesischen Viertaktmotor deutlich verändert.

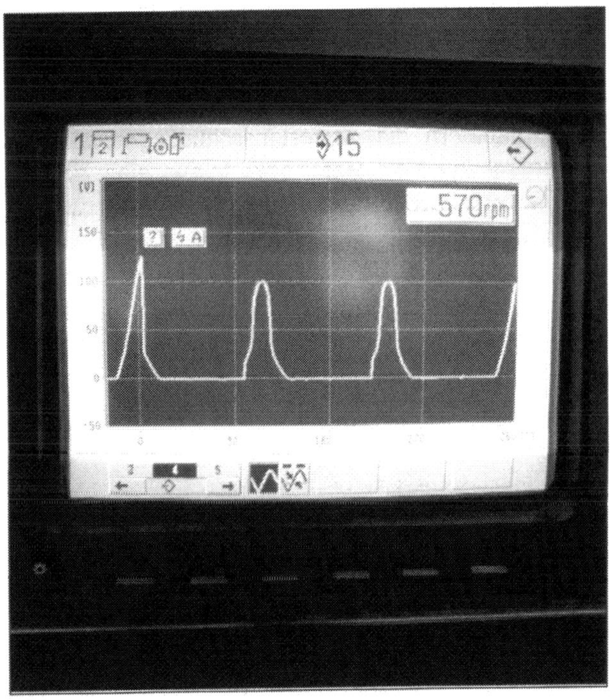

Ein Signalbild sagt mehr als tausend Worte …

Abgastester

Seit diesem Jahr ist sie ja schon für die großen Krafträder vorgeschrieben: die »Krad AU«. Sie ist aber nur schwer beim Motorroller durchführbar. Eine Überwachung des Abgasverhaltens und vor allem die Diagnose wird mit zunehmend besser werdendem technischem Stand bei den Gemischaufbereitungssystemen immer wichtiger.

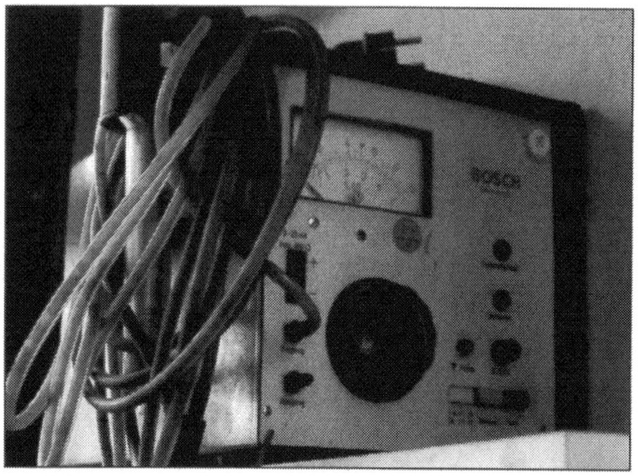

CO-Werte sind ein wichtiger Indikator bei der Einstellung.

Testgeräte

CDI- und Komponenten-Tester sind meist sehr teuer und finden recht selten Anwendung in der Werkstatt. Zudem sind die Preise für die Zündsteuergeräte in den letzten Jahren so erheblich gesunken, dass die Anschaffung eines speziellen Testers nur schwer zu rechtfertigen ist. Alle anderen Geräte, die am Zündsteuergerät angeschlossen sind, lassen sich wie die Verdrahtung selber recht leicht mit dem Multimeter überprüfen.

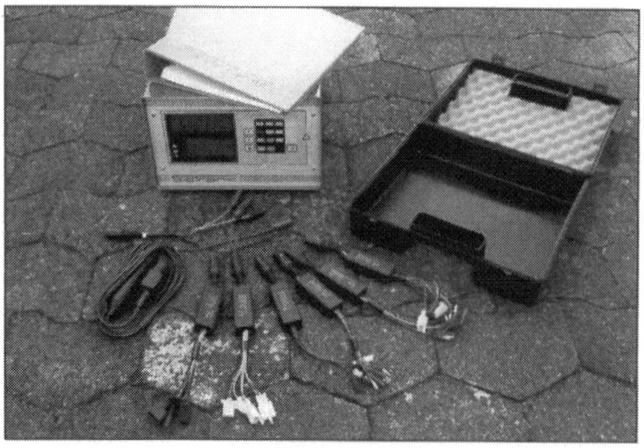

Klare Aussagen helfen Fehler zu finden ...

Ultraschallreinigungsgerät

Das Ultraschallgerät ist ein Reinigungsgerät, in dem die Reinigungsflüssigkeit in hochfrequente Schwingungen gebracht wird. So werden anhaftende Schmutzpartikel von den Bauteilen gelöst. Oftmals wird als Reinigungsbad einfaches Leitungswasser verwendet. Zum Teil ist es aber auch möglich, spezielle Reiniger in das Gerät einzufüllen. Hier sind die Herstellerempfehlungen zu beachten. Sind die Ultraschallgeräte auch beheizbar, wird eine noch etwas höhere Reinigungswirkung erzielt.

Porentief rein ...

Drehmomente beachten

Um eine notwendige Verbindungs-Haltekraft ausüben zu können, muss eine Schraube (Mutter) in dem ihr zugeordneten Innengewinde (Außengewinde) mit einem bestimmten Anziehdrehmoment festgezogen werden. Nur damit ist garantiert, dass die durch die Schraube (Mutter) zueinander verspannten Bauteile ausreichend fest sind und sich die Schraubverbindung nicht von alleine löst.

■ Werden Schrauben/Muttern zu leicht angezogen, besteht die Gefahr, dass sich die Schraubverbindung lockert.

■ Werden Schrauben/Muttern zu fest angezogen, werden ihre Gegengewinde »weich«; gefühlt ist die Schraubverbindung »fest«. Spätestens im Betrieb lockert sie sich und fällt ab.

■ Werden Schrauben/Muttern bei der Montage zu fest angezogen, reißen bzw. brechen dabei aber (noch) nicht, dann aber spätestens im Betrieb.

Schraube/Mutter M6	6 bis 10 Nm
Schraube/Mutter M8	15 bis 20 Nm
Schraube/Mutter M10	30 bis 40 Nm
Schraube/Mutter M12	55 bis 70 Nm
Schraube/Mutter M14	85 bis 100 Nm
Schraube/Mutter M16	120 bis 140 Nm

Tipp: Profis zeichnen jede Schraube/Mutter, die sie mit dem vorgeschriebenen Drehmoment angezogen haben, mit einer Farbmarkierung. Sollte sich eine Schraubverbindung wider Erwarten öffnen, sieht man das an den zueinander verdrehten Farbstrichen!

Die richtige Länge

Stahlschrauben, die in Aluminium gedreht werden, müssen mindestens mit der Länge des doppelten Schraubendurchmessers in das Innengewinde eingeschraubt werden (M6 also 12mm).
Noch besser ist die zweieinhalbfache Länge (bei M6 also 15mm).

■ Wenn man keine Schrauben in der passenden Länge bekommt und nur solche, die 5mm zu kurz oder 20mm zu lang sind, dann lieber die zu langen kaufen und auf passende Länge kürzen. Lohn der (Säge-)Arbeit ist ein nicht ausreißendes Gewinde!

■ Wenn Schmutz oder Reste von Schraubenkleber an der Schraube haften, diese mit einer Messingbürste reinigen. Eine scharfe Stahlbürste reißt die Oberflächen des Gewindes auf!

Bei jeder Schraube, die wieder montiert werden soll, ihr Gewinde begutachten: Ist das Gewinde defekt, ist die Schraube reif für die Mülltonne. Am besten, man nimmt grundsätzlich neue Schrauben und Muttern.

Verschiedene Muttern und Scheiben

■ Unterlag- oder Wellenscheiben sollen zwischen Stahlmuttern und Aluminium gelegt werden, das verbessert die Flächenpressung und schont das Alu.

■ Eine Federscheibe, auch »Sprengring« genannt, verhindert durch ihre beiden Zacken bis zu einem gewissen Maß das Lösen der Verbindung – grundsätzlich nur bei Stahl auf Stahl verbauen!

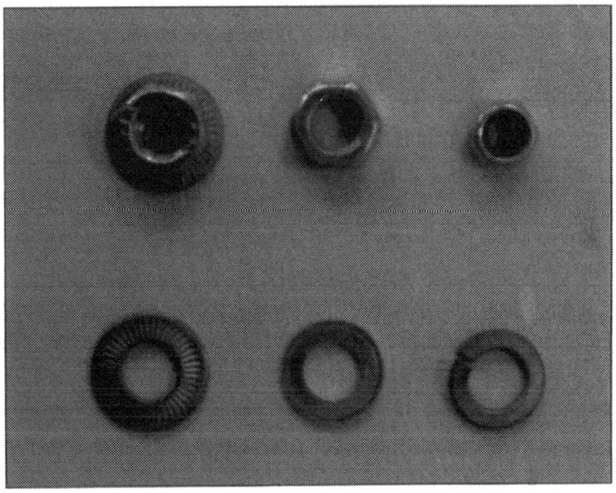

Kleine Auswahl: *Für jede Befestigung gibt es die richtige Mutter und Unterlagscheibe.*

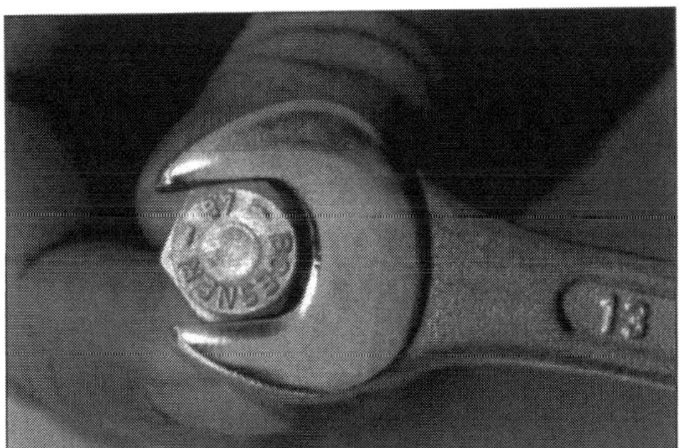

Das passt: *Nur mit einem maßhaltigen Schlüssel kann eine Schraube erfolgreich gelöst werden.*

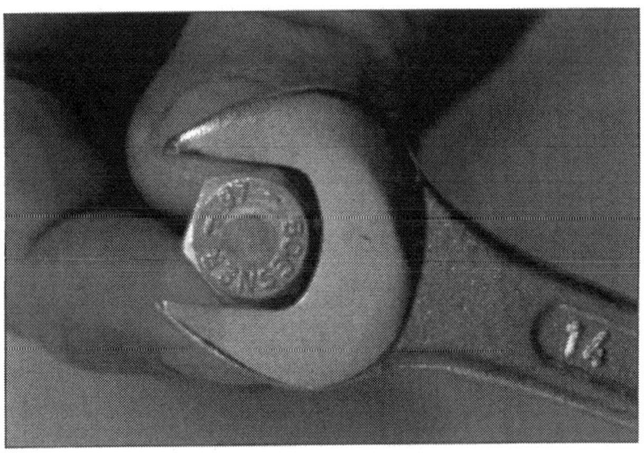

Das geht schief: *Wer in Ermangelung des richtigen Schlüssels zum nächstgrößeren greift, hat anschließend Kummer.*

■ In die Stoppmutter ist ein Kunststoff-Sicherungsring eingesetzt, der die Mutter auf dem Schraubgewinde »verklemmt« und damit sichert. Stoppmuttern sollen nur einmal verwendet werden.

■ Stahlmuttern mit fest angefügter Feinzahnscheibe sind eher selten, sie werden ohne zusätzliche Unterlegscheibe auf Alu oder Stahl verschraubt. Nach mehrmaliger Verwendung ist die Verzahnung »platt«, sichert also nicht mehr richtig.

Verrostete Schraubverbindungen lösen

Bevor Sie eine festgerostete Mutter bzw. Schraube lösen, befreien Sie die überstehenden Gewindegänge von Schmutz und Rost. Andernfalls wird nämlich die Reibung auf den Gewindeflanken so groß, dass Sie die Mutter regelrecht abwürgen müssen oder Ihnen kurzerhand der Gewindebolzen abschert.

■ Säubern Sie das überstehende Gewinde mit einer Drahtbürste und sprühen es anschließend mit Rostlöser ein.

■ Bei Schnellrostlösern drehen Sie die Mutter meist sofort los, ...

■ ... andere Rostlöser (Öl, Petroleum, Diesel, etc.) lassen Sie erst einige Zeit einwirken.

Beschädigte Muttern lösen

■ Wenn Sie mit dem Gabelschlüssel eine Sechskantmutter rund gedreht haben oder die Anlageflächen bereits vom Rost zerfressen sind, ist Gewalt häufig das letzte Mittel.

■ Bei kleineren Muttern hilft ab und zu noch eine stabile Gripzange. Häufig lässt sich damit noch der angefressene Sechskant greifen und die Mutter dann lösen.

■ Hilft das nicht weiter, sprengen Sie die Mutter mit einem scharfen Meißel. Werkstätten setzen bei widerspenstigen Exemplaren häufig einen Mutternsprenger ein.

■ Gut zugängliche Muttern können Sie – entlang des Gewindes – mit einer Metallsäge aufsägen.

■ Als letzte Möglichkeit bleibt der Trennschleifer.

Inbus- und Vielzahnschrauben

■ Ehe Sie ein Werkzeug ansetzen, befreien Sie das Sackloch des Schraubenkopfes von Schmutz.

■ Zum Lösen solcher Schrauben eignen sich am besten Steckeinsätze mit langem Sechskant bzw. Vielzahn.

■ Im Gegensatz zu gebräuchlichen Winkelschlüsseln (bei denen die Kraft immer schräg ansetzt) vertragen Steckeinsätze auf der Adapterseite auch einen Hammerschlag. Der Schlag – im Notfall sogar direkt auf den Schraubenkopf – lockert meistens die Schraube ein wenig und erleichtert das Lösen.

Schlitz- und Kreuzschlitzschrauben

■ Schon nach relativ kurzer Zeit können Schrauben so fest sitzen, dass Sie einen normalen Schraubendreher damit schlichtweg überfordern. Bei Kreuzschlitzschrauben kommt erschwerend hinzu, dass der Schraubendreher auch bei starkem Gegendruck aus dem Kreuzschlitz wandert. Folge: Schon nach wenigen Versuchen ist der Schraubenkopf vermurkst und die Schraube wird zum Problem.

■ »Festgebackene« Schrauben versuchen Sie zunächst mit einem knackigen Hammerschlag auf den Schraubenkopf zu lösen – selbstverständlich dürfen Sie diese Möglichkeit nicht anwenden, wenn das Material des Untergrunds dabei zerstört wird (z.B. bei Glas oder Kunststoff). Dadurch trennen sich oft schon die Gewindegänge. Wenn Sie den Schraubenkopf nicht direkt mit dem Hammer erreichen, setzen Sie einen passenden Schraubendreher mit stabilem Griff an und traktieren die Verbindung mit Schlägen auf den Griff.

■ Häufig reicht das schon und die oft nur am Kopf korrodierte Schraube löst sich und lässt sich dann normal ausschrauben.

Stehbolzen lösen

■ Stehbolzen (Gewindestange) bieten einem Schraubenschlüssel meist keine Anlagefläche. Mit einem so genannten Stehbolzenausdreher können Sie auf dem Stehbolzen eine provisorische Schraubmöglichkeit schaffen.

■ Schweißen Sie zum Lösen eine Mutter auf dem überstehenden Bolzengewinde fest oder kontern Sie zwei Muttern gegeneinander.

■ Zum Lösen gekonterter Muttern setzen Sie den Schraubenschlüssel immer an der unteren Mutter an. Zum Festziehen nutzen Sie grundsätzlich die obere Mutter.

Abgerissene Schrauben ausbohren

Ist die Schraube abgerissen, bleiben nicht mehr viele Möglichkeiten. Eine davon ist das Ausbohren, denn fest steht: Das verbliebene Teil muss raus. Die Gefahr, dabei das Gewinde zu beschädigen, ist groß. Lassen Sie sich also Zeit bei dieser Operation. Nur so können Sie das Gewinde erhalten.

■ Geben Sie zunächst einen Körnerschlag exakt in die Mitte des Schraubenstumpfs.
■ Bohren Sie den Stumpf an: Bis Schraubengröße M 8 schafft das ein so genannter Kernlochbohrer. Als Kernloch wird der Durchmesser einer Schraube ohne Gewindeflanken bezeichnet. Bis zur Schraubengröße M 6 gilt die Faustregel: Gewindedurchmesser multipliziert mit 0,8. Beispiel: Verschraubung M 6 x 0,8 = Kernlochdurchmesser 4,8. Bei Schrauben, die größer sind als M 8, sollten Sie mit einem dünneren Bohrer vorbohren. Zur Kühlung unbedingt Bohrwasser oder Öl verwenden
■ Die in den Gewindegängen verbliebenen Metallreste können Sie anschließend mit einer Reißnadel oder Stabmagneten entfernen. Falls nicht, schneiden Sie das Gewinde vorsichtig nach. Der Gewindeschneider entfernt dabei die Reste des alten Bolzens.

Gewinde schneiden

Leichtmetall hat eine geringere Festigkeit als etwa Stahl, demzufolge reißen Gewinde hier besonders leicht aus. Solange um das alte Gewinde herum noch genügend Materialsubstanz vorhanden ist, können Sie ein größeres Gewinde einschneiden. Andernfalls lassen Sie in der Fachwerkstatt eine Gewindebuchse einsetzen. Neue Gewinde schneiden Sie in drei Stufen. Die entsprechenden Gewindeschneider heißen daher Vorschneider (ein Ring am Schaft), Mittelschneider (zwei Ringe am Schaft) und Fertigschneider (ohne bzw. drei Ringe am Schaft).

Ein Fall für den Schrott: *Verrostete oder beschädigte Schrauben sollten Sie niemals wieder verwenden*

■ Drehen Sie die Gewindeschneider unter ständigem Ölen nacheinander in das vorgebohrte Kernloch ein und aus.
■ Um die Schneider nicht abzureißen, nehmen Sie immer nur kleine Vorwärtsdrehungen (max. 1/8 des Umfangs) vor. Drehen Sie danach den Schneider immer so weit zurück, bis die Schneidspäne abbrechen und der Schneider nicht mehr klemmt.

Gewindereparatur

Es gibt viele Gründe, warum ein Gewinde nicht mehr in der Lage ist, das vorgesehene Anzugsdrehmoment zu halten.
Grund 1: Häufiges Lösen und Anziehen führt zum Verschleiß im Gewinde, und, je nach Häufigkeit der Benutzung, zur Zerstörung.
Grund 2: Die zum Teil recht weichen Aluminiumguss-Legierungen sind in dieser Beziehung besonders problematisch und anfällig.
Grund 3: Schrauben oder Muttern werden mit zu großen Anziehdrehmomenten angezogen.
Grund 4: Durch Korrosion (»Rost«) zwischen Schraube und Bauteilwerkstoff kommt es zum »Festbacken« der Schraube. Beim Versuch, die Schraube zu lösen, wird das Mutterngewinde zerstört.
Zerstörte Gewinde können mit geringem Aufwand und Kosten einfach und zuverlässig repariert werden, indem das defekte Innengewinde ausgebohrt und ein aus gewickeltem Draht bestehender Gewindeeinsatz eingedreht wird. Verschiedene Hersteller bieten dieses Verfahren in Fachgeschäften an.
Diese »Repairkits« in den Abmessungen von M2 bis M36 kosten ca. 40 Euro und enthalten:
■ Kernlochbohrer mit dem Kernloch-Gewindedurchmesser für das neue Gewinde
■ Gewindebohrer
■ Einbauwerkzeug – das ist eine Einbau-Gewindespindel mit einem kleinen Ansatz vorne
■ 20 Drahtgewindeeinsätze aus hoch korrosionsbeständigem Stahl der Legierung 1.4301 (Festigkeit mehr als 1.400N/mm^2)

Und so wird damit ein Gewinde repariert:
1. Schritt: Wenn der Rest einer abgebrochenen Schraube im alten Gewinde steckt: Sichtbaren Schraubenrest ankörnen, mit einem scharf geschliffenen Bohrer, der 0,5mm kleiner ist als der alte Gewinde-Nenndurchmesser (Beispiel M6: Bohrer 5,5mm), das abgebrochene Gewindestück vorsichtig ausbohren.
2. Schritt: Mit dem im Reparatursatz befindlichen Boh-

rer das beschädigte Gewinde komplett ausbohren. Der Bohrerdurchmesser entspricht dem Kerndurchmesser des neuen Aufnahmegewindes für den Drahtgewindeeinsatz.
3. Schritt: Aufnahmegewinde für den Drahtgewindeeinsatz mit dem beiliegenden Gewindebohrer schneiden.
Wichtig: Damit keine Späne in Gewindebohrungen hineinfallen, den Gewindebohrer vor dem Gewindeschneiden in Fett eintauchen, dann bleiben die Späne am Gewindebohrer haften.
4. Schritt: Gewinde reinigen, z.B. mit Druckluft ausblasen. Unbedingt alle Späne entfernen!
5. Schritt: Drahtgewindeeinsatz mit der Einbauspindel montieren. Dieses ist sehr einfach, der Drahtgewindeeinsatz wird mit der Spindel wie eine Schraube in das vorbereitete Aufnahmegewinde eingedreht.
6. Schritt: Nach der Montage des Drahtgewindeeinsatzes dessen Mitnehmerzapfen abbrechen.

Tipp: Zapfenwerkzeug zuvor in etwas Fett tauchen, ganz in den Drahtgewindeeinsatz einführen, mit einem kleinen Hammer einen leichten Schlag auf das

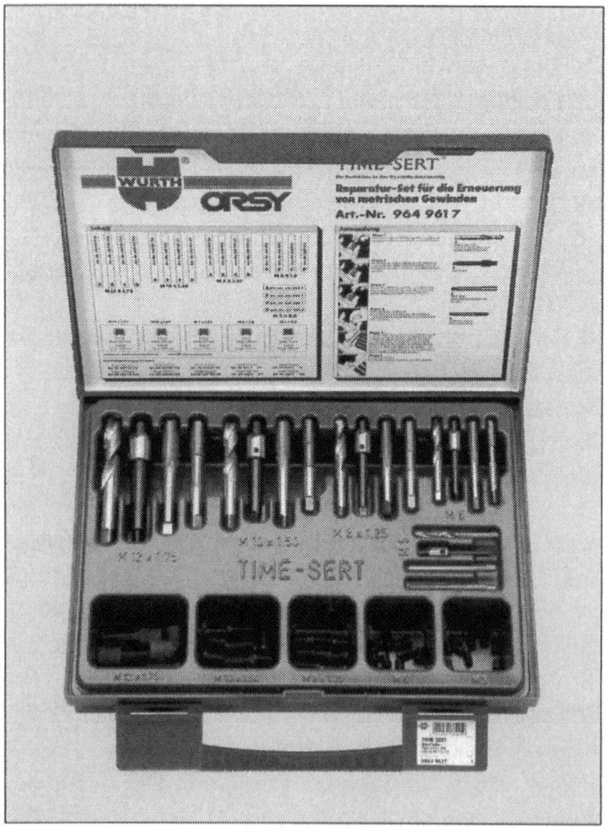

Helfer in der Not: *Mehrere Hersteller bieten Gewinde-Reparatursets an.*

Schrauben ist gefährlich

GEFAHRENHINWEIS

Ob nun reines Hobby oder beruflich: Das Schrauben birgt gewisse Risiken. Vom kleinen Kratzer bis hin zum tödlichen Unfall ist schon alles vorgekommen. Beachten Sie daher stets folgende Grundregeln:

- Benutzen Sie nur hochwertiges Werkzeug!
- Schrauben Sie möglichst immer von sich weg!
- Sichern Sie angehobene Lasten lieber doppelt!
- Sorgen Sie für ausreichende Belüftung!
- Tragen Sie wann immer möglich Schutzkleidung!
- Das gilt ganz besonders für die Augen!
- Wenden Sie niemals Gewalt an, meist gibt es eine andere, elegantere Lösung für das Problem!
- Sorgen Sie dafür, dass immer jemand in der Nähe ist, der Ihnen in Notfällen helfen kann!

Dass Essen, Trinken und offenes Licht sowie Zigaretten am Arbeitsplatz nichts verloren haben, setzen wir als selbstverständlich voraus. Lagern Sie aber auch keine Flüssigkeiten in Trinkflaschen. Selbst an destilliertem Wasser kann ein Mensch sterben! Und zu guter Letzt: Legen Sie sich zur Sicherheit einen Verbandskasten und einen Feuerlöscher bereit.

Zapfenwerkzeug geben und den abgebrochenen Mitnehmerzapfen aus dem Drahtgewindeeinsatz entfernen.

Wichtig: Bei der Reparatur von Durchgangsbohrungen muss dringend darauf geachtet werden, wo der abgebrochene Mitnehmerzapfen hinfällt, damit er z.B. bei Arbeiten am Motor nicht nicht zwischen empfindliche Motorenmechaniken gerät!

Eine solche Gewindereparatur ist innerhalb von zehn Minuten ohne Schweißaufwand erledigt. Nach der Reparatur ist das Gewinde um ein Vielfaches belastbarer als das Originalgewinde.
Das Gewinde wurde nicht etwa »geflickt«, sondern seine Qualität wurde deutlich verbessert: Der Drahtgewindeeinsatz besteht aus Edelstahl und macht so das Gewinde verschleißfester und korrosionsbeständiger. Zukünftige Wartungsarbeiten können diesem Gewinde nichts mehr anhaben.

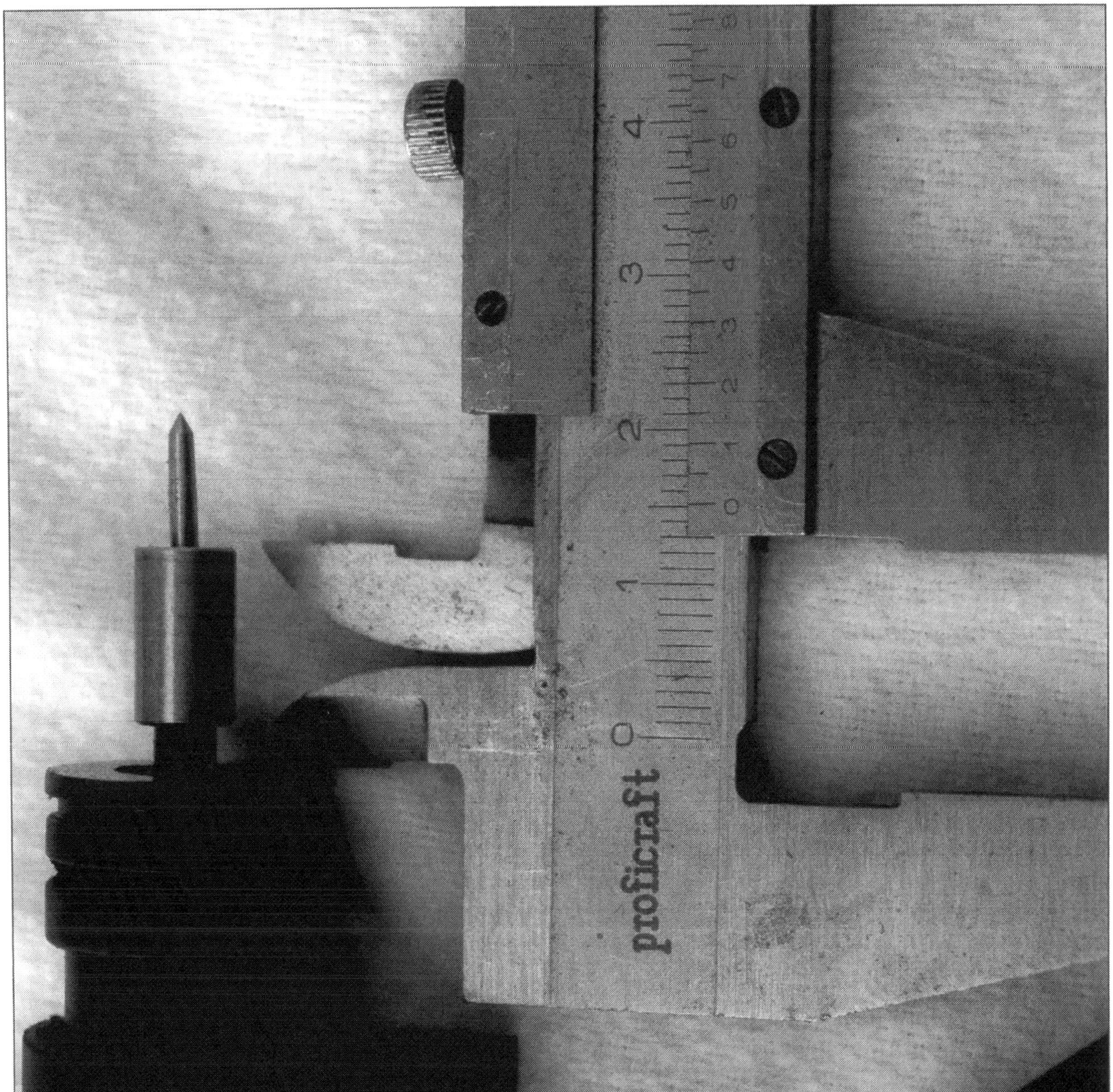

Funktion und Aufbau

Im Kapitel »Bauteile und Prüfungen« werden wir auf alle im Motorroller verbauten Teile genauer eingehen. In diesem Kapitel geht es darum, einige wichtige Grundfunktionen des Rollers genauer unter die Lupe zu nehmen. Sie sollen als Leser auf diese Weise ein Grundverständnis für den Aufbau und die Funktion der beschriebenen Teilsysteme eines Motorrollers erlangen.

Der Zweitaktmotor

Der Funktionsablauf ist bei einem Zweitaktmotor etwas komplizierter oder besser gesagt unübersichtlicher als beim Viertaktmotor. Betrachten wir deshalb die Vorgänge unter dem Kolbenboden mal getrennt von den Vorgängen über dem Kolbenboden.

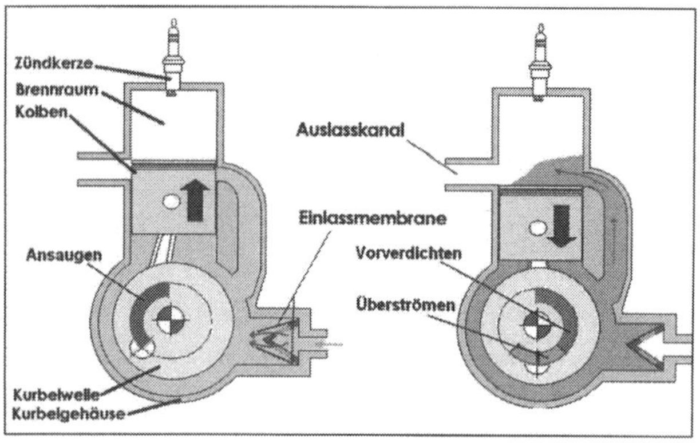

Unter dem Kolben.

Zumindest beim Anlassen des Motors gibt es diese Situation während der ersten Umdrehung des Motors. Der blaue Teilkreis, der auf der Kurbelwelle abgebildet ist, zeigt den Teil der Umdrehung der Kurbelwelle, in dem der Motor Frischgas ansaugt. Hierfür müssen die Überströmkanäle und der Auslasskanal durch den Kolben verschlossen sein. Durch die Raumvergrößerung, die durch die Kolbenbewegung im Richtung OT verursacht wird, entsteht ein Unterdruck im Kurbelgehäuse. Die Einlassmembrane werden aufgedrückt und Frischgas strömt ein.

Sobald der Kolben den OT erreicht hat und den Weg nach UT beginnt, wird der Raum unter dem Kolbenboden durch die Abwärtsbewegung des Kolbens wieder kleiner. Solange aber der Kolben den Überströmkanal nicht freigegeben hat, kann das Frischgas nicht entweichen. Das Frischgas wird nun zum ersten Mal zusammengedrückt. Diesen Vorgang nennt man »Vorverdichten«. Der orange gekennzeichnete Bereich stellt die Vorverdichtung bei der Kurbelwellendrehung dar.

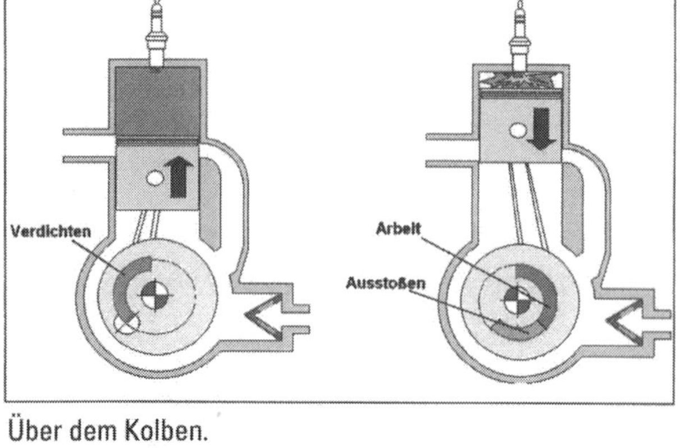

Über dem Kolben.

Über dem Kolben, das heißt im Zylinderraum, findet wie auch beim Viertaktmotor der Arbeitstakt, der Verdichtungstakt und der Ausstoßtakt statt.

Nachdem der Überströmkanal durch den Kolben verschlossen worden ist, wird durch die Kolbenbewegung in Richtung OT der Raum über dem Kolbenboden verkleinert. Das Frischgas wird nun verdichtet und wie beim Viertaktmotor auch kurz vor OT gezündet. Durch die Verbrennung wird der Kolben in Richtung UT getrieben. Sobald der Kolben den Auslasskanal freigibt, wird mit Hilfe des einströmenden Frischgases das Abgas »hinausgespült«. Ein großer Nachteil von Zweitaktmotoren findet sich gerade im »offenen Gaswechsel«. Die Bezeichnung »offener Gaswechsel« hat ihren Ursprung in der Besonderheit des Motorkonzeptes. Beim Ausspülen des Abgases ist neben dem Überströmkanal auch der Auslasskanal offen. Theoretisch wäre es möglich, durch den Motor hindurchzusehen. Natürlich ist die Zeichnung vereinfacht dargestellt. Ein moderner Zweitaktmotor hat bis zu acht Überströmkanäle, die so angeordnet sind, dass eine schnelle Zylinderfüllung und somit ein schneller Gaswechsel gewährleistet ist. Unterschiedliche Drehzahlen und unterschiedlicher Gegendruck durch die Auspuffanlage ergeben nicht in allen Lastzuständen optimale Füllungszustände des Zylinders.

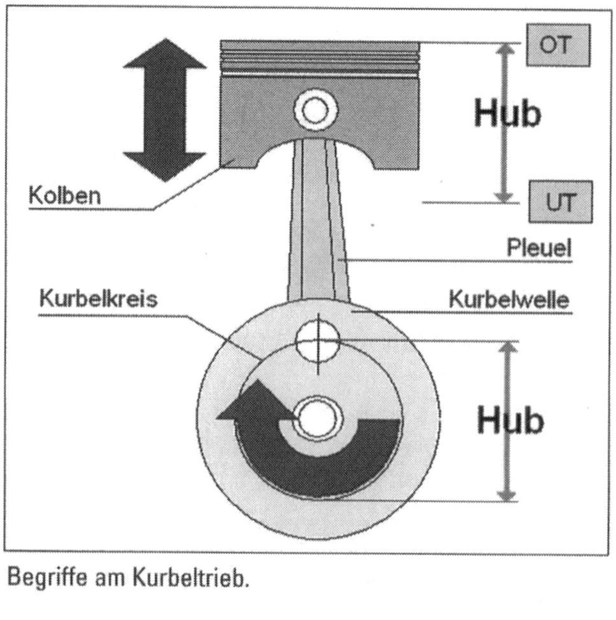

Begriffe am Kurbeltrieb.

Moderne Zweitaktmotoren arbeiten heute deshalb meist mit aktiven Auslasssystemen, die den Rückstau zu dem jeweiligen Lastzustand anpassen. So werden die »Spülverluste« verringert und nicht nur die Leistungsausbeute verbessert. Abgasverhalten und Kraftstoffverbrauch werden so deutlich verbessert.
Der Zweitaktmotor gehört zu den Hubkolbenmotoren. Auch finden sich die Begriffe Kurbelkreis, Hub- und Kolbenbodenfläche wieder. Auch wenn der Name »Zweitakter« nahe legt, dieses Motorkonzept komme mit nur zwei Takten aus, stimmt das nicht. Im Grundsatz muss jeder Verbrennungsmotor dem Rhythmus der vier Takte folgen.
Der Name »Zweitakter« kam zustande, weil er von den vier Arbeitstakten jeweils zwei zeitgleich ausführt. Das ist deshalb möglich, da er nicht nur die Volumenänderung oberhalb der Kolbenbodenfläche nutzt, sondern unterhalb der Kolbenbodenfläche mit Hilfe eines gasdichten Kurbelgehäuses arbeitet. Daraus resultiert auch ein wichtiger Vorteil des Zweitaktmotors. Er benötigt nur eine Kurbelwellenumdrehung für ein komplettes Arbeitsspiel.

Der Viertaktmotor

Der Viertaktmotor hat seinen Namen aufgrund der Unterteilung der einzelnen Arbeitsschritte (auch »Takte« genannt) bekommen. Wie der Name schon sagt, finden vier einzelne Arbeitstakte statt.
Der erste Takt wird »Ansaugtakt« genannt. Der Kolben bewegt sich nun von OT nach UT, also abwärts. Der Raum über dem Kolben wird größer und so ein Unterdruck erzeugt. Durch das geöffnete Einlassventil wird nun Frischgas (Benzin-Luft-Gemisch) angesaugt. Wenn sich die Kurbelwelle nun weiterdreht, wird der Raum über dem Kolben durch die Aufwärtsbewegung des Kolbens verkleinert. Das Auslassventil wird geschlossen. Da das angesaugte Frischgas nicht entweichen kann und es somit zusammengepresst wird, nennt sich der zweite Takt »verdichten«.
Im dritten Takt, kurz vor dem oberen Totpunkt, wird mit Hilfe einer Zündkerze gezündet. Der Druck des »explodierenden« Gemisches treibt den Kolben nun wieder in Richtung »UT« abwärts. Diesen Vorgang, der übrigens der einzige ist, in dem der Motor »Arbeit« verrichtet, nennt sich »Arbeitstakt«.
Mit der Kolbenbewegung von UT nach OT beginnt der vierte Takt. Nun wird der Raum über dem Kolbenboden verkleinert und das nun verbrannte Abgas durch das geöffnete Auslassventil herausgeschoben. Dieser Arbeitsschritt nennt sich »Auslasstakt«.
Diesen Arbeitszyklus, der sich fortwährend wiederholt, nennt man auch ein Arbeitsspiel. Um ein Arbeitspiel durchlaufen zu können, benötigt der »Viertakter« zwei Kurbelwellenumdrehungen. Das bedeutet, dass bei einer Drehzahl von 6000 1/min auf dem Drehzahlmesser lediglich 3000 Arbeitstakte stattfinden. Welche Auswirkungen diese Tatsache auf die Motorleistung hat, werden wir etwas später betrachten. Vergleicht man nun diese beiden Hubkolbenmotoren miteinander, so ergeben sich spezielle Eigenschaften mit Vor- und Nachteilen beider Konzepte. In den meisten Fällen werden Eigenschaften eines Motorkonzeptes verbessert, um den geforderten Eigenschaften möglichst nahe zu kommen.
Betrachten wir beispielsweise einmal die Anforderungen an einen Wettbewerbsmotor. Zum einen spielt das Gewicht eine große Rolle. Natürlich muss die Standfestigkeit ausreichen, um mehr als ein Rennen bestreiten zu können. Leistung muss er zudem auch noch besitzen. Eigentlich alles Eigenschaften, die ein Zweitaktmotor leicht erfüllen kann. Zum anderen sind die Pro-

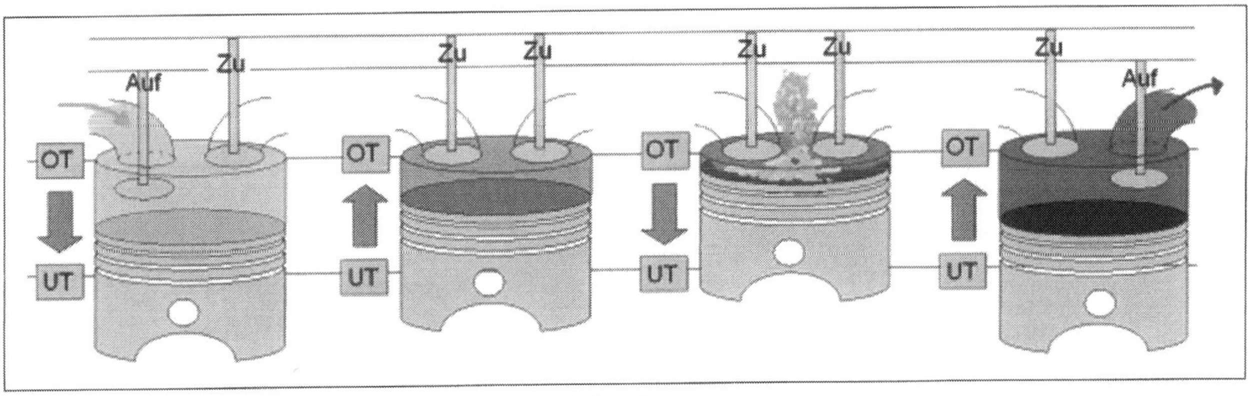

Die Takte am Viertaktmotor: Das läuft alles in einem Zylinder ab.

duktionskosten erheblich billiger, da weniger bewegliche Teile verarbeitet werden.
Die eigentlichen Nachteile der »Viertakter« werden so gut es eben geht konstruktiv aufgefangen und größtenteils wirkungsvoll kompensiert. Großserienhersteller wie ROTAX, Piaggio und viele andere machen die Viertakt-Technik dann doch relativ erschwinglich. Selbst das recht große Manko des Konzeptes, das Motorgewicht und die recht großen erforderlichen Drehmassen wurden durch den Einsatz feinster Materialien und raffinierter Konstruktionen relativiert.

Die Variomatik

Die meistverwendete automatische Getriebeart ist die Variomatik. Das englische Kürzel CVT (continus, variable, transmision) bedeutet: stufenlose Übersetzung.
Betrachten wir zuerst einmal die Grundfunktion des Getriebes: Bei den Variomaten wird eine stufenlose Übersetzungsänderung durch das definierte Verändern des wirksamen Riemenscheibendurchmessers erreicht. Die Veränderung des wirksamen Durchmessers wird erreicht, indem die Riemenscheibenhälften durch die Variorollen, oder bei angesteuerten Scheiben durch den Versteller, zusammengeschoben werden. Die vordere Riemenscheibe auf der Motorwelle hat hierbei die Aufgabe die Übersetzung einzustellen.
Die vorderen Teile der Variomatik, die auf der Motorwelle sitzen, werden Variator genannt. Der hintere Teil der Variomatik, der auf der Getriebewelle befestigt ist, nennt sich Ausgleichscheibe.
Durch die Motordrehzahl entstehen an den Variorollen Fliehkräfte. Die Variorollen versuchen nun nach außen zu drängen. Dabei schieben sie die Riemenscheibe des Variators zusammen.
Diese Ausgleichsscheibe hinten wird durch den gespannten Keilriemen auseinander gedrückt. So wird die Übersetzung stetig ins »Schnelle« gedrückt. Wird die Motordrehzahl abgesenkt, werden diese Fliehkräfte wiederum kleiner und die Druckfeder der Ausgleichscheibe schiebt die Ausgleichscheibe wieder zusammen. Dadurch wird gleichzeitig der Variator zurückgestellt und durch die Steuerkräfte entgegen der Keilriemenspannung zusammengedrückt. Da sich ja die Keilriemenlänge nicht verändern kann, muss zum Längenausgleich des Keilriemens die hintere Riemenscheibe genau gegenteilig zu der vorderen Riemenscheibe arbeiten. Gleichzeitig wird hiermit wiederum eine Veränderung der wirksamen Riemenscheibe hinten erreicht.

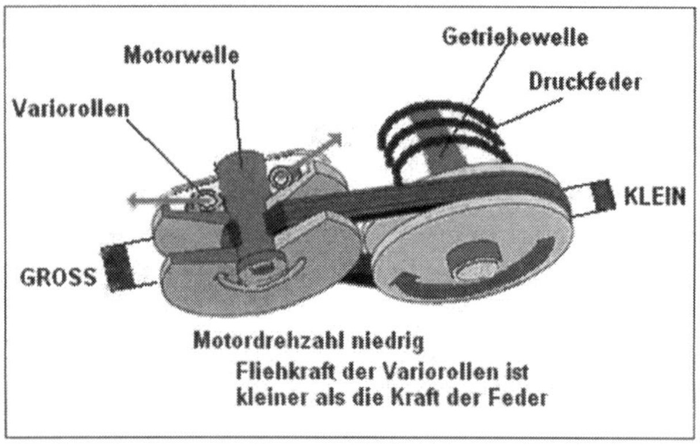

Variomatik bei niedriger Fahrgeschwindigkeit.

Variomatik bei hoher Fahrgeschwindigkeit.

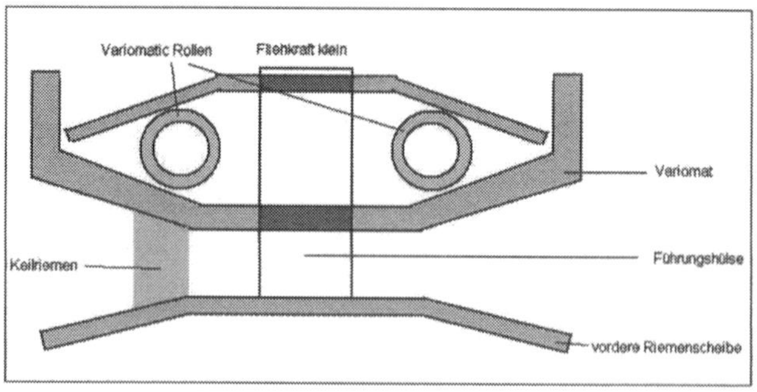

Stellung der Variators beim Anfahren.

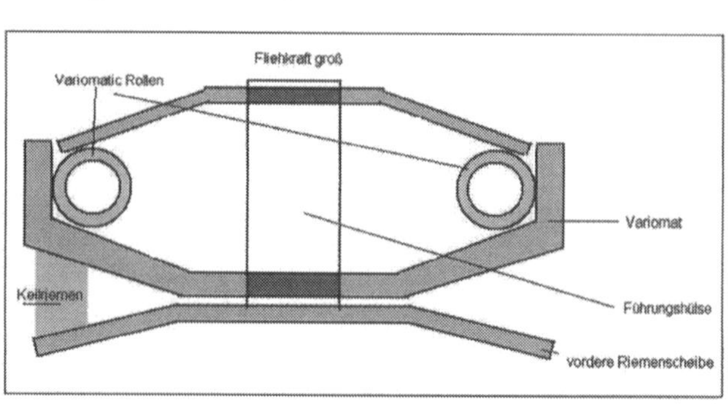

Stellung der Variators bei Höchstgeschwindigkeit

Das Wirkprinzip der Übersetzungsänderung funktioniert folgendermaßen:

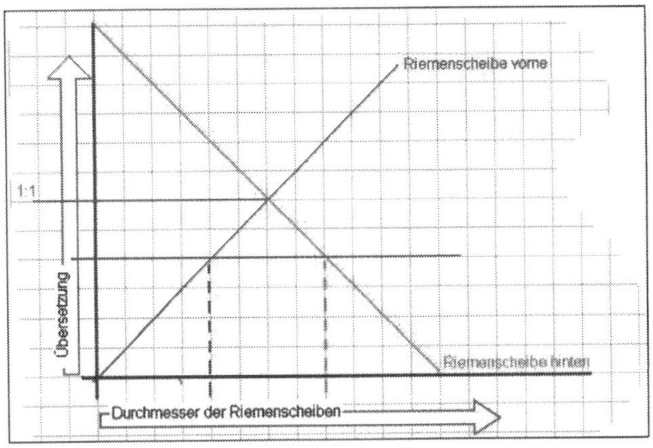

Wirkungsweise der Variomatik im Diagramm.

Wie man an der Grafik gut sehen kann, arbeiten Variator und Ausgleichscheibe (Riemenscheibe hinten) gegenläufig. Die Ursache hierfür ist die Länge des Keilriemens. In der Regel verschleißt der Antriebsriemen spätestens nach einigen Tausend Kilometern. Durch den Nachteil dieses Getriebekonzeptes, nämlich dem permanenten Durchrutschen des Riemens, entsteht neben dem Abrieb auch Temperatur. Nachdem gerade zu Beginn der Variomatik mit den steigenden Motorleistungen auch die Probleme mit der Überhitzung der Antriebsriemen stiegen, wurden recht aufwendige Kühlluftsysteme zum Einsatz gebracht.

Die Kühlung hat einen entscheidenden Einfluss auf die Lebensdauer des Antriebsriemens. Verstopfte Kühlöffnungen können die Laufleistung auf wenige 1000 Kilometer beschränken. Achten Sie gerade im Rahmen der Wartungsarbeiten auf einen sauberen Riemenkasten und freie Atemwege.

Das Gewicht der Variorollen und die Motordrehzahl sind die beiden Kenngrößen, die eine Übersetzungsänderung bewirken. Da die Motordrehzahl nur schwer beeinflusst werden kann und wir den Motor in seinem »optimalen« Bereich betreiben möchten, werden die Variomatikgewichte so ausgewählt, dass der »Schaltvorgang« bei optimaler Drehzahl und Leistungsentwicklung erfolgt.

Abhängig ist diese Steuerung von der Fliehkraft, die durch die Gewichte und die Drehzahl erzeugt wird. Erhöht man das Gewicht der Fliehgewichte, so werden die Fliehkräfte früher erreicht. Das bewirkt dann, dass der Variomat schon bei geringerer Motordrehzahl »hoch schaltet«.

Die Kupplung

Zuerst einmal kann man sich kaum vorstellen, dass ein Automatik-Roller eine Kupplung besitzt. Sie wird auch nur zum Anfahren benutzt. Die Aufgabe der Anfahrkupplung liegt darin, die durch die Variomatik übertragenen Kräfte und Drehzahlen an das Achsgetriebe weiterzugeben.

Die Anfahrkupplung ist wie die meisten Steuerbauteile der Variomatik von der Fliehkraft abhängig. Wird eine bestimmte Drehzahl durch den Antriebsriemen an die Kupplung übertragen, werden die Kupplungsbeläge durch die Fliehkräfte nach außen gedrückt und greifen in die Kupplungsglocke ein.

Ein relativ ruckfreies Anfahren wird möglich. Die Motordrehzahl beim Anfahren ist von der Stärke der Kupplungsfedern und dem Gewicht der Kupplungsbacken abhängig. Je stärker die Feder oder je leichter das Gewicht der Kupplungsbacken, umso höher wird die Anfahrdrehzahl des Motorrollers. Anfahrschwächen am Berg können so mit etwas Arbeit sinnvoll bekämpft werden.

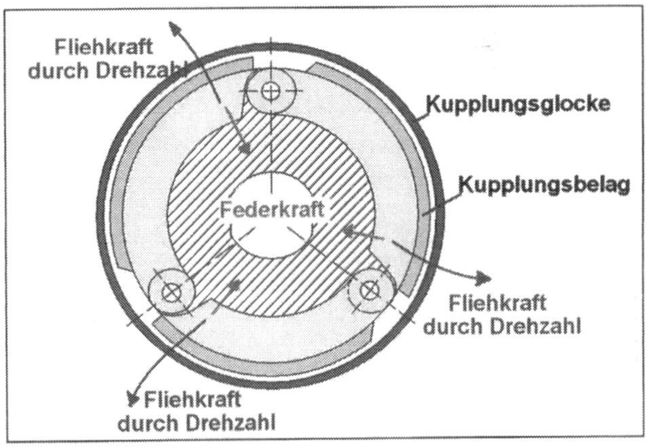

Aufbau der Anfahrkupplung.

Kupplung und Ausgleichscheibe.

Der Turm-Schieber-vergaser

Der Vergaser hat nicht die Aufgabe den Kraftstoff zu vergasen, wie man bei der Bezeichnung annehmen könnte. Er soll lediglich den Kraftstoff so fein wie möglich zerstäuben. Diese feinen Tröpfchen werden vom Motor angesaugt und erst im Laufe des Arbeitsspiels tatsächlich vergast.

Die Basis für seine Funktionsweise ist das »Venturi Prinzip«. Die am Düsenstock vorbeiströmende Luft erzeugt im Düsenstock einen Unterdruck. Dieser verur-

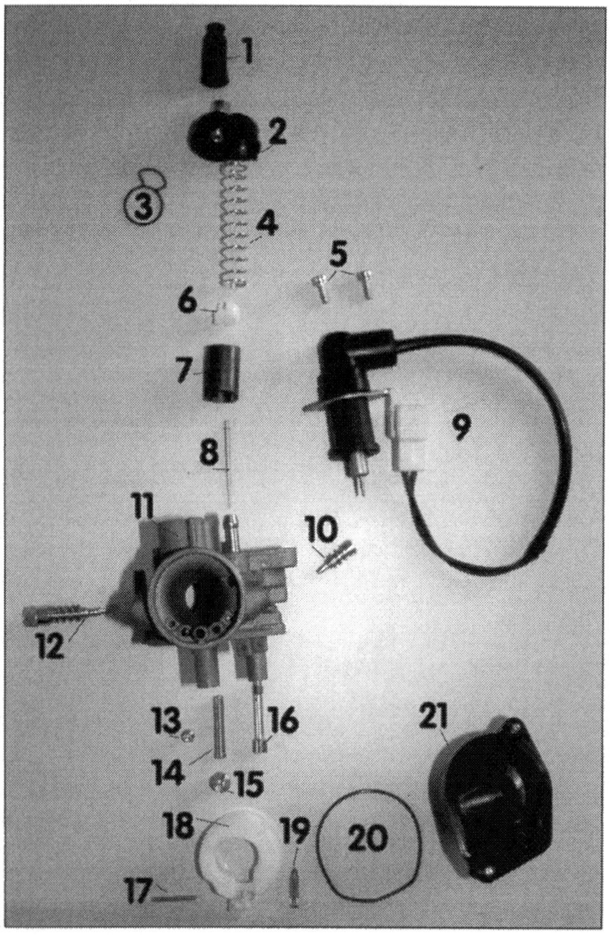

Vergaser in Teilen: 1 Gummitülle, 2 Deckel Schiebervergaserturm, 3 Dichtung, 4 Schieberfeder, 5 Schrauben, 6 Nadelfixierung, 7 Schieber, 8 Schiebernadel, 9 Kaltstartventil, 10 CO Schraube, 11 Vergasergehäuse, 12 Leerlaufschraube, 13 Leerlaufdüse, 14 Mischrohr Hauptdüse, 15 Hauptdüse, 16 Chokedüse, 17 Lagerachse Schwimmer, 18 Schwimmer, 19 Schwimmernadel, 20 Dichtung, 21 Schwimmerkammer.

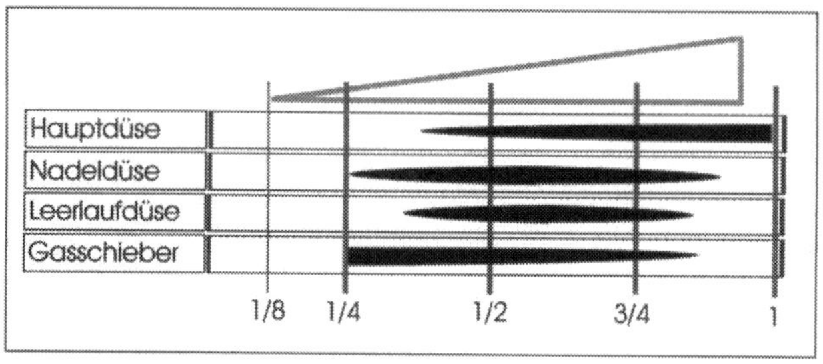

Wirkungsbereiche der Aufbereitungssysteme.

sacht, dass der Kraftstoff in den Luftstrom hineingerissen wird. Hierbei verstäubt er recht fein und wird vom Motor zusammen mit der Luft angesaugt. Alle verbauten Vergaser der beschriebenen Zweitaktmotoren weisen ein getrenntes Leerlauf-, Betriebs- und Kaltstart-System auf. Es finden sich dann auch drei verschiedene Bedüsungen in jedem Vergaser. Die Düsensysteme arbeiten aber in bestimmten Übergangsbereichen miteinander und sind voneinander abhängig. Man kann sich leicht vorstellen, dass eine erforderliche Umbedüsung auch beim Motorroller meist nur mit einiger Erfahrung und viel Arbeitseinsatz zu bewältigen ist.

Bei den Vergasertypen, die in diesem Kapitel behandelt werden, sind in der Regel, je nach Rollerhersteller, »Mikuni«- oder »Dellorto«-Vergaseranlagen verbaut. Hier zeigt sich ein deutlicher Unterschied zwischen den Vergasertypen für die Viertaktmotoren und denen für die Zweitaktmotoren.

Betrachten wir den Vergaser, der an den meisten Zweitaktmotoren eingesetzt wird.

Der Gleichdruck-vergaser

Schon am Aufbau des Vergasers erkennt man, dass die Funktionsweise für diese Vergaserbauart etwas schwieriger zu verstehen ist. Auch hier gibt es zwei verschiedene Bautypen, die sich im Wesentlichen schon äußerlich durch den verbauten Blechdeckel oder einen Kunststoffdeckel auf dem Schiebermembran unterscheiden lassen.

Grundsätzlich unterscheidet sich die Aufgabenstellung dieses Vergasers nicht von der, die der einfachere Vergaser des Zweitaktmotors zu bewältigen hat. Lediglich die erforderliche Anfettung des Gemisches bei der Beschleunigung und eine Leerlaufregelung können als

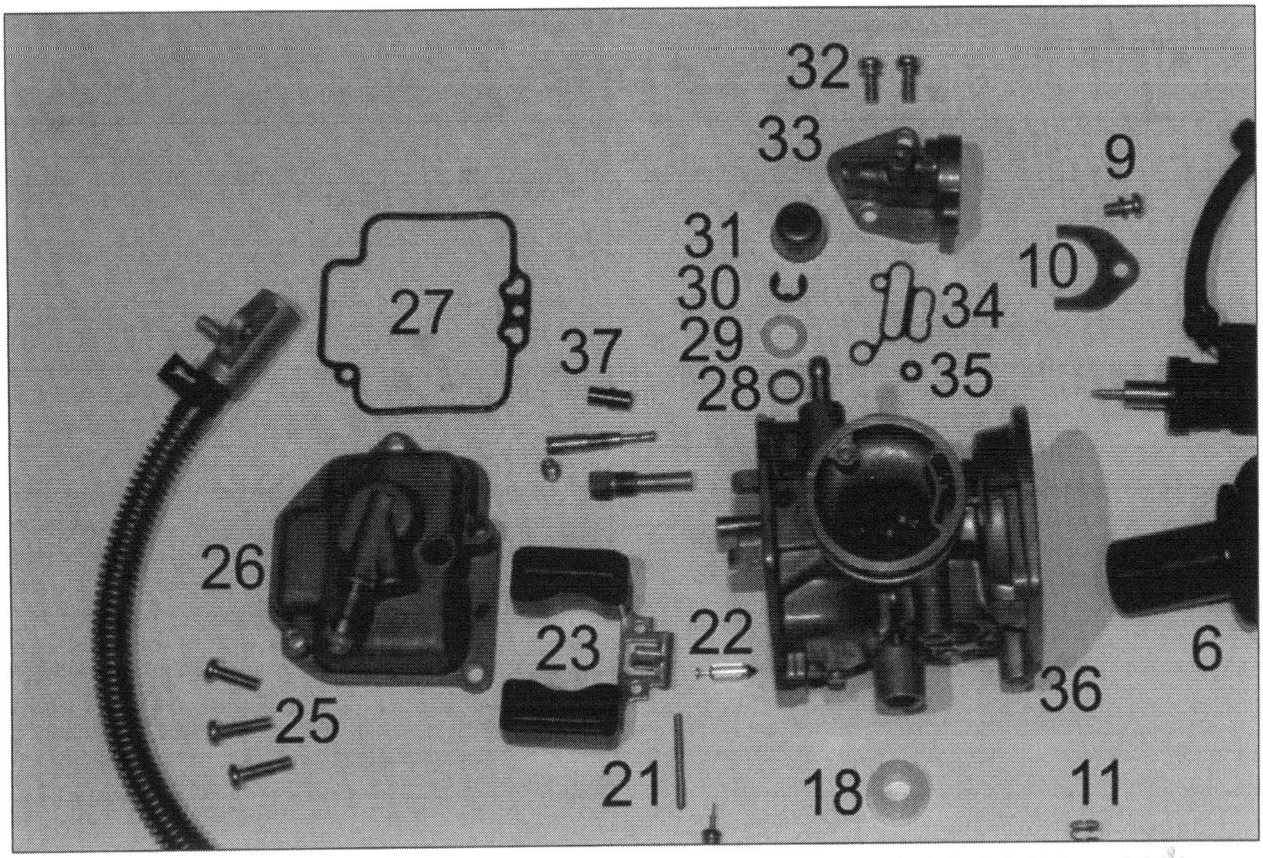

Vergaser in Teilen: 1 Schieberfeder, 2 Schrauben-Membrandeckel, 3 Membrandeckel, 4 Schiebernadelsicherung, 5 Schiebernadel, 6 Vergaserschieber mit Membran (nicht weiter zerlegbar!), 7 Abdeckung Chokeventil, 8 Chokeventil (Kaltstartregler), 9 Halterungsschraube Kaltstartregler, 10 Halteplättchen Kaltstartregler, 11 Feder Leerlaufregler, 12 Membran Leerlaufregler, 13 Befestigungsschrauben Deckel, 14 Deckel Leerlaufregler, 15 Befestigungsschrauben Gaszugträger, 16 Gaszugträger, 17 Drosselklappenwelle (nicht demontierbar!), 18 Lagerring Feder (nicht demontierbar!), 19 Feder Drosselklappenwelle (nicht demontierbar!), 20 Abgasschraube Leerlauf mit Feder und Dichtung, 21 Schwimmerlagerwelle, 22 Schwimmernadelventil, 23 Schwimmer, 24 Ablaufschlauch Schwimmerkammer mit Ventil, 25 Befestigungsschrauben Schwimmerkammer, 26 Schwimmerkammer, 27 Schwimmerkammerdichtung, 28 Dichtung Drosselklappenwelle, 29 Lagerring Drosselklappenwelle, 30 Clipse Drosselklappenwelle, 31 Dichtkappe Drosselklappenwelle, 32 Befestigungsschrauben Chokeventilflansch, 33 Chokeventilflansch, 34 Dichtung Chokeventilflansch, 35 Dichtungsring Chokeventilflansch, 36 Vergasergehäuse mit Chokedüse, Schwimmernadelträger und Luftdüse (nicht weiter demontierbar!)

Besonderheit genannt werden. Bei diesem Vergasertyp wird allerdings nicht der Vergaserschieber direkt angesteuert, sondern er reagiert auf die Strömungsgeschwindigkeit der angesaugten Luft. Unter dem Deckel findet sich hier eine Membran, die eine Kammer über dem Schieber andichtet. Durch eine kleine Bohrung am Schieber erzeugt die vorbeiströmende Ansaugluft einen Unterdruck, der dann wiederum den Schieber gegen die Schieberfederkraft anhebt.
Auch er soll lediglich den Kraftstoff so fein wie möglich zerstäuben. Diese feinen Tröpfchen werden vom Motor angesaugt und erst im Laufe des Arbeitsspiels tatsächlich vergast.

Die Basis für seine Funktionsweise ist auch hier das Venturi-Prinzip. Die am Düsenstock vorbeiströmende Luft erzeugt im Düsenstock einen Unterdruck. Dieser verursacht, dass der Kraftstoff in den Luftstrom hineingerissen wird. Hierbei verstäubt er recht fein und wird vom Motor zusammen mit der Luft angesaugt. Die Schiebernadel reduziert den Durchmesser der Düsennadel in Abhängigkeit der Schieberhöhe. So kann entsprechend zum Luftstrom eine bestimmte Luftmenge zugemischt werden.
Die verbauten Vergaser der beschriebenen Viertaktmotoren weisen ein getrenntes Leerlauf-, Betriebs- und Kaltstart-System auf. Es finden sich dann auch

Funktionsprinzip: 1 Oberkammer mit »normalen« (atmosphärischem Druck), 2 Unterkammer mit Unterdruck bei geöffneter Drosselklappe.

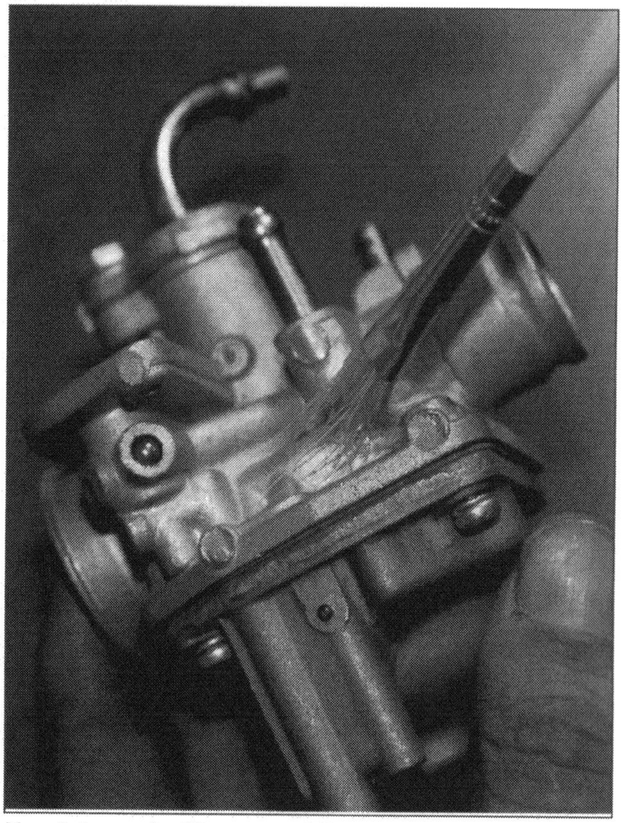

Vorreinigung des Vergasergehäuses.

drei verschiedene Bedüsungen in jedem Vergaser. Die Düsensysteme arbeiten aber in bestimmten Übergangsbereichen miteinander und sind voneinander abhängig. Man kann sich leicht vorstellen, dass eine erforderliche Umbedüsung auch beim Motorroller meist nur mit einiger Erfahrung und viel Arbeitseinsatz zu bewältigen ist. In vielen Fällen arbeiten aber die Gemischaufbereitungssysteme für den Kaltstartbereich nur sehr schlecht. Die Leerlaufanhebung fällt oftmals zu gering aus. Der Motor muss dann morgens erst mit etwas Gas am Laufen gehalten werden, bis sich eine akzeptable Leerlaufdrehzahl eingestellt hat.

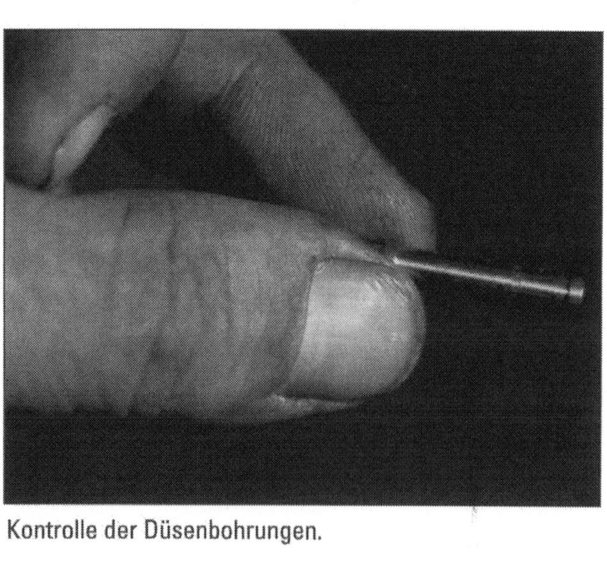

Kontrolle der Düsenbohrungen.

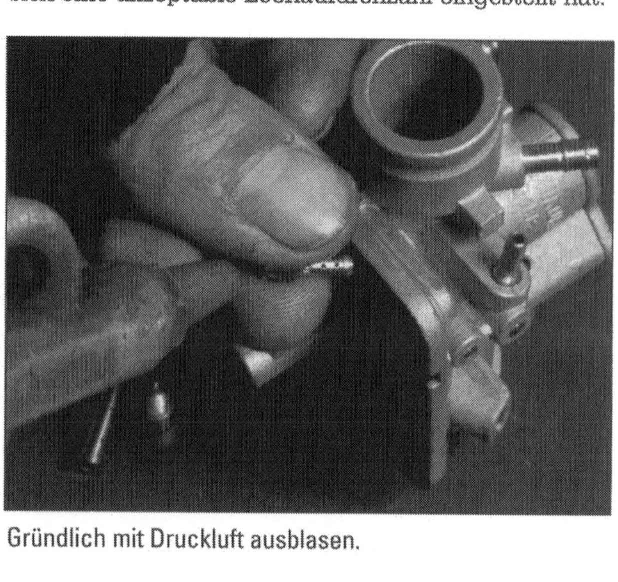

Gründlich mit Druckluft ausblasen.

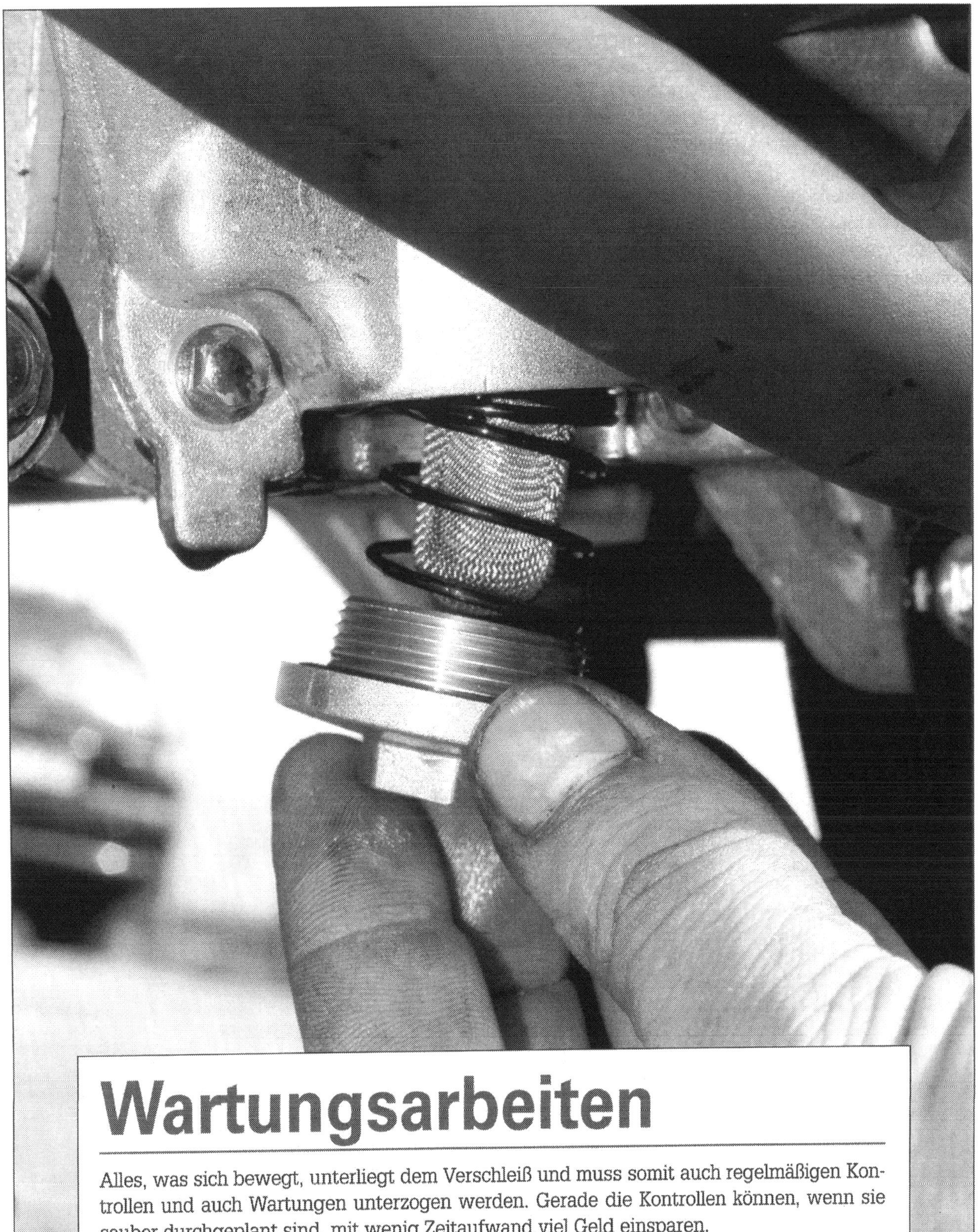

Wartungsarbeiten

Alles, was sich bewegt, unterliegt dem Verschleiß und muss somit auch regelmäßigen Kontrollen und auch Wartungen unterzogen werden. Gerade die Kontrollen können, wenn sie sauber durchgeplant sind, mit wenig Zeitaufwand viel Geld einsparen.

Einer der Gründe, warum die Wartung bei Rollern nicht gerade günstig ist, liegt darin, dass die meisten im Motorrad gut zugänglichen Teile beim Roller durch Anbauteile zumindest schwieriger zu erreichen sind. Ein Grund mehr, um sich wirklich Gedanken über einen sinnvollen Ablauf der Arbeiten zu machen.
An einem heißen Motor schrauben kann recht schmerzhaft sein. Bei kaltem Motor das Abschalten der Kaltstartregelung zu überprüfen erfordert auch eine gewisse Wartezeit. Hier sieht man schon recht schnell, dass der Ablauf der Arbeiten am besten so gestaltet wird, dass eben die Kontrolle der Kaltstartregelung zum Schluss erfolgt.
Beim Auto ist ein solcher Wartungsplan meist schon in der Bedienungsanweisung enthalten. Bei den meisten Rollern findet man einen solchen in den Fahrzeugbegleitpapieren. Meist gibt es eine solche Checkliste aber auch für den Mechaniker. Er kann so die Punkte Schritt für Schritt abarbeiten. Auf diese Weise beugt man dem Vergessen vor und die gemachten Arbeiten sind für den Kunden nachvollziehbar dokumentiert. Wer seine Wartung selber macht oder öfters etwas mit der Wartung an Rollers zu tun hat, kann sich eine solche Liste recht schnell selbst erstellen. Viele Werkstätten haben das sogar für einzelne häufiger vorkommende Fahrzeugtypen gemacht. Wenn die erforderlichen Teile auch noch mit Teilenummern in diesem Formular stehen, hat der Mechaniker einiges an Vorarbeiten gespart.
In diesem Kapitel geht es im Wesentlichen darum, den Umfang der Wartungsarbeiten vorzustellen. Die Prüfungen der Bauteile, die natürlich auch während der Inspektion anfallen, werden im Kapitel »Bauteile und Prüfungen« genauer beschrieben. In den Arbeiten unterscheiden wir nicht genau die Zweitakt- und die Viertakt-Motoren. Wir gehen von einem hohen Standard aus und können so die Wartungstabellen für beide Fahrzeuge ausführen.

Flüssigkeiten

Wie man aus dem Inspektionsplan entnehmen kann, gibt es Intervalle, bei denen die Flüssigkeiten gewechselt werden sollen. Auch wenn der Roller nur wenig bewegt wurde, verlieren beispielsweise die Additive im Öl langsam ihre Wirkung. Deshalb gerade bei Fahrzeugen, die recht häufig stehen, zumindest einmal im Jahr die Öle wechseln. Im Roller sind in der Regel keine großen Ölmengen zu erwarten. Auch sind in den meisten Fällen keine besonderen Öle vorgeschrieben. Die Kosten halten sich also in einem vertretbaren Rahmen.
Somit kann ohne wirkliche Mehrkosten durchaus auf das etwas teurere Markenöl zurückgegriffen werden.

500 km = Übergabeinspektion Alle anderen Inspektionen sind bei Erreichen von weiteren 2.500 km fällig. Alle **12 bzw. 24 Monate** fallen zusätzliche Arbeiten an. Bei geringen Laufleistungen ist die Inspektion für **5.000 km 1x / Jahr durchzuführen.**	**Bemerkung**	***Eingangsinspektion*** nach 1 Monat oder bei 500 km	***Die kleine Inspektion*** nach 6 Monaten oder 2.500 km	***Die Jahresinspektion*** nach 12 Monaten oder 5.000 km	***Die kleine Inspektion*** nach 18 Monaten oder 7.500 km	***Die Jahresinspektion*** nach 24 Monaten oder 10.000 km
Getriebeöl	80W 90 API GL3	W	K	W	K	W
Motoröl	10W40 4-Taktmotoren	W	W	W	W	W
2-Taktöl	Halbsynthetisch/ synthetisch z. B.: CASTROL STX EP 80	K	K	K	K	K
Bremsflüssigkeit	DOT 4	K	K	K	K	W
Kühlwasser	CUNA NC 956-16 Alusysteme	K	K	K	K	W
Batteriefüllung	destilliertes Wasser	K	K	K	K	K

Flüssigkeiten: K = Kontrollieren, W = Wechseln, R = Reinigen, Ö = Ölen oder Schmieren

Viskosität und Einsatzbereich

Worin liegt eigentlich der Unterschied zwischen den einzelnen Ölen? Meistens zuerst einmal im Preis. Ein Grund für die Preisunterschiede liegt sicherlich in der Additivierung. Diese chemischen Zusätze können unter 1% bis zu 25% des Öls ausmachen. Unterschieden werden sie eigentlich in der Bezeichnung. Man unterscheidet hier zwischen Einbereichs- und Mehrbereichsölen. Einbereichsöle finden heute aber eher nur noch als Achs- oder Getriebeöl einen Anwendungsbereich. Der Temperaturunterschied ist nicht sehr groß und deshalb können die Eigenschaften auf diesen Temperaturbereich abgestimmt werden. Aber selbst da werden aufgrund der gestiegenen Anforderungen sehr häufig Mehrbereichsöle eingesetzt. In der Zeile Bemerkung des Inspektionsplans findet man die geforderte Klassifizierung des Herstellers oder die Teilebezeichnung.

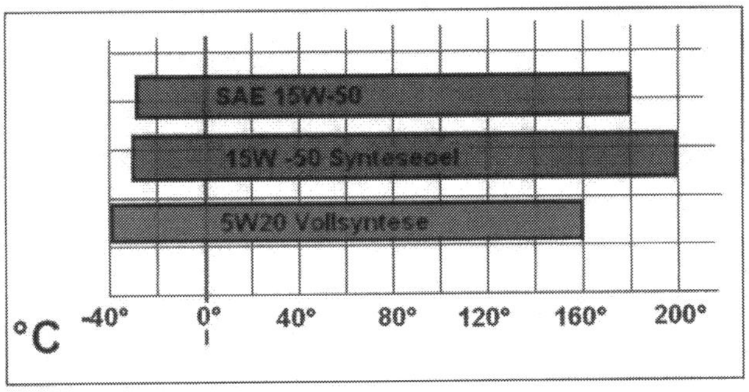

Zweitaktöle im Display

Auch das Zweitaktöl muss bestimmten, vom Hersteller vorgegebenen Eigenschaften entsprechen. Zwar wird es vom Zweitaktmotor verbraucht, aber der Füllstand im Tank sollte auch als Kontrollpunkt im Inspektionsplan zu finden sein. Aufgrund der Gemischpumpe und spezieller Eigenschaften, wie beispielsweise die, nur geringe Ablagerungen in der Auspuffanlage zu hinterlassen, darf nicht irgendein Öl gefahren werden. Auch sind die meisten selbstmischenden Öle, wie etwa solche für Kettensägen oder Motorboote, nicht für den Betrieb in der Getrenntschmierung des Motorrollers geeignet. Die Wahl sollte aber trotzdem nicht grundsätzlich auf das teuerste Öl fallen. In den meisten Fällen reicht ein halbsynthetisches Öl für Getrenntschmierung aus.

Bremsflüssigkeit und Siedepunkt

Die Bremsflüssigkeit ist zwar durch eine Gummimembran von der Außenluft gekapselt, aber diese Membran dient eher als Auslaufschutz beim Umkippen des Fahrzeugs. Die Luft kann durch die Membran hindurch trotzdem Kontakt mit der Bremsflüssigkeit bekommen. Problematisch ist die Luftfeuchtigkeit. Im Laufe der Zeit sammelt sich immer mehr Wasser in

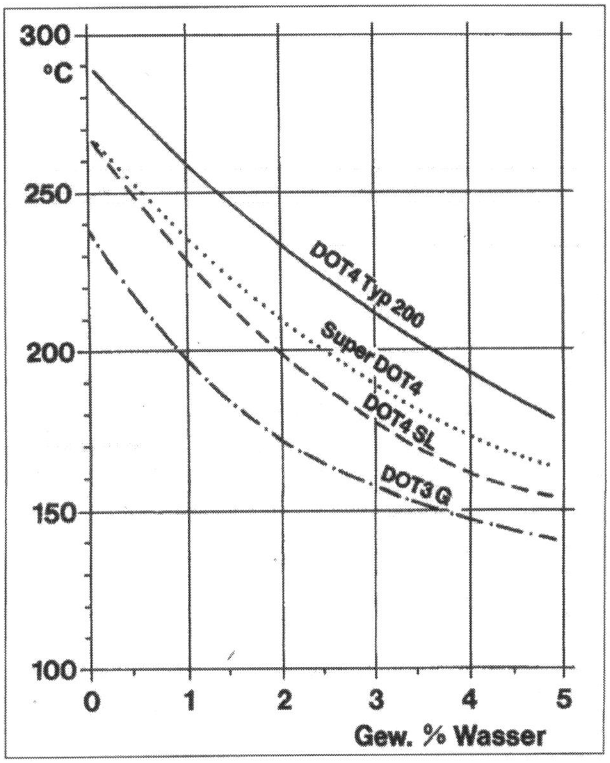

der Bremsflüssigkeit und setzt den Siedepunkt herunter. Das einzige Mittel dagegen ist der regelmäßige Wechsel der Flüssigkeit. Gleichzeitig wird das System durch die Spülung gereinigt.
Ähnlich verhält es sich mit der Kühlflüssigkeit. Sie muss den Dreck im Kühlsystem binden und die Bauteile des Kühlsystems vor Korrosion schützen. Die Kühlflüssigkeit besteht eben meist nicht nur aus Wasser. Bei den meisten Rennveranstaltern darf allerdings kein Frostschutz im Kühlsystem gefahren werden, da im Falle eines Falles die Umwelt gefährdet werden würde.

Filter

Sie haben eine sehr wichtige Aufgabe. Der Kraftstofffilter soll vermeiden helfen, dass Schmutz und Abrieb, der durchaus beim Tanken in den Tank gelangt, bis zum Vergaser vordringt. Teilweise verfügen die Benzinfilter auch über Behälter, in denen das Wasser im Kraftstoff abgeschieden wird. Ist das nicht der Fall, ruhig mal ab und an den Ablaufhahn am Vergaser öffnen, um eventuelle Wasseransammlungen aufzulösen.
Der Luftfilter soll das Eindringen von Partikeln in den Motor verhindern und so den Motor vor übermäßigem Verschleiß schützen.

Kontrollieren und Einstellen

Bisher konnten alle Prüfungen und Arbeiten ohne das Laufenlassen des Motors durchgeführt werden. Der Vorteil ist, dass die Motorteile noch nicht heiß sind und angefasst werden können.

500 km = Übergabeinspektion Alle anderen Inspektionen sind bei Erreichen von **weiteren 2.500 km** fällig. Alle **12 bzw. 24 Monate** fallen zusätzliche Arbeiten an. Bei geringen Laufleistungen ist die Inspektion für **5.000 km 1x / Jahr durchzuführen.**	**Bemerkung**	***Eingangsinspektion*** nach 1 Monat oder bei 500 km	***Die kleine Inspektion*** nach 6 Monaten oder 2.500 km	***Die Jahresinspektion*** nach 12 Monaten oder 5.000 km	***Die kleine Inspektion*** nach 18 Monaten oder 7.500 km	***Die Jahresinspektion*** nach 24 Monaten oder 10.000 km
Ölfiler	Siebfilter muss erst bei Beschädigung erneuert werden	R	R	R	R	R
Luftfilter	nach Bedarf (K+N) ISO VG150		R	R/W	R	R/W
Kraftstofffilter	6544-553	K	K	K	R	W

Filter: K = Kontrollieren, W = Wechseln, R = Reinigen, Ö = Ölen oder Schmieren

500 km = Übergabeinspektion Alle anderen Inspektionen sind bei Erreichen von **weiteren 2.500 km** fällig. Alle **12 bzw. 24 Monate** fallen zusätzliche Arbeiten an. Bei geringen Laufleistungen ist die Inspektion für **5.000 km 1x / Jahr durchzuführen.**	**Bemerkung**	***Eingangsinspektion*** nach 1 Monat oder bei 500 km	***Die kleine Inspektion*** nach 6 Monaten oder 2.500 km	***Die Jahresinspektion*** nach 12 Monaten oder 5.000 km	***Die kleine Inspektion*** nach 18 Monaten oder 7.500 km	***Die Jahresinspektion*** nach 24 Monaten oder 10.000 km
Variorollen	Siehe »Kapitel Reparaturen und Montagearbeiten«	R	K	K	K	K
Antriebsriemen			K	K	K	K
Zündkerze		K	K	W	W	W

Kontrollieren und Einstellen: K = Kontrollieren, W = Wechseln, R = Reinigen, Ö = Ölen oder Schmieren

Nun beginnt tatsächlich langsam die »heiße Phase«. Ab hier sollten die Prüfungen abgeschlossen sein, an denen ein direkter Kontakt mit dem Motor unvermeidlich ist.

Die Dichtheit

Durch die steigende Temperatur des Motors erhöht sich der Druck im Kühlsystem. Eventuelle Undichtheiten sind so wesentlich besser zu erkennen. Es sollte sowieso abgewartet werden, bis der Motor die Schalttemperatur des Lüftermotors erreicht hat.

Kontrolletti

Die Arbeiten auf der nächsten Seite können durchaus während der Warmlaufphase durchgeführt werden. Zumeist reicht ein Blick auf die entsprechenden Bauteile oder sie sind leicht zu erreichen und zu bedienen, während der Motor läuft. Somit sparen Sie nicht nur Zeit sondern erfassen die Funktionen »in Betrieb«. Achten Sie besonders auch auf die Dichtheit des Motors. Leckage sind in dieser Phase leicht zu erkennen. Unterbrechen Sie den Warmlauf sofort, wenn ein Fehler auftritt, und beheben Sie den Fehler zuerst. Setzen Sie dann den »Warmlauf« weiter fort.

500 km = Übergabeinspektion Alle anderen Inspektionen sind bei Erreichen von **weiteren 2.500 km** fällig. Alle **12 bzw. 24 Monate** fallen zusätzliche Arbeiten an. Bei geringen Laufleistungen ist die Inspektion für **5.000 km 1x / Jahr durchzuführen.**	**Bemerkung**	***Eingangsinspektion*** nach 1 Monat oder bei 500 km	***Die kleine Inspektion*** nach 6 Monaten oder 2.500 km	***Die Jahresinspektion*** nach 12 Monaten oder 5.000 km	***Die kleine Inspektion*** nach 18 Monaten oder 7.500 km	***Die Jahresinspektion*** nach 24 Monaten oder 10.000 km
Vergasereinstellung		K	K	K		
Zündungseinstellung	10° KW – 34°KW (Verstellung)	K	K K	K		
Batterieladung	13V-14,5V	K		K	K	

Die »heiße Phase«: K = Kontrollieren, W = Wechseln, R = Reinigen, Ö = Ölen oder Schmieren

500 km = Übergabeinspektion Alle anderen Inspektionen sind bei Erreichen von weiteren 2.500 km fällig. Alle **12 bzw. 24 Monate** fallen zusätzliche Arbeiten an. Bei geringen Laufleistungen ist die Inspektion für **5.000 km 1x / Jahr durchzuführen.**	**Bemerkung**	***Eingangsinspektion*** nach 1 Monat oder bei 500 km	***Die kleine Inspektion*** nach 6 Monaten oder 2.500 km	***Die Jahresinspektion*** nach 12 Monaten oder 5.000 km	***Die kleine Inspektion*** nach 18 Monaten oder 7.500 km	***Die Jahresinspektion*** nach 24 Monaten oder 10.000 km
Dichtheit Kraftstoffanlage		K	K	K	K	K
Dichtheit Olversorgung		K	K	K	K	K
Dichtheit Kühlmittel		K	K	K	K	K
Funktion des Thermostates Bei den wassergekühlten Fahrzeugen	Siehe Kapitel »Bauteile und Prüfungen« unter Kühlsysteme	K	K	K	K	K
Funktion des Lüftermotors Bei den wassergekühlten Fahrzeugen		K K	K K	K K	K K	K K

Die Dichtheit: K = Kontrollieren, W = Wechseln, R = Reinigen, Ö = Ölen oder Schmieren

500 km = Übergabeinspektion Alle anderen Inspektionen sind bei Erreichen von **weiteren 2.500 km** fällig. Alle **12 bzw. 24 Monate** fallen zusätzliche Arbeiten an. Bei geringen Laufleistungen ist die Inspektion für **5.000 km 1x / Jahr durchzuführen.**	**Bemerkung**	***Eingangsinspektion*** nach 1 Monat oder bei 500 km	***Die kleine Inspektion*** nach 6 Monaten oder 2.500 km	***Die Jahresinspektion*** nach 12 Monaten oder 5.000 km	***Die kleine Inspektion*** nach 18 Monaten oder 7.500 km	***Die Jahresinspektion*** nach 24 Monaten oder 10.000 km
Bremsbeläge vorne	min 1,5 mm		K	K	K	K
Bremsbeläge hinten	min 2,0 mm			K		K
Bowdenzüge	Zustand	Ö	K	Ö	K	Ö
Bremsleitungen	Zustand	K	K	K	K	K
Bremshebel	Schmieröl	Ö	K	Ö	K	Ö
Reifendruck		K	K	K	K	K
Reifenzustand	min 1,6 mm Profil					
Felgenzustand	Zustand	K	K	K	K	K
Tachoantrieb und Welle	Schmieröl	K	K		K	
Sitz der Schrauben	Siehe »Infoecke«	K	K		K	
Radlagerspiel	NL GI 1-2 Lagerfett Säurefrei	K	K	K	K	K
Spiel Lenksäule	NL GI 1-2 Lagerfett Säurefrei	K	K	K	K	K
Korrosionskontrolle	Zustand	K	K		K	
Elektrische Anlage	Funktionstest	K	K	K	K	K
Lichttest	Funktionstest	K	K	K	K	K
Lack und Oberfläche	Zustand	K	K	K	K	K

Kontroletti: K = Kontrollieren, W = Wechseln, R = Reinigen, Ö = Ölen oder Schmieren

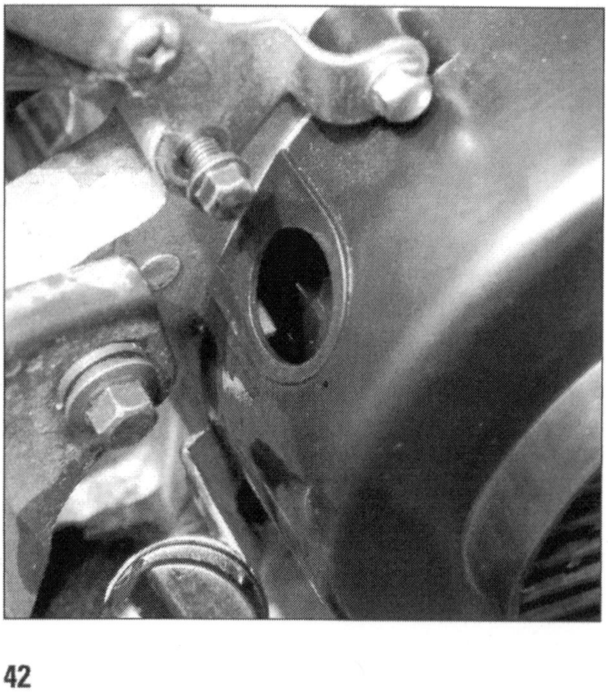

Oft lässt sich schon an den nicht mehr vorhandenen Staubspuren erkennen, ob der Zündzeitpunkt bei der Inspektion geprüft wurde. Defekte Steuergeräte verursachen gelegentlich durch falschen Zündzeitpunkt Motorschäden. Eine regelmäßige Prüfung muss sein und kann nicht schaden.

500 km = Übergabeinspektion Alle anderen Inspektionen sind bei Erreichen von **weiteren 2.500 km** fällig. Alle **12 bzw. 24 Monate** fallen zusätzliche Arbeiten an. Bei geringen Laufleistungen ist die Inspektion für **5.000 km 1x / Jahr durchzuführen.**	**Bemerkung**	***Eingangsinspektion*** nach 1 Monat oder bei 500 km	***Die kleine Inspektion*** nach 6 Monaten oder 2.500 km	***Die Jahresinspektion*** nach 12 Monaten oder 5.000 km	***Die kleine Inspektion*** nach 18 Monaten oder 7.500 km	***Die Jahresinspektion*** nach 24 Monaten oder 10.000 km
Befestigung Helmfach		NZ	K	NZ	K	NZ
Befestigung Sitzbank		NZ	K	NZ	K	NZ
Schrauben Trittbrett innen		NZ	K	NZ	K	NZ
Schrauben Trittbrett außen		NZ	K	NZ	K	NZ
Schrauben Beinschild innen		NZ	K	NZ	K	NZ
Schrauben Beinschild außen		NZ	K	NZ	K	NZ
Schäden an den Kunststoffteilen		K	K	K	K	K
Geräusche Stotterbremse		K	K	K	K	K
Lenkung Slalom		K	K	K	K	K
Tachoanzeige		K	K	K	K	K
Funktion aller Kontrollleuchten		K	K	K	K	K
Funktion aller Schalter		K	K	K	K	K
Höchstgeschwindigkeit		K	K	K	K	K
Leerlaufdrehzahl warm		K	K	K	K	K
Leerlaufdrehzahl kalt		K	K	K	K	K

Karosserie: K = Kontrollieren, W = Wechseln, R = Reinigen, Ö = Ölen oder Schmieren

Karosserie

Auch die Karosserie sollte bei einer Inspektion genauer unter die Lupe genommen werden. Fehlende oder lose Schrauben können leicht einen größeren Schaden verursachen und können sehr leicht entdeckt werden.

Achten Sie bei der Demontage sehr feinfühlig auf Befestigungsnasen und Gewindeeinsätze im Kunststoff. Oftmals muss es nicht einmal Fremdeinwirkung sein, die die Nasen und Gewindestücke zum Ausbrechen bringen. Gerade bei einigen chinesischen Modellen sitzen die Verkleidungsteile derart straff, dass schon die Belastung durch einen Beifahrer oder des Topcases die Nasen gelegentlich abbrechen lässt.

500 km = Übergabeinspektion Alle anderen Inspektionen sind bei Erreichen von **weiteren 2.500 km** fällig. Alle **12 bzw. 24 Monate** fallen zusätzliche Arbeiten an. Bei geringen Laufleistungen ist die Inspektion für **5.000 km 1x / Jahr durchzuführen.**	**Bemerkung**	***Eingangsinspektion*** nach 1 Monat oder bei 500 km	***Die kleine Inspektion*** nach 6 Monaten oder 2.500 km	***Die Jahresinspektion*** nach 12 Monaten oder 5.000 km	***Die kleine Inspektion*** nach 18 Monaten oder 7.500 km	***Die Jahresinspektion*** nach 24 Monaten oder 10.000 km
Anfahren Kupplung beurteilen		K	K	K	K	K
Reaktion Variomatik bergab		K	K	K	K	K
Reaktion Variomatik bergauf		K	K	K	K	K
Wirkung Hinterradbremse		K	K	K	K	K
Wirkung Vorderradbremse		K	K	K	K	K
Hebelweg Hinterradbremse		K	K	K	K	K
Hebelweg Vorderradbremse		K	K	K	K	K
Geräusche Stotterbremse		K	K	K	K	K
Lenkung Slalom		K	K	K	K	K
Tachoanzeige		K	K	K	K	K
Funktion aller Kontrollleuchten		K	K	K	K	K
Funktion aller Schalter		K	K	K	K	K
Höchstgeschwindigkeit		K	K	K	K	K
Vibrationsgeräusche am Fahrzeug						
Leerlaufdrehzahl warm		K	K	K	K	K
Leerlaufdrehzahl kalt		K	K	K	K	K

Probefahrt: K = Kontrollieren, W = Wechseln, R = Reinigen, Ö = Ölen oder Schmieren

500 km = Übergabeinspektion Alle anderen Inspektionen sind bei Erreichen von **weiteren 2.500 km** fällig. Alle **12 bzw. 24 Monate** fallen zusätzliche Arbeiten an. Bei geringen Laufleistungen ist die Inspektion für **5.000 km 1x / Jahr durchzuführen.**	**Bemerkung**	***Eingangsinspektion*** nach 1 Monat oder bei 500 km	***Die kleine Inspektion*** nach 6 Monaten oder 2.500 km	***Die Jahresinspektion*** nach 12 Monaten oder 5.000 km	***Die kleine Inspektion*** nach 18 Monaten oder 7.500 km	***Die Jahresinspektion*** nach 24 Monaten oder 10.000 km
Dichtheit Motor		K	K	K	K	K
Dichtheit Bremsanlage		K	K	K	K	K
Dichtheit Kraftstofftank		K	K	K	K	K
Dichtheit Kraftstoffanlage		K	K	K	K	K
Dichtheit Gemischölanlage		K	K	K	K	K
Dichtheit Stoßdämpfer		K	K	K	K	K
Sauberkeit des Fahrzeuges		K	K	K	K	K

Nach der Probefahrt: K = Kontrollieren, W = Wechseln, R = Reinigen, Ö = Ölen oder Schmieren

Probefahrt

Die Probefahrt dient nicht dazu, sich mit dem Fahrzeug fortzubewegen, sondern gibt dem Mechaniker die Möglichkeit die Funktionen und das Verhalten des Fahrzeugs und seiner Bauteile zu überprüfen. Fehlfunktionen können meist recht gut erkannt werden. Die Belastungen, die auf das Fahrzeug bei der Probefahrt einwirken, sind sicherlich in einigen Punkten härter als die Belastungen, die das Fahrzeug im Alltag zu bestehen hat. Trotzdem sollte die Probefahrt immer unter dem Aspekt der größtmöglichen Sicherheit und Sorgfalt durchgeführt werden, um Unfälle oder Schäden zu vermeiden.

Nach der Probefahrt

Natürlich muss man zum Abschluss jeder Inspektion dem Roller die erfolgreiche Wartung auch ansehen, er sollte daher entsprechend sauber da stehen. Die Reinigung zumindest von dem Schmutz und den Fingerabdrücken, die durch die Arbeit entstanden sind, gehört zu einer guten Arbeit dazu.
Eventuell fallen Probleme oder Fehler durch die Inspektion auf. Diese Reparaturen oder Nachbesserungen sollten umgehend erfolgen, um die Betriebssicherheit und den Wert des Fahrzeugs möglichst lange zu erhalten.

Wartungsdaten-Sammlung

Information über	China Roller	Minarelli und Nachbauten
Getriebeöl Füllmenge	SAE 75W90 0,11 l	SAE 20W40 0,11l
Motorölfüllmenge	(0,8 l Wechsel) 1,0 l Neubefüllung	Nicht vorhanden
Gabelölfüllmenge	SAE 10 (75 mm unter Oberkante)	SAE 30 0,048l
Ölfilter	Sieb	Nicht vorhanden
Luftfilter	Schaumelement	Schaumelement
Benzinfilter	7 mm	7 mm
Reifendruck	2,2 – 2,5 Bar	1,6 – 1,8 Bar
Batterie	YTX4L-BS, YTX5L-BS, YTX7L-BS	Y4-LBS, YTX4L-BS
Anfahrdrehzahl	3000 1/min	3000 1/min – 3600 1/min
Variorollen	15x12x5,5 (16x13x8,5)	15x12x6,5
Bremsbelagstärke VA	mind. 4,50 mm (mit Belagträger)	mind. 4,50 mm (mit Belagträger)
Bremsbelagstärke HA	mind. 3,60 mm (mit Belagträger)	mind. 3,60 mm (mit Belagträger)
Dicke Scheibenbremse	mind. 3,30 mm	3 mm
Zündzeitpunkt	18° vor OT	14° vor OT / 5000 1/min
Zündkerze	NGK C7 HSA	NGK BR7 HS, NGK BR6 HS,
CO-Wert Leerlauf	1 – 3 Vol%	2 – 4,5 Vol%
Leerlaufdrehzahl	1800 1/min +/- 300 1/min	1800 1/min +/- 100 1/min
Kerzenabstand	0,7 mm	0,6 mm – 0,7 mm
Zylinderdurchmesser	39,00 mm – 39,02	39,99 mm – 40,01 mm
Kolbenring Höhenspiel	0,03 mm – 0,05 mm	0,03 mm – 0,05 mm
Kolbenring Stoßspiel	0,1 mm – 0,15 mm	0,15 mm – 0,35 mm
Kolbendurchmesser	38,98 mm – 39,00 mm	39,95 mm – 39,97 mm
Laufspiel Kolben/Zylinder	0,02 mm – 0,045 mm	0,034 mm – 0,047 mm
Druckverlust	5 – 10%	Messung nicht möglich
Kompressionsdruck	8 bar – 11 Bar	7 – 8 Bar (Verschleißende 5 Bar)
Kurbelgehäuse Innendruck	0,1 – 0,7 bar (Leerlauf 1 min)	Messung nicht möglich
Nockenhöhe EV + AV	25,73 mm	Nicht vorhanden
Ventilspiel Einlassventil	0,08 mm	Nicht vorhanden
Ventilspiel Auslassventil	0,09 mm	Nicht vorhanden

Reparaturen und Montagearbeiten

Dieses Kapitel befasst sich mit den manuellen Arbeiten an den Motorrollern. Die Arbeiten an den Viertaktern und den Zweitaktmodellen unterscheiden sich zwar in einzelnen Arbeitsschritten. Ab und an sieht ein Bauteil oder eine Befestigung mal anders aus, im Wesentlichen aber bleiben die Arbeitsschritte gleich. Insofern kann die Vorgehensweise exemplarisch vorgestellt werden. Natürlich werden wir die Besonderheiten der Fahrzeuge im Einzelnen aufzeigen und auch besondere Vorgehensweisen und Hinweise deutlich kennzeichnen.

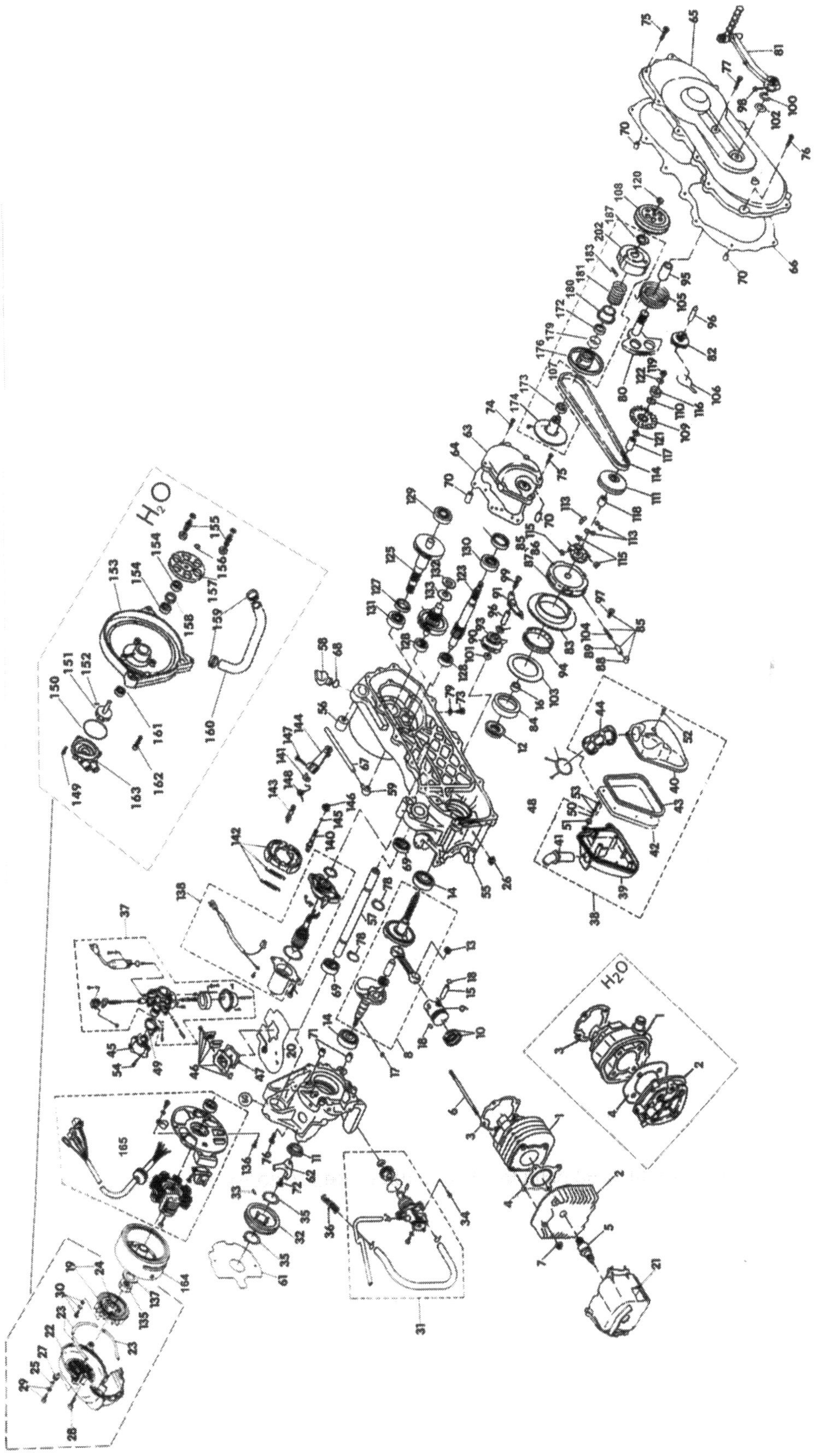

Rollermotor Zweitakt in Teilen.

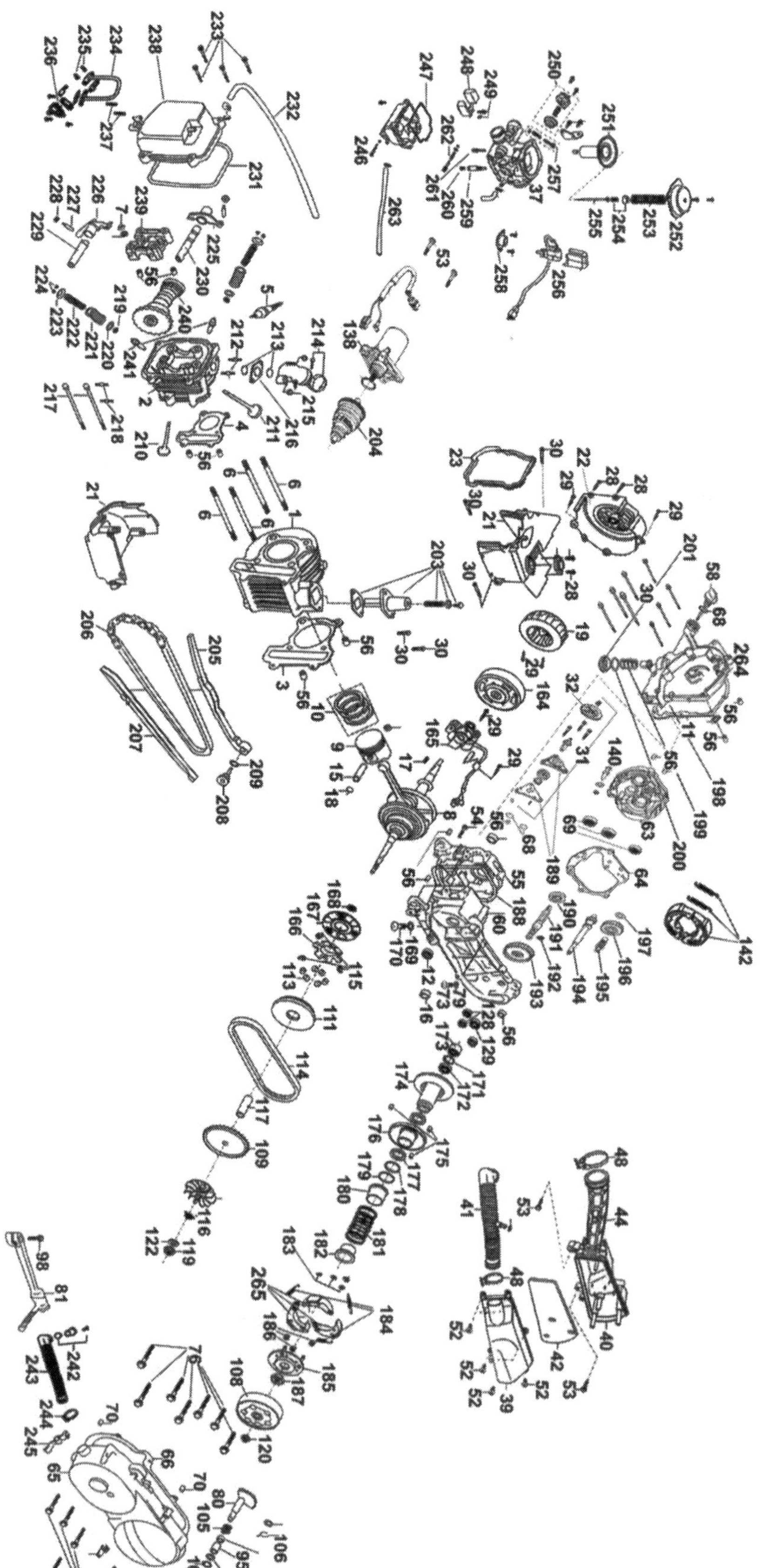

Rollermotor Viertakt in Teilen.

1 Zylinder, 2 Zylinderkopf,
3 Zylinderfußdichtung,
4 Zylinderkopfdichtung,
5 Zündkerze,
6 Zylinderstehbolzen,
7 Zylinderkopfmutter,
8 Kurbelwelle komplett,
9 Kolben, 10 Kolbenringsatz,
11 Simmering, rechts,
12 Simmering, links,
13 Pleuellager oben,
14 Kugellager Kurbelwelle,
15 Kolbenbolzen,
16 Büchse Kurbelwelle,
17 Scheibenfeder,
18 Sicherungsring Kolbenbolzen,
19 Lüfterrad,
20 Schmutzfänger,
21 Abdeckhaube Zylinder,
22 Lüfterdeckel,
23 Gummidichtung,
24 Buchse, 25 Buchse,
26 Gummiführung,
27 Durchgangstülle,
28 Blechschraube,
29 Flachkopfschraube mit Scheibe,
30 Flachkopfschraube mit Scheibe,
31 Ölpumpe komplett,
32 Pumpenantriebsrad,
33 Passstift,
34 Flachkopfschraube,
35 Sicherungsring,
36 Druckfeder,
37 Vergaser komplett,
38 Luftfilter komplett,
39 Luftfiltergehäusedeckel,
40 Luftfiltergehäuse,
41 Luftfilteransaugrohr,
42 Luftfiltereinsatz,
43 Luftfilterdichtung,
44 Ansaugkrümmer,
45 Ansaugstutzen,
46 Einlassmembrane komplett,
47 Dichtung,
48 Klemmschelle,
49 Schlauchschelle,
50 Buchse,
51 Durchgangstülle,
52 Blechschraube,
53 Flachkopfschraube mit Scheibe,
54 Schraube,
55 Kurbelgehäuse links,
56 Führungsbuchse,
57 Motorlager Abstandsrohr,
58 Öleinfüllstutzen,
59 Entlüftungsstutzen,
60 Kurbelgehäuse rechts,
61 Statordichtung,
62 Halter,
63 Getriebedeckel,
64 Getriebedeckeldichtung,
65 Variomatikgehäusedeckel,
66 Variomatikgehäusedeckeldichtung,
67 Entlüfterschlauch,
68 O-Ring,
69 Radialkugellager,
70 Führungshülse,
71 Führungshülse,
72 Flachkopfschraube,
73 Schraube, 74 Schraube,
75 Schraube, 76 Schraube,
77 Schraube,
78 Sicherungsring,
79 Kupferdichtscheibe,
80 Kickstarterwelle,
81 Kickstarterhebel,
82 Kickstarterrad,
83 Starterrad,
84 Zahnradnabe,
85 Anlasserfreilauf,
86 Lagerung Freilauf,
87 Gehäuse Freilauf,
88 Sperrrolle,
89 Führungshülse,
90 Umsetzerrad Anlasser/Freilauf,
91 Lagerung Umsetzerrad,
92 Umsetzerrad komplett,
93 Nadellager für Umsetzerrad,
94 Nadellager für Freilauf,
95 Kickstarterwellenbüchse,
96 Umsetzerwelle,
97 Blechschraube,
98 Sechskantschraube,
99 Flachkopfschraube,
100 Flachkopfschraube,
101 Distanzscheibe,
102 Distanzscheibe,
103 Distanzscheibe,
104 Sechskantfeder,
105 Torsionsfeder,
106 Ausrückerklammer,
107 Fliekraftkupplung,
108 Kupplungsglocke,
109 feste Riemenscheibe,
110 Klauenunterlegscheibe,
111 bewegliche Riemenscheibe,
112 Gegenscheibe Variator,
113 Variomatikrollen,
114 Antriebsriemen,
115 Führungsstücke,
116 Kickstarterantriebsrad,
117 Buchse, 118 Buchse,
119 Sechskantmutter,
120 Sechskantmutter,
121 Tellerscheibe,
122 Konische Federscheibe,
123 Getriebeeingangswelle,
124 Zwischenrad,
125 Getriebeausgangswelle,
126 Simmering,
127 Simmering,
128 Radialkugellager,
129 Radialkugellager,
130 Radialkugellager,
131 Radialkugellager,
132 Tellerscheibe,
133 konische Federscheibe,
134 Generator,
135 Sechskantmutter,
136 Flachkopfschraube,
137 Tellerscheibe,
138 Anlasser,
139 Flachkopfschraube,
140 Drehzapfen,
141 Bremsbelaganzeige,
142 Bremsbackensatz,
143 Bremsnocken,
144 Bremsnockenhebel,
145 O-Ring,
146 Flanschmutter,
147 Sechskantschraube,
148 Torsionsfeder,
149 Schraube,
150 O-Ring Wasserpumpe,
151 Wasserpumpenrad,
152 Stift Wasserpumpe,
153 Gehäusedeckel,
154 Lager Wasserpumpe,
155 Antriebsstift Polrad,
156 Sicherungsring Wasserpumpe,
158 Distanzring Wasserpumpe,
159 Schelle,
160 Kühlschlauch,
161 Wasserpumpensimmering,
162 Gehäuseschraube,
163 Gehäuse Wasserpumpe,
164 Rotor,
165 Generator,
166 Gegenscheibe,
167 Abdeckung Variator,
168 Distanzscheibe,
169 Dichtring,
170 Ölablassschraube,
171 Sicherungsring,
172 Kugellager,
173 Nadellager,
174 Feste Ausgleichsscheibe,
175 Führungsbolzen,
176 Bewegliche Ausgleichsscheibe,
177 Dichtring,
178 Sicherungsring,
179 Dichtring,
180 Abdeckhülse,
181 Ausgleichsfeder,
182 Lagerhülse,
183 Sicherungsclips,
184 Kupplungsfedern,
185 Kupplungsträgerplatte,
186 Hülsen,
187 Befestigungsmutter Kupplung,
188 Motorgehäusedichtung mitte,

189 Ölpumpengehäuse,
190 Dichtring,
191 Welle,
192 Anlaufscheibe,
193 Zahnrad Sekundärwelle,
194 Primärwelle,
195 Vorgelegewelle,
196 Vorgelegerad,
197 Scheibe,
198 Ölfiltersieb,
199 Andruckfeder Ölfiltersieb,
200 O Ring,
201 Verschlussschraube,
202 Kupplungsträger komplett,
203 Kettenspanner mit Feder und Dichtung,
204 Anlasserfreilauf mit Untersetzung,
205 Laufschiene Steuerkettenspanner,
206 Steuerkette,
207 Laufschiene Kettenführung,
208 Lagerschraube Laufschiene,
209 Dichtring,
210 Einlassventil,
211 Auslassventil,
212 Gewindebolzen Ansaugkrümmer,
213 O-Ring,
214 Ansaugkrümmer mit Schelle,
215 Befestigungsmuttern Ansaugkrümmer,
216 Isolatorplatte,
217 Befestigungsschrauben Steuerkettenkasten,
218 Auslasskrümmerbolzen,
219 Ventilschaftdichtung,
220 Federsitzring,
221 Ventilfeder außen,
222 Ventilfeder innen,
223 Ventilfederteller,
224 Klemmstücke,
225 Kipphebel Einlassventil,
226 Kipphebel Auslassventil,
227 Einstellgewinde Ventilspiel,
228 Kontermutter,
229 Kipphebelwelle Auslassventil,
230 Kipphebelwelle Einlassventil,
231 Ventildeckeldichtung,
232 Motorentlüftungsschlauch,
233 Schrauben Ventildeckel,
234 Anschluss Sekundärluftsystem,
235 Befestigungsmuttern Sekundärluftsystem,
236 Steuerventil Sekundärluftsystem,
237 Gewindebolzen Sekundärluftsystem,
238 Ventildeckel,
239 Kipphebellagerbock,
240 Nockenwelle,
241 Ventilschaftführung,
242 Luftfilterstück mit Schellen,
243 Luftschlauch,
244 Schelle,
245 Halter Bremszug hinten,
246 Schwimmerkammer mit Ablaufhahn,
247 Schwimmerkammerdichtung,
248 Schwimmer,
249 Schwimmernadel,
250 Leerlaufstabilisierung Membrane,
251 Schieber Membrane,
252 Deckel Schieberturm,
253 Schieberfeder,
254 Schiebernadelsicherung mit Feder,
255 Schiebernadel,
256 Chokeventil mit Abdeckkappe,
257 Leerlaufdrehzahlschraube,
258 Halter Chokeventil,
259 Mischrohr Hauptdüse,
260 Hauptdüse,
261 Leerlaufdüse,
262 Leerlaufgemischschraube mit Feder und Dichtung,
263 Vergaser Ab- und Überlaufschlauch,
264 Gehäusedeckel rechts,
265 Kupplungsbacken

Motor und Antrieb

In diesem Unterkapitel werden die Arbeiten rund um den Motor genauer betrachtet. Hier werden die wichtigsten Montage- und Demontagearbeiten am Motor beschrieben.

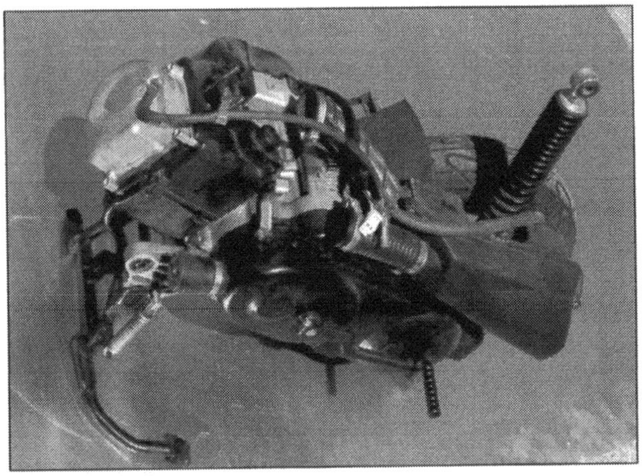

Rollermotor Viertakt.

Rollermotor Zweitakt.

Ausbau des Motors

Der Ausbau des gesamten Triebwerks erscheint zuerst einmal sehr aufwendig. Tatsächlich sind die erforderlichen Arbeiten eigentlich gar nicht aufwendig und lassen sich in der Regel auch durch einen durchschnittlichen Schrauber gemütlich in einer halben bis dreiviertel Stunde erledigen.
Einige Arbeitsschritte sollten aber für einen reibungslosen Ablauf vorbereitet werden:

Werkzeug und Material bereitlegen

Hebegerät oder geeigneter Halter, um den Roller zu befestigen
Spanngurte
Kästchen und Kiste für Schrauben und demontiertes Material
Ratschenkiste
Ringschlüsselsatz

Vorbereitungen vor der Arbeit

Roller auf den Hauptständer stellen
Hubvorrichtung vorbereiten

■ Lösen Sie den hinteren Bremszug von der Antriebseinheit. Bei Modellen mit hydraulischen Bremsanlagen sollte der Bremssattel mit der Leitung abgebaut werden. Wenn Sie die Bremsleitung nicht öffnen, können Sie sich die Arbeit zum Bremsenentlüften in diesem Fall ersparen.

■ Demontieren Sie den Masseanschluss der Batterie und isolieren Sie ihn mit einem Schlauchstück 10 mm durch einfaches Aufschieben.
Schrauben Sie die Trittbrettverkleidungen seitlich ab.

■ Demontieren Sie das Helmfach. Unter dem Helmfach finden sich die Verkabelung des Motors und beim Zweitakter der Zulaufschlauch vom Gemischöltank zur Gemischpumpe.

■ Demontieren Sie den Vergaser beim Zweitakter mit dem kompletten Luftfilter. Beim Viertakter reicht es aus den Ansaugstutzen sowie die Schelle zum Luftfilter zu lösen. Kraftstoffschlauch und Gaszug können so weiterhin montiert bleiben. Der Zulaufschlauch vom Gemischöltank beim Zweitakter wird am (meist) verbauten Filter abgezogen und mit einer 6-mm-Schraube in Richtung des Gemischöltanks sicher verschlossen.

■ Ziehen Sie die Stecker der Motorverkabelung ab. Ein Vertauschen der Kabel ist an sich nicht möglich, da sie farblich gekennzeichnet sind und zudem der Zentralstecker vertauschungssicher verbaut ist.

■ Ziehen Sie die Pluszuleitung zum Anlasser im Bereich des Helmfaches ab. Bei einigen Modellen findet sich im Bereich des Variomatikdeckels noch ein Masseanschluss. Dieser Anschluss muss ebenfalls demontiert werden.

■ Ziehen Sie auch den Zündkerzenstecker ab.

Bei den wassergekühlten Motoren müssen jetzt die Kühlschläuche gelöst werden. Zweckmäßigerweise wird zuerst der tiefer liegende Schlauch an der Wasserpumpe demontiert. Hier wird schon eine geringe menge Kühlflüssigkeit austreten. Um die Kühlflüssigkeit kontrolliert auslaufen zu lassen, wird erst jetzt der Deckel des Kühlwasserbehälters langsam geöffnet. Um nicht die halbe Werkstatt unter Wasser zu setzen, sollte auch nach dem Ablaufen noch etwas gewartet werden, bis auch der letzte Rest des Kühlwassers herausgetropft ist.
VORSICHT: Bei einigen luftgekühlten Zweitakt-Nachbaumotoren ist ein zusätzlicher Gaszug für die Gemischpumpenansteuerung verbaut. In diesem Fall muss zuerst die Gebläseabdeckung entfernt werden, um den Zug an der Gemischpumpe auszuhängen. Nachdem nun die Versorgung des Motors demontiert ist, wird der Motor lediglich im vorderen Führungslager und am hinteren Stoßdämpfer gehalten.

■ Lösen Sie die Stoßdämpferverschraubung am Rahmen oder am Motor (je nachdem, wo Sie besser dran kommen!)

■ Lösen Sie die Motorlagerverschraubung am Rahmen.

■ Ziehen Sie die Schraube der Motorlagerung vorne sowie die Schraube des Stoßdämpfers hinten heraus. Für die weiteren Montagearbeiten kann der Motor auf einer Werkbank nun besser bearbeitet werden.

Eine Möglichkeit, den Roller auch ohne Aggregat sicher abzustellen, ist, ihn auf zwei Pflastersteine mit dem Aufnahme-Ösen für den Motor zu parken.

Bauteil	Bemerkung	Anzugs-drehmoment
Stoßdämpferschraube oben	M10x1	38–42 Nm
Stoßdämpferschraube unten	M10x1	30–35 Nm
Verschraubungen Motorlager	M10x1,5	45–50 Nm

Nun wird der Roller an einer geeigneten Aufhängung mit den Spanngurten fixiert und gerade soviel angehoben, dass der Hauptständer des Fahrzeugs den Boden noch berührt. Nun wird der Motor gelöst und entnommen.

Demontage der Zylinder

Wie schon beim Ausbau der Motoren beschrieben, unterscheiden sich zwar die erforderlichen Arbeiten kaum, aber hier werden schnell einige Besonderheiten der unterschiedlichen Motorkonzepte deutlich. Auch hier werden wir alle Besonderheiten hervorheben und wichtige Arbeitsvorgänge sowie Informationen an der entsprechenden Stelle offen legen.

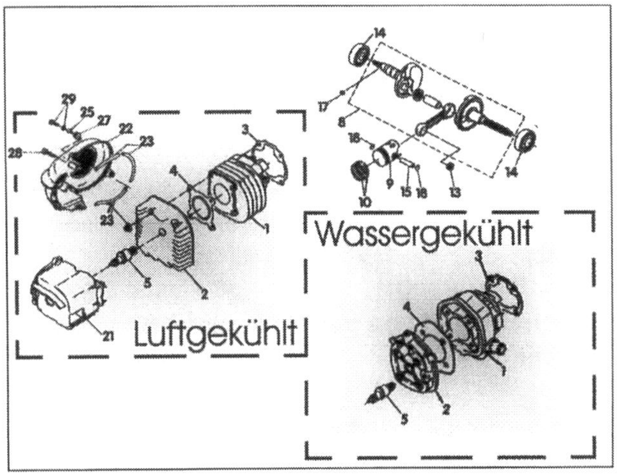

Demontageübersicht Zweitaktmotor.

Werkzeug und Material bereitlegen

Ein flacher Eimer, um ca. 3 l Kühlflüssigkeit aufnehmen zu können
4-mm-Inbusschlüssel
5-mm-Inbusschlüssel
Seegeringzange
Schlitzschraubendreher ca. 5-mm-Klinge
Ratschennuss oder Durchschlag mit ca. 10 mm bei den Zweitaktmotoren und 12 mm Außendurchmesser **bei den Viertaktmotoren**
Hammer
Fett

Vorbereitungen vor der Arbeit

Motor auf einer Werkbank platzieren
Montagekästchen zur Schraubenablage bereitstellen

Demontage des Zylinderkopfes

■ Demontieren Sie den Generator (wird im Arbeitsschritt »Generator ausbauen« näher beschrieben).

■ Demontieren Sie den Variomaten (wird im Arbeitsschritt »Arbeiten an der Variomatik« näher beschrieben).

■ Demontieren Sie die Auspuffanlage.

Beim Viertaktmotor
■ Lassen Sie das Motoröl ab.

■ Demontieren Sie die Leitbleche für die Kühlluft.

■ Schrauben Sie den Ventildeckel ab.

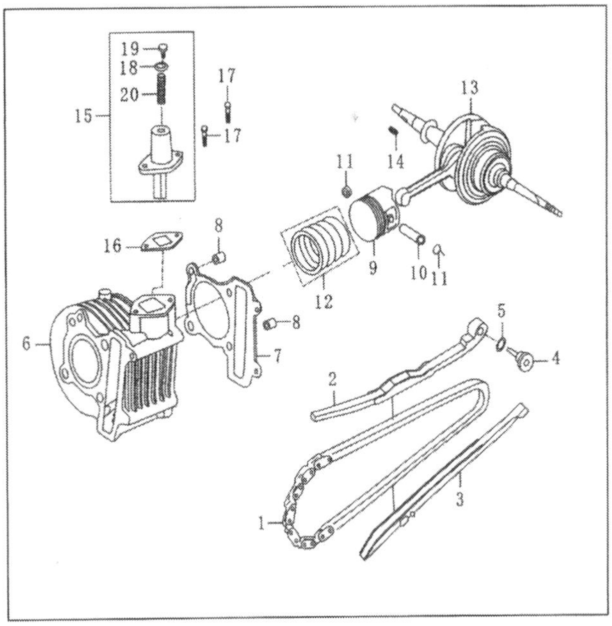
Demontageübersicht Viertaktmotor.

■ Lösen Sie das Sekundärluft-Röhrchen am Ventildeckel (soweit verbaut).

■ Schrauben Sie den Ventildeckel ab.

■ Drehen Sie den Motor auf OT. Am Nockenwellenrad steht dann die große Bohrung nach vorne und die beiden kleinen Bohrungen stehen parallel zur Zylinderkopfkante.

■ Lösen Sie die 10er-Schraube auf dem Steuerkettenspanner.

■ Demontieren Sie den Kettenspanner und nehmen Sie ihn heraus.

■ Demontieren Sie die Zylinderkopfmuttern und nehmen Sie den Kipphebelträger ab.

■ Nehmen Sie die Nockenwelle aus der Steuerkette heraus. Sichern Sie die Steuerkette mit einem Kabelbinder. So kann Sie nicht in den Motor hineinrutschen.

■ Demontieren Sie die beiden Schrauben im Nockenwellenkasten.

■ Ziehen Sie den Zylinderkopf ab. Nach dem Abnehmen der Zylinderkopfdichtung kann die erste Kettenführungsschiene herausgenommen werden.

■ Ziehen Sie nun den Zylinder ab. Achten Sie darauf, ob die Kolbenringöffnungen ca. 120° versetzt verbaut wurden. Stehen diese übereinander, lässt sich leicht ein Ölverbrauch mit diesem Montagefehler erklären.

Beim Zweitaktmotor

■ Demontieren Sie die Leitbleche für die Kühlluft.

■ Drehen Sie den Motor auf OT.

■ Lösen Sie die 10er-Schraube auf dem Steuerkettenspanner.

■ Demontieren Sie die Zylinderkopfmuttern.

■ Ziehen Sie den Zylinderkopf ab.

■ Nehmen Sie die Zylinderkopfdichtung heraus.

■ Ziehen Sie nun den Zylinder ab.

Beide Motorkonzepte

■ Stecken Sie einen Lappen in das Kurbelgehäuse des Motors. Somit wird verhindert, dass ein Kolbenclips oder andere Bauteile unbeabsichtigt im Motorblock verschwinden.

■ Demontieren Sie einen Kolbenclips. Nehmen Sie die Seite, an die Sie am besten heran kommen.

■ Drücken Sie den Kolbenbolzen aus dem Kolben heraus.

■ Nehmen Sie den Kolben ab. Beim Zweitaktmotor ist der Kolbenbolzen im Pleuel in einem Nadellager gelagert. Der Viertaktmotor ist hier gleitgelagert. Reinigen Sie die demontierten Teile gründlich von Dichtungsresten und Verschmutzungen.

■ Die Montage erfolgt sinngemäß in umgekehrter Reihenfolge.

■ Prüfen Sie grundsätzlich, ob alle Teile, die Sie wieder verwenden möchten, in Ordnung sind. Sie ersparen sich so unnötige Montagearbeiten und den einen oder anderen Euro für das Montagematerial.

■ Sorgen Sie dafür, dass beim Viertaktmotor die Kolbenringe um jeweils 120° verdreht werden.

■ Achten Sie beim Zweitaktmotor darauf, dass die Kolbenringe sauber neben den Ringnasen liegen.

■ Legen Sie eine neue Zylinderfußdichtung ein.

■ Drücken Sie die Ringe mit den Fingern zusammen und schieben Sie den Zylinder auf den montierten Kolben auf.

Bauteil	Bemerkung	Anzugsdrehmoment
Generator Sicherungsschraube	M10x1	38 Nm
Variator Sicherungsschraube	M10x1	38 Nm
Deckelschrauben Motorblock	M6x1,5	8–12 Nm
Kunststoffschrauben Luftleitbleche	Blechschrauben	1,5 Nm
Zylinderkopfschrauben Viertakter	M7	20 Nm
Zylinderkopfschrauben Zweitakter	M6	20 Nm
Ventildeckel Schrauben	M6	8–12 Nm
Sekundärluftsystem Muttern	M6	8–12 Nm
Variomatik Mutter Kupplungsglocke	M10x1	38 Nm

Aus- und Einbau der Kurbelwelle

Um die Kurbelwelle ausbauen zu können, müssen die Motorblockhälften getrennt werden. Hierzu muss zuerst der Generator und die Variomatik wie schon beschrieben ausgebaut werden. Zusätzlich müssen der Hauptständer und die Ansaugstutzen sowie der Membranblock demontiert werden.

Werkzeug und Material bereitlegen

4 mm-Inbusschlüssel
5 mm-Inbusschlüssel
Seegeringzange
Schlitzschraubendreher ca. 5-mm-Klinge
Ratschennüsse oder einen Durchschlag (passend auf die Lager und Simmeringe)
Hammer
Fett
Kältespray
Heißluftfön
Kunststoffhammer
Dichtmasse
Handschuhe
Multimeter mit Temperaturmessung oder Temperaturmesser
Dachlattenstücke, um den Motor in Seitenlage unterbauen zu können

Vorbereitungen vor der Arbeit

Motor auf einer Werkbank platzieren
Montagekästchen zur Schraubenablage bereitstellen

Kurbelwelle Zweitakt- und Viertaktmotor.

Ausbau

Zweitaktmotor

■ Lösen Sie die Blockschrauben und drehen Sie sie heraus.

■ Drücken Sie den Motorblock auseinander. Hierzu ist ein spezieller Abzieher hilfreich, der auf dem Gehäuse verschraubt wird und dann die Kurbelwelle heraus drückt.

Lösen der Blockschrauben.

Kurbelwellen Ausdrücker.

■ Schlagen Sie die im Motorblock verbliebenen Kurbelwellenlager mit einer passenden Ratschennuss aus dem jeweiligen Gehäuse heraus.

■ Drücken Sie die Kurbelwellensimmeringe von innen nach außen heraus.

In der Regel verbleiben die Lager im Motorgehäuse und müssen dann gesondert mit einem Durchschlag oder eben einer passenden Ratschennuss herausgeschlagen werden. Lager, die auf der Kurbelwelle sitzen, müssen mit einem speziellen Lagerabzieher abgezogen werden. Die Lager mit Hammer und Meißel von der Kurbelwelle zu schieben, bedeutet zwei Risiken für die Kurbelwelle: Die Welle kann durch den Meißel beschädigt werden oder sie kann durch die Hammerschläge verzogen werden.

Einbau

Vor der Montage von Kurbelwelle und Motorblock sollten alle Bauteile gründlich gereinigt und die Dichtungsreste entfernt werden.

■ Um die Kurbelwellenlager bei der Montage nicht zu beschädigen, wird der Motorblock soweit erwärmt, dass sich die Lagerbohrung aufweitet. Bei ca. 90–95°C kann das Kurbelwellenlager einfach mit der Hand eingeschoben werden. Die Hand sollte man mit einem Leder- oder Textilhandschuh schützen, um keine Verbrennungen zu erleiden. Die Temperatur lässt sich sehr einfach mit dem Multimeter erfassen und überwachen.

■ Nachdem beide Motorblockhälften mit den neuen Lagern versehen worden sind, werden die neu eingebauten

Wärmedehnung ausnutzen.

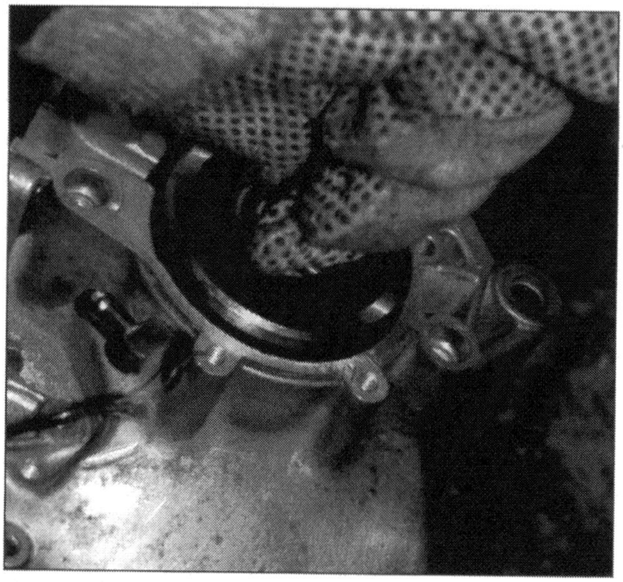

Kurbelwelle einsetzen.

Dichtmasse auftragen.

Block verschrauben.

Lager auf ca. 90–95 °C erwärmt. Die Lager dehnen sich unter der heißen Luft aus und ermöglichen die Kurbelwelle von Hand einzusetzen. Wichtig hierbei: Einbaurichtung beachten!! (Lichtmaschinen Seite → Keilnut, Variomatikseite → geriffelt!!) Am einfachsten ist es, wenn man zuerst die Variomatikseite erwärmt und dann die Kurbelwelle auch in diese Seite einbaut.

■ Bevor die zweite Blockhälfte erwärmt und aufgesetzt wird, muss die Dichtmasse auf die bereits vormontierte Blockhälfte aufgetragen werden. Wichtig hierbei ist, eine Dichtmasse zu wählen, die druck-, temperatur- und benzinfest ist. Zumeist sind sie auf Silikonbasis hergestellt.

■ Sobald das Lager und der Motorblock die Temperatur erreicht haben, werden die beiden Motorblöcke zusammen geschoben und verschraubt. Die Wartezeit nach dem Erwärmen muss sehr kurz gehalten werden. Auch das eigentliche Einschieben der »kalten« Bauteile, wie der Kurbelwelle und den Lagern, muss sehr zügig und am besten mit einem Ruck erfolgen, da die Temperatur des Blocks schnell an die zu montierenden Bauteile abgegeben wird.

■ Zu guter Letzt müssen die Überstände der Dichtmasse entfernt oder verstrichen werden. Gerade im Bereich des Kurbelgehäuses und im Einlass können sie stören. Es sollte auf jeden Fall kontrolliert werden, ob die Kurbelwelle ohne Simmeringe leichtgängig ist. Falls nicht, kann mit einem leichten Setzschlag auf die beiden Wellenseiten nachgeholfen werden.

■ Abschließend müssen noch die Kurbelwellensimmeringe eingesetzt werden. Die beiden Kurbelwellenseitenlager müssen auf jeden Fall ersetzt werden.

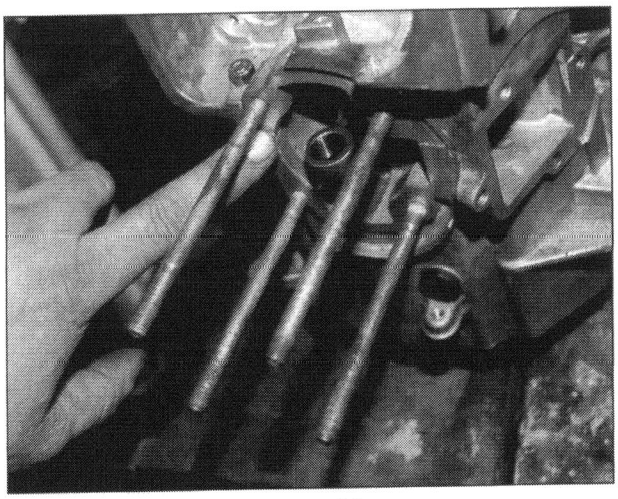

Dichtmasse gründlich verstreichen.

Viertaktmotor

Hier ist ein deutlicher Unterschied zum Zweitaktmotor festzustellen. Die Erwärmung der Blockteile und der Lager entfällt vollständig. Obwohl Sie das sicherlich nicht so erwarten, ist die Montagearbeit so um einiges einfacher als beim Zweitaktmotor. Die Dichtungen sind grundsätzlich aus Papier. Der Block besteht aus drei Teilen. Hinter dem äußeren Deckel befinden sich die Ölpumpe und ihr Antrieb.

■ Der Generator und die Variomatik muss, wie schon beschrieben, ausgebaut werden. Zusätzlich müssen der Hauptständer und seine Befestigungen demontiert sein.

■ Lösen Sie die Blockschrauben und drehen diese heraus.

■ Ziehen Sie nun den Motorblockdeckel ab, an dem der Generator befestig war.

Blockschrauben entfernen …

… Deckel abnehmen.

■ Drehen Sie die Befestigungsschraube des Ölpumpenrades aus Kunststoff heraus und nehmen Sie das Ritzel ab.

■ Demontieren Sie nun die Ölpumpe und die beiden Dichtringe zum Motorblock.

■ Lösen Sie die verbliebene Schraube des Motorblocks und drehen Sie diese heraus.

■ Demontieren Sie die Halterungsschraube der Kettenführung und ziehen Sie diese aus dem Motorblock.

■ Legen Sie nun den Motorblock auf die Generatorseite und legen Sie die Steuerkette mit Hilfe eines Schraubendrehers um das Kettenritzel so herum, dass die Kette das Ritzel nicht mehr berühren kann.

■ Ziehen Sie nun den Block auseinander. Hilfreich können durchaus leichte Schläge mit dem Kunststoffhammer sein, um die Passhülsen zu lockern und die aneinanderhaftende Block- Papierdichtungskombination zu trennen.

■ Nehmen Sie die Kurbelwelle heraus. Die Welle ist tatsächlich nicht eingepresst und lässt sich in der Regel einfach aus den Lagersitzen herausziehen. Der Lagerwechsel ist nicht vorgesehen, da die Abtriebsritzel für Steuerkette und Ölpumpe fest verpresst worden sind.

■ Schlagen Sie die Kurbelwellensimmeringe von innen nach außen heraus.

Die Schrauben müssen raus, dann kann sie abgenommen werden.

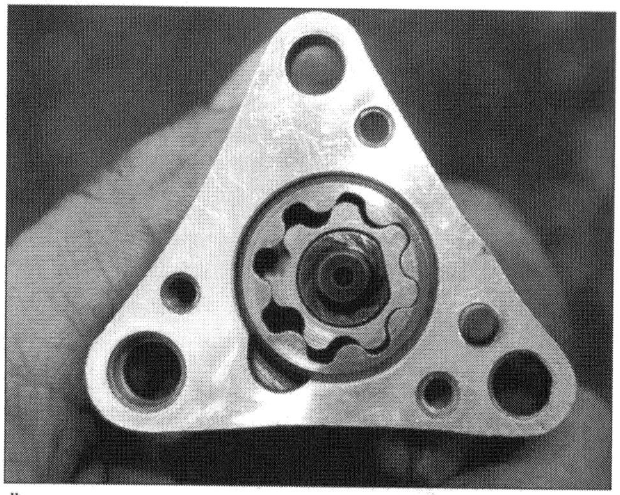

Ölpumpe offen. Ein Blick ins Innere schadet nicht.

Die Blockade mit einem Lappen geht auch.

Die Dichtringe dürfen nicht vergessen werden!

Solange die Kette ins Ritzel eingreift, lässt sich die Welle nicht herausziehen!

Kurbelwelle zum Rausnehmen.

Einbau

■ Vor der Montage von Kurbelwelle und Motorblock sollten alle Bauteile gründlich gereinigt und die Dichtungsreste entfernt werden.

■ Ersetzen Sie die Kurbelwellensimmeringe.

■ Die Montage erfolgt sinngemäß in umgekehrter Reihenfolge.

■ Prüfen Sie grundsätzlich, ob alle Teile, die Sie wieder verwenden möchten, in Ordnung sind. Sie ersparen Sie so unnötige Montagearbeiten und den einen oder anderen Euro für das Montagematerial.

■ Schneiden Sie die überstehenden Dichtungsreste der Kurbelgehäusedichtung an den Kanten der nächsten Fußdichtungs-Dichtfläche bündig ab. Diese Arbeit gelingt am besten, wenn der Block bereits wieder montiert ist.

Ist doch noch übersichtlich ...

Bauteil	Bemerkung	Anzugsdrehmoment
Generator Sicherungsschraube	M10x1	38 Nm
Variator Sicherungsschraube	M10x1	38 Nm
Deckelschrauben Motorblock	M6x1,5	8–12 Nm
Zylinderkopfschrauben Viertakter	M7	20 Nm
Zylinderkopfschrauben Zweitakter	M6	20 Nm
Ventildeckel Schrauben	M6	8–12 Nm
Sekundärluftsystem Muttern	M6	8–12 Nm
Variomatik Mutter Kupplungsglocke	M10x1	38 Nm

Arbeiten an der Variomatik

Für die Motordemontage ist der Ausbau zumindest des Variators notwendig. In dem folgenden Teil des Buches werden wir die Bauteile der Variomatik bis ins Detail unter die Lupe nehmen. Die Montagearbeiten sind auch für die Wartung des Rollers sinnvoll. Zumeist reicht schon ein kleiner Blick oder ein kurzer Kontrollgriff, um die Bauteile auch im Detail zu prüfen.

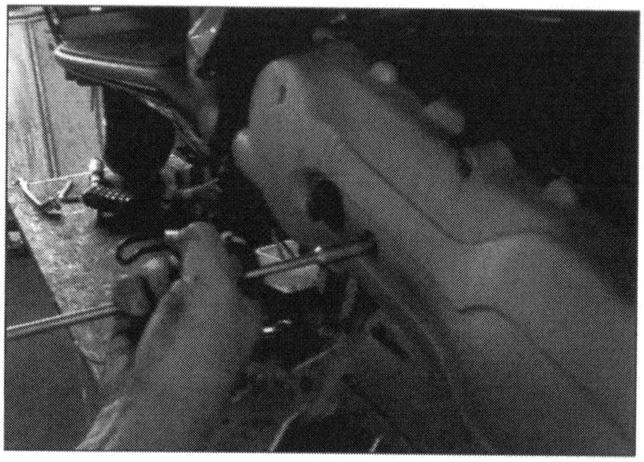

Um den Zustand der Bauteile der Variomatik begutachten zu können, ist es erforderlich, den Deckel zur Variomatik zu demontieren.

Werkzeug und Material bereit legen

5-mm-Inbusschlüssel
Schlitzschraubendreher ca. 5-mm-Klinge
Kreuzschlitzschraubendreher
7-mm-Steckschlüssel
8-mm-T-Griff
Ratschennüsse
Ratsche
Fett
Bremsenreiniger
Lappen

Vorbereitende Arbeiten

- Demontieren Sie den Variomatikdeckel.

- Entfernen Sie das Lüfterrad. Meistens sitzt hier noch ein Kickstartergegenstück auf der Kurbelwelle, welches das

Variator in allen Teilen: 1 Gleitbuchse, 2 Fliehkraftrollen, 3 Unterlegscheibe, 4 Lüfterrad, 5 Kickstarterantriebsrad, 6 Klauenunterlegscheibe, 7 Führungsstücke, 8 Gegenscheibe, 9 Variator, 10 Gleithülse Variator.

Demontage des Lüfterrades.

Demontage der Kupplungsglocke.

Eingreifen des Kickstarters ermöglicht. Die Demontage kann mit Hilfe des Gegenhalters für die Riemenscheibe erfolgen. Nach Herstellervorschrift ist der Einsatz des Schlagschraubers eigentlich untersagt, da hier die Kurbelwelle verschoben werden könnte. Da aber die Anzugsdrehmomente nicht sehr hoch sind und die Masse der Kurbelwelle der Kraft des Schlagschraubers entgegensteht, ist in meiner über 25-jährigen Werkstattpraxis kein einziger Fall vorgekommen, an dem die Kurbelwelle in Mitleidenschaft gezogen wurde. Eine günstige Alternative stellt sicher auch ein altes Ölfilterband aus Stahl dar, welches mit einer Ratsche betätigt wird. Die Spannkraft reicht aus, um die Mutter mit einem Schlüssel zu lösen und wieder anzuziehen. Das Ölfilterband sollte aber auf keinen Fall das Aluminium des Lüfterrades oder der äußeren Riemenscheibe beschädigen. Die entsprechenden Gegenhalter sind aber auch schon für relativ wenig Geld im Zubehörhandel erhältlich.

■ Das Lüfterrad kann jetzt entfernt werden. Wichtig hierbei ist, darauf zu achten, an welcher Stelle die Anlaufscheiben und Unterlegscheiben sitzen. Vergessliche sollten sich die Teile alle in Montagereihenfolge ablegen, um eine falsche Montage zu vermeiden.

■ Nach dem Entfernen der Befestigungsmutter für die hintere Riemenscheibe kann die Kupplungsglocke abgenommen werden. Zusammen mit den Ausgleichsscheiben wird jetzt der Zahnriemen abgenommen. Der Verschleiß des Riemens wird anhand der Verschleißspuren optisch kontrolliert und die Riemenbreite wird gemessen. Ist der Grenzwert für den Verschleiß erreicht, muss der Antriebsriemen ersetzt werden. Bei Fahrzeugen, die entweder viel zu ziehen haben oder viel im Gelände unterwegs sind, kann die Laufleistung des Riemens enorm verkürzt werden. Die meisten der Roller mit Minarelli oder Minarelli-Nachbaumotoren sowie die chinesischen Viertaktmotoren sind sehr ähnlich aufgebaut. In der Funktion unterscheiden sie sich nicht. Lediglich in der Auslegung der Bauteile, wie den Gewichten der Variomatikrollen, den verwendeten Antriebsriemen und den Andruckfedern, finden sich Unterschiede.

Der Variator

Als Nächstes steht die Demontage des Variators an. Der hier verbaute Variomat hat ein zusätzliches Schirmblech, welches die Verschmutzung der Variorollen etwas verringert. Bei den meisten Motoren wurde aber auf dieses Bauteil verzichtet. Ob nun die Laufflächen der Variorollen gefettet werden sollen oder nicht, entscheidet der jeweilige Motorenhersteller. In der Regel ist es nicht erforderlich. Hinsichtlich

Demontage des Variators.

der Verschmutzung durch die Kühlluft und den Abrieb des Antriebsriemens ist das Fett sicherlich kein Vorteil. Schmutzpartikel könnten sich mit Fett wesentlich besser in den Rollenlaufbahnen festsetzen.

■ Die gründliche Reinigung aller Bauteile wird nun als Nächstes durchgeführt und ermöglicht so eine Beurteilung des Zustandes der Verschleißteile der Variomatik.

■ Das Motorgehäuse und der Deckel dazu sollten vom Abriebsstaub und Ölrückständen gereinigt werden. Sehr gut geht das mit »Bremsenreiniger« oder mit einer Sprühpistole für den Kompressor.
Auf die Luftpistole sollte besser verzichtet werden. Inwieweit die Reibbeläge Asbest enthalten, konnte nicht geklärt werden.

■ Die gereinigten Teile lassen sich nun auf Verschleiß prüfen. Der Variator, der in der Regel aus Aluminium ist,

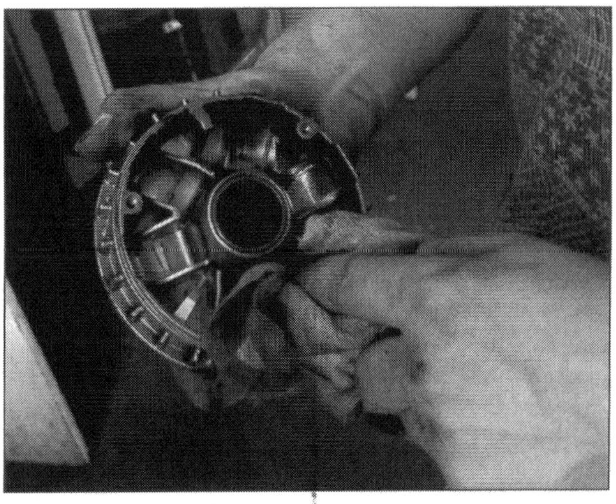

Reinigung der Bauteile.

kann sehr schnell deutliche Laufspuren durch die Variomatikrollen bekommen. Leichter Verschleiß auf der Laufbahn selber stellt hier kein Problem dar. Wenn allerdings die seitlichen Laufschienen abgelaufen oder die Stege für die Führungstückchen verschlissen sind, ist es dringend anzuraten den Variator auszutauschen. Die Variatoren gibt es mittlerweile im Zubehörhandel. Es muss aber zumindest der Motortyp oder das Original des Lizenzbaus bekannt sein. Erfahrene Rollerhändler können hier in vielen Fällen weiterhelfen.

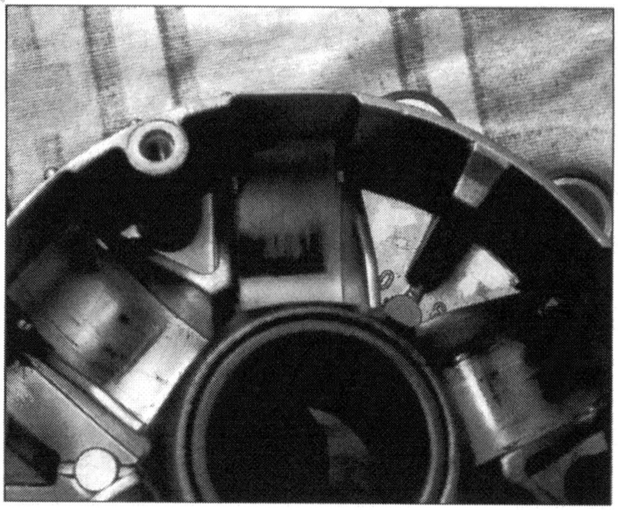
Verschleiß des Variators.

■ Ein ähnliches Verschleißbild kann die Gegendruckplatte aufweisen. Da hier aber in den meisten Fällen Stahl als Material eingesetzt wird, ist der Verschleiß entsprechend gering.

■ Der Sitz der Führungstückchen muss natürlich auch hier geprüft werden.

Verschleiß der Gegendruckplatte.

Wenn die montierten Führungstückchen zu viel Spiel aufweisen, kann der Variator nicht richtig arbeiten, er kann auch durch das Schlagen im Lastwechsel stark verschleißen oder sogar beschädigt werden. Diese Führungstücke gibt es in der Regel auch einzeln. Der Hersteller des Variomaten muss allerdings bekannt sein. Hier liegt ein Nachteil der Zubehör und Racingausrüstungen. In vielen Fällen gibt es den Variomaten nur als Komplettset mit allen Gleit- und Führungsbauteilen zu kaufen.

■ Die Gegendruckplatte nimmt zum Teil die Kraft auf, die durch die Kurbelwelle übertragen wird. Sie ist meistens mit der Kurbelwelle verzahnt. Ist die Verzahnung nicht in Ordnung, kann die Kurbelwelle beschädigt werden und der Variator kann sich verdrehen. So würde ein wesentlich höherer Verschleiß am Antriebsriemen entstehen.

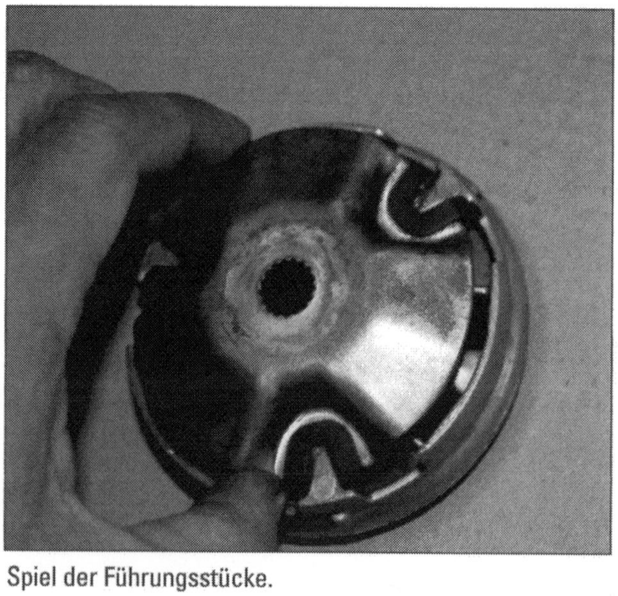
Spiel der Führungsstücke.

■ Der größte Verschleiß findet sich an den Variomatikrollen. In den meisten Fällen sind nach ein paar tausend Kilometern bereits deutliche Abflachungen zu erkennen. Diese Abflachungen sorgen dafür, dass sich die Variomatikrollen eben nicht mehr abrollen, sondern lediglich noch gleiten. Da aber nicht alle Rollen gleich schnell verschleißen, wird der Variomat nicht gleichmäßig geführt. Der Antriebsriemen beginnt dann zu ruckeln und wird sich deutlich schneller abnutzen.

■ Überall, wo etwas reibt, entsteht auch Verschleiß. Auch das Lüfterrad wird von der Riemenseite her recht stark beansprucht. Geringfügige Verschleißspuren können mit

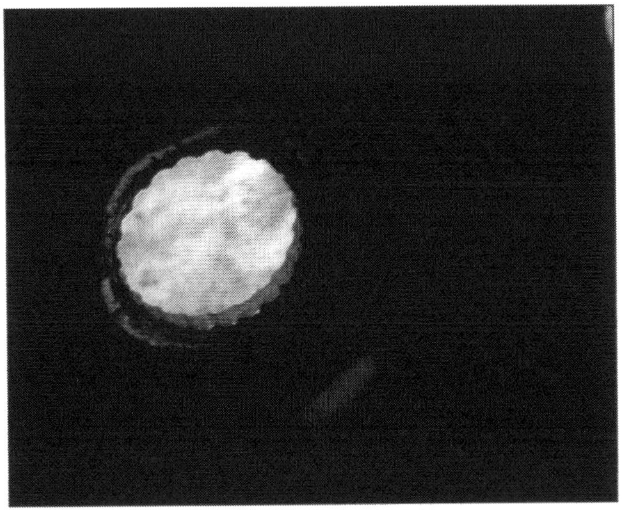

Verzahnung der Gegendruckplatte in Ordnung?

Noch Variorollen oder schon Varioecken?

Narben, Rillen und Verschleiß – alles in Ordnung?

einem Schleifpad wegpoliert werden. Größere Verschleißspuren bedeuten wiederum eine übermäßige Belastung für den Antriebsriemen. Die abgebildeten Verschleißspuren sind gerade noch hinnehmbar. Wahrscheinlich wird aber dieses Lüfterrad bei der nächsten Inspektion der Variomatik erneuert werden müssen.

■ Genauso können durch stetige Beanspruchung und Temperaturschwankungen Brüche oder Risse entstehen. Die Belastungen können durchaus die Ausgleichsscheibe zum Reißen bringen. Bei der Reinigung und Kontrolle der Bauteile lässt sich das aber recht gut erkennen. Auch die verbauten Kugellager und Nadellager unterliegen einem gewissen Verschleiß. Schwergängige Lager werden besser sofort ausgetauscht. Nadellager können mit einem säurefreien Fett nachgefettet werden. Die Montage kann nun grundsätzlich in umgekehrter Reihenfolge wie die Demontage erfolgen.

■ Die Variorollen werden in den Variator eingelegt. Die Führungsstücke werden vor der Montage des Variators leicht gefettet.

■ Die Andruckplatte wird in den Variator eingesetzt und kann so die Variorollen festhalten.

■ Sehr wichtig ist die Leichtgängigkeit und Sauberkeit der Gleithülse des Variators. Wenn sie schwergängig ist, kann die Variomatik nicht einwandfrei arbeiten und im Extremfall werden die Variomatikrollen nicht richtig abgedrückt und können verklemmen. Auch hier kommt ein säurefreies

Genau hinsehen! Die Schweißstellen sind meist die Schwachpunkte.

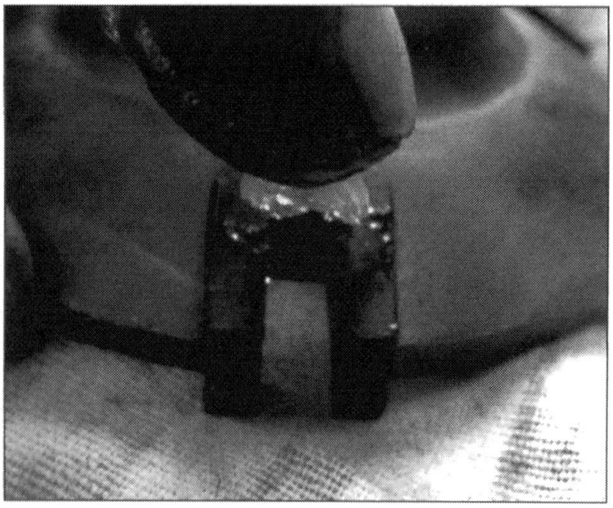

Damit es flutscht: Gleitmittel für Gleitstücke.

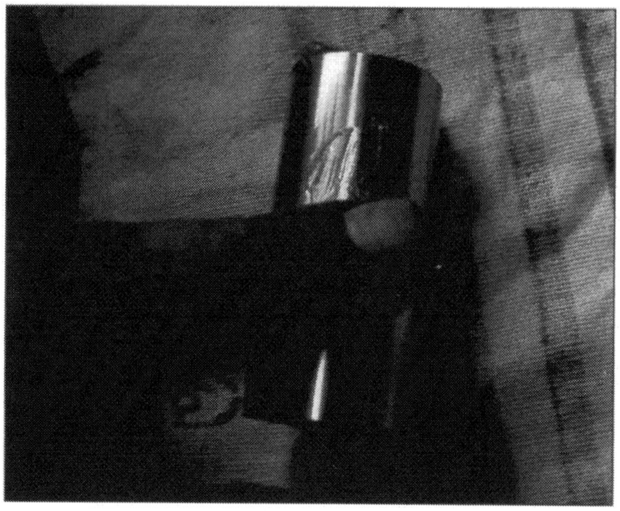

Nicht vergessen: Das soll eine Gleithülse bleiben.

Langzeitfett zum Einsatz. Graphitfette eignen sich übrigens überhaupt nicht für diese Aufgabe. Zwar sind die Gleiteigenschaften dieser Fette hervorragend, aber die doch recht enge Lagerpassung kann durch den Graphitanteil verklemmen.

■ Anschließend kann der Variomat wieder verschlossen und eingebaut werden. Beim Aufschieben auf die Kurbelwelle muss darauf geachtet werden, dass die Andruckplatte nach Möglichkeit die Variorollen nicht freigibt und diese so möglicherweise aus der Führung fallen können. Um möglicher Korrosion vorzubeugen, kann der Kurbelwellenzapfen, auf den der Variator aufgeschoben wird, leicht eingefettet werden.

Ausgleichsscheiben und Kupplung

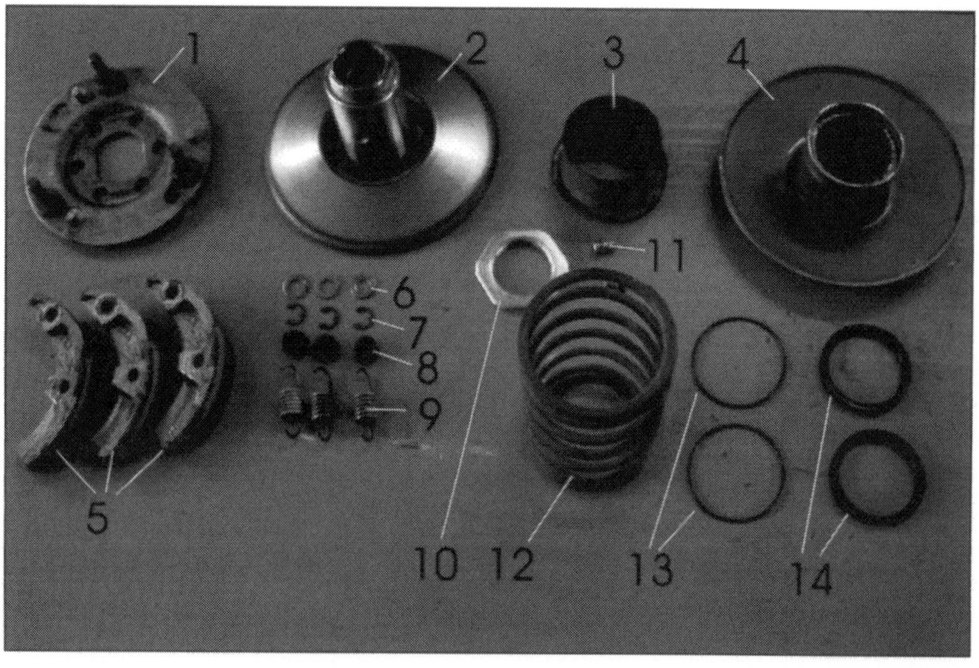

Ausgleichscheiben aller Teile:
1 Belagträger,
2 Statische Scheibenhälfte,
3 Abdeck- und Führungshülse,
4 Bewegliche Scheibenhälfte,
5 Kupplungsbacken,
6 Unterlegscheiben,
7 Sicherungsringe,
8 Anschlag-Gummis,
9 Kupplungsfedern,
10 Flachmutter,
11 Sicherungsstift,
12 Gegendruckfeder,
13 O-Ring,
14 Wellendichtring.

Werkzeug und Material bereit legen

5-mm-Inbusschlüssel
Schlitzschraubendreher ca. 5-mm-Klinge
Kreuzschlitzschraubendreher
7-mm-Steckschlüssel
8-mm-T-Griff
Ratschennüsse
Ratsche
Fett
Bremsenreiniger
Lappen
Gegenhalter und passende Ratschennuss für die Kupplungsmutter

Vorbereitende Arbeiten

■ Demontieren Sie den Variomatikdeckel. Um den Zustand der Bauteile der Variomatik begutachten zu können, ist es erforderlich, den Deckel zur Variomatik zu demontieren.

■ Entfernen Sie das Lüfterrad.

■ Demontieren Sie die Kupplungsglocke.

■ Nehmen Sie die Ausgleichscheiben mit der Kupplung zusammen mit dem Antriebsriemen von der Getriebewelle ab.

Ausgleichsscheiben demontieren

■ Um die Ausgleichsscheiben kontrollieren zu können, müssen sie zerlegt werden.
Achtung: Kupplungsträgereinheit zusammendrücken. Sie ist durch die Ausgleichsfeder vorgespannt.

■ Demontieren Sie die Flachmutter.

■ Nehmen Sie die Ausgleichsfeder ab.

■ Ziehen Sie die Abdeckhülse ab.

■ Entnehmen Sie die Führungsstifte. Jetzt können die Ausgleichscheiben auseinandergezogen werden. Die meisten Hersteller liefern die Ausgleichscheiben nur noch komplett. Bei einigen Importeuren gibt es aber sogar die Führungsstücke einzeln. So lassen sich die Ausgleichscheiben auch reparieren.

Demontage der Abdeck- und Führungshülse.

Herausziehen der Sicherungs- oder Führungsstifte.

Kupplungsträgereinrichtung demontieren

Die Kupplungsträgereinrichtung lässt sich auch zerlegen. Hierzu müssen lediglich die Kupplungsfedern ausgehängt werden. Nun müssen die Sicherungsringe entfernt werden. Je nach Bauweise können dann die Belagträger entnommen werden. Bei einigen Herstellern rasten die Belagträger noch zusätzlich in einem Gummilager ein.

■ Die Anfahrkupplung, die in der Regel auf der Ausgleichscheibe montiert ist, unterliegt natürlich auch dem Verschleiß. Da es sich hier um eine Fliehkraftkupplung handelt, die die Beläge an die Kupplungsglocke einschwenkt, lässt

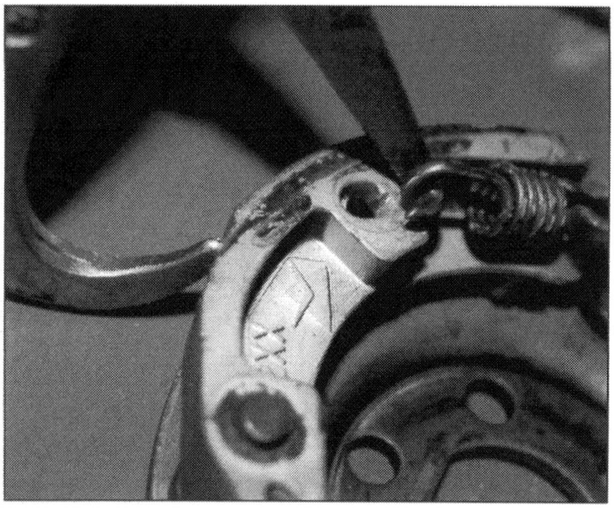
Aushängen der Kupplungsfedern.

Belagverschleiß erkennbar?

sich, wenn man den Rand an die Belagenden betrachtet, sehr gut der Verschleiß erkennen. Verschlissene Beläge werden in der Regel sehr spät bemerkt, da auch der Antriebsriemen einen Teil des Schlupfs übernimmt.

■ Die hintere Ausgleichsscheibe sollte zur Probe mal zusammengedrückt werden. Zu beachten ist hier, dass dann die vordere der beiden Riemenscheiben um ca. ¼ Umdrehung durch die Mechanik verdreht wird. Ist das nicht der Fall, sind die Gleitstücke im Inneren verschlissen. Bei einigen Fahrzeugen sind auch hier Einzelteile erhältlich.

Zur Montage des Antriebsriemens sollte dieser bis ungefähr zur Hälfte des Ausgleichsweges eingelegt werden. So bleibt etwas mehr Platz, um den Antriebsriemen über die vordere Variomatik zu legen und das Lüfterrad wieder zu montieren. Nachdem alle Teile gewaltfrei wieder an ihren Platz verbracht und die Muttern von Hand angedreht wurden, können Letztere nach Herstellerangabe mit einem Drehmomentschlüssel angezogen werden. Von der Verwendung von Gewindekleber ist aus Rücksicht auf den Mechaniker bei der nächsten Inspektion besser zu verzichten. Die Verschraubungen unterliegen weder einer großen Belastung, noch werden sie durch Drehung beansprucht. Sie müssten also auch »trocken« halten.

Hubdrehung feststellbar?

Bauteil	Bemerkung	Anzugsdrehmoment
Variator Sicherungsschraube	M10x1	38 Nm
Schirmblech am Variator	M5	4 Nm
Deckelschrauben Motorblock	M6x1,5	8–12 Nm
Variomatik Mutter Kupplungsglocke	M10x1	38 Nm

Arbeiten am Radgetriebe

Die Aufgabe des Achsgetriebes liegt in der Drehzahlreduzierung für den Radantrieb.
Wenn hier entsprechend die Wartungsintervalle eingehalten wurden, sind eigentlich keine Schäden zu erwarten. Trotzdem kann es zu Verschleiß an Simmerringen, Lagern oder Zahnräder kommen. Zumeist aber werden die Simmeringe gewechselt, da Getriebeöl in das Variomatikgehäuse läuft.

Werkzeug und Material bereit legen

5-mm-Inbusschlüssel
Schlitzschraubendreher ca. 5-mm-Klinge
Kreuzschlitzschraubendreher
7-mm-Steckschlüssel
8-mm T-Griff
Ratschennüsse
Ratsche
Mittlere Verlängerung
Fett
Bremsenreiniger
Lappen
Gegenhalter und passende Ratschennuss für die Kupplungsmutter

Vorbereitende Arbeiten

■ Demontieren Sie den Variomatikdeckel.

■ Entfernen Sie das Lüfterrad.

■ Demontieren Sie die Kupplungsglocke.

■ Nehmen Sie die Ausgleichscheiben mit der Kupplung zusammen mit dem Antriebsriemen von der Getriebewelle ab.

■ Demontieren Sie den Auspuff.

■ Bauen Sie das Hinterrad aus. Wenn lediglich die Deckeldichtung und der Simmering der Eingangswelle getauscht werden soll, muss die Abtriebswelle nicht demontiert werden und somit kann das Hinterrad wie auch der Auspuff auch im Fahrzeug verbleiben.

■ Lassen Sie das Getriebeöl ab.

■ Drehen Sie alle Gehäuseschrauben heraus.

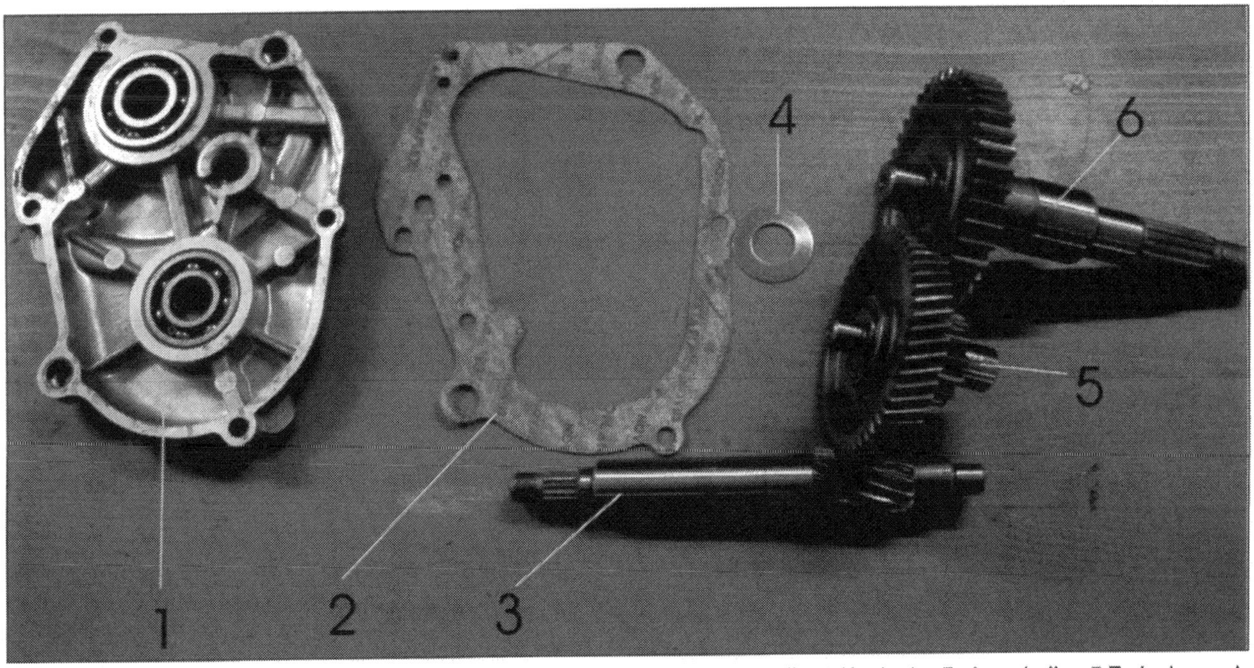

Radgetriebe in Teilen: 1 Getriebedeckel, 2 Dichtung, 3 Getriebeeingangswelle, 4 Konische Federscheibe, 5 Zwischenrad, 6 Getriebeausgangswelle

Vorsichtiges Anhebeln des Gehäusedeckels: Schäden an den Dichtflächen vermeiden!

Herausziehen der Getriebeinnereien.

■ Dann kann der Getriebedeckel durch Hebeln an den beiden Laschen gelöst werden. Meistens klebt der Deckel leicht an der Dichtung an. Achten Sie darauf, den Deckel gerade nach oben zu ziehen.
Zusammen mit dem Deckel lässt sich in der Regel die Antriebswelle herausziehen. Das Zwischenrad und die Abtriebswellen lassen sich bei demontiertem Deckel aus dem Getriebegehäuse entnehmen.

■ Anschließend muss das Getriebe entsprechend gereinigt werden.
Dichtungsreste auf den Gehäusen müssen entfernt werden. Es ist auf jeden Fall eine neue Dichtung einzusetzen.

Achten Sie auf den richtigen Sitz der Passhülsen!

Für die Montage werden die Arbeiten in umgekehrter Reihenfolge durchgeführt. Wichtig ist, die Führungsbuchsen in den Getriebeblock einzusetzen und die Dichtung gut zu positionieren.

TIPP: Sollte die Dichtung trotz Führungshülsen verrutschen, kann man mit etwas Fett auf der Dichtfläche die Dichtung für die Montage leicht fixieren.

Bauteil	Bemerkung	Anzugsdrehmoment
Variator Sicherungsschraube	M10x1	38 Nm
Variomatik Mutter Kupplungsglocke	M10x1	38 Nm
Deckelschrauben Motorblock	M6x1,5	8–12 Nm
Deckelschrauben Getriebe	M8	15 Nm
Ölablassschraube	M8	8 Nm
Öleinfüllschraube	M8	8 Nm
Ölablassschraube mit Filterdeckel	SW17	5 Nm
Füllmenge GETRIEBEOEL	Zweitakter und Viertakter	ca. 110 ml

Montage der Ölpumpe

Zweitaktmotor

Beim Zweitakter versteht man unter der Ölpumpe die Gemischpumpe. Ihre Aufgabe besteht darin, Gemischöl aus dem Gemischöltank zu saugen und wohl dosiert an den Motor abzugeben.

Die Gemischpumpe ist recht selten reparaturfällig. Lediglich die Einstellung sollte von Zeit zu Zeit überprüft werden. Das Antriebsrad von der Kurbelwelle ist aus einem Kunststoff gefertigt. Das Antriebsrad der Pumpe selber besteht aus Stahlguss. Die Schmierung erfolgt durch Fett, welches in einem speziellen Fach in der Gehäusehälfte zusammen mit dem Antrieb untergebracht ist.
Der Zustand des Fettes sollte genau wie der Zustand der Antriebsräder zumindest im Rahmen einer Jahresinspektion überprüft werden.

Antrieb der Gemischpumpe.

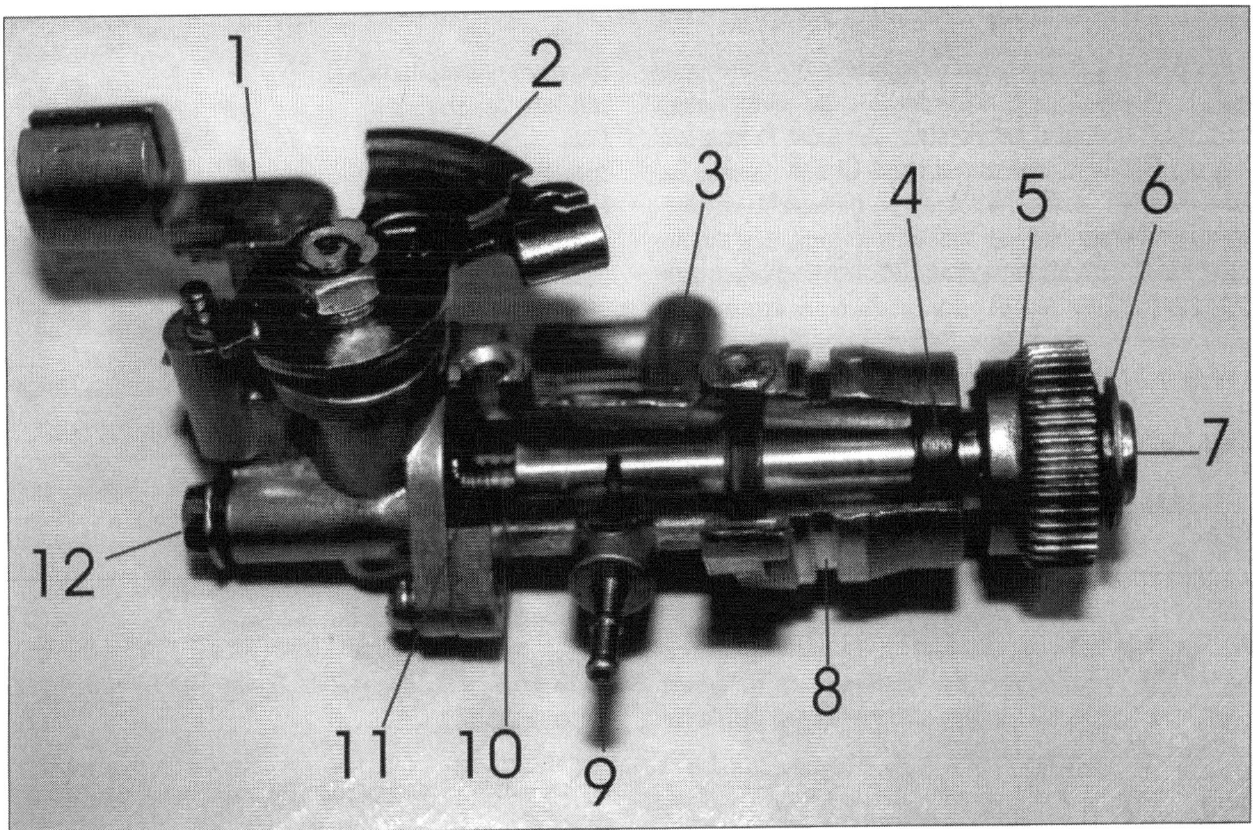

Gemischpumpe als Funktionsschnittmodell: 1 Deckel mit Zugführung, 2 Verstellbare Nockenwelle, 3 Pumpengehäuse, 4 Pumpensimmering, 5 Antriebsrad, 6 Sicherungsring, 7 Pumpenwelle, 8 Fettdichtungsnut, 9 Druckausgang, 10 Kolbenfeder, 11 Arbeitskolben, 12 Entlüftungsschraube.

Betätigungshebel für den Gaszug der Gemischpumpe.

Einbaulage der Gemischpumpe.

Die Gemischpumpe ist bei einigen Modellen auch von der Gasstellung abhängig und kann eingestellt werden. Die Neutralstellung im Leerlauf ist mit einer Markierung auf dem Pumpengehäuse und auf dem Gaszugrad gekennzeichnet. Ist keine Markierung vorhanden, wird der Gaszug so eingestellt, dass er mit dem Gasschieber zeitgleich betätigt wird.
Da weder Dichtungen noch Ersatzteile für die Pumpe selber erhältlich sind, sollte diese auch nicht zerlegt werden. Wenn sich herausstellt, dass die Pumpe selber undicht ist und entsprechend Öl aus diesem Bereich austritt, sollte die Ölpumpe getauscht werden. In vielen Fällen stellt es sich aber heraus, das die Zufuhr zur Gemischpumpe oder der Druckschlauch zum Vergaser aufgescheuert oder lediglich abgerutscht ist. Es lohnt also, die verölten Stellen zu reinigen und die Schläuche auf festen Sitz zu prüfen. Der Motor sollte dann einige Zeit im Stand laufen. Eine undichte Stelle zeigt sich dann recht schnell.

Vorbereitende Arbeiten

■ Demontieren Sie die untere Seitenverkleidung.

■ Demontieren Sie den Gehäusedeckel über dem Generator. Bei den wassergekühlten Modellen sitzt in diesem Deckel auch die Wasserpumpe. Hier muss dann der Deckel sehr gerade abgezogen werden.

■ Demontieren Sie den Generator.

Werkzeug und Material bereit legen

5-mm-Inbusschlüssel
Schlitzschraubendreher ca. 5-mm-Klinge
Kreuzschlitzschraubendreher
7-mm-Steckschlüssel
8-mm-T-Griff
Ratschennüsse, Ratsche
Mittlere Verlängerung
Fett
Bremsenreiniger
Lappen
Gegenhalter und passenden Abzieher für den Generatorläufer (Polrad)

Ausbau

■ Ziehen Sie den Versorgungsschlauch und den Druckschlauch von der Pumpe ab.

■ Demontieren Sie die beiden Halterungsschrauben und ziehen Sie die Pumpe aus dem Motorblock heraus.

■ Entfernen Sie den ersten Sicherungsring auf der Kurbelwelle und ziehen Sie das Pumpenrad ab.

■ Entnehmen Sie den Sicherungsstift aus der Bohrung in der Kurbelwelle.

■ Entfernen Sie den zweiten Sicherungsring auf der Kurbelwelle.

■ Reinigen und entfetten Sie die Pumpe, den Pumpenraum und das Antriebsrad sehr gründlich.

Einbau

Die Montage erfolgt sinngemäß in umgekehrter Reihenfolge. Achten Sie darauf, ob am Abtriebsrad für die Gemischpume Verschleiß festzustellen ist. Sollten Sie Schäden an dem Kunststoffrad entdecken, muss dieses sofort getauscht werden. Entlüften Sie die Gemischpumpe gründlich. Sicherheitshalber sollte der Roller eine Tankfüllung mit 1:50 betankt werden, um die Schmierung zu gewährleisten.

Bauteil	Bemerkung	Anzugsdrehmoment
Befestigungsschrauben Ölpumpe Zweitakter	M5	5–7 Nm
Befestigungsschrauben Ölpumpe Viertakter	M6	8–12 Nm
Deckelschrauben Motorblock	M6x1,5	8–12 Nm
Generator Sicherungsmutter	M10x1	38 Nm
Befestigungsschrauben Gebläseabdeckung im Kunststoff		3–5 Nm
Pumpenantriebsrad	M6	12 Nm + Klebemittel

Viertaktmotor

Bei diesem Motorkonzept fördert die Ölpumpe das Motoröl an die Schmierstellen des Motors. Es handelt sich um eine nicht überwachte Druckumlaufschmierung. Sollte die Ölförderung ausfallen, bemerken Sie das lediglich an den Laufgeräuschen des Motors. Das ist dann aber etwas zu spät … zumindest für die Gleitlager. Eine Druckmessung ist nicht vorgesehen.

Vorbereitende Arbeiten

- Demontieren Sie die untere Seitenverkleidung.
- Demontieren Sie die Gebläseabdeckung.
- Demontieren Sie den Generator.
- Demontieren Sie den Gehäusedeckel hinter dem Generator.

Werkzeug und Material bereit legen

Schlitzschraubendreher ca. 5-mm-Klinge
Kreuzschlitzschraubendreher
8-mm-T-Griff
Ratschennüsse
Ratsche
Mittlere Verlängerung
Bremsenreiniger
Lappen
Gegenhalter und passenden Abzieher für den Generatorläufer (Polrad)

Ausbau

- Demontieren Sie den Gehäusedeckel unter dem Generator.

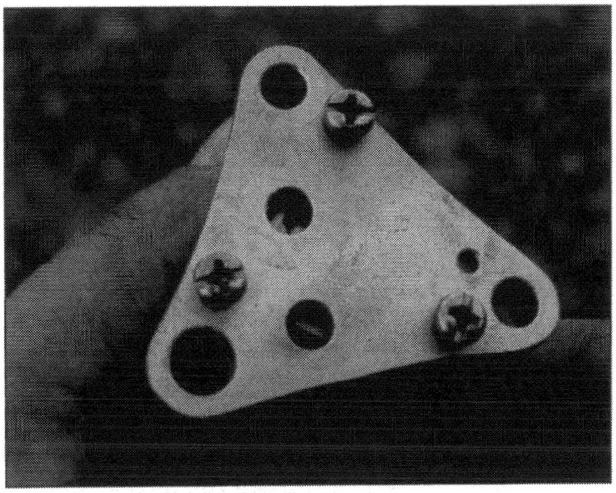

Verschraubungen der Ölpumpe auf der Rückseite.

Operationen am offenen Herzen erwünscht!

■ Demontieren Sie das Antriebsrad der Ölpumpe.

■ Demontieren Sie die Befestigungsschrauben der Ölpumpe. Achten Sie auf die beiden Dichtringe im Motorblock.

■ Drehen Sie die Pumpe um und entfernen Sie die M3-Schräubchen auf der Rückseite der Pumpe.

■ Ziehen Sie den Gehäusedeckel ab.

■ Prüfen Sie das Axialspiel und das Spiel des Außenrotors zum Gehäuse.

■ Reinigen Sie alle Bauteile gründlich.

Einbau
Die Montage erfolgt sinngemäß in umgekehrter Reihenfolge. Achten Sie auf Verschleißspuren und Beschädigungen. Achten Sie darauf, dass Dichtungen und Führungshülsen entweder intakt sind oder erneuert werden.

Bauteil	Bemerkung	Anzugsdrehmoment
Befestigungsschrauben Ölpumpe Viertaktmotor	M6	8–12 Nm
Deckelschrauben Motorblock	M6x1,5	8–12 Nm
Generator Sicherungsmutter	M10x1	38 Nm
Befestigungsschrauben Gebläseabdeckung im Kunststoff		3–5 Nm
Pumpenantriebsrad	M6	12 Nm + Klebemittel
Ölpumpe Axialspiel	Verschleißgrenze 0,20	0,15
Abstand zwischen Innenrotor und Außenrotor	Verschleißgrenze 0,25	0,15–0,20 mm
Abstand zwischen Außenrotor und Gehäuse	Verschleißgrenze 0,25	0,15–0,20 mm

Montage der Wasserpumpe

Wasserpumpe in Teilen.
1 Flügelrad mit Welle
2 Wellendichtring
3 Kugellager 2RS
4 Distanzring
5 Kugellager 2RS
6 Lichtmaschinendeckel
7 Antriebsrad
8 Befestigungsschrauben
9 Stift
10 Sicherungsring
11 Dichtring
12 Pumpengehäuse

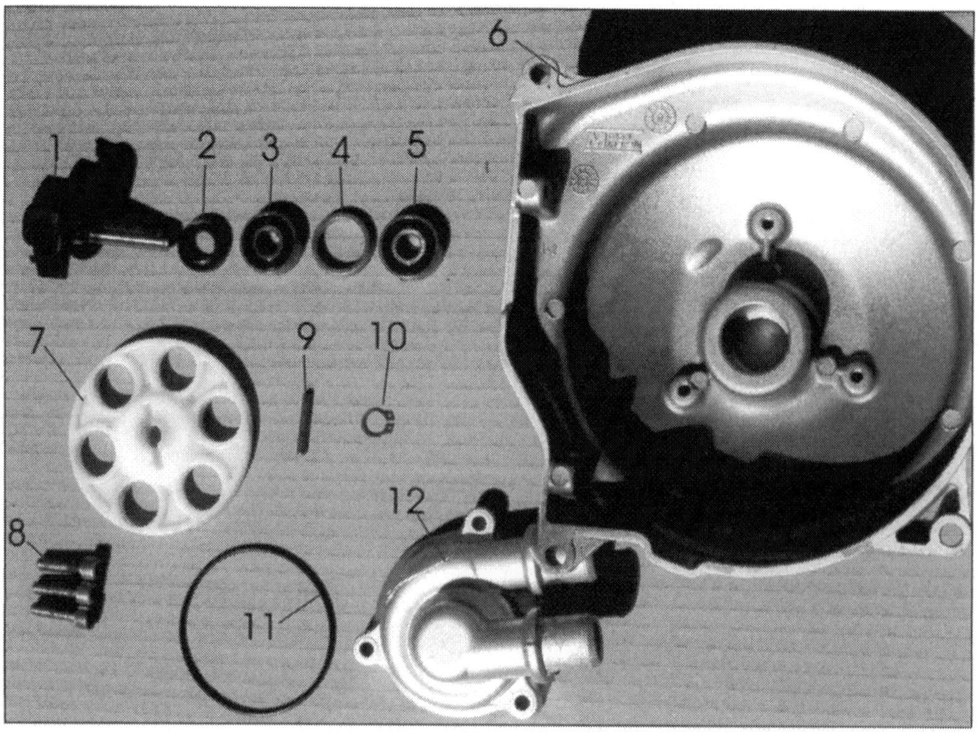

Vorbereitende Arbeiten

■ Lassen Sie das Kühlmittel ab.

■ Lösen Sie die beiden Anschlussschläuche von der Wasserpumpe und legen Sie diese so weg, das sie nicht bei der Deckelmontage stören können.

■ Demontieren Sie den Lichtmaschinendeckel.

Werkzeug und Material bereit legen

Schlitzschraubendreher ca. 5-mm-Klinge
Ratschennüsse
Ratsche
Mittlere Verlängerung
Bremsenreiniger
Lappen
Fett

■ Demontieren Sie die drei Schrauben des Pumpengehäuses.

■ Nehmen Sie das Pumpengehäuse ab.

■ Drehen Sie den Lichtmaschinendeckel um, demontieren Sie den Sicherungsring und ziehen Sie das Antriebsrad ab. Man sollte darauf achten, dass das Antriebsrad keine Beschädigungen hat oder sogar ausgeschlagen ist. Auch der Sicherungsring darf nicht aufgeweitet sein. Ist das der Fall, muss er erneuert werden.

■ Der Stift, der das Antriebsrad auf der Wasserpumpenwelle fixiert, kann nun entnommen werden.

■ Ziehen Sie die Wasserpumpenwelle heraus. Kann man Einlaufspuren auf der Wasserpumpenwelle erkennen, die durch den Wellendichtring entstanden sind, muss die Wasserpumpenwelle ersetzt werden.

■ Lager, Distanzring und Wellendichtring nach innen herausdrücken. Am leichtesten lassen sich die Wasserpumpenlager mit Hilfe eines Durchschlages demontieren. Der Durchschlag wird leicht schräg in den Wellendichtring gesteckt, sodass man gerade noch das Lager erreicht. Wichtig ist, die Schlagstelle immer um 180° zu versetzen, um die Lager nicht schräg herauszutreiben und so den Lichtmaschinendeckel zu beschädigen. Der Wellendichtring kann dann leicht von der Rückseite auf die gleiche Art demontiert werden.

Pumpengehäusedeckel der Wasserpumpe demontieren: Achten Sie auf den Zustand des Gummidichtrings.

Sicherungsring entfernen und Antriebsrad abnehmen.

Den Sicherungsstift herausziehen ...

... und die Wasserpumpenwelle herausziehen.

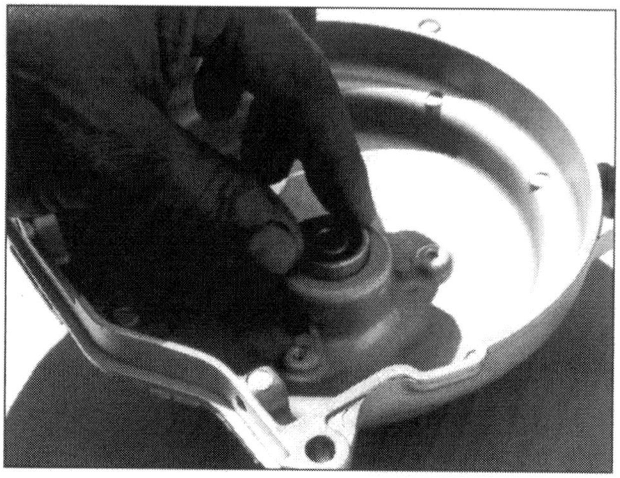

Lager von Hand ansetzen.

■ Die Wasserpumpenlager müssen grundsätzlich ersetzt werden. Sie sollten beidseitig mit einer Gummiabdichtung verschlossen sein. Die Normbezeichnung der Lager wird dann um die Bezeichnung »2RS« oder »RS2« ergänzt. Die Lager werden zuerst mit der Hand ausgerichtet und dann mit Hilfe einer geeigneten Hülse (in unserem Fall passte eine 15er-Nuss) hinein geschlagen. Wichtig ist, hier den Lichtmaschinendeckel auf eine weiche Unterlage zu legen, um die Dichtfläche für das Pumpengehäuse nicht zu beschädigen. Bevor das zweite Lager montiert wird, muss der Distanzring eingelegt werden.

■ Nun kann der Wellendichtring eingebaut werden. Wenn man die Ränder des Wellendichtringes mit etwas Fett bestreicht, lässt er sich leicht von Hand hineindrücken.

■ Für die Montage ist es zu empfehlen, die Welle mit etwas Fett einzustreichen. Die Welle kann so leichter durch den Wellendichtring gleiten.

Wellendichtring der Wasserpumpe reindrücken.

Der Rest der Montage erfolgt dann in der umgekehrten Reihenfolge wie die Demontage.
Denken Sie daran, das Kühlsystem vor der ersten Fahrt zu befüllen und zu entlüften.

Ölwechsel und Filterwechsel

Diese Arbeit betrifft in Sachen Motoröl nur den Viertakter. Der Zweitakter wird durch das Frischöl im Zusatztank geschmiert, welches nur in Ausnahmen gewechselt werden muss. Für den Getriebeölwechsel unterscheiden sich die Arbeiten hingegen nicht.

Vorbereitende Arbeiten

■ Stellen Sie den Roller auf den Hauptständer ab oder sorgen Sie dafür, dass er gerade steht.

■ Reinigen Sie den Bereich der Ölschrauben am Hinterrad und beim Viertakter auch den Bereich des Öleinfüllstutzens und der Ölablassschraube.

Werkzeug und Material bereit legen

Schlitzschraubendreher ca. 5-mm-Klinge
Ratschennüsse
Ratsche
17er-6-Kantnuss
10er-Nuss
12er-Nuss
Bremsenreiniger
Lappen
Ölauffangwanne
Trichter
Getriebeöl
Motoröl

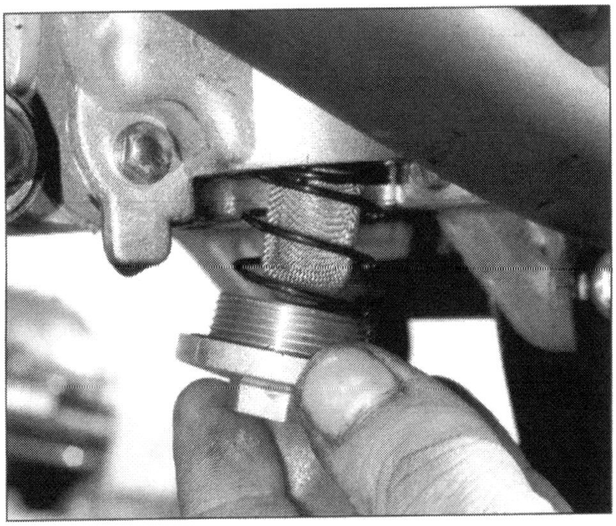

Altöl muss raus, der Filter kann gereinigt werden.

Motorölwechsel beim Viertakter

■ Stellen Sie die Auffangwanne unter den Motorblock.

■ Drehen Sie den Ölfilterdeckel los und nehmen Sie Ölfilter, Andruckfeder und Ölfilterdeckel ab.

■ Lassen Sie das Motoröl vollständig in die Wanne ablaufen.

■ Reinigen Sie das Filtersieb.

■ Prüfen Sie den Zustand des Dichtgummis.

■ Füllen Sie das Motoröl bis zur Maximalmarkierung auf (ca. 0,8 l).

■ Reinigen Sie den Motorblock und die anliegenden Teile von Ölrückständen.

■ Lassen Sie den Motor laufen und kontrollieren Sie den Ölstand nochmals.

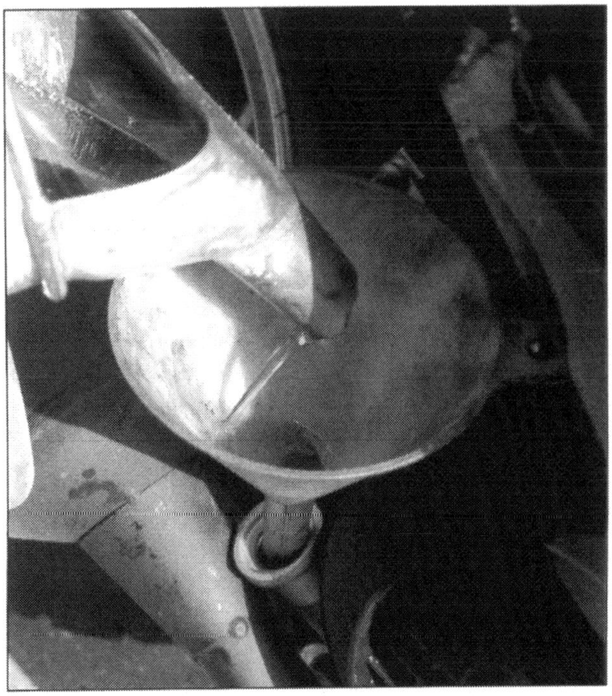

Mit dem Trichter steigt die Treffsicherheit deutlich. Machen Sie kleine Pausen beim Einfüllen, damit die Luft aus dem Motorblock entweichen kann.

Ist die Schraube leicht gelöst, kann die Luft besser nachströmen, wenn das Getriebeöl abläuft.

Die Ablassschraube muss entfernt werden.

Getriebeölwechsel am Radgetriebe

Der Unterschied zwischen den Zweitaktmotoren und den Viertaktern liegt zumeist darin, dass die chinesischen Viertaktmodelle eine Kontrollschraube besitzen, die bis zum Überlauf befüllt wird. Bei den Zweitaktern hingegen finden Sie einen Ölkontrollstab oder lediglich einen Einfüllstutzen.

- Stellen Sie die Auffangwanne unter die Ablassschraube des Hinterradgetriebes.

- Lösen sie die Einfüllschraube.

- Drehen Sie die Ablassschraube heraus.

- Lassen Sie das Getriebeöl vollständig in die Wanne ablaufen.

Verwenden Sie neue Dichtringe für die Ablassschraube und die Überlaufschraube des Getriebes. Bei den Zweitaktern ist in den meisten Fällen kein oder ein Gummidichtring für die Einfüllschraube verbaut. Dieser muss erst dann gewechselt werden, wenn er beschädigt oder verschlissen ist.

- Drehen Sie die Ablassschraube wieder fest zu.

… mit einer »Rüsselflasche« geht's bedeutend leichter!

- Füllen Sie soviel Getriebeöl auf, bis entweder Öl aus der Überlaufschraube austritt oder beim Zweitakter die Füllmenge erreicht ist. In der Regel sind es 110 ml. Oftmals steht die genaue Füllmenge auf dem Öldeckel oder auf dem Motorblock.

- Reinigen Sie den Motorblock und die anliegenden Teile von Ölrückständen.

Bauteil	Bemerkung	Anzugsdrehmoment
Ölablassschraube	M8	8 Nm
Öleinfüllschraube	M8	8 Nm
Ölablassschraube mit Filterdeckel	SW17	5 Nm
Füllmenge GETRIEBEOEL	Zweit- und Viertakter	ca. 110 ml

Luftfilter montieren, reinigen und warten

Die Einbaulage der Luftfilter unterscheidet sich gelegentlich recht deutlich bei den einzelnen Modellen. Die Behandlung hinsichtlich der Wartung unterscheidet sich bei den verwendeten Schaumstoffelementen nicht. Das Schaumstoffelement muss erst dann gewechselt werden, wenn es verformt, stark verschmutzt oder anderweitige Schäden aufweist. Bis dahin kann es regelmäßig gereinigt und wieder hauchdünn mit Luftfilteröl benetzt werden.

Einbaulage China-Roller.

Vorbereitende Arbeiten

- Stellen Sie den Roller auf den Hauptständer ab oder sorgen Sie dafür, dass er gerade steht.

Werkzeug und Materialbereit legen

Kreutzschlitzschraubendreher
Bremsenreiniger
Lappen
Ölauffangwanne
Luftfilterreiniger
Luftfiltersprühöl

- Drehen Sie die Befestigungsschrauben des Luftfilters heraus.

- Nehmen Sie den Deckel des Luftfilters ab. Achten Sie darauf, dass die Dichtung (soweit verbaut) nicht beschädigt ist.

- Nehmen Sie den Luftfiltereinsatz heraus.

- Sprühen Sie den Einsatz mit Luftfilterreinigungsmittel oder einem fettlösenden Spülmittel ein.

- Lassen Sie das Reinigungsmittel einwirken (10–20 min).

Einbaulage Minarelli und Nachbauten.

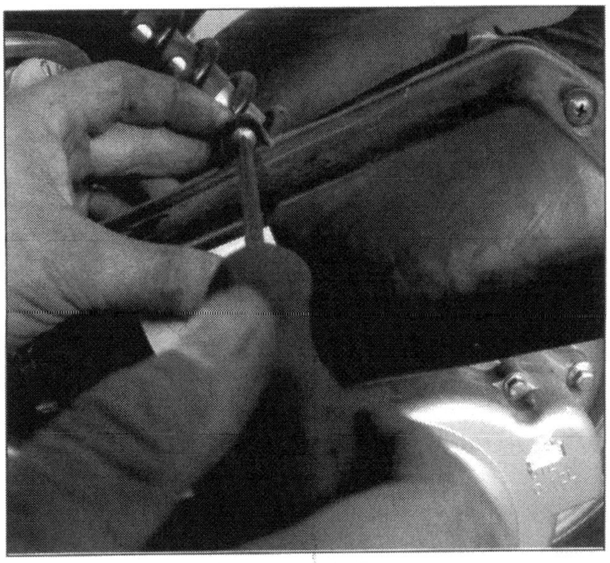

Befestigungsschrauben herausdrehen.

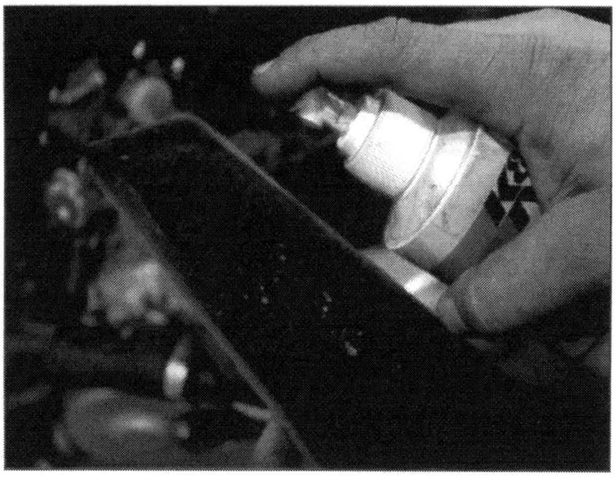

Luftfilter reinigen.

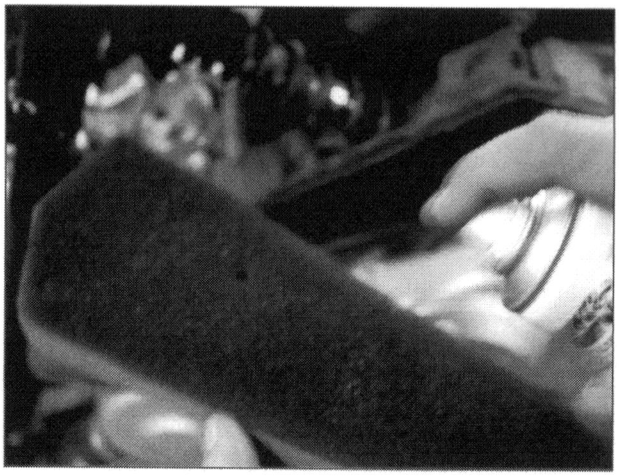

Luftfilteröl neu aufbringen.

■ Spülen das Reinigungsmittel gründlich aus.
■ Wringen Sie den Luftfiltereinsatz, eingelegt in ein Leinentuch, gründlich aus und lassen Sie ihn abtrocknen.

■ Sprühen Sie etwas Luftfilteröl auf die Außenseite des Filtereinsatzes.

■ Reinigen Sie den Luftfilterkasten gründlich.

■ Montieren Sie den Einsatz und das Luftfiltergehäuse wieder.

Bauteil	Bemerkung	Anzugsdrehmoment
Luftfilterschrauben in Kunststoff	selbstschneidend	3 Nm
Halterungsschrauben Luftfilterkasten	M6	10–12 Nm

Ventile einschleifen und Dichtheit prüfen am Viertaktmotor

Immer dann, wenn festgestellt wurde, dass der Motor Druck über die Ventile verliert, sollten diese überarbeitet werden. Zumeist lag die Ursache in zu engem Ventilspiel. Es bilden sich Ablagerungen auf dem Ventilsitz und somit ist weder die Dichtheit noch die vernünftige Wärmeabgabe des Ventils auf den Zylinderkopf gewährleistet. Früher oder später wird dieses Ventil dann durchbrennen oder sich verziehen. Das kann erhebliche Motorschäden nach sich ziehen.

Vorbereitende Arbeiten

■ Stellen Sie den Roller auf den Hauptständer ab oder sorgen Sie dafür, dass er gerade steht.

■ Lassen Sie den Motor abkühlen. Die Montagearbeiten dürfen nur am kalten (Raumtemperatur!) Motor durchgeführt werden.

■ Demontieren Sie das Helmfach und die Verkleidungsteile, die Ihnen den Zugang zum Zylinderkopf behindern könnten.

■ Demontieren Sie den Zylinderkopf. Generator und Variomatik können in diesem Fall montiert bleiben. Die Montageanweisung hierfür finden Sie unter dem Begriff »Demontage am Zylinder«.

Werkzeug und Materialbereit legen

Schraubzwinge
Passendes Rohr mit Einschnitt zum Ventilfederdrücken.
Ventileinschleifpaste
Passenden »Gummipümpel«
Schälchen mit Wasser
Lappen

Etwas Benzin
Geeignete Zange, um die Schaftdichtungen abzuziehen
Fett
Kleiner Schraubendreher (sollte etwas magnetisch sein)
Zylinderkopfdichtung
Ventildeckeldichtung
Ventilschaftdichtungen

Ventilsitzbearbeitung

- Drücken Sie die Ventilfeder wie gezeigt zusammen.
- Angeln Sie die Klemmstückchen heraus.
- Entspannen Sie die Ventilfedern und nehmen Sie diese ab.
- Ziehen Sie das Ventil aus dem Ventilschaft.
- Ziehen Sie die Ventilschaftdichtung ab.
- Reinigen Sie das Ventil vorsichtig von Ablagerungen.

Schnell mal selbstgebaut: Spezialwerkzeug, um die Ventilfeder zusammenzudrücken.

- Reinigen Sie die Unterseite des Ventils gründlich, damit der »Pümpel« besser hält.
- Entfernen Sie auch die Ablagerungen im Zylinderkopf.
- Tragen Sie etwas Schleifpaste auf das Ventil auf. Verwenden Sie im ersten Durchgang die »Vorschleifpaste« und im zweiten Durchgang dann die feinere »Nachschleifpaste«.
- Stecken Sie das Ventil in seine Schaftführung und drehen Sie es hin und her. Sie hören deutlich das kratzende Schleißgeräusch. Immer dann, wenn es leiser wird, das Ventil leicht anheben und verdrehen. Erst dann, wenn das Schleifgeräusch leise bleibt, muss etwas Schleifpaste neu aufgetragen werden. Grundsätzlich ist es dann von Vorteil das Ventil und den Sitz mit dem Lappen etwas abzuwischen und das Schleifbild zu kontrollieren. Ist das Schleifbild sauber erkennbar und erstreckt sich auf etwa 2/3 des gesamten Sitzes, ist die Arbeit für dieses Ventil getan.

Bearbeiten Sie immer alle Ventile eines Zylinders. Der Arbeitsaufwand für eine erneute Demontage ist größer als der des Einschleifens. Sollte ein Ventil kein gleichmäßiges Schliffbild haben (mal 2/3, und etwas weiter nur 1/3), so ist es verzogen und muss erneuert werden.

Dichtheit prüfen

- Reinigen Sie das Ventil und den Zylinderkopf gründlich. Es sollen keinerlei Rückstände des Schleifmittels im Zylinderkopf und auf dem Ventil verbleiben.

Genau ansetzen und dann gleichmäßig zusammenziehen. Lassen Sie sich genug Platz, um an die Klemmstücke zu kommen.

- Setzen Sie beide Ventile in den Zylinderkopf ein.

- Drücken Sie sie von Hand zu.

- Drehen Sie den Zylinderkopf mit der Dichtfläche nach oben.

- Füllen Sie etwas Kraftstoff in den Brennraum des Zylinders ein.

- Beobachten Sie, ob aus dem Einlass- oder Auslasskanal Kraftstoff austritt oder an einem Ventil Blasen aufsteigen. Beides würde auf eine Undichtigkeit hinweisen. Wenn Sie keine Undichtheit feststellen können, war Ihre Arbeit erfolgreich. Sollten Sie eine Undichtheit feststellen, untersuchen Sie zuerst die Dichtflächen von Ventil und Sitzring im Zylinder. Ein Körnchen aus der Schleifpaste kann hier schon der Fehler sein.

Die Montage erfolgt sinngemäß in umgekehrter Reihenfolge. Das Einsetzen der Schaftdichtungen gelingt sehr gut mit einer Ratschennuss, die gerade so auf die Schaftdichtung passt. Mit etwas Öl lassen Sie sich leicht von Hand festdrücken.

Beim Einsetzen der Klemmstückchen sollten Sie eine ruhige Hand haben und zusätzlich etwas Fett auf die Innenseite des Klemmstückes auftragen. Sie haften dann besser am Ventil und fallen nicht ständig wieder heraus.

Arbeiten an Karosserie und Fahrwerk

In diesem Kapitel geht es um Arbeiten an Bauteilen, die mit dem Rahmen oder den Rädern in Verbindung gebracht werden können. Auch diese Arbeiten sind mit etwas technischem Geschick, Ideen und Standardwerkzeug gut selbst zu bewältigen.
Auch am Fahrwerk oder an der Bremsanlage fallen Reparaturen an. Wie bei den meisten der gezeigten Arbeiten, sollten Sie schon einiges an Erfahrungen haben, um sich auch an diese Systeme heranzutrauen. Etwas zurecht zu basteln kann extreme Folgen haben. Nicht funktionierende Bremssysteme oder ein defektes Fahrwerk machen den Roller verkehrsunsicher. Es dürfen ausschließlich Arbeiten durchgeführt werden, die auch von dem Fahrzeughersteller erlaubt und freigegeben wurden.
Zum Teil erkennt man eine mangelnde Freigabe schon an der mangelnden Lieferfähigkeit der Ersatzteile für eine solche Reparatur. Sind die Teile lieferbar, ist die Reparatur sicherlich durchführbar. Wenn Sie keine Erfahrungen mit Bremssystemen und dem Fahrwerk haben, sollten Sie grundsätzlich jemanden hinzuziehen, der diese Reparaturen beherrscht. Als Ungeübter sollte man niemals Arbeiten an Bremsanlage oder Fahrwerk durchführen. Die Gefahren, die durch unsachgemäße Arbeit entstehen können, sind einfach zu groß.
Gerade bei der Arbeit an der Bremsanlage ist es wichtig, sich neben den Eigenschaften der Bremsflüssigkeit auch mit der Funktion und dem Umgang mit den Bauteilen bekannt zu machen. Die Bremsflüssigkeit zerstört nicht nur den Lack der Karosserie oder der Rahmenteile, sondern wirkt auch reizend auf Augen und Schleimhäute.
Der Hersteller »ATE« weist darauf hin, dass auch jeglicher Hautkontakt zu vermeiden sei. Grundsätzlich kann man schon erkennen, dass es sich bei der augenscheinlich harmlosen hellen Flüssigkeit doch um etwas ganz Spezielles handelt.
Auch die mechanischen Arbeiten haben ihre Tücken. Werden Schrauben zu fest oder zu lose angezogen, können Schäden entstehen. Unzureichend angezogene Schrauben für die Dämpferholme können durchaus die Gabelbrücke beschädigen. Eine kraftschlüssige Verbindung zwischen Gabelholm und Gabelbrücke kann so nicht mehr gewährleistet werden. Wenn der Gabelholm nicht mehr stabil geführt wird, ist ein Unfall kaum abzuwenden.

Bremsbelagwechsel

Vorbereitende Arbeiten

■ Stellen Sie den Roller auf den Hauptständer ab oder sorgen Sie dafür, dass er gerade steht.

Werkzeug und Material bereit legen

Bremsenreiniger
Lappen
Ratsche
Diverse Stecknüsse
6-mm-Inbusschlüssel
Ölauffangwanne
Entsprechenden Bremsbelagsatz
Wasserpumpenzange

Scheibenbremsbeläge

Unterschiedliche Rollermodelle sind natürlich auch mit unterschiedlichen Bremssystemen ausgerüstet. Grundsätzlich gibt es nur zwei Varianten die Bremsbeläge auszubauen.

Doppelkolbensystem im Festsattel.
Meistens müssen an den Bremssystemen mit Doppelkolbensystemen in einem Festsattel die Bremssättel nicht demontiert werden.

■ Entfernen Sie den Deckel.

■ Demontieren Sie den Splint und die Andruckfeder.

■ Ziehen Sie die Bremsbeläge aus dem Bremssattel.

■ Stellen Sie die Bremssättel mit Hilfe einer Zange oder Schraubzwinge vorsichtig zurück.

■ Achten Sie darauf, dass der gegenüberliegende Bremssattelkolben nicht unbeabsichtigt ausfährt. Gegebenenfalls sollten Sie auch diesen Kolben mit einer Zange festhalten.

Die zweite Bauweise zeichnet sich durch einen »schwimmend« gelagerten Faustsattel aus. Hier muss der Bremssattel demontiert werden, um die Beläge auszubauen.

■ Drehen Sie die beiden Halterungsschrauben (1) heraus.

■ Ziehen Sie den Bremssattel vom Halter und der Bremsscheibe ab. Besonders bei Rollern mit kleinen Rädern muss der Sattel vorsichtig etwas verkanntet werden, um ihn herauszubekommen.

■ Demontieren Sie den Splint (2) und die Andruckfeder (3).

Zwei Kolben liegen sich gegenüber. Die Lagerung des Sattels ist so nicht erforderlich.

Zwei Kolben liegen nebeneinander. Der Sattel muss schwimmend gelagert werden.

Zurückdrücken muss nicht schwer sein – Zwinge als Spezialwerkzeug.

■ Drücken Sie die Bremsbeläge vorsichtig aus dem Bremssattel.

■ Stellen Sie die Bremssättel mit Hilfe einer Zange oder Schraubzwinge vorsichtig zurück.

■ Achten Sie darauf, dass der gegenüberliegende Bremssattelkolben nicht unbeabsichtigt ausfährt. Gegebenenfalls sollten Sie auch diesen Kolben mit einer Zange festhalten oder beide zusammen wie auf dem Bild gezeigt zurückdrücken.

Grundsätzlich muss beim Zurückdrücken der Bremskolben darauf geachtet werden, dass sich der Bremskolben nicht im Sattelgehäuse verkanntet. Genauso wichtig ist es, die Manschetten der Bremskolben genau in Augenschein zu nehmen. Beschädigte Manschetten führen sehr schnell zu schwergängigen oder festgerosteten Bremssätteln. Bei Motorradbremsbelägen ist es nicht erforderlich, Montagepasten oder Fette an die Auflagerpunkte der Bremsbeläge aufzutragen.
Nachdem die Bremsbeläge montiert und der Bremssattel befestigt wurden, muss der Handbremshebel mehrfach betätigt werden, um die Bremsbeläge an der Bremsscheibe anzulegen und die Bremse so wieder in Betrieb zu setzen.

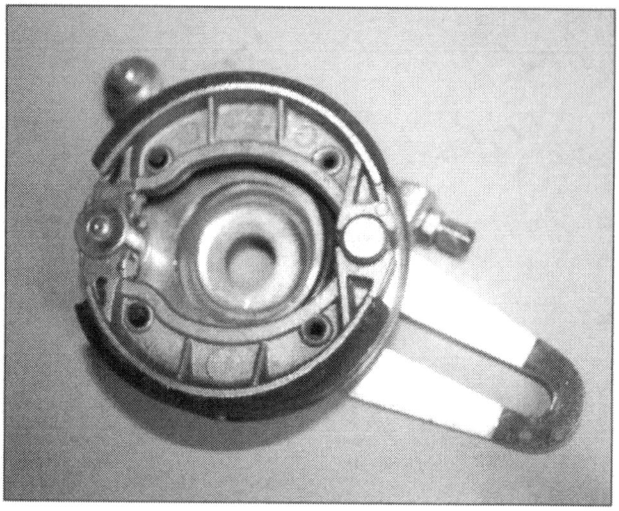
Trommelbremse vorne.

Trommelbremsbeläge

Vorderradbremse

Bei einigen Rollern ist auch als Vorderradbremse eine Trommelbremsanlage verbaut. Hier muss zur Demontage das Vorderrad ausgebaut werden. In den meisten Fällen ist der Motorroller so ausgelegt, dass wenn er auf dem Hauptständer steht, das Hinterrad entlastet wird. Soll das Vorderrad ausgebaut werden, muss der Roller so unterbaut werden, dass er zum einen sicher steht, und zum anderen das Vorderrad frei beweglich ist.

■ Jetzt kann die Tachowelle und der Bremszug demontiert werden.

Tachowelle an der Trommelbremse lösen.

Bremsbeläge zusammenklappen.

■ Nachdem die Achsmutter abgedreht wurde, kann die Achswelle herausgezogen und das Rad mit Bremstrommel entnommen werden.

■ Die Bremsbeläge lassen sich am einfachsten von der Ankerplatte abnehmen, indem man sie anhebt und »zusammenklappt«.

Die Montage der Beläge und des Rades erfolgt dann in umgekehrter Reihenfolge.

Hinterradbremse
Um die Bremsbeläge für das hintere Rad zu wechseln, muss das Hinterrad demontiert werden. Hierzu ist es unabdingbar die Auspuffanlage zu demontieren.

■ Lösen Sie die Radmutter in der Mitte. Diese Arbeit wird wesentlich erleichtert, wenn eine zweite Person die hintere Bremse fest betätigt. So lässt sich die Achsmutter leicht mit einer passenden Ratsche mit Nuss lösen.

Zentralmutter des Hinterrades.

■ Nun kann das Hinterrad abgezogen werden.

■ Auch hier lassen sich die Bremsbeläge am einfachsten von der Ankerplatte abnehmen, indem man sie anhebt und »zusammenklappt«.

Die Montage der Beläge und des Rades erfolgt dann wieder in umgekehrter Reihenfolge.
Bei Motorradbremsbelägen ist es nicht erforderlich, Montagepasten oder Fette an die Auflagerpunkte der Bremsbeläge aufzutragen.
Nachdem die Bremsbeläge montiert und der Bremszug eingestellt wurde, muss der Handbremshebel mehrfach betätigt werden, um die Bremsbeläge und die Mechanik der Bremsanlage zu setzen und die Bremse so wieder in Betrieb zu setzen. Ist die Bremstrommel etwas eingelaufen, kann es erforderlich sein, die Bremse nach einigen Kilometern nachzustellen. Der Hebelweg und die Funktion der Bremse sollten auf alle Fälle vor der Fahrt kontrolliert werden.

Bauteil	Bemerkung	Anzugsdrehmoment
Auspuffkrümmer	M6	8 Nm
Auspuffhalter	M8	10 Nm
Zentralschraube Hinterrad	M14	105 Nm
Achsmutter Vorderrad	M12	35 Nm
Achsmutter Vorderrad	M10	47 Nm
Bremssattelträger an der Gabel	M8	22 Nm

Reifenmontage

Grundsätzlich gibt es zwei Möglichkeiten, den Reifen von der Felge abzuziehen. Die sicherste Methode ist sicherlich die Montage auf einem Montiergerät. Beschädigungen an der Felge sind recht zuverlässig auszuschließen. Den wenigsten Schraubern steht allerdings ein solches Gerät zur Verfügung. Die Demontage kann auch mit Hilfe von Montierhebeln erfolgen. In diesem Kapitel sollen beide Varianten vorgestellt werden.

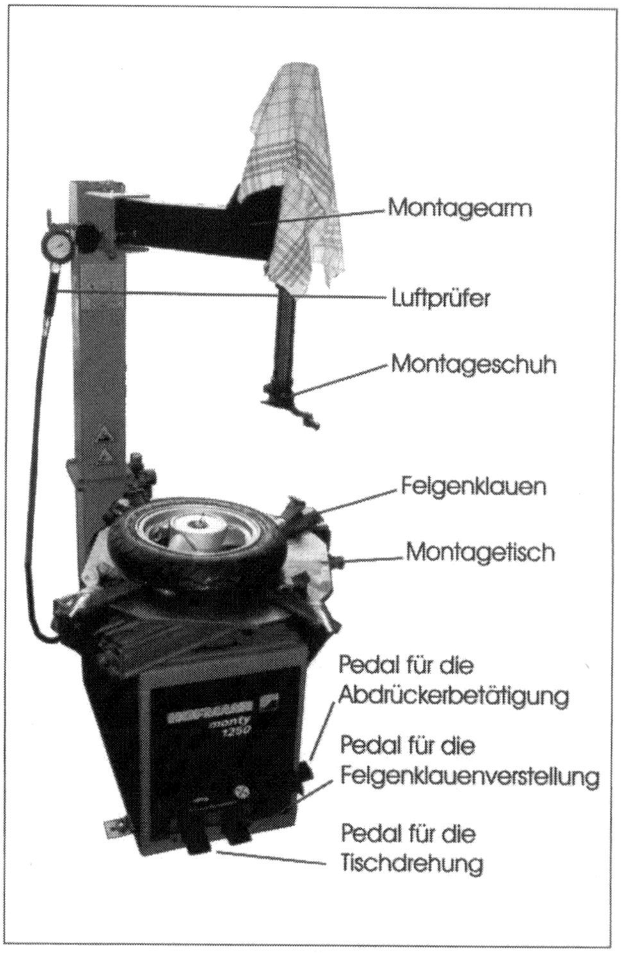

Reifenmontiergerät.

Vorbereitende Arbeiten

- Stellen Sie den Roller auf den Hauptständer ab oder sorgen Sie dafür, dass er gerade steht.
- Demontieren Sie das Rad, an dem der Reifen gewechselt werden soll.
- Egal nach welcher Methode, zuerst muss die Luft aus dem Reifen herausgelassen werden. Hierfür gibt es einen speziellen Ventilzieher. Gelegentlich finden sich auch Ventilkappen, die mit einem Ventilzieher ausgerüstet sind.

Werkzeug und Material bereit legen

Bremsenreiniger
Lappen
Ratsche
Diverse Stecknüsse
Montierhebel
Reifenmontagepaste

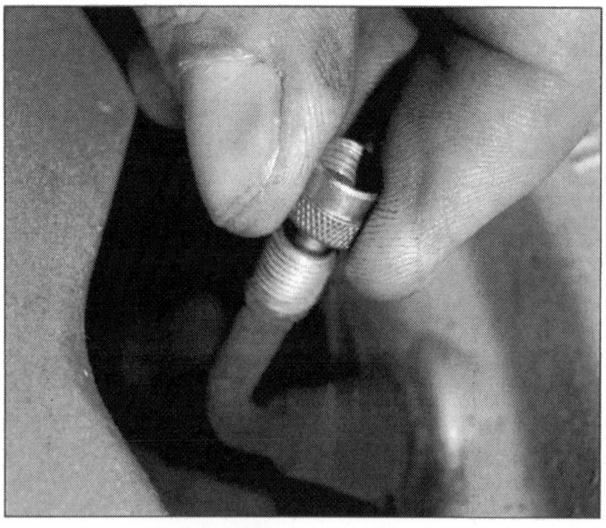

Ventilkappe mit Ventilzieher.

Abdrücken des Reifens.

Reifenmontage mit Montierhebeln

■ Nachdem die Luft entwichen ist, muss der Reifen vom Hump der Felge heruntergedrückt werden.

■ Um eine Beschädigung der Felge zu vermeiden, sollte immer ein Stück Pappe untergelegt werden. Am einfachsten lässt sich der Reifen mit dem entsprechenden Schuhwerk abdrücken. Bei hartnäckigen Exemplaren ist es erforderlich, die Montierhebel zur Hilfe zu nehmen. Der Reifen muss natürlich von beiden Seiten »abgedrückt« werden um ihn demontieren zu können.

■ Nun wird der Mantel Stück für Stück von der Felge gehebelt. Man setzt die Hebel zuerst in wenigen Zentimeter Abstand voneinander ein. Je dichter die Montierhebel zusammenarbeiten, umso geringer ist die erforderliche Handkraft. Wichtig ist hierbei, dass der Teil des Wulstes des Reifens, der nicht herausgehebelt wird, in das Tiefbett der Felge gedrückt wird. So entsteht gerade genug Platz, um den Reifen demontieren zu können.

■ Das Abhebeln des zweiten Reifenwulstes über die Felge gestaltet sich etwas schwieriger. Es muss besonders darauf geachtet werden, dass die Felge nicht beschädigt wird.

■ Nach dem auch der zweite Wulst über die Felge gehebelt wurde, kann der Reifen mit etwas Kraft von der Felge gedrückt werden.

Egal nach welchem Verfahren die Reifen demontiert werden, der Zustand der Felge ist für die Dichtheit des neuen Reifens von entscheidender Wichtigkeit. Jegliche Ablagerungen müssen entfernt werden, Kor-

Hebelarbeit: Der Reifen muss nun Stück für Stück runter.

Herunterdrücken des zweiten Wulstes.

Montiertes Ventil.

Kurzer Druck und das runde Schwarze wird oval und springt von der Felge.

rosion und Lackschäden müssen auf jeden Fall ausgebessert werden. Erst dann macht die Montage eines neuen Reifens wirklich Sinn.
Die Montage erfolgt in umgekehrter Reihenfolge, jedoch sollte vor der Reifenmontage das Ventil ersetzt und der Reifen mit Montagepaste bestrichen werden. So lässt er sich wesentlich leichter montieren. Am Ende der nächsten Montagebeschreibung wird noch genauer auf die Montage des Ventils eingegangen.

Reifenmontage mit dem Montagegerät

■ Drücken Sie den Reifen von der Felge ab. Wie auch bei der Demontage mit den Montierhebeln muss zuerst der Reifen von der Felge gedrückt werden. Das Reifenmontiergerät hat hierfür ein Abdrückschild, das den Reifenwulst über den Felgenhump schiebt. Eventuell muss aber auch hier das Rad gedreht werden, bis die Demontage klappt. Die Luft sollte auch hier vorher abgelassen werden. Auch wenn das Gerät in der Lage ist, einen mit Luft befüllten Reifen von der Felge zu drücken, kann dadurch die Felge beschädigt werden.

■ Als Nächstes wird die Felge auf dem Arbeitstisch mit den Felgenklauen eingespannt. Hier muss darauf geachtet werden, dass die Klauen die Felge sauber spannen und vollflächig aufliegen.

■ Nun wird der Montagearm so eingestellt, dass der Montageschuh knapp über die Felge laufen kann.

■ Jetzt wird mit dem Montierhebel der Reifenwulst über den hinteren Teil des Montageschuhs gehoben. Hier liegt

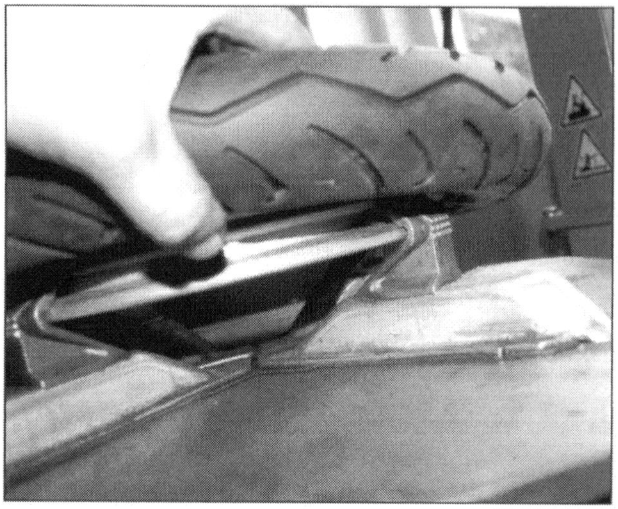

Alle Klauen greifen? Alles fest?

Einstellung des Montagearms.

Abdrückschild im Einsatz – Vorsicht Quetschgefahr!

Eins drüber, eins drunter so schaut es gut aus!

Achten Sie immer darauf, dass der Rest des Reifenwulstes im Tiefbett der Felge bleibt.

Nicht vergessen: Laufrichtung an der Felge markieren!

ein deutlicher Vorteil gegenüber der Montage mit Montierhebeln. Die Hebelkräfte wirken nicht auf die Felge ein. Aus dem Montageschuh ist speziell für die Demontage eine Hebelkante ausgelegt. Die Gefahr eine Felge zu beschädigen ist sehr gering.

■ Wenn der Montagetisch nun mit dem eingebauten Elektromotor gedreht wird, wird der Mantel automatisch von der Felge gezogen.
Dieselbe Vorgehensweise wird nun auch auf den 2. Felgenwulst angewendet. Die Vorgehensweise unterscheidet sich nicht.

■ Nun kann der Reifen abgenommen werden.
Auch hier ist es wichtig, den Zustand der Felge zu beurteilen, und wenn es erforderlich sein sollte, entsprechende Arbeitsschritte einzuleiten, um die Felge wieder in einen gebrauchsfähigen Zustand zu bringen. Auch die am Ende dieses Kapitels beschriebene Arbeit zum Ventilwechsel sollte am demontierten Reifen erfolgen.

Für die Montage des Reifens wird ledig der Reifenwulst mit Montagepaste eingerieben und dann der Reifen entsprechend auf den Montageschuh gelegt. Wird der Montagetisch gedreht, zieht man den Reifen auf die Felge. Hierbei ist es wichtig, die Laufrichtung des Reifens zu beachten. Außerdem muss der bereits aufgezogene Wulstteil unbedingt im Tiefbettbereich der Felge bleiben, um die Montage zu ermöglichen.

Reifenventil wechseln

Die Reifenventile sind relativ stark durch die entstehenden Fliehkräfte belastet und altern dementsprechend. Wenn der Reifen gewechselt wird, sollte nicht am Ventil gespart, sondern dieses mit gewechselt werden. Am leichtesten lässt sich der Ventilwechsel am abmontierten Reifen durchführen.

■ Drücken Sie das Ventil leicht schräg weg und schneiden Sie das Gummi mit einem scharfen Messer durch. Das Ventil kann nun in zwei Teilen entnommen werden.

Das Ventil besteht aus drei wesentlichen Teilen:
Die Ventilkappe, die aus Metall oder Kunststoff besteht, kann auch als Ventilzieher ausgelegt sein. Der

Abschneiden mit dem Messer.

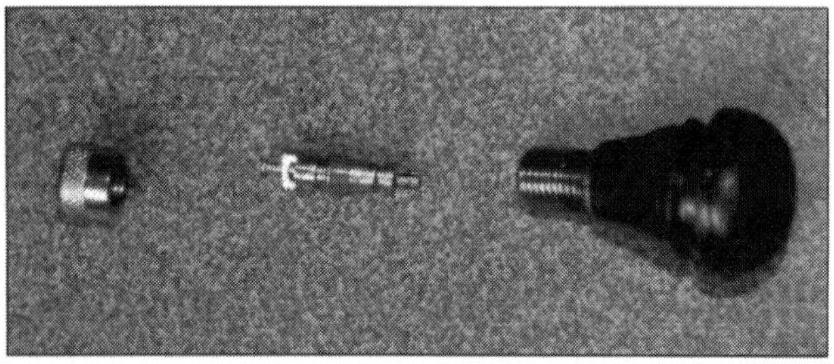

Ventil in Teilen.

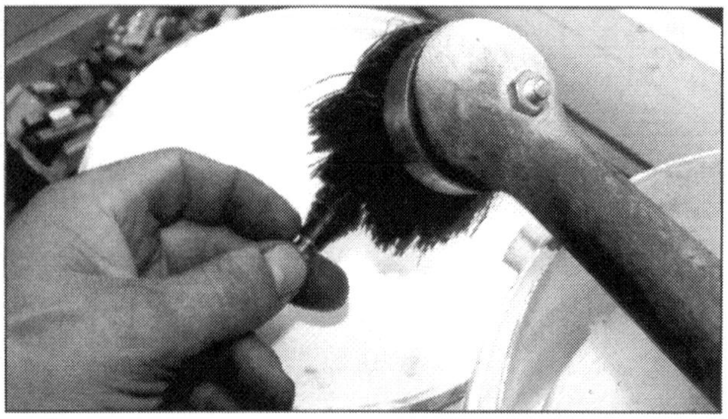

Wer gut schmiert, der gut montiert …

Einziehen des Ventils.

Ventileinsatz kann durchaus verschiedene Längen haben. Die Ventileinsätze passen aber untereinander. Der Ventilkörper hat einen aufgeklebten Gummifuß, der das Ventil flexibel in der Felge lagert und eine luftdichte Verbindung zwischen Ventil und Felge herstellt.

■ Montieren Sie das Ventil. Für die Ventilmontage muss der Ventilfuß mit Montagepaste eingestrichen werden. Das Ventil wird nun ohne Ventilkappe und ohne Ventileinsatz in die Felge gesteckt.

■ Ziehen Sie das Ventil in die Felge ein. Mit Hilfe einer speziellen Zange wird das Ventil in die Felge eingezogen. Grundsätzlich kann das Ventil auch mit anderen Werkzeugen eingezogen werden, es sollte jedoch darauf geachtet werden, dass weder das Ventil noch die Felge beschädigt werden.

■ Nun müssen die Felgenklauen entlastet werden und der Reifen kann mit Luft befüllt werden. Um schneller mehr Luft in den Reifen zu bekommen, ist es sinnvoll, den Ventileinsatz noch nicht zu verbauen. Der Reifen kann sich nun besser »setzen«. Beim Setzen wird durchaus ein Luftdruck von 3–4 Bar erforderlich.

■ Kontrollieren Sie den Sitz des Reifens. Sitzt der Reifen rundherum erkennbar gleichmäßig, wird die Luft wieder abgelassen und der Reifen entspannt. Mit dem eingeschraubten Ventil blasen Sie den Reifen auf seinen Nennluftdruck auf.
Abschließend noch einmal den korrekten Sitz des Reifens überprüfen.

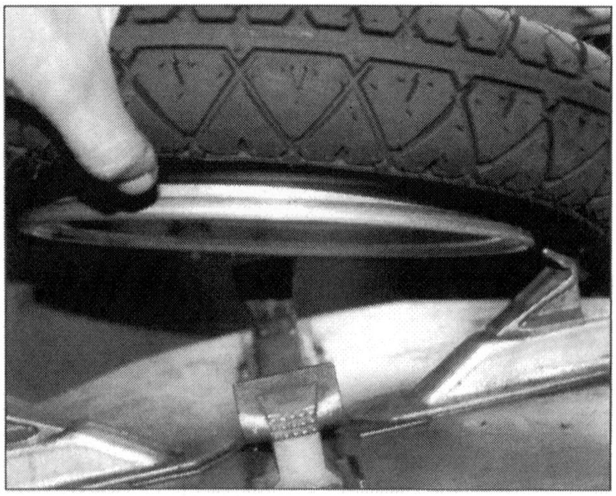

Felgenklauen entlasten.

Achten Sie auf Linien und Beschriftungen. Sitzt der Reifen gleichmäßig?

Tachowelle wechseln

Es gibt zwar sehr viele unterschiedliche Baukonzepte für den Tachoantrieb und auch Unterscheidungen in der Befestigungsart der Tachowelle im Tachometer. Die Montagearbeiten unterscheiden sich allerdings kaum. Betrachten wir die Demontage mal etwas genauer:

Vorbereitende Arbeiten

- Stellen Sie den Roller auf den Hauptständer ab oder sorgen Sie dafür, dass er gerade steht.

Werkzeug und Material bereit legen

Kreuzschlitzschraubendreher
Lagerkästchen
Kombizange
Wasserpumpenzange
2–3 Kabelbinder ca. 20 cm lang

- Demontieren Sie die Lenkerverkleidung
- Drehen Sie die Tachowelle am Tachometer los.
- Entfernen Sie die Kabelbinder am Lenkrohr.
- Lösen Sie die Tachowelle unten.

Schauen Sie sich die Lage der Tachowelle genau an. Sie darf nicht geknickt werden und sollte, wenn es ir-

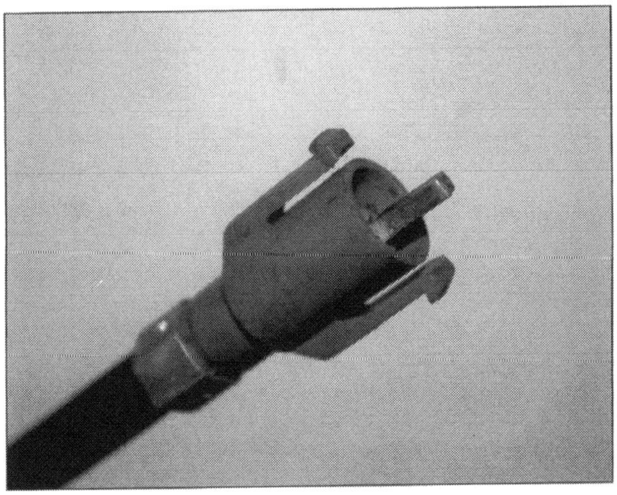

Tachoanschluss geclipst.

Tachoanschluss geschraubt.

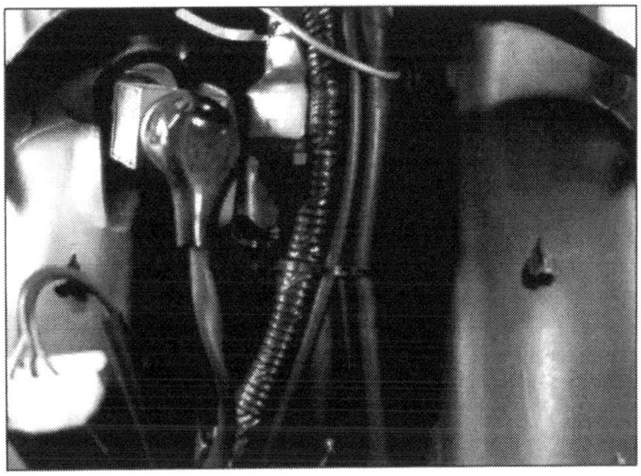

Kabelbinder am Lenkrohr.

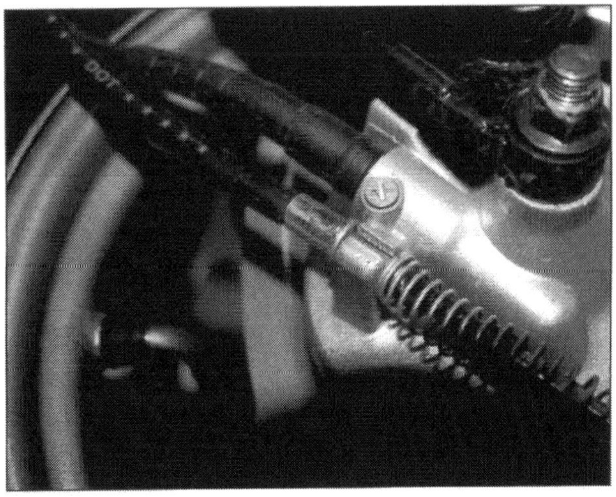

Wellenanschluss gesteckt.

Wellenanschluss geschraubt.

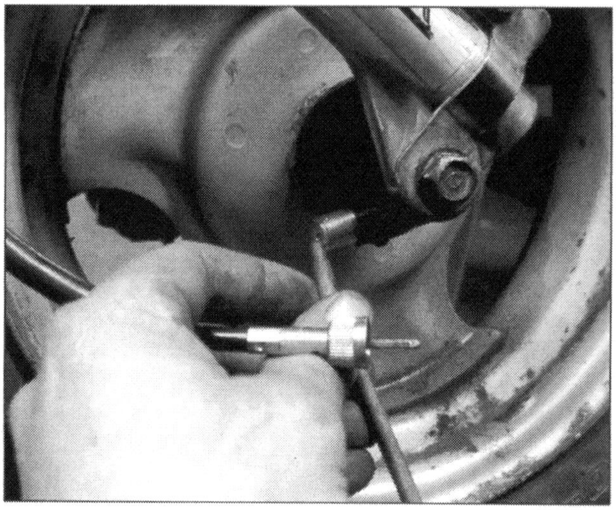

Tachoantrieb ölen.

gend geht, nirgendwo scheuern. In der Regel wird Sie durch Halter- und Führungsstücke sauber bis zum Rad geführt.

Die Montage erfolgt sinngemäß in umgekehrter Reihenfolge. Achten Sie darauf, dass der Tachoantrieb sauber läuft und ölen Sie ihn bei der Montage der Tachowelle etwas ein.

Reparatur des Zündschlosses

An diesem Beispiel lässt sich gut erkennen, dass auch Reparaturen durchgeführt werden können, die nicht vom Hersteller vorgesehen sind. In unserm Fall ist der Zündschlüssel abgebrochen und steckt im Schloss. Bei jedem Schlüsseldienst kann man leicht einen Nachschlüssel anfertigen lassen, den Schlüsselrest zu entfernen bedeutet Feinmechanikerarbeit.

- Demontieren Sie die Frontschildverkleidung außen.
- Demontieren Sie das Zündschloss.
- Demontieren Sie den Schlüsselschalter vom Schlossgehäuse.

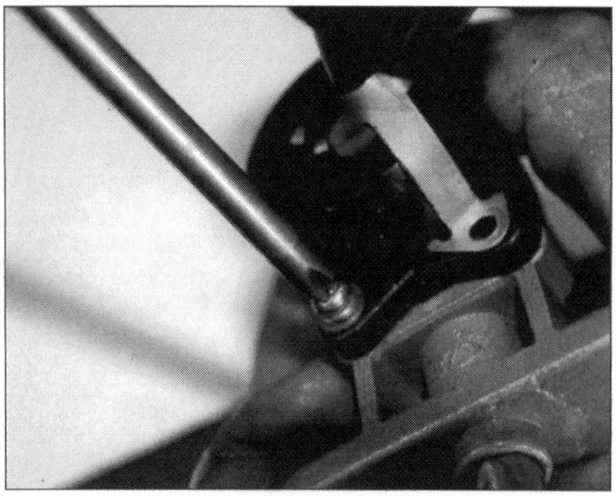

Es wird zumeist nur von zwei Schrauben gehalten.

Fingerspitzengefühl gefragt.

Ist er noch leichtgängig, beschädigt, verbogen?

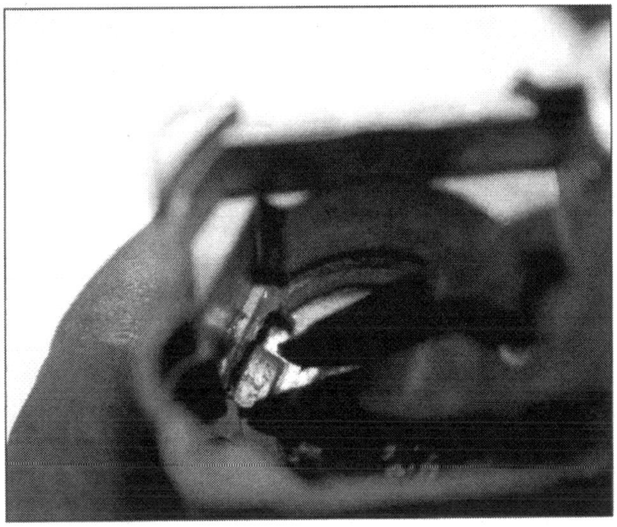

Achtung Kleinteile!

- Entfernen Sie den Betätigungsbügel für den Rahmenschlossbolzen.
- Ziehen Sie den Rahmenschlossbolzen heraus.
- Demontieren Sie das Sicherungsblech für den Betätigungsaufsatz.
- Entnehmen Sie den Einrastzapfen.
- Ziehen Sie die Feder aus dem Schlosskörper.
- Betätigen Sie die Sicherungsraste und ziehen Sie das Schloss heraus.

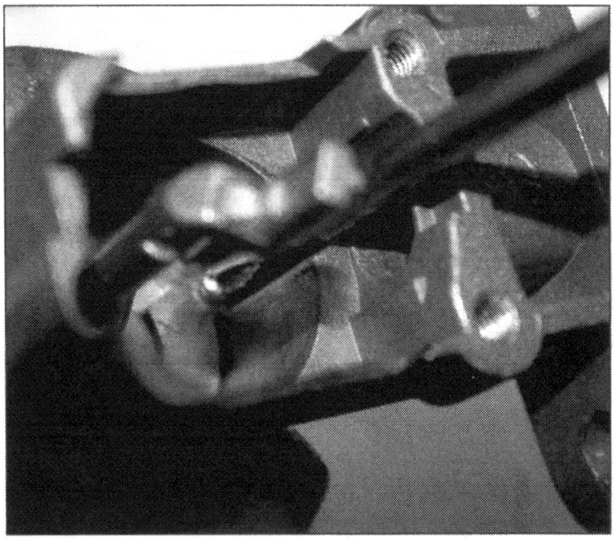

Weiter geht's in die Tiefe: Betätigungsmechanik.

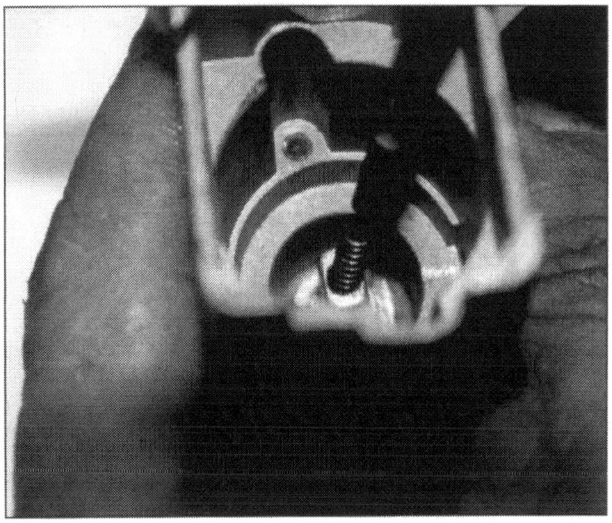

Spätestens jetzt sollte man die Teile in einer Kiste horten.

Leichter Druck mit dem Schraubendreher drückt die Raste ins Schloss zurück.

■ Schieben Sie den Schlüsselrest mit einem Draht durch die Lücken in den Rastenfeldern soweit nach vorne, dass Sie ihn mit einer Zange herausziehen können.

■ Drücken Sie nun alle Rasten mit den Fingern locker zusammen.

■ Schieben Sie den Schlüssel in den Schließzylinder ein.

Die Montage erfolgt sinngemäß in umgekehrter Reihenfolge.

Fetten Sie alle mechanisch beweglichen Teile mit einem säurefreien Fett ein. Achten Sie immer auf korrekten Sitz und Leichtgängigkeit der Bauteile.

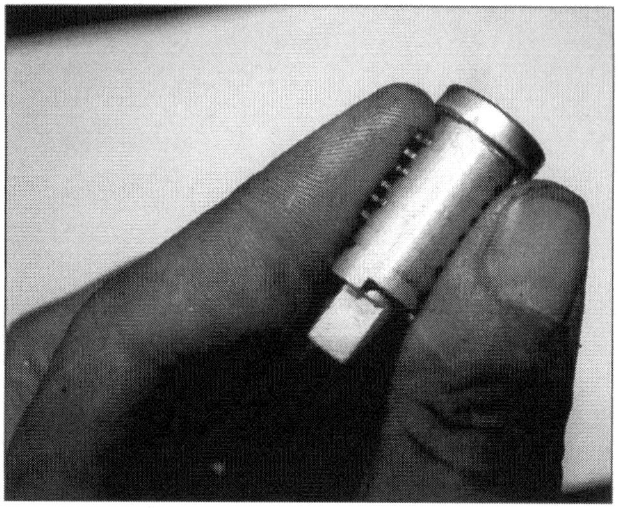

Grundhaltung.

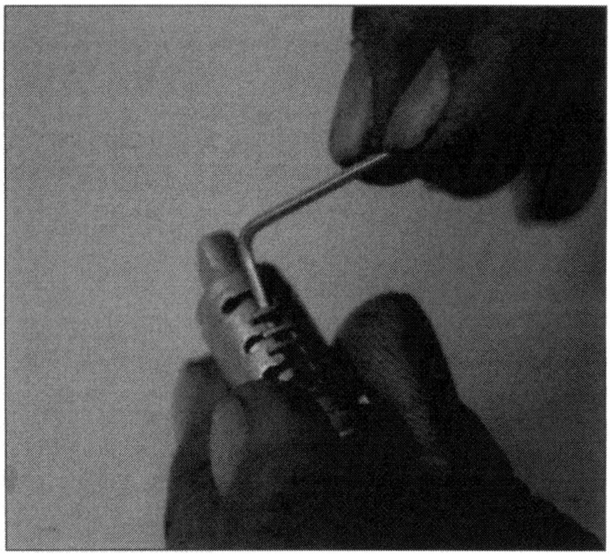

Vorsichtig nach vorne schieben …

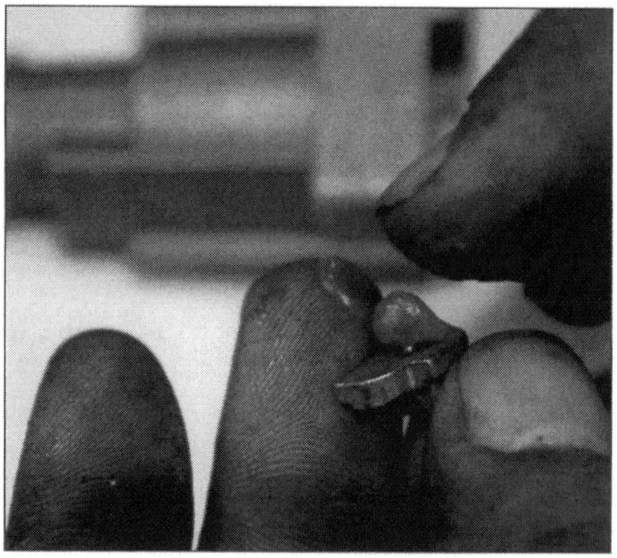

Kleinteile fetten.

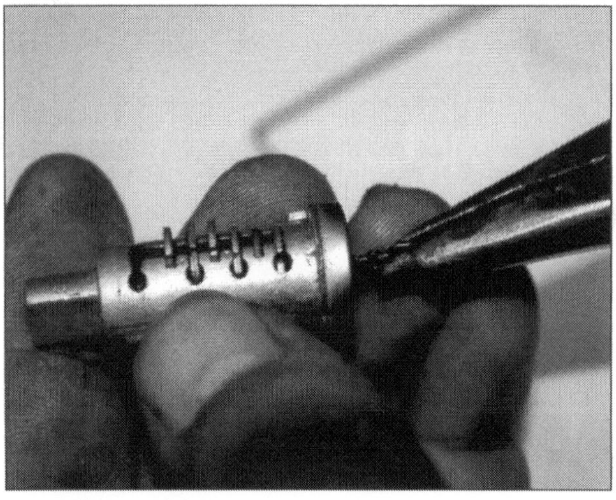

… und herausziehen.

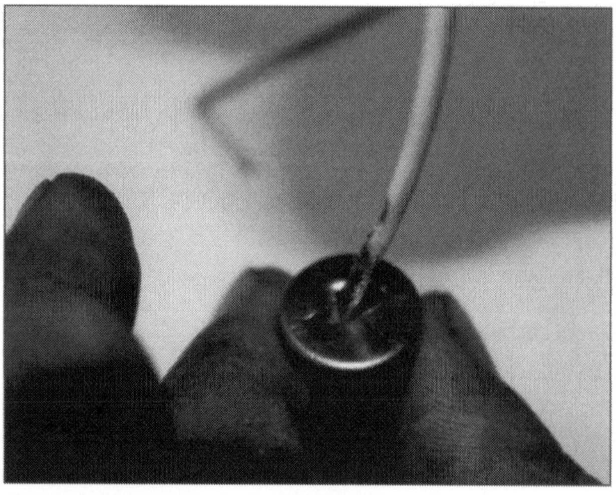

Etwas Schlossöl kann nie Schaden.

Demontage der Vorderradgabel (Gabeldichtringe)

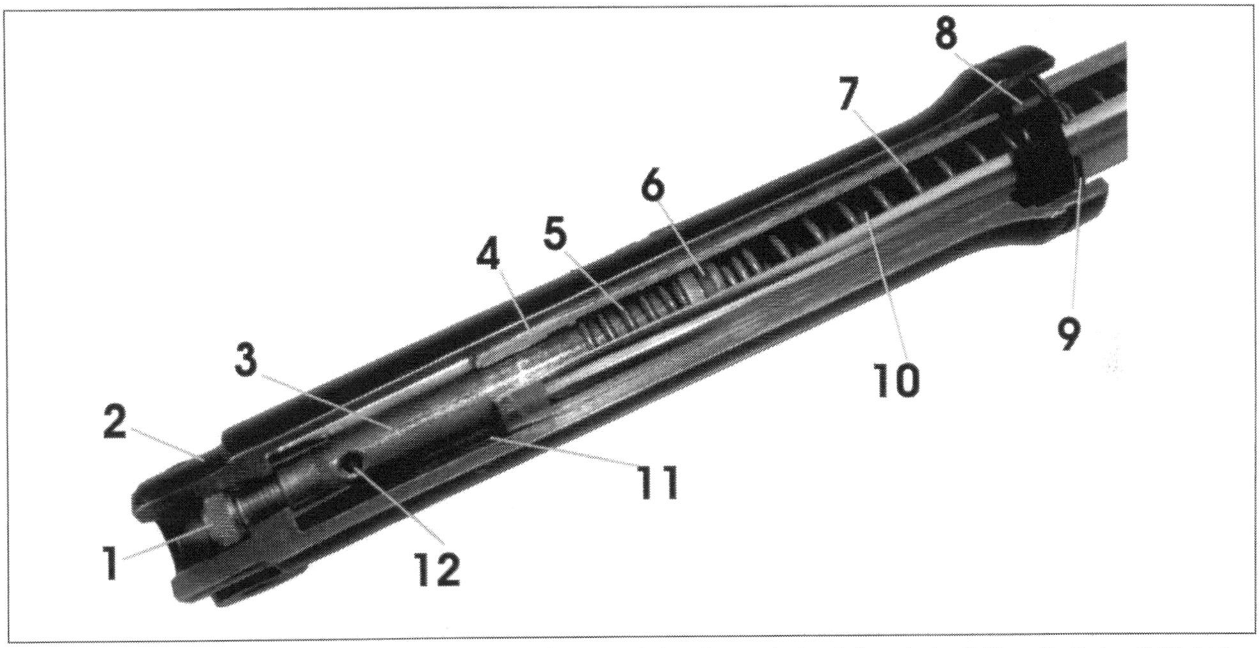

Gabelrohr im Schnitt: 1 Halteschraube, 2 Gleitrohr (Tauchrohr), 3 Drosselrohr, 4 Standrohr, 5 Negativ-Feder, 6 Dichtring Drosselrohr, 7 Positiv-Feder, 8 Gabelsimmering, 9 Sicherungsring, 10 Vorratsraum, 11 Druckraum, 12 Drosselbohrung

Um die Gabelsimmeringe austauschen zu können, ist es erforderlich, den betroffenen Gabelholm auszubauen. Hierzu muss die Sicherungsschraube in der Gabelbrücke gelöst und das Vorderrad ausgebaut werden.

Vorbereitende Arbeiten

■ Stellen Sie den Roller auf den Hauptständer ab oder sorgen Sie dafür, dass er gerade steht.

■ Entlasten Sie das Vorderrad und sorgen Sie dafür, dass der Roller so unterbaut ist, dass das Vorderrad ausgebaut werden kann.

■ Demontieren Sie das Vorderrad.

Werkzeug und Material bereit legen

Kreuzschlitzschraubendreher
Kleiner Schraubendreher
Ratsche, Verlängerung 8-mm-Inbusnuss
Lagerkästchen
Ölauffangwanne
Lappen

■ Demontieren Sie den betroffenen Gabelholm.

■ Entfernen Sie für die Demontage den Sicherungsring für den Stopfen der Gabel. Ist der Anfang mit Hilfe zweier kleiner Schraubendreher erstmal gemacht, geht es recht einfach, indem man den Schraubendreher, der unter dem Ring ist, leicht verdreht und so den Sicherungsring Stück für Stück anhebt.

Sicherungsring entfernen.

■ Stoßen Sie den Gabelholm gezielt auf eine stabile Tischplatte (1). Der Verschlussstopfen fällt nun heraus (2). Gleichzeitig rutscht die Positivfeder heraus und das Gabelöl tritt aus dem Standrohr aus.
Hier ist es also wichtig, das herauslaufende Öl in einem geeigneten Behälter aufzufangen.

■ Nachdem das restliche Dämpferöl ausgelaufen ist, werden die Halteschraube mit dem Inbusschlüssel und das Drosselrohr mit der Ratsche und langer Verlängerung gelöst und herausgedreht. In unserem Fall ist das Drosselrohr als 8-mm-Inbus ausgelegt. In anderen Fällen muss es durch einen Schraubenzieher verkantet werden, um die Schraube herausdrehen zu können.

■ Ziehen Sie nun das Tauchrohr vom Standrohr ab. Das alte Dämpferöl muss nun in Ruhe ablaufen können. Die Teile sollten von Verschmutzungen gereinigt werden.

■ Als Nächstes wird nun der Sicherungsring aus dem Tauchrohr demontiert. Auch das geht mit einem kleinen Schraubendreher recht einfach.

■ Der Gabelsimmering sollte nun eigentlich mit einem Spezialwerkzeug herausgezogen werden. Als Hilfsmittel kann hier aber auch eine lange Verlängerung der Ratsche verwendet werden. Hier muss der Simmering mit mehreren Ansätzen herausgehebelt werden. Wichtig ist, darauf zu

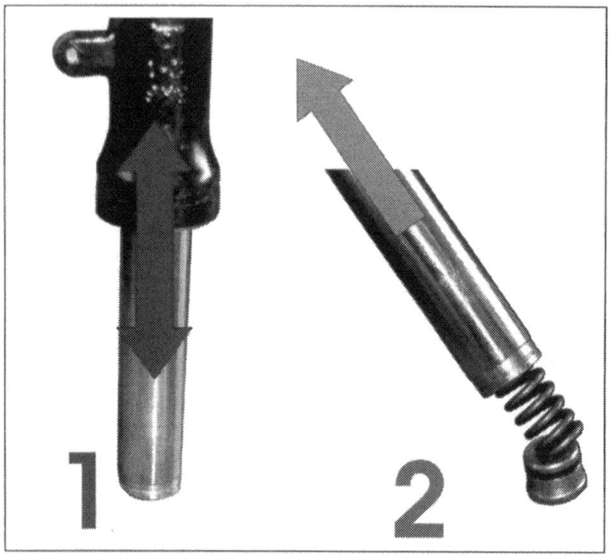

Der Anstoß.

Lösen der Sicherungsschraube.

Herausnehmen der Innereien.

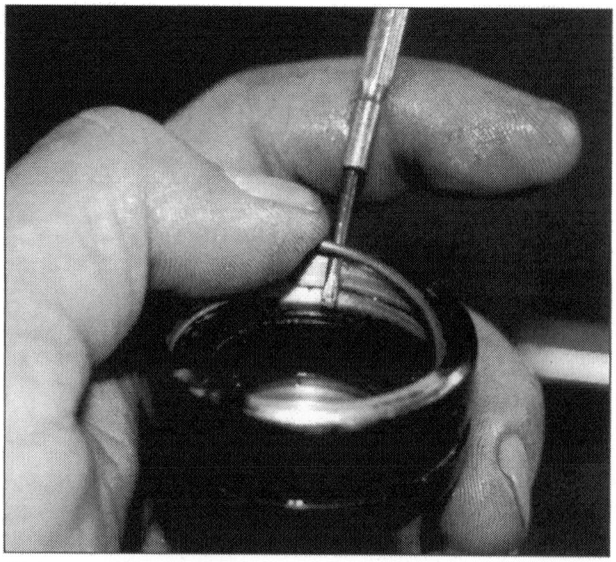

Sicherungsring entfernen.

Gabelsimmering herausziehen.

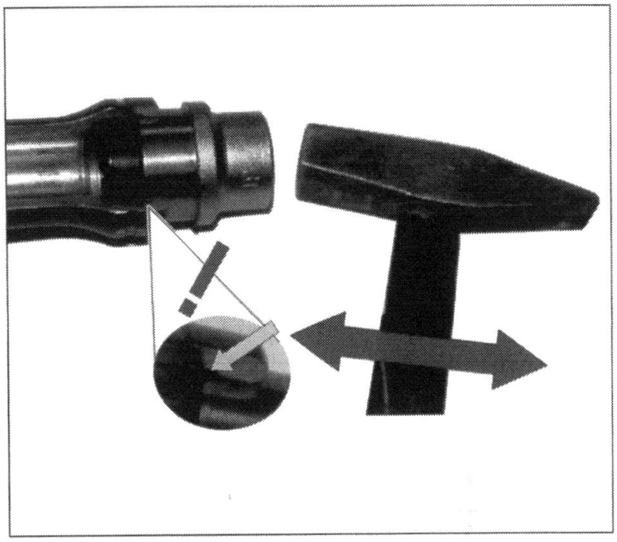

Gabelsimmering einsetzen.

achten, dass das Tauchrohr nicht beschädigt wird. Am besten unterlegt man die Hebelkante mit etwas Kunststoff.

■ Die Montage des neuen Simmerings kann mit Hilfe einer entsprechenden Ratschennuss erfolgen. Die Ratschennuss sollte am Rand des Gabelsimmerings aufliegen aber trotzdem noch sehr locker im Tauchrohr sitzen. So wird vermieden, dass sich das Tauchrohr aufweitet oder beschädigt wird. Auch der Simmering kann so vor Beschädigungen geschützt werden. Als Montagehilfe sollte der Simmering leicht eingeölt und am besten von Hand eingedrückt werden. Diese Arbeit kann auch durch leichte Hammerschläge vorsichtig erledigt werden. Wichtig ist auch darauf zu achten, dass der Simmering lediglich soweit hinein gedrückt wird, dass die Ringnut für den Sicherungsring des Gabelsimmerings freigegeben wird.

Die Montage des Gabelholms kann bis zum Einsetzen der Dichtkappe in der umgekehrten Reihenfolge durchgeführt werden wie die Demontage. Vor der Montage des Verschlussstopfens und seinem Sicherungsring muss etwa 40 cm^3 je Gabelholm eingefüllt werden.

Erst dann kann der Verschlussstopfen und der Simmering montiert werden. Die Füllmengen können je nach Modell etwas variieren. Um sicher zu gehen, sollten diese Angaben beim jeweiligen Fahrzeughersteller angefragt werden.

Bauteil	Bemerkung	Anzugsdrehmoment
Verschlussschraube Gabel unten	M8	10Nm
Verschlussschraube Gabel oben	20mm	10-12Nm
Spannschrauben Gabelbrücke	M8	10Nm

Verkleidungsteile

Die Demontage der Verkleidungsteile fällt bei den meisten Rollern etwas anders aus. Einige Grundbauweisen finden sich aber immer wieder. Grundsätzlich sollten Sie immer sehr vorsichtig vorgehen. Gerade bei den chinesischen Modellen ist der Kunststoff sehr empfindlich und bricht sehr leicht. Gelegentlich lässt sich aber sogar das nicht vermeiden. Untersuchen Sie zuerst die Bauteile nach versteckten Halterungsnasen und achten Sie darauf, dass der Roller grundsätzlich nicht unter 15 °C demontiert wird.

Verkleidungen am Lenker

Der Blick sollte zuerst einmal von unten an die Verkleidungen gehen. Oftmals erkennt man leicht einige Befestigungsschrauben. Als Beispiel haben wir einen China-Roller dargestellt. Die Lenkerverkleidung zeigt an den roten Pfeilen Rastnasen und an den gelben Pfeilen Schrauben.

Verkleidungen am Rahmen

Auch hier ist zuerst einmal kaum zu erkennen was, wo, wie und durch wen gehalten wird. Bei dem vorgestellten Chinesen finden sich Rastnasen zum Verschieben und einige zum geradlinigen Drücken und Ziehen. Die Frontmaske ist dann meist noch zusätzlich im Beinschild und gelegentlich auch im vorderen Bereich verschraubt. Die Demontage erfolgt nach dem Demontieren der Verschraubungen bei der Frontmaske durch einen kurzen Ruck nach oben, bei der Seitenverkleidung durch Verschieben.
Schauen Sie sich die Befestigungen immer vorher an; wenn bei der Montage auf einmal ein Häkchen runter fällt, ist es zu spät …

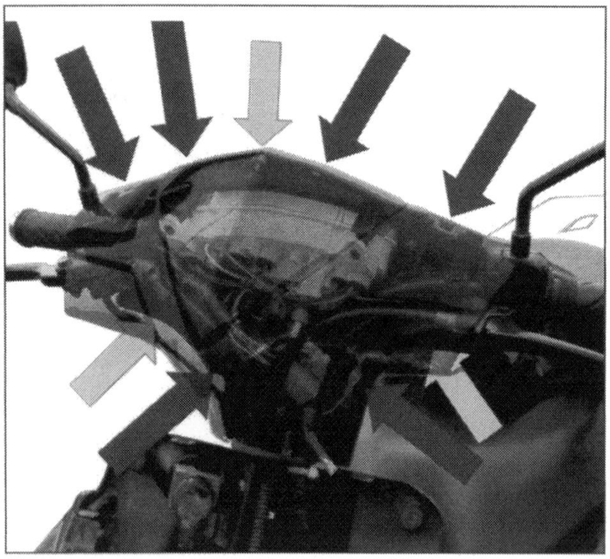

Abwechselnd alles vorhanden.

Achtung: Hier gibt's einige versteckte Überraschungen!

Arbeiten an der elektrischen Anlage

Die meisten Schraubarbeiten an der elektrischen Anlage beziehen sich auf die Montage- und Demontagearbeiten von Bauteilen. In vielen Fällen wird dieses Schema auch zur Fehlersuche benutzt. Es werden einfach solange die Teile getauscht, bis die Funktion wieder gegeben ist. Abgesehen davon, dass das in den meisten Fällen unnötig Arbeit verursacht, können Bauteile auch durch einen in der elektrischen Anlage vorhanden Fehler beschädigt werden.
Dann besteht kaum Hoffnung, dass die Teile-Tausch-Aktion zu irgendeinem vernünftigen Ergebnis kommt. Außer dem vielleicht, dass der Lieferant Ihnen viele Bauteile verkaufen konnte. Genau diese Strategie ist der Grund, warum Bauteile der elektrischen Anlage nicht oder ungern von den Lieferanten zurückgenommen werden.
Deshalb denken Sie immer daran die Bauteile, ihre Signalbilder und die Funktionen zu prüfen. Am besten vor jeder Schraubaktion ins »Blaue«.

Generator ausbauen

Werkzeug und Material bereitlegen

4-mm-Inbusschlüssel
5-mm-Inbusschlüssel
Schlitzschraubendreher ca. 5-mm-Klinge
Polradabzieher passend für das Innengewinde
Schlüsselsatz
Aufbewahrungskästchen
Kabelbinder

Vorbereitungen vor der Arbeit

■ Stellen Sie den Roller auf den Hauptständer ab oder sorgen Sie dafür, dass er gerade steht.

■ Bei den wassergekühlten Modellen lassen Sie das Wasser ab, wenn Sie den Wasserpumpendeckel nicht ausreichend weit vom Polrad wegziehen können. Wenn das geht, achten Sie darauf, dass die Kühlschläuche nicht geknickt werden.

Ausbau

Wassergekühlte Varianten

■ Demontieren Sie den Gehäusedeckel mit Wasserpumpe (die Wasserpumpe muss hierfür nicht zerlegt werden).

■ Drehen Sie die Mutter auf der Kurbelwelle los und nehmen Sie diese ab.

Abzieher in Aktion: Die einzige Möglichkeit, das Polrad nicht zu verbiegen!

■ Montieren Sie den Abzieher in das Innengewinde des Polrades und ziehen Sie das Polrad von der Kurbelwelle ab.

■ Markieren Sie die Stellung des Generators und drehen Sie die Befestigungsschrauben heraus.

■ Nehmen Sie den Generator ab.

Luftgekühlte Varianten

■ Demontieren Sie den Gebläsedeckel.

■ Bauen Sie das Windrad ab.

- Drehen Sie die Mutter auf der Kurbelwelle los und nehmen Sie diese ab.

- Montieren Sie den Abzieher in das Innengewinde des Polrades und ziehen Sie das Polrad von der Kurbelwelle ab.

- Markieren Sie die Stellung des Generators und drehen Sie die Befestigungsschrauben heraus.

- Nehmen Sie den Generator ab.

Die Montage erfolgt sinngemäß in umgekehrter Reihenfolge. Achten Sie darauf, dass Sie bei der Montage keine Kabel einquetschen. Die wassergekühlten Modelle sollten in jedem Fall warmlaufen, um den Wasserkreislauf prüfen zu können.

Nachdem die Kabel ab und die Schrauben der Grundplatte entfernt sind, kann der Generator abgenommen werden.

Bauteil	Bemerkung	Anzugsdrehmoment
Generator Sicherungsschraube	M10x1	38 Nm
Deckelschrauben Motorblock	M6x1,5	8–12 Nm
Kunststoffschrauben Luftleitbleche	Blechschrauben	1,5 Nm

Scheinwerferbirnen wechseln

Scheinwerfer im Beinschild.

Scheinwerfer am Lenker.

Werkzeug und Material bereit legen

Schlitzschraubendreher ca. 5-mm-Klinge
Kreutzschlitzschraubendreher
Aufbewahrungskästchen
Kabelbinder

Vorbereitungen vor der Arbeit

- Stellen Sie den Roller auf den Hauptständer ab oder sorgen Sie dafür, dass er gerade steht.

- Lassen Sie den Motor nicht laufen, während Sie an der Lichtanlage arbeiten. Zwar ist die Wahrscheinlichkeit durch einen Stromschlag Schaden zu nehmen relativ klein, aber die elektrische Anlage könnte Schaden davon tragen, wenn Sie am laufenden Motor eine eingeschaltete Glühlampe abziehen. Deshalb sorgen Sie dafür, dass der Motor bei allen Montagearbeiten abgeschaltet ist.

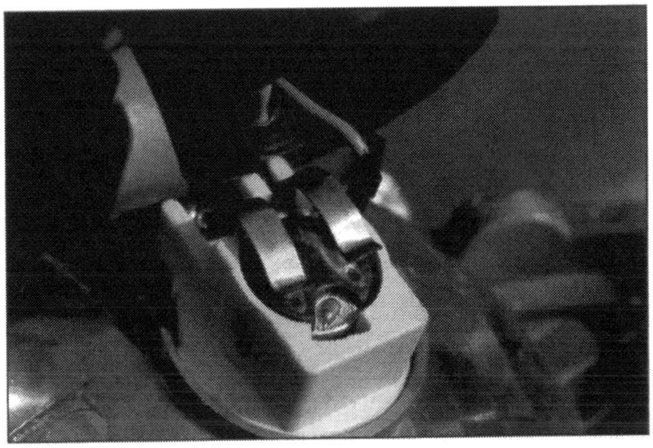

Scheinwerferbirne mit Fassung eingebaut: Die Fassung muss zum Herausnehmen etwas nach links gedreht werden.

Variante Beinschild:

- Demontieren Sie das Beinschild außen.

- Ziehen Sie die Stecker für die Blinkleuchten, soweit verbaut, für das Standlicht und für den Scheinwerfer ab.

- Drehen Sie die Verkleidung um.

- Entfernen Sie die Gummiabdichtung und entsichern Sie die Glühlampenhalterung.

- Nehmen Sie die Glühlampe heraus.

- Bauen Sie die Lampe in die Fassung ein und schließen Sie die Kabel an.

- Prüfen Sie die Funktion.

- Montieren Sie die restlichen Anschlüsse und das Beinschild außen wieder.

- Kontrollieren und korrigieren Sie, wenn erforderlich, die Lichteinstellung.

Variante Lenker:

- Demontieren Sie die Lenkerverkleidung, in der der Scheinwerfer sitzt.

- Entfernen Sie die Gummiabdichtung und entsichern Sie die Glühlampenhalterung.

- Nehmen Sie die Glühlampe heraus.

- Bauen Sie die Lampe in die Fassung ein und schließen Sie die Kabel an.

- Prüfen Sie die Funktion.

- Montieren Sie die restlichen Anschlüsse und die Lenkerverkleidung wieder an.

- Kontrollieren und korrigieren Sie, wenn erforderlich, die Lichteinstellung.

Fassen Sie die Glühlampe niemals am Sockel an. Die Fettspuren Ihrer Fingerabdrücke könnten bei Erhitzung für das Zerstören des Glassockels sorgen.

Bauteil	Bemerkung	Anzugsdrehmoment
Kunststoffschrauben Verkleidung	Blechschrauben	2 Nm
Halterungsschrauben Verkleidung	M6	6 Nm
Einstellschraube Scheinwerfer	M5	2 Nm

Blinkleuchten wechseln

Werkzeug und Material bereit legen

Schlitzschraubendreher ca. 5-mm-Klinge
Kreutzschlitzschraubendreher
Aufbewahrungskästchen

Vorbereitungen vor der Arbeit

■ Stellen Sie den Roller auf den Hauptständer ab oder sorgen Sie dafür, dass er gerade steht.

■ Schalten Sie die Zündung aus, während Sie an der Lichtanlage arbeiten. Zwar ist die Wahrscheinlichkeit durch einen Stromschlag schaden zu nehmen relativ klein, aber die elektrische Anlage könnte Schaden davon tragen, wenn Sie bei eingeschalteter Zündung beispielsweise oxidierte Kontakte in der Fassung reinigen wollen.

Blinkleuchten hinten, Lampeneinheit mit Blinkleuchten

Bei den meisten Herstellern werden die Blinkergläser durch das Rücklichtglas gehalten. Dementsprechend muss auch die Verkleidung unter der Rückleuchte oftmals demontiert werden.

Bei den chinesischen Modellen sollten Sie immer auch die Fassung kontrollieren. Es kommt vor, dass die Fassungen auseinander gebrochen sind. In diesem Fall muss das komplette Rücklicht ersetzt werden.

■ Demontieren Sie die Verkleidung unter der Rückleuchte.

■ Demontieren Sie das Rücklichtglas.

■ Ziehen Sie die Blinkergläser ab.

■ Drehen Sie die Birne etwas nach links und ziehen Sie diese heraus. Vermeiden Sie es, die Birne mit den Fingern zu berühren. Mit Hilfe eines sauberen Papiertaschentuches ist eine fachgerechte Montage leicht möglich.

Die Montage erfolgt sinngemäß in umgekehrter Reihenfolge. Kontrollieren Sie immer zum Abschluss Ihrer Arbeit die Funktion der Rückleuchteneinheit.

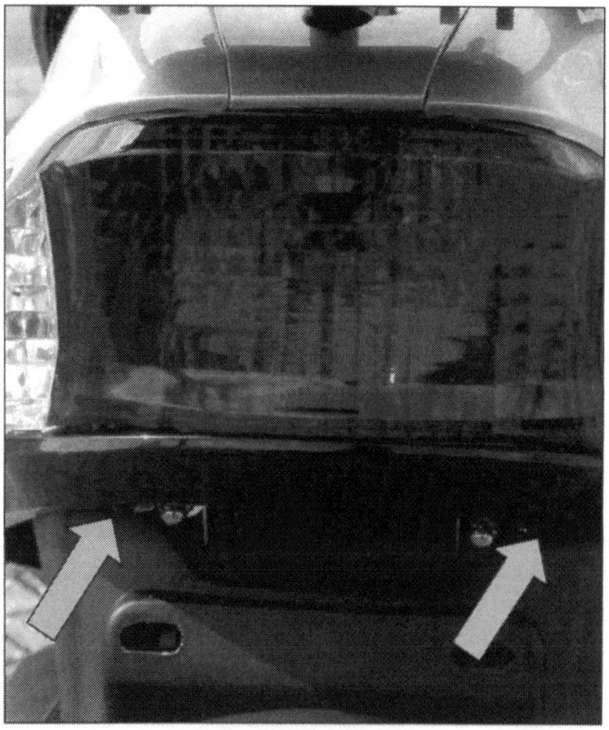

Leuchteneinheit – aber doch in Teilen.

Genau hinsehen! Ohne Demontage kaum möglich.

Blinkleuchten vorne, Lampeneinheit mit Blinkleuchten

Bei den meisten Herstellern werden die Blinkergläser durch eine Schraube gehalten. Bei den chinesischen Modellen sollten Sie immer auch die Fassung kontrollieren. Es kommt vor, dass die Fassungen auseinander gebrochen sind. In diesem Fall muss die komplette Blinkleuchte ersetzt werden.

■ Demontieren Sie das entsprechende Blinkerglas.

■ Drehen Sie die Birne etwas nach links und ziehen Sie diese heraus. Vermeiden Sie es, die Birne mit den Fingern zu berühren. Mit Hilfe eines sauberen Papiertaschentuches ist eine fachgerechte Montage leicht möglich.

Die Montage erfolgt sinngemäß in umgekehrter Reihenfolge. Kontrollieren Sie immer zum Abschluss Ihrer Arbeit die Funktion der Rückleuchteneinheit.

Bauteil	Bemerkung	Anzugsdrehmoment
Kunststoffschrauben Verkleidung	Blechschrauben	2 Nm
Halterungsschrauben Lampenglas	Blechschrauben	1,5 Nm
Halterungsschrauben Blinkerglas	Blechschrauben	1,5 Nm

Batterie ausbauen, laden und kontrollieren

Die Batterien haben bei den unterschiedlichen Modellen auch unterschiedliche Platzierungen. In der Regel sitzen Sie bei »Adly« unter der Helmfachverkleidung und bei vielen »SMC« sowie anderen Minarelli-Nachbauten unter der rechten Verkleidung. Bei den chinesischen Modellen findet sie meist einen Platz im Trittbrett.

Werkzeug und Material bereitlegen

Schlitzschraubendreher ca. 5-mm-Klinge
Kreutzschlitzschraubendreher
Aufbewahrungskästchen

Vorbereitungen vor der Arbeit

■ Stellen Sie den Roller auf den Hauptständer ab oder sorgen Sie dafür, dass er gerade steht.

■ Schalten Sie die Zündung aus, während Sie an der Batterie arbeiten. Zwar ist die Wahrscheinlichkeit durch einen Stromschlag schaden zu nehmen relativ klein, aber die elektrische Anlage könnte Schaden davon tragen, wenn Sie bei eingeschalteter Zündung beispielsweise durch kurze Kontakte Spannungsspitzen erzeugen.

Ausbau

■ Legen Sie die Batterie frei.

■ Lösen Sie zuerst den Minuspol der Batterie. Beim Abklemmen können Sie ruhig einen Masseanschluss berühren. Ein Kurzschluss ist nicht möglich. Der Spannungsunterschied zwischen Batterie Minus und Masse beträgt 0 V.

■ Lösen Sie den Plusanschluss.

■ Demontieren Sie die Batteriehalterung.

■ Nehmen Sie die Batterie heraus.

Die Montage erfolgt sinngemäß in umgekehrter Reihenfolge. Schließen Sie nun zuerst den Pluspol der Batterie an. Die Verwendung von Polfett ist nicht erforderlich. Kontrollieren Sie die Ladespannung des Generators bei angeschlossener Batterie und laufendem Motor. Sie sollte zwischen 13,5 V und 14,5 V liegen.

Batterie laden

Heute sind in der Regel geschlossene Batteriesysteme verbaut. Es ist nicht vorgesehen Wasser nachzufüllen oder zu kontrollieren. Bei einigen Fahrzeugen sind auch Gel-Batterien verbaut. Wenn Sie die Batterie nachladen wollen, müssen Sie darauf achten, dass die Ladegeräte für diesen Batterietyp zugelassen sind. Moderne Motorradladegeräte haben zudem eine Ladeerhaltungsfunktion und stellen ihre Ladekennlinien selbsttätig passend zum Batterietyp ein. Zudem sind oft sogenannte Jogging-Funktionen gegeben. Die Batterie wird so in Bewegung gehalten und bleibt länger leistungsfähig.

Der Ausbau der Batterie ist übrigens nur dann erforderlich, wenn Ihr Fahrzeug nicht frostfrei steht, ansonsten steht der Erhaltungsladung im eingebauten Zustand nichts im Wege.

Benzinschläuche austauschen

Zuerst einmal erscheint es unglaublich, dass viele Benzinschläuche offensichtlich nicht benzinfest sind und zunehmend aufquellen, zur Rissbildung neigen oder hart werden. In jedem Fall wird die Kraftstoffanlage undicht. Die Ursache liegt wohl darin, dass die Kraftstoffzusammensetzung sich bei uns verändert hat. Der höhere Bioalkoholanteil verursacht möglicherweise ein etwas aggressiveres Verhalten des Kraftstoffes. In den meisten Fällen sind aber die Schläuche aus dem Zubehörmarkt resistent gegen diese Auswirkungen und lassen sich leicht ersetzen. Bei Fahrzeugen, bei denen der Benzinhahn im Tank eingebaut ist, muss der Tank nicht abgelassen werden. Alle Fahrzeuge mit externem Benzinhahn sollten vor der Demontage des Benzinschlauches leer laufen. Die Gefahr, die durch ausgelaufenes Benzin entsteht, ist aus Sicht des Brandschutzes zu groß. Zudem gefährden Sie Ihre Gesundheit durch die Kraftstoffdämpfe.

Werkzeug und Material bereitlegen

Schlitzschraubendreher ca. 5-mm-Klinge
Kreutzschlitzschraubendreher
Aufbewahrungskästchen
2–3 Kabelbinder
0,5 m Kraftstoffschlauch 7 mm
Kraftstofffilter
Seitenschneider
Ersatzschlauchschellen 7 mm
Benzinkanister ca. 10 l

Vorbereitungen vor der Arbeit:

■ Stellen Sie den Roller auf den Hauptständer ab oder sorgen Sie dafür, dass er gerade steht.

■ Legen Sie den Benzinhahn und die Anschlüsse zum Vergaser frei. Bei den meisten Minarelli-Nachbauten lässt sich der Anschluss des Benzinhahns gut von außen erreichen. Bei den meisten Viertaktmodellen muss hierfür das Helmfach demontiert werden.

■ Bei Rollern mit extern verbautem Benzinhahn schließen Sie den neuen Benzinschlauch an den Benzinfilter an und lassen Sie den Tank in den Kanister leer laufen.

Montagearbeiten:

■ Bauen Sie den Benzinschlauch vollständig aus.

■ Kontrollieren Sie die Anschlüsse an Vergaser und am Benzinhahn.

■ Kontrollieren Sie auch die Unterdruckleitung zum Benzinhahn.

■ Nehmen Sie die alten ausgebauten Schläuche als Längenmaß für das Anpassen der neuen Schläuche.

■ Prüfen Sie den Zustand der Schlauchschellen und erneuern Sie diese nötigenfalls.

■ Achten Sie darauf, dass der Benzinschlauch schon ohne Schelle straff sitzt, aber nicht übermäßig gedehnt wird.

■ Verwenden Sie einen neuen Benzinfilter, dessen Anschlüsse zu den Schlauchanschlüssen passen.

Prüfen Sie nach der Montage die Dichtheit des Kraftstoffsystems gründlich. Lassen Sie dazu den Motor ruhig einige Minuten laufen.

Auswahl der Bereifung

Sieht man davon ab, dass der Reifen das einzige Bindeglied zwischen Roller und Straße ist, soll er Eigenschaften aufweisen, die sowohl dem Komfort als auch der Wetterlage Rechnung tragen.
Die Auswahl an Herstellern und Profilarten ist sehr vielfältig. Es gibt sowohl gröbere Straßenreifen als auch spezielle Reifen für den Wintereinsatz. Da die Angebote derart schnell wechseln, können wir Ihnen keine sinnvolle Übersicht zur Verfügung stellen. Diese wäre wahrscheinlich schon im Zeitraum zwischen dem Schreiben dieses Buches und seinem Erscheinen veraltet. Informieren Sie sich am besten sorgfältig bei Ihrem Rollerhändler um die Ecke oder im Internet. Denken Sie daran: es gibt deutliche Unterschiede zwischen »günstig« und »billig«. Oftmals werden »teurere« Reifen im Laufe der Nutzzeit »billiger«, als »billigere« beim Kauf gewesen sind.

Die Qual der Wahl: Wer sich informiert, wird überrascht sein, welche Bereifungen es für seinen Roller gibt! Achten Sie auf die für Ihren Roller vorgeschriebenen Größen!

Rückspiegel umbauen oder befestigen

Ein kleines Ärgernis sind oft Spiegel, die sich zu leicht verstellen lassen. Trifft die Aussage auf die Befestigung am Lenker zu, so kann das häufig mit einer Kontermutter beseitigt werden. Auch wenn diese Kontermutter grundsätzlich immer an den Spiegeln verbaut werden sollte, finden sich genug Fahrzeuge, an denen der Spiegel auf Gewindeanschlag festgezogen wird. So lässt sich aber die Einstellung nicht frei wählen, das Verdrehen der Spiegel ist leicht möglich und das Gewinde kann so leicht beschädigt werden.

- Drehen Sie den Spiegel 6 – 8 Umdrehungen hinein.

- Stellen Sie ihn ein und ziehen Sie ihn mit der Kontermutter fest.

Umbau auf Zubehörspiegel

Der durchschnittliche erwachsene Mitteleuropäer benutzt die originalverbauten Rollerspiegel bestenfalls dazu, um den Sitz der Schulterpolster oder die leicht im Wind flatternden Ärmel der Mopedjacke zu beobachten. Um den Verkehr nach hinten beobachten zu können, müssten die Spiegel weiter außen angebracht werden. Die Lösung dazu kommt aus dem Zubehörbereich. Es gibt durchaus Universalspiegel, die für den Anbau an einen Motorroller geeignet sind. Achten Sie beim Kauf auf die Drehrichtung des Gewindes. Bei der Konstruktion wurde eigentlich vorgesehen, dass die Spiegel bei einem Anstoß vorn vorne sich lösen sollten. Wenn man so will, eine Unfallschutzmaßnahme, die durch eine Kleinigkeit realisiert werden konnte. Der linke Spiegel muss dann ein »Rechtsgewinde« haben, der rechte hingegen ein »Linksgewinde«. Das ist auch bei den meisten Motorrollern mit dem Zweitakt-Minarelli und seinen Nachbauten so. Die chinesischen Viertakter verzichteten auf dieses Detail und in einigen Fällen auch auf die Kontermutter zur Befestigung und Einstellung des Spiegels. In der Regel finden Sie bei chinesischen Modellen ein 8-mm-Rechtsgewinde.
Bei den Zweitaktmodellen gibt es sowohl Rechtsgewinde- als auch Linksgewinde-Spiegel. In vielen Fällen sogar unterschiedliche Gewindestärken. Ein 10-mm-Feingewinde findet sich auch neben 8-mm-Gewinden in Rechts- oder Linksgewinde.

Topcase nachrüsten / Gepäckträger anbauen

Die Umrüstung ist bei den meisten Minarelli-Modellen nicht erforderlich, da diese schon entsprechend ausgerüstet ausgeliefert wurden. Bei einigen Modellen der chinesischen Art muss zuerst der Spoiler entfernt und ein Gepäckträger montiert werden. Problematisch allerdings ist bei diesen Fahrzeugen die hintere Halterungsplatte. Im Laufe der Zeit verzieht diese sich etwas und zudem lösen sich oftmals die Verschraubungen. Die Folge davon sind gebrochene Kunststoffteile, die sich bis zur Rückleuchte durchziehen können. In der Regelgarantiezeit wird das oft von den Importeuren übernommen. Beachten Sie, dass Sie keine schweren Teile über 3 kg im Topcase transportieren. Somit bleibt die Karosserie Ihres Rollers länger in Schuss.

Werkzeug und Material bereitlegen

Schlitzschraubendreher ca. 3-mm-Klinge
Kreutzschlitzschraubendreher
Aufbewahrungskästchen
6-mm-Inbusschlüssel
5-mm-Inbusschlüssel
Fett
Lappen
Ratschenset
Maulschlüsselset

Vorbereitungen vor der Arbeit

■ Stellen Sie den Roller auf den Hauptständer ab oder sorgen Sie dafür, dass er gerade steht.

■ Drücken Sie den Deckel (6) von unten her heraus.

■ Drehen Sie die Schrauben (4) und (5) heraus.

■ Nehmen Sie den serienmäßigen Heckspoiler (1) ab (Haltegriff).

Montage des Gepäckträgers

Für die Gepäckträgermontage sind andere Schrauben erforderlich. Diese werden in der Regel mitgeliefert. Die Montage erfolgt in den Befestigungspunkten des serienmäßigen Heckspoilers.

■ Fetten Sie die Gewinde im Halter etwas ein.

■ Montieren Sie den Gepäckträger und ziehen Sie zuerst alle Schrauben so an, dass Sie den Gepäckträger noch bewegen können. Das hilft gegen die gelegentlichen Ungenauigkeiten anzukämpfen.

■ Ziehen Sie die Schrauben fest.

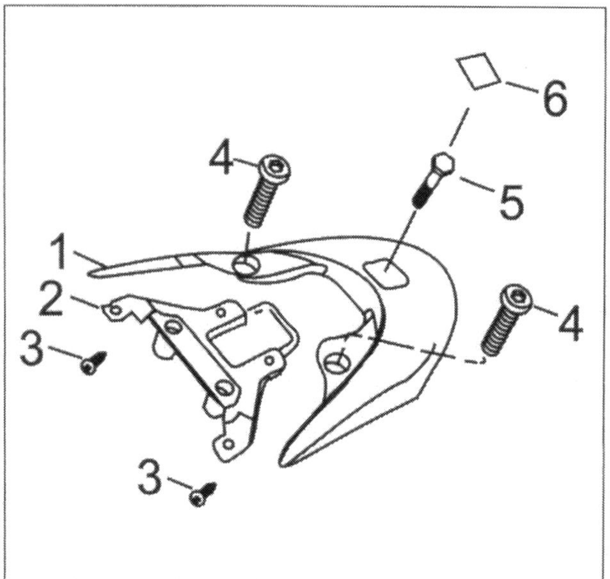

Bauteile des chinesischen Heckspoilers in der Übersicht.

Gepäckträger mit Halterungsschraubenset.

Montage des Topcase

Hier gibt es Unterschiede von Hersteller zu Hersteller. Die meisten etwas hochwertigeren Systeme sind abnehmbar befestigt. Hier wird eine Halteplatte auf dem Gepäckträger befestigt. Die anderen Systeme verschrauben die Topcase in der Regel mit einem Halterungsbügel auf dem Gepäckträger.

■ Legen Sie die Grundträgerplatte auf den Gepäckträger auf.

■ Stecken Sie die Befestigungsschrauben durch den Grundträger.

■ Befestigen Sie den Haltebügel mit Mutter, Unterlegscheibe und Federring.

■ Richten Sie die Grundplatte so aus, dass sie gleichmäßig am Roller verbaut ist.

■ Ziehen Sie die Schrauben an.

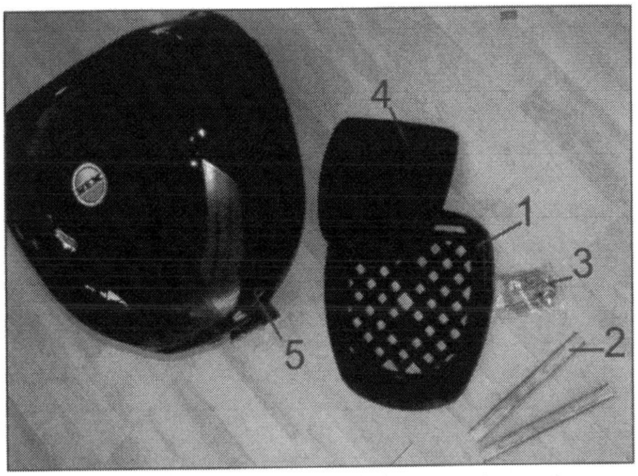

Alles dabei: 1 Grundträger, 2 Haltebügel, 3 Schraubenset, 4 Abdeckplatte, 5 Topcase.

Am Anfang geht das Einrasten gerade bei den günstigen Varianten noch etwas schwer. In der Regel läuft es sich aber ein.

■ Montieren Sie die Abdeckplatte.

■ Sprühen Sie etwas Silikonspray in die Schlossbetätigung im Topcase.

■ Drücken Sie das Topcase fest an und prüfen Sie die Verriegelung.

Bauteil	Bemerkung	Anzugsdrehmoment
Halterungsschrauben im Rahmen	Inbus M8	15 Nm – 20 Nm
Befestigungsschrauben Topcase	M6	5 Nm – 6 Nm

Windschild nachrüsten

An diesem Anbauteil scheiden sich immer die Geister. »Unsportlich«, »Scheunentor im Wind« sind üblicherweise die Vorwürfe der Gegner. »Komfortabel«, »deutlich angenehmer bei Wind und Regen« behaupten dagegen die Befürworter, die oftmals Allwetterfahrer sind und den Roller auch im Winter noch nutzen.

Werkzeug und Material bereitlegen

Schlitzschraubendreher ca. 3-mm-Klinge
Kreutzschlitzschraubendreher
Aufbewahrungskästchen
6-mm-Inbusschlüssel
5-mm-Inbusschlüssel
saubere Lappen
Ratschenset
Maulschlüsselset

Vorbereitungen vor der Arbeit

■ Stellen Sie den Roller auf den Hauptständer ab oder sorgen Sie dafür, dass er gerade steht.

■ Demontieren Sie beide Rückspiegel.

Montage des Windschildes

■ Prüfen Sie, ob die mitgelieferten Befestigungsschrauben in die Spiegelgewinde passen.

■ Montieren Sie die Halteschellen auf die Tragstangen für das Windschild.

■ Prüfen Sie, in welche Richtung die Halteschellen verbaut werden müssen. Sie sollten im günstigsten Fall denselben Abstand haben, den die Befestigungslöcher für den Spiegel vorgeben (etwas Toleranz ist immer möglich – Suchen Sie die beste Montagemöglichkeit).

■ Montieren Sie die Tragstangen mit den Schellen an das Windschild. Achten Sie auf die Lage der Beilagegummis und der Unterlegscheiben. Ziehen Sie die Befestigungsschrauben erst soweit fest, dass Sie die Halteschellen auf den Tragstangen bewegen können.

■ Schrauben Sie nun die Haltelasche auf die Griffeinheit links und rechts an der Stelle, an der die Spiegel vorher befestigt waren. Vergessen Sie nicht, die Distanzhülsen mit einzubauen, da sich sonst der Schalter für das Auf- und Abblendlicht nicht mehr betätigen lässt.

■ Montieren Sie nun das vormontierte Windschild mit den Befestigungsschrauben für die Spiegelgewinde. Ziehen Sie auch hier die Schrauben erst soweit fest, dass sich die Tragstangen noch verdrehen lassen.

■ Richten Sie das Windschild aus.

■ Ziehen Sie alle Schrauben fest.

Machen Sie eine Probefahrt und achten Sie darauf, ob das Windschild Sie in der Fahrzeugbedienung einschränkt. In diesem Fall sollten Sie dann die Einstellung so verändern, dass das Windschild Ihnen nicht mehr in die Quere kommt.

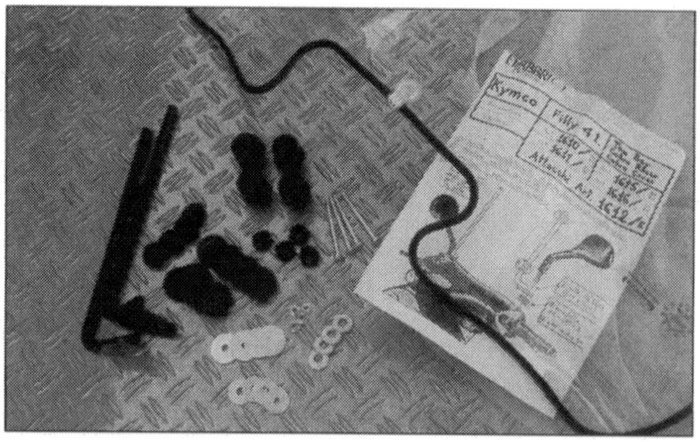

Bauteile des Windschildes.

Geführte Fehlersuche – Diagnose

In diesem Kapitel werden typische Fehlerbilder aufgegriffen und anhand von Ablaufprotokollen systematisch untersucht.

In diesem Kapitel werden typische Fehlerbilder aufgegriffen und anhand von Ablaufprotokollen systematisch untersucht. Auf den ersten Blick erscheint diese Vorgehensweise recht kompliziert. Betrachten wir einmal einen typischen Ablauf in einer Arbeitsplanung als Textform und anschließend als »Suchtabelle«.

Der klare Vorteil der »Suchtabelle« liegt darin, dass man sowohl einfach dem Prüfablauf folgen kann, als auch detaillierte Informationen zu den einzelnen Baukomponenten und ihrer Lage im Schaltplan einsehen kann.

Als Beispiel betrachten wir die Fehlersuche »Der Anlasser dreht nicht«. Für diesen Fehler kommen mehrere Ursachen in Betracht:

1. Die Bordnetzspannung
2. Die Sicherung
3. Die Bremslichtschalter
4. Der Starterschalter
5. Das Starterrelais
6. Der Anlasser
7. Die Verkabelung zwischen den Komponenten

Um den Fehler systematisch einkreisen zu können, wählt man einen Prüfablauf, wie er in folgendem Blockdiagramm dargestellt ist. Die entsprechenden Prüfungen für die Komponenten und Bauteile finden sich am Anfang der jeweiligen Bauteilbeschreibung im Kapitel »Bauteile und Prüfungen«. Je mehr Erfahrung man an den Rollern gesammelt hat, umso weniger wichtig sind die Prüfabläufe. Aber selbst Profis werden regelmäßig die Bauteilkarten zu Rate ziehen, um die erhaltenen Messwerte abgleichen zu können.

Der Umgang mit dem Blockdiagramm ist recht einfach. Eine klare Fragestellung im linken Bereich muss entweder mit »JA« oder »NEIN« beantwortet werden.

Der Anlasser dreht nicht

Fragestellung	Anweisung	Tipps oder Hinweise
Ist die Batterie in Ordnung?	Ladezustand der Batterie prüfen, gegebenenfalls laden oder erneuern.	Information auf Seite 101, 207

Bei **»Ja«** schließen Sie diesen Prüfschritt ab und **wissen ganz sicher**, dass das geprüfte Bauteil **funktioniert**.

»Nein« bedeutet, dass das Bauteil entweder **defekt** ist oder Sie sich **nicht sicher** sind ob es **funktioniert**.

Hier gibt es die entsprechenden Informationen zum Bauteiltest, Tipps und Tricks zur Messung.

Abblendlicht geht nicht

Fragestellung	Anweisung	Tipps oder Hinweise
Läuft der Motor?	Motor anlassen! Das Licht funktioniert nicht über Batterie.	Information auf Seite 231
Ist der Lichtschalter eingeschaltet?	Lichtschalter einschalten.	Information auf Seite 194, 232
Funktioniert das Rücklicht?	Rücklichtbirne prüfen. Spannungsversorgung prüfen.	Information auf Seite 197, 232
Funktioniert das Fernlicht?	Fahrlichtbirne prüfen. Spannungsversorgung prüfen.	Information auf Seite 194

Sind mehrere Birnen durchgebrannt, kann es sein, dass die Lichtspannung des Reglers zu hoch ist oder der Lastwiderstand defekt oder keine Masseverbindung hat. Hierzu muss die Spannung des Lichtstromkreises geprüft werden.

Fehler gefunden? Bitte Funktionstest durchführen.

Abgas qualmt blau

Fragestellung	Anweisung	Tipps oder Hinweise
Ist der Kraftstoff in Ordnung? (Zu alt? Kein Gemisch?)	Kraftstoff erneuern.	Information auf Seite 21, 22
Handelt es sich um einen Zweitaktmotor?	Prüfen Sie den Motorölstand und die Qualität. Im Zweifelsfall wechseln Sie das Öl.	Information auf Seite 45, 75
	Prüfen Sie den Kompressionsdruck, den Druckverlust und den Druckaufbau im Kurbelgehäuse.	Information auf Seite 45
Ist das Zweitaktöl in Ordnung? (Viskosität? Richtiges Öl?)	Zweitaktöl erneuern. (Wichtig: Altes Öl aus der Pumpe laufen lassen!)	Information auf Seite 21, 39
Qualmt der Roller nach einer Probefahrt von ca. 5 km noch immer genauso stark?	Rückschlagventil am Vergaser und/oder Pumpe prüfen und erneuern.	Information auf Seite 176
Ist die Einstellung der Gemischpume OK? Fördermenge OK?	Gemischpumpe einstellen oder bei manchen Modellen erneuern	Information auf Seite 176, 236

Nach einer ausgiebigen Probefahrt sollte der Roller noch mindestens einen Tag stehen bleiben und am nächsten Tag auf die Rauchbildung hin bei einer Probefahrt untersucht werden.

Fehler gefunden? Bitte Funktionstest durchführen.

Anlasser ohne Funktion

Bei dieser Prüfung ist es wichtig, dass die Zündung eingeschaltet und mindestens eine der Handbremsen gezogen ist.

Fragestellung	Anweisung	Tipps oder Hinweise
Ist die Batterie in Ordnung?	Ladezustand der Batterie prüfen, gegebenenfalls laden oder erneuern.	Information auf Seite 101, 207
Ist die Hauptsicherung in Ordnung?	Zustand der Hauptsicherung prüfen, gegebenenfalls erneuern.	Information auf Seite 210, 231, 240
Leuchtet die Bremsleuchte wenn zum Starten eine Bremse angezogen wird?	Bremslichtschalter überprüfen, gegebenenfalls erneuern.	Information auf Seite 191, 231
	Birne der Rückleuchte überprüfen, gegebenenfalls erneuern.	Information auf Seite 100, 197, 232, 243
	Verkabelung der Rückleuchte überprüfen, notfalls instand setzen.	Information auf Seite 100, 197, 232, 243
Demontagearbeit: Beinschildverkleidung außen, Lampenverkleidung Cockpit, Rückleuchte demontieren.		
Ist die Verkabelung des Anlassers in Ordnung?	Verkabelung überprüfen, gegebenenfalls erneuern.	Information auf Seite 206, 212, 231, 242
Ist die Masseverbindung zum Motor in Ordnung?	Masseverbindung prüfen, gegebenenfalls instand setzen.	Information auf Seite 231
Ist das Starterrelais in Ordnung?	Starterrelais überprüfen, gegebenenfalls erneuern.	Information auf Seite 211, 231
Ist der Anlasser in Ordnung?	Anlasser überprüfen, gegebenenfalls erneuern.	Information auf Seite 206, 231
Fehler gefunden? Bitte Funktionstest durchführen.		

Auspuff setzt sich zu

Im Laufe der Zeit ist das bei einem Zweitaktmotor normal. Die Viertakter hingegen rosten eher weg, als dass sie sich zusetzen.

Fragestellung	Anweisung	Tipps oder Hinweise
Sind von außen Verschmutzungen wie Erde oder ähnliches am Endrohr erkennbar?	Untersuchen ob sich Erdwespen im Auspufftopf eingenistet haben (Nein, das ist kein Witz!).	
Ist der Auspuff im Krümmer frei?	Prüfen ob sich Ölrückstände gebildet haben. Auspuff erneuern.	Information auf Seite 39, 224
Wurde der Roller regelmäßig gefahren?	Abgestandene Öl und Kraftstoffreste aus dem Kurbelgehäuse entfernen.	Information auf Seite 39, 177, 30
Stimmt die Fördermenge der Ölpumpe?	Fördermenge prüfen.	Information auf Seite 21, 39, 76, 224
Wurde ein Öl mit ausreichender Viskosität verwendet?	Zweitaltöl gegen ein Öl mit bekannter Viskosität austauschen.	Information auf Seite 21, 39
Fehler gefunden? Bitte ca. 3 km Probefahrt durchführen.		

Batterie ist ständig leer

Die Lebensdauer der kleinen Batterien kann durchaus mit einem Jahr beendet sein. Gerade im Winter gibt es dann schnell Schwierigkeiten mit dem Anlassen per E-Start.

Fragestellung	Anweisung	Tipps oder Hinweise
Ist die Batterie in Ordnung?	Batterie prüfen, gegebenenfalls aufladen und Entladung beobachten.	Information auf Seite 101, 207
Ist die Ladespannung in Ordnung?	Ladespannung prüfen.	Information auf Seite 101, 209
Ist die Ladespannung auch unter Belastung in Ordnung?	Licht und andere Verbraucher einschalten und Ladespannung messen.	Information auf Seite 101, 209
Ist der Wechselspannungsanteil der Ladespannung in Ordnung?	Ladespannung im Wechselspannungsbereich messen.	Information auf Seite 210
Ist der Stator in Ordnung?	Stator und Verkabelung prüfen.	Information auf Seite 208, 217
Ist die Masseverbindung Ordnung?	Fehlerspannungsmessung am Rahmen Motor und Regler durchführen.	Information auf Seite 231
Ist die Verkabelung zum Regler und zur Batterie in Ordnung?	Verkablung und Steckverbindungen unter Last prüfen.	Information auf Seite 207

Fehler gefunden? Bitte Funktionstest am nächsten Tag durchführen.

Blinker geht nicht

Fragestellung	Anweisung	Tipps oder Hinweise
Ist die Zündung eingeschaltet?	Zündung einschalten.	Information auf Seite 204, 231
Ist die Batterie in Ordnung?	Batterie prüfen, Spannungsversorgung prüfen.	Information auf Seite 101, 207
Andere Bauteile wie Hupe funktionieren einwandfrei?	Sicherung prüfen, Spannung gegen Motormasse prüfen.	Information auf Seite 189, 198
Ist das Blinkrelais in Ordnung?	Blinkrelais prüfen, Anschlüsse zum Relais prüfen, Blinkrelais brücken.	Information auf Seite 189, 190, 231
Ist der Blinkerschalter in Ordnung?	Blinkerschalter und Anschlüsse prüfen.	Information auf Seite 188, 232
Ist die Blinkerlampe in Ordnung?	Lampen und Birnen prüfen, gegebenenfalls erneuern. Masseanschluss prüfen.	Information auf Seite 100, 188, 231

Sollten alle geprüften Komponenten »ohmisch in Ordnung« sein, die Blinkanlage funktioniert aber trotzdem nicht so muss das Blinkrelais »gebrückt« werden und der Strompfad für die Blinkanlage unter Last geprüft werden.

Fehler gefunden? Bitte Funktionstest durchführen.

Blinkerkontrollanzeige geht nicht

Fragestellung	Anweisung	Tipps oder Hinweise
Die Blinkerlampen funktionieren einwandfrei?	Blinker überprüfen.	Information auf Seite 100, 188, 231
Die Anschlusskabel für das Cockpit sind in Ordnung?	Steckverbindungen prüfen.	Information auf Seite 186, 232
Die Birne der Kontrolllampe ist in Ordnung?	Birne prüfen gegebenenfalls erneuern.	Information auf Seite 186
Die Spannungsversorgung an der Birnenfassung ist in Ordnung?	Steckverbindungen prüfen, Fassung und Birnenkontakte prüfen.	Information auf Seite 186

Sobald diese Komponenten für in Ordnung befunden worden sind, sollte die Blinkerkontrollleuchte auf beiden Seiten mitleuchten. Ein möglicher weiterer Fehler wäre ein Übergangswiderstand im Bereich der Kabelanschlüsse zu »L« und »R« oder an der Birnenfassung selber. Hierzu sollte eine Fehlerspannungsmessung im entsprechenden Strompfad 36 -39 im Schaltplan auf Seite 232 durchgeführt werden.

Fehler gefunden? Bitte Funktionstest durchführen.

Bremse funktioniert nicht richtig

Fragestellung	Anweisung	Tipps oder Hinweise
Handelt es sich bei der defekten Bremse um eine Trommelbremse?	Siehe Fehlersuchplan »Scheibenbremse geht nicht«.	Information auf Seite 82
Sind Seilzug und Bremshebel leichtgängig?	Bremsseil erneuern oder schwergängige Teile gängig machen.	Information auf Seite 82
Sind Seilzug und Seilführungen in Ordnung?	Bremsseil erneuern.	
Kann man die Bremsbeläge noch nachstellen ohne dass die Anzeige erheblichen Verschleiß anzeigt?	Bremsbeläge erneuern, Bremstrommel prüfen.	Information auf Seite 83
Wird die Bremswirkung besser wenn die Bremse nachgestellt wurde?	Bremsbeläge erneuern, Bremstrommel prüfen.	Information auf Seite 45

Die Trommelbremsanlagen stellen sich nicht automatisch nach. Die Nachstellung wird durch die Verkürzug der Seillänge erreicht. Neben dem normalen Belagverschleiß kommt es schon mal vor, dass der Reibbelag vom Belagträger abreißt. Die Bremse würde dann dauernd blockieren oder schleifen. Es sollte auf jeden Fall die Bremse zerlegt werden und die Bauteile der Bremse genauer unter die Lupe genommen werden.

Fehler gefunden? Bitte Funktionstest und Probefahrt durchführen.

Bremslicht geht nicht

Fragestellung	Anweisung	Tipps oder Hinweise
Funktioniert der Anlasser?	Bremslichtschalter und Verkabelung prüfen.	Information auf Seite 191, 197, 231
Ist die Birne für das Bremslicht in Ordnung?	Birne ersetzen. Achtung! 2-Fadenbirne?	Information auf Seite 197, 231
Ist die Birnenfassung in Ordnung?	Birnenfassung instand setzen oder erneuern.	
Sind die Steckkontakte des Rücklichts in Ordnung?	Steckkontakte instand setzen oder erneuern.	
Liegt Spannung an wenn die Bremse betätigt wird?	Verkabelung Rücklicht bis zum Lenkrohr prüfen.	Information auf Seite 100, 231, 232

Wenn alle Prüfbedingungen bis hier hin positiv verlaufen sind, kann es eigentlich lediglich um einen Massefehler, einen Kabelbruch oder einen Übergangswiderstand handeln. Hierzu muss die Lenkerverkleidung entfernt werden und die Spannung am Ausgang der Bremslichtschalter geprüft werden.

Fehler gefunden? Bitte Funktionstest durchführen.

Elektroden der Zündkerze verschmelzen

Fragestellung	Anweisung	Tipps oder Hinweise
Ist die Zündkerze fest?	Zündkerze fest anziehen.	Information auf Seite 45, (20 Nm)
Ist der Wärmewert der Zündkerze in Ordnung?	Wärmewert anhand der Zündkerzenherstellerliste prüfen, Zündkerze prüfen, Elektrodenabstand prüfen.	Information auf Seite 40, 45, 218
Ist ein luftgekühlter Motor?	Kühlwasserstand, Wasserpumpe und Thermostat prüfen.	Information auf Seite 222
Wird der Motor zu heiß?	Öl prüfen, wenn nicht nachvollziehbar den Tank reinigen und Öl wechseln. Gebläserad und Luftzufuhr prüfen.	Information auf Seite 38, 75
Ist der Luftfilter in Ordnung?	Luftfilter prüfen, gegebenenfalls erneuern oder reinigen.	Information auf Seite 40, 45, 77
Ist die Schmierölversorgung in Ordnung?	Gemischtank, Gemischpumpe Ölversorgungsleitung und gegebenenfalls Gaszug prüfen.	Information auf Seite 21, 39, 176, 224
Ist der Vergaser in Ordnung?	Vergaser, Schwimmer und Nadel prüfen, CO und Leerlauf einstellen.	Information auf Seite 172, 180

Genau wie bei Kolbenschäden stellt eine so beschädigte Kerze ein ernstzunehmendes Problem dar. Neben dem Schadensbild ist es genauso wichtig, mögliche Ursachen genau zu erkennen und gezielt zu suchen um weitere Schäden vermeiden zu können. Tipps hierzu findet man im nächsten Kapitel unter »Zündkerzen« und unter »Kolben« dieses Buches.

Fehler gefunden? Bitte Funktionstest und längere Probefahrt durchführen.

Fernlicht geht nicht

Fragestellung	Anweisung	Tipps oder Hinweise
Ist die Birne in Ordnung?	Birne ersetzen (Birnentype und Leistung beachten!).	Information auf Seite 99, 186, 232
Ist die Fassung in Ordnung?	Fassung oder Stecker instand setzen oder erneuern.	Information auf Seite 99
Funktioniert die Fernlichtkontrolle?	Fernlichtkontrolle überprüfen.	Information auf Seite 192, 200, 232, 233
Funktioniert das Abblendlicht?	Lichtschalter prüfen.	Information auf Seite 186, 232

Sind alle Prüfungen bis hierher positiv verlaufen, kann der Fehler lediglich in der Verkabelung zu finden sein. Lediglich ein Massefehler, einen Kabelbruch oder einen Übergangswiderstand kommt noch als Fehlerursache in Frage. Für die Messungen muss die Lenkerverkleidung entfernt werden und die Spannung vom Ausgang des Lichtschalters bis zur Birne geprüft werden. Tipps hier zu findet man auch auf der Seite 189.

Fehler gefunden? Bitte Funktionstest durchführen.

Fernlichtkontrollanzeige geht nicht

Fragestellung	Anweisung	Tipps oder Hinweise
Funktioniert das Fernlicht?	Siehe Fehlersuchplan »Fernlicht geht nicht«.	Information dieser Seite
Ist das Birnchen für die Kontrollleuchte in Ordnung?	Birnen ersetzen und Anschlusse prüfen.	Information auf Seite 192, 200, 232, 233
Ist die Fassung für das Birnchen der Kontrollleuchte in Ordnung?	Fassung instand setzen oder erneuern.	
Ist der Steckkontakt für die Armaturentafel in Ordnung?	Stecker instand setzen oder erneuern.	Information auf Seite 232

Sind die Prüfungen bis hierher positiv verlaufen, kann der Fehler lediglich in der Verkabelung zu finden sein. Auch ein Massefehler, ein Kabelbruch oder einen Übergangswiderstand kommt noch als Fehlerursache in Frage. Für die Messungen muss die Lenkerverkleidung entfernt werden und die Spannung des Ausgangs des Auf- und Abblendschalters bis zur Birne geprüft werden. Tipps hier zu findet man ab Seite 186.

Fehler gefunden? Bitte Funktionstest durchführen.

Getriebe macht ungewöhnliche Geräusche – Hinterrad hat Spiel

Etwas Spiel in der Drehrichtung ist normal. Lässt sich das Rad allerdings kippen, darf der Roller nicht mehr weitergefahren werden.

Fragestellung	Anweisung	Tipps oder Hinweise
Treten die Geräusche nur während der Fahrt auf?	Variomat und verstellbare Ausgleichsscheiben prüfen.	Information auf Seite 32, 44, 65
Sobald der Roller steht sind die Geräusche weg?	Lagerung der Ausgleichsscheiben und Kupplung prüfen.	Information auf Seite 64
Sind die Federn der Anfahrkupplung in Ordnung?	Federn prüfen eventuell Kupplung neu abstimmen.	Information auf Seite 66, 149
Sind die Kupplungsbacken der Anfahrkupplung in Ordnung?	Backen und Lagerung prüfen eventuell Kupplung erneuern.	Information auf Seite 66,149
Ist der Antriebsriemen in Ordnung?	Antriebsriemen und die anliegenden Riemenscheiben auf Beschädigung prüfen.	Information auf Seite 144, 151
Ist das Hinterrad fest verschraubt?	Sitz der Mutter und das seitliche Spiel des Rades prüfen.	Information auf Seite 67, 83
Ist das Radgetriebe in Ordnung?	Radgetriebe und Zahnräder prüfen.	Information auf Seite 21, 67, 152

Diese Prüfungen müsse sehr gewissenhaft durchgeführt werden. Ein loses Rad führt nicht nur zu recht hohen Kosten, sondern birgt, wie man sich leicht vorstellen kann, auch ein großes Unfallrisiko.

Fehler gefunden? Bitte die Schrauben nach ca. 100 km nochmals kontrollieren.

Hupe geht nicht

Fragestellung	Anweisung	Tipps oder Hinweise
Ist die Batterie in Ordnung?	Ladezustand der Batterie prüfen, gegebenenfalls laden oder erneuern.	Information auf Seite 101, 207
Ist die Hauptsicherung in Ordnung?	Zustand der Hauptsicherung prüfen, gegebenenfalls erneuern.	Information auf Seite 210, 231, 240
Demontagearbeit: Beinschildverkleidung außen, Lampenverkleidung, Cockpit demontieren.		
Ist die Hupe in Ordnung?	Hupe überprüfen, gegebenenfalls erneuern.	Information auf Seite 189, 198, 233
Ist der Hupentaster in Ordnung?	Hupetaster überprüfen, gegebenenfalls erneuern.	Information auf Seite 189, 198, 233
Ist die Verkabelung der Hupe in Ordnung?	Verkabelung überprüfen, gegebenenfalls erneuern.	Information auf Seite 189, 198, 233

Fehler gefunden? Bitte Funktionstest durchführen!

Im Kurbelgehäuse steht zu viel Gemischöl

Fragestellung	Anweisung	Tipps oder Hinweise
Wurde der Roller regelmäßig gefahren?	Abgestandene Öl und Kraftstoffreste aus dem Kurbelgehäuse entfernen.	Information auf Seite 177
Stimmt die Fördermenge der Ölpumpe?	Fördermenge prüfen.	Information auf Seite 21, 39, 176, 224
Wurde ein Öl mit ausreichender Viskosität verwendet?	Zweitaltöl gegen ein Öl – mit bekannter Viskosität austauschen.	Information auf Seite 21, 39
Nach dieser Prozedur sollte der Roller für einige Zeit gefahren werden. Zumeist reicht es aus, das Fahrzeug 5–10 Kilometer zu fahren. Anschließend muss der Roller für mindestens einen Tag abgestellt werden.		
Ist das Kurbelgehäuse nun frei von Ölrückständen?	Gemischpumpe oder Rückschlagventil erneuern.	Information auf Seite 69, 175, 236
Fehler gefunden? Bitte ausgiebige Probefahrt durchführen!		

Kupplung trennt nicht richtig

Fragestellung	Anweisung	Tipps oder Hinweise
Ist die Leerlaufdrehzahl in Ordnung? (Kaltstart)	Federn prüfen eventuell Kupplung neu abstimmen.	Information auf Seite 45, 66, 149
Ist die Leerlaufdrehzahl in Ordnung? (Motor warm)	Leerlaufdrehzahl prüfen eventuell einstellen.	Information auf Seite 45
Stimmt die Anfahrdrehzahl mit der Werksangabe überein?	Anfahrdrehzahl prüfen, eventuell Kupplung neu abstimmen.	Information auf Seite 45, 65
Sind die Federn der Anfahrkupplung in Ordnung?	Federn prüfen eventuell Kupplung neu abstimmen.	Information auf Seite 66, 149
Sind die Kupplungsbacken der Anfahrkupplung in Ordnung?	Backen und Lagerung prüfen, eventuell Kupplung erneuern.	Information auf Seite 66, 149
In der Regel wird ein möglicher Fehler durch die Prüfschritte recht schnell erkannt. Bei wenigen Fahrzeugen ist die Vergaserabstimmung für den Kaltstart so erfolgt, dass die Leerlaufanhebung so groß wird, dass sie über der Einkuppeldrehzahl liegt. Im Einzelfall sind hier schon Motorroller vom Seitenständer selbsttätig »abgefahren«. Grundsätzlich muss gerade in der Warmlaufphase der Roller immer »im Auge« behalten werden.		
Fehler gefunden? Bitte Probefahrt und Funktionstest durchführen.		

Kurzschluss im Dauerplusbereich

Fragestellung	Anweisung	Tipps oder Hinweise
Ist das Kabel zum Starterrelais in Ordnung?	Kabel prüfen, gegebenenfalls erneuern.	Information auf Seite 211, 231
Ist das Kabel von Starterrelais zum Anlasser in Ordnung?	Kabel prüfen, gegebenenfalls erneuern.	Information auf Seite 211, 231
Ist die Sicherung in durchgebrannt?	Widerstandsmessung zur Masse am Zündschloss, am Regler und an der CDI durchführen (Geräte abziehen!).	Information auf Seite 210, 231, 240
Ist die Verkabelung in Ordnung?	Verkabelung von Zündschloss sowie den Kabelbaum im Rahmenbereich auf Durchscheuerung und Kurzschluss prüfen, gegebenenfalls erneuern oder instand setzen.	Information auf Seite 231
Ist der Regler und seine Anschlüsse in Ordnung?	Regler prüfen und gegebenenfalls ersetzen.	Information auf Seite 207, 231
Ist das Zündschloss und seine Verkabelung in Ordnung?	Zündschloss prüfen und gegebenenfalls ersetzen.	Information auf Seite 204, 231

Klemmen Sie nicht einfach wieder die Batterie an. Es kann leicht zu Kabelbränden kommen die den Schaden am Roller sicherlich nicht verkleinern. Legen Sie den Kabelbaum immer frei, wenn Sie den Verdacht haben, dass er am Rahmen durchgescheuert ist.

Fehler gefunden? Bitte Funktionstest durchführen.

Leerlauf ist ungleichmäßig

Fragestellung	Anweisung	Tipps oder Hinweise
Ist der Motor betriebswarm und mindestens 10 minuten gelaufen?	Motor warm laufen lassen.	
Stimmt der Leerlauf CO Wert?	Motor auf 2,5Vol.%–3,5Vol.% im Leerlauf einstellen.	
Ist die Kaltstartregelung aktiv und regelt den Zusatzkanal ab?	Zustand des Kaltstartreglers prüfen.	Information auf Seite 45, 177, 232
Ist der Vergaser in Ordnung?	Vergaser überprüfen, gegebenenfalls reinigen und Schwimmer einstellen.	Information auf Seite 172, 180
Ist die Zündkerze in Ordnung?	Zündkerze überprüfen, gegebenenfalls erneuern.	Information auf Seite 40, 45, 218
Ist die CDI in Ordnung? (Zündanlage)	CDI überprüfen, gegebenenfalls erneuern. Zündzeitpunkt prüfen.	Information auf Seite 213, 216
Ist die Kompression in Ordnung?	Zylindersatz und seine Bestandteile überprüfen, gegebenenfalls erneuern.	Information auf Seite 45, 140, 175
Vergasermembrane in Ordnung?	Vergasermembrane prüfen, gegebenenfalls erneuern.	Information auf Seite 175
Ist der Ansaugstutzen in Ordnung?	Zustand des Ansaugstutzens prüfen, gegebenenfalls erneuern.	Information auf Seite 136, 171
Ist der Ansaugtrakt nach außen dicht?	Dichtheit des Ansaugtrakt überprüfen, gegebenenfalls abdichten.	Information auf Seite 171

Fehler gefunden? Bitte Funktionstest durchführen.

Leerlaufdrehzahl ist zu hoch

Fragestellung	Anweisung	Tipps oder Hinweise
Ist die Motordrehzahl im Kaltstart in Ordnung?	Kaltstarteinrichtung prüfen.	Information auf Seite 45, 177
Ist die Motordrehzahl bei warmem Motor in Ordnung?	Gaszugspiel überprüfen.	Information auf Seite 45
Ist die Vergasereinstellung in Ordnung?	Vergasereinstellung prüfen und notfallsfalls verbessern.	Information auf Seite 45
Ist der Vergaserschieber leichtgängig?	Vergaserschieber überprüfen.	Information auf Seite 179, 185
Ist der Kraftstoffstand im Schwimmer in Ordnung?	Kraftstoffstand im Vergaser überprüfen.	Information auf Seite 172, 180
Ist der Vergaser sauber?	Vergaser reinigen und die Dichtungen für den Vergaser überprüfen.	Information auf Seite 181
Handelt es sich um einen 2Taktmotor?	Prüfen Sie die Dichtheit des Ansaugstutzens und des Hitzeplättchen darunter.	Information auf Seite 136, 171
Ist das Kurbelgehäuse dicht?	Kurbelgehäuse und Ansaugstutzen auf Dichtheit überprüfen.	Information auf Seite 136, 171

Fehler gefunden? Bitte Probefahrt und Funktionstest durchführen.

Lenkung ist schwergängig

Fragestellung	Anweisung	Tipps oder Hinweise
Ist der Luftdruck im Vorderreifen in Ordnung?	Luftdruck prüfen. Bei regelmäßigem Luftverlust Reifen und Felge prüfen.	Information im Fahrzeugbegleitheft oder etwa 1,8 bar
Ist die Lenkung auch dann schwergängig, wenn das Fahrzeug auf dem Hauptständer steht?	Lenklagerschalen ausbauen und prüfen. Lagerspiel einstellen.	Information auf Seite 158, 160
Ist das Lenklagerspiel in Ordnung?	Lenklagerspiel einstellen, Lenklager prüfen eventuell erneuern.	Information auf Seite 160
Liegen Züge und Kabel wie vorgesehen in der Lenkerkabelführung?	Züge und Kabel sachgemäß verlegen und auf Beschädigung prüfen.	Spannungsfrei und nicht abgeknickt
Ist das Lenkschloss in Ordnung?	Lenkschloss prüfen gegebenenfalls erneuern.	Einrasten lassen und wieder öffnen

In den meisten Fällen liegt die Ursache für schwergängige Lenkungen am Roller in zu kleinem oder auch zu engem Lagerspiel. Die Lagerkugeln oder Walzen werden dann auf die Lagerfläche gepresst und verformt. Das Verformen oder die Gleitreibung verursachen die höheren Kräfte. Genauso können höhere Kräfte entstehen wenn das Lager zu lose ist und die Lenksäule, oder besser gesagt das Lenkrohr, verkantet. Eine leichtgängige Lenkung ist lebenswichtig für Zweiradfahrer. Eine schwergängige Stelle kann den Fahrer zum Verreißen der Lenkung bringen und so schnell einen Unfall verursachen.

Fehler gefunden? Bitte Funktionstest durchführen.

Motor geht während der Fahrt aus

Fragestellung	Anweisung	Tipps oder Hinweise
Ist die Tankentlüftung in Ordnung? in Ordnung?	Probefahrt ohne Tankdeckel durchführen. Wenn der Fehler weg ist, Entlüftungsbohrung reinigen oder Tankdeckel austauschen.	
2Takter: Ist die Gemischölzufuhr in Ordnung?	Gemischölzufuhr prüfen Fördermenge prüfen.	Information auf Seite 21, 39, 176, 224
4Takter: Ist noch genug Öl im Motor?	Motoröl kontrollieren gegebenenfalls nachfüllen.	Information auf Seite 45, 75
4Takter: Stimmt das Ventilspiel?	Ventilspiel prüfen, gegebenenfalls einstellen.	Information auf Seite 45
Ist genug Kraftstoff im Vergaser?	Kraftstoffstand in der Schwimmerkammer prüfen, Kraftstoffzufuhr prüfen.	Information auf Seite 172, 180
Ist die Zündkerze in Ordnung?	Zündkerze prüfen.	Information auf Seite 40, 45, 218
Ist die Zündspule in Ordnung?	Zündspule prüfen (sollte dann erfolgen, wenn der Motor aussetzt!).	Information auf Seite 220, 243
Ist der Stator in Ordnung?	Stator prüfen (sollte dann erfolgen, wenn der Motor aussetzt!).	Information auf Seite 208, 217
Ist das Steuergerät in Ordnung?	Steuergerät prüfen (sollte dann erfolgen, wenn der Motor aussetzt!).	Information auf Seite 213, 216

TIPP: In vielen Fällen kann man den Betriebszustand, an dem das Fahrzeug aussetzt, nur bei einer Probefahrt erreichen. Es muss also das entsprechende Werkzeug mitgenommen werden.

Fehler gefunden? Bitte ausgiebige Probefahrt und Funktionstest durchführen.

Motor hat bei hoher Drehzahl Aussetzer

Wir gehen in diesem Fall davon aus, dass Sie keine Drossel verbaut haben, die den Roller geschwindigkeitsabhängig auf 45 km/h oder 25 km/h einregelt. Hier wird bei Erreichen der Geschwindigkeit die Zündung stufenweise abgeschaltet.

Fragestellung	Anweisung	Tipps oder Hinweise
Ist die Zündkerze in Ordnung?	Zündkerze prüfen.	Information auf Seite 40, 45, 218
Stimmen der Zündzeitpunkt und die Frühverstellung?	Zündzeitpunkt prüfen, Frühverstellung ablesen.	Information auf Seite 45, 221
Ist die CDI in Ordnung?	CDI und Zündspule prüfen.	Information auf Seite 213, 216
Ist der Luftfilter in Ordnung?	Luftfilter reinigen, gegebenenfalls ersetzen.	Information auf Seite 40, 45, 77
Ist die Kraftstoffversorgung zum Vergaser in Ordnung?	Kraftstoffversorgung prüfen.	Information auf Seite 171, 236
Ist der Kompressionsdruck in Ordnung?	Kompressionsdruck prüfen, wenn zu niedrig, Zylindersatz und Zylinderkopf prüfen.	Information auf Seite 45
4Takter: Ist der Druckverlust in Ordnung?	Druckverlustprüfung durchführen.	Information auf Seite 45

Im Zweifelsfall muss der Motor auf die Temperatur gebracht werden, bei der die Aussetzer festzustellen sind. Am einfachsten lässt sich der Fehler mit Hilfe eines Oszilloskopes finden. Wird das Fahrzeug in der »aussetzenden« Drehzahl betrieben und die Kerze wird nass, kann von Zündaussetzern ausgegangen werden. Es müssen sowohl der Generator als auch die Zündspule überprüft werden.

Fehler gefunden? Bitte Funktionstest und Probefahrt durchführen.

Motor hat keine Leistung

Fragestellung	Anweisung	Tipps oder Hinweise
Wurde der Roller regelmäßig gefahren?	2Takter: Abgestandene Öl- und Kraftstoffreste aus dem Kurbelgehäuse entfernen.	Information auf Seite 30, 39, 177
Ist das Kaltstartventil in Ordnung?	Kaltstartventil prüfen.	Information auf Seite 177, 232
Ist die Zündkerze in Ordnung?	Zündkerze und Kerzenbild prüfen. Zündkerze eventuell reinigen einstellen oder erneuern.	Information auf Seite 40, 45, 218
Ist der Vergaser in Ordnung?	Abgestandene Öl- und Kraftstoffreste aus dem Vergasergehäuse entfernen, Vergaser reinigen.	Information auf Seite 172, 180
Ist der Luftfilter in Ordnung?	Luftfilter prüfen, reinigen eventuell erneuern.	Information auf Seite 40, 45, 77
Ist der Zylindersatz in Ordnung?	Zylindersatz und seine Bestandteile prüfen, reinigen eventuell erneuern.	Information auf Seite 45, 53, 78, 138, 141
Ist der Auspuff in Ordnung?	Auspuff auf Ablagerungen und Beschädigungen prüfen, gegebenenfalls erneuern.	Information auf Seite 39, 224
Ist die Variomatik in Ordnung?	Variomatik und ihre Bestandteile prüfen, reinigen, eventuell erneuern.	Information auf Seite 32, 44, 61
Fehler gefunden? Bitte Funktionstest und Probefahrt in allen Betriebszuständen durchführen.		

Motor läuft mit Benzin voll

Fragestellung	Anweisung	Tipps oder Hinweise
Ist der Benzinhahn richtig angeschlossen?	Anschlüsse überprüfen.	Information auf Seite 171, 236
Ist der Benzinhahn in Ordnung?	Benzinhahn prüfen.	Information auf Seite 171, 236
Ist der Schwimmer in Ordnung?	Schwimmerstand überprüfen, eventuell Korrigieren oder Schwimmer ersetzen.	Information auf Seite 172, 180
Ist das Schwimmergehäuse sauber?	Vergaser reinigen.	Information auf Seite 180
In diesem Bereich sollte der Fehler auszumachen sein. Stellt sich kein Fehler deutlich heraus, muss davon ausgegangen werden, dass dieser Fehler lediglich hin und wieder auftritt. Gerade dann muss sehr akribisch nach Spuren von Verschleiß oder möglichen Klemmstellen gesucht werden.		
Fehler gefunden? Bitte einen Tag stehen lassen und dann Funktionstest durchführen.		

Motor macht Fehlzündungen

Fragestellung	Anweisung	Tipps oder Hinweise
Ist die Zündkerze in Ordnung?	Zündkerze prüfen.	Information auf Seite 40, 45, 218
Ist das Kerzenbild in Ordnung?	Kerzenbild beachten und Zündkerzen-Typ mit Herstellerliste vergleichen und/ oder Zündkerze erneuern.	Information auf Seite 218
Ist die CDI in Ordnung (die Zündanlage)?	CDI und Zündzeitpunkt prüfen.	Information auf Seite 213, 216
Ist der Vergaser in Ordnung?	Vergaser reinigen und Düsen und Kanäle prüfen.	Information auf Seite 172, 180
Sind Kolben, Ringe und Steuerzeiten in Ordnung?	Motormechanik prüfen.	Information auf Seite 45, 140, 175

Natürlich können Fehlzündungen auch durch Ablagerungen von Kraftstoff im Auspuff oder andere abnorme Situationen rund um den Motor verursacht werden. Aber in den meisten Fällen finden sich die hier aufgezeigten Symptome.

Fehler gefunden? Bitte Funktionstest und Probefahrt durchführen.

Motor macht ungewöhnliche Geräusche

Fragestellung	Anweisung	Tipps oder Hinweise
Ist die Auspuffanlage in Ordnung?	Auspuffanlage prüfen, gegebenenfalls reinigen, abdichten oder erneuern.	Information auf Seite 39, 224
Ist die Ansauganlage in Ordnung?	Ansauganlage prüfen, gegebenenfalls reinigen, abdichten oder erneuern.	Information auf Seite 171
Ist der Antriebsriemen in Ordnung?	Antriebsriemen und Teile der Variomatik prüfen, gegebenenfalls erneuern.	Information auf Seite 60, 144
Ist das Radgetriebe in Ordnung?	Radgetriebe und verbaute Lager prüfen und gegebenenfalls erneuern.	Information auf Seite 21, 67, 152
Ist die Kurbelwelle in Ordnung?	Kurbelwelle und Lager prüfen, gegebenenfalls erneuern.	Information auf Seite 55, 137
4Takter: Stimmen die Steuerzeiten?	Steuerzeiten prüfen, gegebenenfalls einstellen.	
4Takter: Stimmt das Ventilspiel?	Ventilspiel prüfen, gegebenenfalls einstellen.	Information auf Seite 45
Ist der Zylindersatz in Ordnung?	Zylindersatz prüfen, gegebenenfalls reinigen oder erneuern.	Information auf Seite 140

Fehler gefunden? Bitte Funktionstest und Probefahrt durchführen.

Motor springt nicht an

Fragestellung	Anweisung	Tipps oder Hinweise
Ist die Batterie in Ordnung?	Ladezustand der Batterie prüfen, gegebenenfalls laden oder erneuern.	Information auf Seite 101, 207
Ist die Sicherung in Ordnung?	Sicherung prüfen, gegebenenfalls laden oder erneuern.	Information auf Seite 210, 231, 240
Ist die Zündung eingeschaltet?	Zündung einschalten.	
Funktioniert das?	Starterrelais prüfen, gegebenenfalls laden oder erneuern.	Information auf Seite 211, 231, 242
Ist der Kickstarter in Ordnung?	Lässt sich der Motor mit dem Kickstarter drehen?	
Lässt sich der Motor mit dem Anlasser drehen?	Zündkerze entfernen!	
Lässt sich der Motor mit dem Kickstarter drehen?	Motormechanik prüfen! Keine Gewalt anwenden der Motor wird blockiert.	
Ist ein Zündfunken vorhanden?	CDI prüfen.	Information auf Seite 213, 216
Ist die Zündkerze trocken?	Zündkerze erneuern, Motor »trocknen« und erneut versuchen zu starten.	
Ist die Zündkerze trocken?	Vergaser prüfen, PRI Benzinhahn prüfen.	Information auf Seite 171, 172, 180, 236
Läuft der Motor?	Etwas Starthilfespray in den Luftfilter spritzen und erneut starten.	
Läuft der Motor jetzt?	Zündzeitpunkt prüfen, Keil des Polrades und Polrad prüfen.	Information auf Seite 45, 221
Läuft der Motor im Leerlauf?	Vergasereinstellung und Leerlaufsystem prüfen	Information auf Seite 45, 172, 180
Läuft der Motor in Volllast?	Vergasereinstellung und Kraftstoffstand im Schwimmer prüfen.	Information auf Seite 172, 180
Fehler gefunden? Bitte Funktionstest und Probefahrt durchführen.		

Motor rasselt (klingelt) im Kaltzustand

Fragestellung	Anweisung	Tipps oder Hinweise
Ist der Zylindersatz in Ordnung?	Zylindersatz und seine Bestandteile prüfen, reinigen eventuell erneuern.	Information auf Seite 45, 53, 78, 138, 141
Ist das Kerzenbild in Ordnung?	Kerzenbild beachten und eventuell Gegenmaßnahmen einleiten und/oder Zündkerze erneuern.	Information auf Seite 218
2Takter: Ist das Richtige 2Taktöl im Tank und ist es in Ordnung?	2Taktöl überprüfen, gegebenenfalls erneuern.	Information auf Seite 21, 39
4Takter: Ist genügen Motoröl im Motor?	Ölstand prüfen, gegebenenfalls auffüllen.	Information auf Seite 45, 75
Findet sich der Fehler nicht in diesem Bereich, muss davon ausgegangen werden, dass es entweder starke Ablagerungen im Bereich des Kolbens und des Brennraums zu finden sind oder ein Schaden an Kolben oder Kurbelwelle vorliegt. Hier bleibt nur die Demontage dieser Baugruppen.		
Fehler gefunden? Bitte Funktionstest durchführen.		

Motor springt schlecht an (geht auch meistens aus)

Fragestellung	Anweisung	Tipps oder Hinweise
Springt er nur schlecht an wenn es kalt ist?	CDI, Zündkerze und Zündspule prüfen.	Information auf Seite 40, 45, 218
Ist das Kerzenbild in Ordnung?	Kerzenbild beachten und eventuell Gegenmaß-nahmen einleiten und/oder Zündkerze erneuern.	Information auf Seite 218
Ist die Kompression noch in Ordnung?	Kompression prüfen, gegebenenfalls Bauteile des Zylindersatzes oder Zylinder erneuern.	Information auf Seite 45
Sind das Kaltstartregelventil und seine Stromversorgung in Ordnung?	Kaltstartregelventil überprüfen, gegebenenfalls erneuern.	Information auf Seite 177, 232
Sind der Luftfilter und sein Gehäuse in Ordnung?	Luftfilter überprüfen oder reinigen, gegebenenfalls erneuern.	Information auf Seite 40, 45, 77
Sind der Auspuff und sein Gehäuse in Ordnung?	Auspuff überprüfen oder reinigen, gegebenenfalls erneuern.	Information auf Seite 39, 224
Fehler gefunden? Bitte Funktionstest durchführen.		

Motor wird zu heiß

Fragestellung	Anweisung	Tipps oder Hinweise
Ist die Zündkerze in Ordnung?	Zündkerze prüfen, reinigen, gegebenenfalls erneuern.	Information auf Seite 40, 45, 218
2Takter: Ist das Richtige 2Taktöl im Tank und ist es in Ordnung?	2Taktöl überprüfen, gegebenenfalls erneuern.	Information auf Seite 21, 39
4Takter: Ist genügen Motoröl im Motor?	Ölstand prüfen gegebenenfalls auffüllen.	Information auf Seite 45, 75
Luftgekühlte: Ist das Lüfterrad und die Luftführung noch sauber und intakt?	Lüfterrad und Luftführung prüfen, gegebenenfalls instand setzen und/oder reinigen.	Information auf Seite 222
Wassergekühlte: Ist das Kühlsystem, der Thermostat und die Wasserpumpe noch intakt?	Thermostat, Wasserkreislauf und Wasserpumpe prüfen.	Information auf Seite 223
Ist das Ansaugsystem dicht?	Ansaugsystem prüfen, abdichten, eventuell teilweise erneuern.	Information auf Seite 171
Ist der Vergaser in Ordnung?	Vergaser reinigen Einstellungen und Bedüsungen prüfen.	Information auf Seite 172, 180
Ist der Luftfilter in Ordnung?	Luftfilter und Luftfilterkasten prüfen, reinigen, eventuell erneuern.	Information auf Seite 40, 45, 77
Ist der Zylindersatz in Ordnung?	Zylindersatz und seine Bestandteile prüfen, reinigen eventuell erneuern.	Information auf Seite 45, 140, 175
Sind das Auslasssystem und der Auspuff in Ordnung?	Auslass am Zylinder und Auspuff prüfen, gegebenenfalls reinigen oder erneuern.	Information auf Seite 39, 224
Fehler gefunden? Bitte Funktionstest im Stand und während der Fahrt durchführen.		

Öl tropft aus dem Motor

Kontrollieren Sie, ob es sich beim Viertaktmotor um Öl oder Benzin handelt!

Fragestellung	Anweisung	Tipps oder Hinweise
Handelt es sich um einen 2Taktmotor?	Prüfen Sie die Kraftstoffzufuhr auf Undichtheit.	Information auf Seite 171, 236
	Prüfen Sie den Motorblock auf Ölverlust.	
	Prüfen Sie den Kompressionsdruck, den Druckverlust und den Innendruck des Motorblocks.	Information auf Seite 236
Kommt das Öl aus der Lichtmaschinenseite (in Fahrtrichtung rechts)?	Anschlussschläuche vom Tank und den Tank prüfen, gegebenenfalls erneuern.	Information auf Seite 236
Ist der Anschlussschlauch zu Mischöltank dicht?	Schellen und Schlauch prüfen, gegebenenfalls erneuern.	Information auf Seite 171
Ist der Druckschlauch zwischen Gemischpumpe und Vergaser dicht?	Schellen und Schlauch prüfen, gegebenenfalls erneuern.	Information auf Seite 171
Ist die Gemischpumpe dicht (Gehäuse, Anschlussstücke)?	Schellen und Schlauch prüfen, gegebenenfalls erneuern.	Information auf Seite 69, 175, 236

Wenn all diese Anforderungen gegeben sind, kann es sich nicht um eine Undichtheit an der Gemischpumpe handeln. Sollte eine Flüssigkeit tropfenweise aus dem Lüftergehäuse austreten, so kann der Kurbelwellensimmering undicht sein. Hinweise dazu findet man auch unter der Montage/Demontage des Kurbelgehäuses.

Fehler gefunden? Bitte Funktionstest durchführen und Motor warmlaufen lassen.

Ölkontrollanzeige geht nicht

Beschrieben werden hier die elektrischen Anzeigen der Zweitaktmodelle. Die Viertakt-China-Roller sind meist mit einer Anzeige ausgerüstet, die über den Tacho angetrieben wird.

Fragestellung	Anweisung	Tipps oder Hinweise
Ist der Tanksensor in Ordnung?	Tanksensor ersetzen.	Information auf Seite 199, 232
Bleibt die Kotrollleuchte aus wenn die Anschlusskabel des Sensors kurzgeschlossen werden?	Tanksensor prüfen, gegebenenfalls ersetzen.	Information auf Seite 199, 232
Ist das Birnchen für die Kontroll-leuchte in Ordnung?	Birnchen ersetzen.	Information auf Seite 203, 232
Ist die Fassung für das Birnchen der Kontrollleuchte in Ordnung?	Fassung prüfen, gegebenenfalls ersetzen oder instand setzen.	Information auf Seite 203, 232

Wenn bis hierher noch kein fehlerhaftes Bauteil gefunden wurde, kann der Fehler nur in der Verkabelung zu finden sein. Der Tankgeber sollte hierzu abgezogen werden.

Liegt Spannung 12 V-Spannung an einem Anschluss des Sensors an?	Kabelklemme 15 (geschaltetes Plus) bis zum Zündschloss prüfen.	Information auf Seite 232
Hat das Sensorkabel bis zur Anzeigen-leuchte einen Widerstand von ca. 0 Ohm?	Kabel prüfen (Scheuerstellen, Knickstellen) Steckverbindungen prüfen.	Information auf Seite 203, 232

Fehler gefunden? Bitte Funktionstest durchführen.

Roller bleibt bei Standgas nicht stehen

Fragestellung	Anweisung	Tipps oder Hinweise
Ist die Leerlaufdrehzahl in Ordnung?	Vergaser einstellen.	Information auf Seite 45
Ist der Vergaser in Ordnung?	Vergaser überprüfen und einstellen.	Information auf Seite 172, 180
Ist der Kraftstoffstand in der Schwimmerkammer in Ordnung?	Kraftstoffstand überprüfen.	Information auf Seite 172, 180
Ist das Kurbelgehäuse dicht?	Kurbelgehäuse und Simmeringe prüfen.	
Ist die Anfahrkupplung in Ordnung?	Anfahrkupplung der Variomatik prüfen.	Information auf Seite 66, 149
Ist der Variomat in Ordnung?	Variomat und seine Abstimmung prüfen.	Information auf Seite 32, 44, 61

Der Fehler dürfte nun behoben sein. Wenn bei ausreichend niedriger Leerlaufdrehzahl trotzdem eingekuppelt wird, kann lediglich ein Fehler in der Variomatik vorliegen. Hier müsse die Bauteile dann besonders gewissenhaft geprüft werden. Folgen Sie der Fehlerbeschreibung »Kupplung funktioniert nicht richtig«.

Fehler gefunden? Bitte Funktionstest durchführen.

Rücklicht geht nicht

Fragestellung	Anweisung	Tipps oder Hinweise
Brennt das Standlicht vorne?	Lichtschalter prüfen.	Information auf Seite 98, 194, 232
Ist das Birnchen in Ordnung?	Birnchen ersetzen.	Information auf Seite 245
Ist die Fassung in Ordnung?	Fassung instand setzen oder erneuern.	
Liegt Spannung am Anschluss für das Birnchen an?	Verkabelung zum Schalter prüfen.	Information auf Seite 232

Die Rückleuchte sollte bis zu diesem Prüfschritt wieder leuchten. Schwachpunkte in der Verkabelung für das Rücklicht finden sich unter dem Trittbrett, am Lenkkopf sowie an den Steckverbindungen zum Lichtschalter.

Zum Abschluss sollte auf jeden Fall die Betriebspannung des Birnchens kontrolliert werden. Sie sollte keinesfalls über 14 V liegen da sonst die Birnen durchbrennen können. Ist die Spannung zu hoch so muss der Fehler am Regler gesucht werden. Er regelt die Spannung gegen die Masse auf ca. 12–14 V ein.

Der Messbereich für die Messungen sollte auf 20 V (AC) Wechselspannung eingestellt werden.

Die Spannung für die Lampen ist nicht gleichgerichtet.

Fehler gefunden? Bitte Funktionstest durchführen.

Scheibenbremse geht nicht

Fragestellung	Anweisung	Tipps oder Hinweise
Ist Bremsflüssigkeit im Behälter?	Bremsflüssigkeit nachfüllen.	Information auf Seite 22, 39
Ist die Bremsanlage richtig entlüftet?	Bremsanlage entlüften.	Information auf Seite 164
Ist die Bremsanlage dicht?	Undichtheit feststellen und entsprechendes Bauteil abdichten oder erneuern.	
Baut die Handpumpe Druck auf?	Kolbenmanschette der Handpumpe prüfen.	Information auf Seite 164
Wird die Bremse betätigt (blockiert das Rad)?	Bremssattel überprüfen.	Information auf Seite 163
Ist der Hebelweg am Bremshebel in Ordnung?	Hebelweg einstellen gegebenenfalls die Manschetten und die Übertragungsbauteile prüfen.	Information auf Seite 163

Sollte sich der Fehler bis zu dieser Prüfposition nicht gezeigt haben, so sollte unbedingt ein Augenmerk auf die Bremsschläuche gesetzt werden. Gerade bei Gummischläuchen kann das integrierte Gewebe nach mehrjähriger Belastung nachgeben. Der Schlauch wird dann gerade im Schadensbereich deutlich mehr dehnen. Die Flüssigkeitsmenge und der Druck stehen so nicht mehr zur Betätigung des Bremsgerätes zur Verfügung. Die Bremsleistung sinkt. Grundsätzlich ist es ein Vorteil die Bremsanlagen vom Gummischlauch in ein »Stahlflex« System umzubauen.

Fehler gefunden? Bitte Funktionstest durchführen.

Scheibenbremse vorne, schlechter Druckaufbau

Fragestellung	Anweisung	Tipps oder Hinweise
Ist die Bremsflüssigkeit in Ordnung?	Bremsflüssigkeit nachfüllen, eventuell wechseln.	Information auf Seite 39
Ist die Bremsanlage richtig entlüftet?	Bremsanlage entlüften.	Information auf Seite 164
Ist die Bremsanlage dicht?	Undichtheit feststellen und entsprechendes Bauteil abdichten oder erneuern.	
Baut die Handpumpe Druck auf?	Kolbenmanschette der Handpumpe prüfen.	Information auf Seite 164
Bleibt der Druck bei gezogener Bremse bestehen (der Bremshebel gibt nicht nach)?	Kolbenmanschette und Zylinderlaufbahn der Handpumpe prüfen.	
Ist der Bremsdruck deutlich am Handhebel zu spüren?	Bremsleitungen prüfen, gegebenenfalls erneuern.	Information auf Seite 167

In vielen Fällen liegt der Fehler bereits in der mangelhaften Entlüftung des Bremssystems. Jede noch so kleine Luftblase im System kann komprimiert werden und verschlechtert merklich den Druckaufbau. Die Entlüftung gestaltet sich aufgrund des sehr verwinkelten Anbaus der Bremsgeräte meist sehr schwierig. Tipps zum Entlüften finden sich auf Seite 165 dieses Buches. Wurde der Fehler bis zu dieser Prüfposition nicht gefunden, schauen Sie sich die Bremsschläuche an. Gerade bei Gummischläuchen kann das integrierte Gewebe nach mehrjähriger Belastung nachgeben. Der Schlauch wird sich dann gerade im Schadensbereich deutlich mehr dehnen. Die Flüssigkeitsmenge und der Druck stehen so nicht mehr zur Betätigung des Bremsgerätes zur Verfügung. Die Bremsleistung sinkt. Grundsätzlich ist es ein Vorteil, die Bremsanlagen vom Gummischlauch in ein »Stahlflex« System umzubauen.

Fehler gefunden? Bitte Funktionstest durchführen.

Sicherung geht ständig kaputt

Fragestellung	Anweisung	Tipps oder Hinweise
Ist die Batterie in Ordnung?	Batterie prüfen.	Information auf Seite 101, 207
Ist eine Sicherung in der richtigen Stärke verbaut worden?	Sicherung prüfen.	Information auf Seite 210, 231, 240
Brennt die Sicherung durch obwohl die Zündung ausgeschaltet ist?	Überspringe die nächsten 3 Zeilen in diesem Suchplan.	
Brennt die Sicherung durch, wenn der Lichtmaschinenregler abgeklemmt wird?	Lichtmaschinenregler erneuern.	Information auf Seite 209
Brennt die Sicherung durch, wenn das Zündschloss abgezogen wird?	Verkabelung zum Zündschloss und das Zündschloss selber prüfen.	Information auf Seite 204, 231
Nun kann der Fehler lediglich an der Verkablung selber liegen. Wahrscheinlich ist das Pluskabel (KL 30) zum Zündschloss oder zum Regler beschädigt und liegt an der Rahmenmasse oder an einem Massekabel an. Um nun die Fehlerstelle genauer orten zu können, ist es erforderlich, sehr systematisch vorzugehen. Liegt ein Kabelbrand vor, sollte unbedingt der Preis für den Kabelbaum erfragt werden. Zumeist ist es günstiger, den Kabelbaum zu ersetzen, als ihn in mühevoller Kleinarbeit zu rekonstruieren. Für das nächste Ablaufdiagramm muss der Roller soweit zerlegt werden, dass der Kabelbaum begutachtet werden kann. Zum Teil muss der Kabelbaum gelöst und herausgenommen werden.		
Ist das Pluskabel zum Anlasser-relais ok?	Kabel erneuern oder instand setzen.	Information auf Seite 206, 212, 231, 242
Ist das Pluskabel zum Lichtmaschinenregler ok?	Kabel erneuern oder instand setzen.	Information auf Seite 209, 231
Ist das Pluskabel zum Zündschloss ok?	Kabel erneuern oder instand setzen	Information auf Seite 231
Ist das geschaltete Pluskabel (KL 15 Kabel) zu den Bremslicht-schaltern ok?	Kabel erneuern oder instand setzen.	Information auf Seite 231
Sind die Verbraucher die an KL 15 angeschlossen sind ok?	Bauteile und Verdrahtung nach Schaltplan prüfen.	Information auf Seite 231, 232, 233
An dieser Stelle sollte schon einige Erfahrung im Bereich der Messtechnik vorliegen. Anhand des Schaltplanes kann man nun die Anschlüsse zu den Bauteilen und die Bauteile selber überprüfen. Hilfestellung erfährt man über den Schaltplan und die Bauteilbeschreibungen im nächsten Kapitel.		
Fehler gefunden? Bitte Funktionstest durchführen.		

Stoßdämpfer schlagen durch - Stoßdämpfer sind zu weich

Fragestellung	Anweisung	Tipps oder Hinweise
Entspricht die Zuladung (Gewicht von von Fahrer+ Beifahrer +Gepäck) den vom Herstellen freigegebenen Lasten?	Zuladung und Beladung prüfen. Lasten in den Fahrzeugpapieren nachvollziehen.	Information aus den Fahrzeugpapieren
Sind die Stoßdämpfer dicht und technisch in Ordnung?	Stoßdämpfer erneuern (im Zubehör sind oft stärkere Stoßdämpfer/ Federelemente verfügbar).	Information auf Seite 168
Ist die Feder in Ordnung (Bruch, Korrosion...)?	Stoßdämpfer, oder wenn einzeln erhältlich, Feder erneuern.	Information auf Seite 168
Sind die Gummilagerungen in Ordnung?	Stoßdämpfer, oder wenn einzeln erhältlich, Gummilager erneuern.	Information auf Seite 168

Im Laufe der Zeit gibt alles nach, sagt der Volksmund. Das trifft natürlich auch auf Federelemente zu.
Gerade wenn der Roller oft im Soziusbetrieb unterwegs war oder auch schon so manches Zeitungspaket befördert hat, kann es durch aus sein, dass die Stoßdämpfer merklich schlechter werden. In diesem Fall empfiehlt es sich, nach stärkeren und auch verstellbaren Varianten Ausschau zu halten. Die Stoßdämpfer gibt's bei fast allen Zubehörhändlern für Motorroller und kosten nicht so viel. Die Investition zahlt sich jedenfalls in deutlich besserem Fahrverhalten aus.

Fehler gefunden? Bitte Probefahrt durchführen.

Tankanzeige geht nicht

Fragestellung	Anweisung	Tipps oder Hinweise
Ist die Batterie in Ordnung?	Batterie prüfen, laden oder erneuern.	Information auf Seite 101, 207
Ist die Sicherung in Ordnung?	Sicherung erneuern.	Information auf Seite 210, 231, 240
Funktionieren der Blinker, die Bremse und die Hupe?	Zündschloss und seine Verkabelung prüfen.	Information auf Seite 231
Funktioniert die Fernlichtkontroll-leuchte im Cockpit?	Kabel (Klemme 15) ab dem Zündschloss zum Cockpit prüfen.	Information auf Seite 192, 232
Liegt auf den Anschlüssen der Tankuhr Masse und Plus an?	Anschlüsse prüfen, Spannung messen.	Information auf Seite 200, 232
Zeigt die Tankuhr Vollausschlag, wenn das verbleibende Sensorkabel auf Masse gelegt wird?	Tankuhr ersetzen.	

Sollte bis zu dieser Prüfposition alles ohne Befund verlaufen sein, so wird der Fehler entweder an dem Tanksensor selber oder an der Verkablung zum Tanksensor und von ihm zur Anzeige zu finden sein.
Tipps hierzu findet man auch unter den Suchbegriffen Tanksensor in den »Bauteilen und Prüfungen« im nächsten Kapitel.

Fehler gefunden? Bitte Funktionstest durchführen.

Trommelbremse geht nicht

Fragestellung	Anweisung	Tipps oder Hinweise
Ist der Bremszug in Ordnung?	Bremszug ölen, prüfen, gegebenenfalls erneuern.	Information auf Seite 82
Sind die Halterungen und Führungen des Bremszuges in Ordnung?	Hebel oder Lagerungen instand setzen oder erneuern.	Information auf Seite 82
Sind die Bremsbeläge in Ordnung?	Bremsbeläge erneuern.	Information auf Seite 82
Ist der Bremsnocken in Ordnung?	Bremsnockenwelle prüfen, reinigen, gegebenenfalls erneuern.	Information auf Seite 48
Ist das Belaggegenlager in Ordnung?	Gegenlager prüfen, reinigen, gegebenenfalls erneuern.	
Ist die Bremstrommel in Ordnung (Rundlauf? Rad ist fest?)?	Rad und Bremstrommel prüfen. Bei losem Rad und beschädigter Zahnung Felge ersetzen.	Information auf Seite 67, 83

Die Trommelbremse funktioniert zwar recht einfach, aber im Verborgenen können durchaus ausgeleierte Züge oder Halterungen einiges an Hebelweg zunichte machen. Des Weiteren sollte auf die Leichtgängigkeit der Bremshebel und der Nockenwelle der Bremse geachtet werden. In vielen Fällen entstehen hier Schäden durch Korrosion. Etwas Fett schafft da leicht Abhilfe.

Fehler gefunden? Bitte Funktionstest durchführen.

Variomatik schaltet nicht richtig

Fragestellung	Anweisung	Tipps oder Hinweise
Beim Anfahren macht der Motor einen kräftigen Eindruck?	Abstimmung der Kupplungsfedern prüfen, Variomatikrollen prüfen.	Information auf Seite 33, 156
Nach dem Anfahren zieht der Roller gleichmäßig an bis er die Höchstgeschwindigkeit erreicht hat?	Variomatikrollen prüfen, Ausgleichfeder der Ausgleichscheibe und die Führungen der Ausgleichscheiben prüfen.	Information auf Seite 48, 61, 63, 156
Sobald der Roller auf einem geraden Stück Drehzahl gewonnen hat, zieht er besser?	Variomatikrollen prüfen und das Gewicht der Rollen neu abstimmen.	Information auf Seite 154
Der Roller schaltet sofort bei Lastwechselsituationen?	Leichtgängigkeit der Variomatikhülse prüfen.	Information auf Seite 154
Hat der Antriebsriemen hat guten Gripp?	Die Länge des Antriebsriemens und die anliegenden Riemenscheiben auf Beschädigung prüfen.	Information auf Seite 144, 151

Die werksmäßige Abstimmung der Variomatik darf eigentlich nicht verändert werden, da das Schaltverhalten der Variomatik auch Einfluss auf das Abgasverhalten und der Höchstgeschwindigkeit des Rollers hat. Eine Veränderung würde die Betriebserlaubnis erlöschen lassen.

Fehler gefunden? Bitte Probefahrt und Funktionstest durchführen.

Variomatikriemen verschleißt sehr schnell

Der Antriebsriemen ist bereits nach wenigen hundert Kilometern so stark verschlissen, dass er reißt.

Fragestellung	Anweisung	Tipps oder Hinweise
Ist der Antriebsriemen wirklich getauscht worden?	Sehen Sie im Serviceheft und auf der Rechnung nach.	
Muss der Roller schwer ziehen?	Prüfen Sie die Zuladung in Ihren Fahrzeugpapieren.	Achten Sie auf die maximale Zuladung. Ein Anhänger entlastet zwar das Fahrgestell aber nicht den Antrieb!
Wurden der Variomatik-Bereich und seine Teile gründlich gereinigt?	Variomatik zerlegen und gründlich reinigen. Bewegte Bauteile neu einfetten.	Information auf Seite 60
Wurde der richtige Antriebsriemen verbaut?	Antriebsriemenlänge prüfen.	Information auf Seite 144 und den Herstellerlisten
Ist der Variator in Ordnung?	Variator auf Verschleiß und Schäden prüfen (alles Glatt?).	Information auf Seite 61, 153
Ist das Lüfterrad in Ordnung?	Lüfterrad auf korrekten Winkel und Schäden prüfen.	Information auf Seite 61, 151, 155
Sind die Ausgleichscheiben in Ordnung?	Ausgleichscheiben auf Schäden prüfen	Information auf Seite 61, 145

Die meisten Schäden entstehen durch Überhitzung oder durch Überlastung. Achten Sie peinlichst genau darauf, dass die Luftzufuhr und natürlich auch möglicherweise verbaute Siebe und Filter am Variomatikdeckel offen sind. Bei den 4Taktern ist nur selten eine Laufleistung für den Antriebsriemen von mehr als 3000 Kilometer zu erwarten.

Fehler gefunden? Bitte Funktionstest durchführen.

Vergaser ist undicht

Fragestellung	Anweisung	Tipps oder Hinweise
Ist die Schwimmernadel in Ordnung?	Schwimmernadel prüfen.	Information auf Seite 172, 180
Ist der Schwimmer in Ordnung?	Schwimmer prüfen, Einstellung des Schwimmers prüfen.	Information auf Seite 172, 180
Ist die Schwimmerkammerdichtung in Ordnung?	Schwimmerkammerdichtung prüfen, Einstellung des Schwimmers prüfen.	Information auf Seite 172, 180

Fehler gefunden? Bitte Funktionstest durchführen

Zündfunken nicht vorhanden – Zündfunken schwach – Zündkerze verschmutzt sehr schnell mit Ablagerungen

Fragestellung	Anweisung	Tipps oder Hinweise
Ist die Starterdrehzahl hoch genug?	Batterie laden, Anlasser prüfen, schneller in den Kickstarter treten.	Information auf Seite 206, 231
Ist die Zündspule in Ordnung?	Zündspule prüfen, Einstellung des Schwimmers prüfen.	Information auf Seite 220, 243
Sind die Spulen auf dem Stator in Ordnung?	Stator prüfen, Abstand Pick-up zum Rotor prüfen.	Information auf Seite 208, 217
Ist die Zündkerze in Ordnung?	Zündkerze prüfen, Elektrodenabstand prüfen.	Information auf Seite 40, 45, 218
Ist der Zündkerzenstecker in Ordnung?	Zündkerzenstecker prüfen.	Information auf Seite 219
Sind die Steckverbindungen in Ordnung und fest versteckt?	Kabelverbindungen und ihren Sitz prüfen.	
Ist wieder ein Zündfunken feststellbar?	CDI Steuergerät prüfen gegebenenfalls ersetzen.	Information auf Seite 213, 216

In den meisten Fälle dürfte der Fehler nun entdeck worden sein. Unter dem Stichwort CDI Zündanlage finden sich noch weitere hilfreiche Tipps um den Fehler zu finden.

Fehler gefunden? Bitte Funktionstest durchführen.

Zündkerze verschmutzt sehr schnell

Fragestellung	Anweisung	Tipps oder Hinweise
Ist der Wärmewert der Zündkerze in Ordnung?	Wärmewert anhand der Liste prüfen, Zündkerze prüfen, Elektrodenabstand prüfen.	Information auf Seite 40, 45, 218
Ist die Kompression in Ordnung?	Kompression prüfen, gegebenenfalls Zylinder oder Bauteile des Zylinders erneuern.	Information auf Seite 45
Ist das Zweitaktöl in Ordnung?	Öl prüfen, wenn nicht nachvollziehbar, den Tank reinigen und Öl wechseln.	Information auf Seite 21, 39
Ist der Vergaser in Ordnung?	Vergaser, Schwimmer und Nadel prüfen, CO und Leerlauf einstellen.	Information auf Seite 172, 180
Ist die Kaltstarteinrichtung in Ordnung?	Kaltstarteinrichtung prüfen.	Information auf Seite 45, 177
Ist der Luftfilter in Ordnung?	Luftfilter prüfen, gegebenenfalls erneuern oder reinigen.	Information auf Seite 40, 45, 77
4Takter: Sind die Vergasermembrane in Ordnung?	Vergasermembrane demontieren und prüfen.	Information auf Seite 175

In den meisten Fällen handelt es sich um Verbrennungsrückstände, die sich auf der Zündkerze ablagern. Zumeist werden diese Ablagerungen durch schlechten Treibstoff oder Ölzusatz verursacht. Oftmals liegt es aber auch einfach an der mangelhaften Selbstreinigung der Zündkerze.

Fehler gefunden? Bitte Funktionstest durchführen.

Zündfunken ist sehr schwach

Fragestellung	Anweisung	Tipps oder Hinweise
Ist die Zündkerze in Ordnung?	Zündkerze prüfen oder erneuern.	Information auf Seite 40, 45, 218
Ist der Zündkerzenstecker in Ordnung?	Zündkerzenstecker erneuern.	Information auf Seite 219
Ist der Zündspule in Ordnung?	Zündspule und die Verkabelung prüfen.	Information auf Seite 220, 243
Ist das Zündschloss in Ordnung?	Kabel (Klemme «Stopp«) an dem Zündschloss bis zum CDI Steuergerät prüfen.	Information auf Seite 204, 231
Ist die Startdrehzahl ausreichend hoch?	Prüfen, ob der Zündfunke stärker wird wenn der Kickstarter schneller getreten wird.	
Sind die Anschlusskabel zwischen CDI und Motor in Ordnung?	Verbindungskabel und Stecker prüfen, reinigen und wenn erforderlich instand setzen.	Information auf Seite 97, 231

Natürlich kann es sein, dass man nach diesen Prüfpositionen noch keinen Fehler gefunden hat. Aber die Peripherie, also die Umgebung des Steuergerätes und des Stators wurden überprüft. Nun müssen lediglich diese beiden Bauteile genauer betrachtet werden. Hinweise zur Prüfung des Stators findet man auf der Seite 208, 217 und für die Prüfung der CDI auf der Seite 213, 216.

Fehler gefunden? Bitte Funktionstest durchführen.

Zündkerze ist sehr nass

Fragestellung	Anweisung	Tipps oder Hinweise
Ist die Zündkerze in Ordnung (Wärmewert richtig usw. ...)?	Zündkerze prüfen gegebenenfalls ersetzen.	Information auf Seite 40, 45, 218
Ist ein Zündfunken vorhanden?	Zündkerzenstecker und Zündspule prüfen oder erneuern.	Information auf Seite 219, 220, 243
Ist der Kompressionsdruck in Ordnung?	Kompressionsdruck prüfen, beim 4Takter Druckverlustprüfung durchführen und Kurbelgehäuseinnendruck prüfen, gegebenenfalls notwendige Reparaturen durchführen.	Information auf Seite 45
Ist der Luftfilter in Ordnung?	Luftfilter prüfen, gegebenenfalls reinigen oder erneuern.	Information auf Seite 40,45, 77
Ist der Vergaser in Ordnung?	Vergaser insbesondere die Schwimmernadel prüfen.	Information auf Seite 172, 180
Ist der pneumatische Benzinhahn in Ordnung?	Benzinhahn prüfen, gegebenenfalls erneuern.	Information auf Seite 171, 236
2-Takter: Ist die Gemischölversorgung in Ordnung?	Gemischpumpe und Rückschlagventile prüfen, gegebenenfalls erneuern.	Information auf Seite 21, 39, 176, 224

In den meisten Fällen hat die nasse Zündkerze ihre Ursache in der Ablagerung von Flüssigkeiten im Kurbelgehäuse des Rollers. Sollten hier größere Mengen angesammelt worden sein, muss das Kurbelgehäuse zuerst »trocken gelegt« werden. Das geht natürlich ohne das Zerlegen des Motors. Tipps hierzu gibt es auf der Seite 177.

Fehler gefunden? Bitte Funktionstest und Probefahrt durchführen.

Zündkerze ist schwarz

Die Ablagerungen an der Zündkerze sind schwarz und flockig.

Fragestellung	Anweisung	Tipps oder Hinweise
Ist die Zündkerze in Ordnung?	Zündkerze prüfen, gegebenenfalls ersetzen.	Information auf Seite 40, 45, 218
Ist ein Zündfunken vorhanden?	Zündkerzenstecker und Zündspule prüfen oder erneuern.	Information auf Seite 219, 220, 243
Ist der Kompressionsdruck in Ordnung?	Kompressionsdruck prüfen, gegebenenfalls notwendige Reparaturen durchführen.	Information auf Seite 45
4-Takter: Ist der Kurbelgehäuse-innendruck in Ordnung?	Kolben und Kolbenringe prüfen.	Information auf Seite 45
Ist der Luftfilter in Ordnung?	Luftfilter prüfen, gegebenenfalls reinigen oder erneuern.	Information auf Seite 44, 45, 77
2Takter: Wird das richtige Zweitaktöl verwendet?	Zweitaktöl überprüfen, gegebenenfalls sicherheitshalber erneuern.	Information auf Seite 21, 39
Ist der automatische Choke in Ordnung?	Kaltstarteinrichtung prüfen, gegebenenfalls erneuern.	Information auf Seite 45, 177

Die Ablagerungen auf der Zündkerze können auch durch die Gemischpumpe verursacht werden. Auf der Seite 176 findet man Hinweise zur Prüfung der Gemischpumpe. Sollte die verfärbte Kerze allerdings nach sehr langer Standzeit des Rollers auftreten, empfiehlt es sich, das Fahrzeug zuerst einmal über eine längere Strecke zu bewegen und dann die Ablagerungen an der Kerze zu begutachten. Hinweise zu den »Kerzenbildern« findet man auch auf der Seite 218 in diesem Buch.

Fehler gefunden? Bitte Funktionstest durchführen.

Zündfunke setzt zeitweise aus

Fragestellung	Anweisung	Tipps oder Hinweise
Ist die Zündkerze in Ordnung?	Zündkerze prüfen oder erneuern.	Information auf Seite 40, 45, 218
Ist der Zündkerzenstecker in Ordnung?	Zündkerzenstecker prüfen.	Information auf Seite 219
Ist die Zündspule in Ordnung?	Zündspule und die Verkabelung prüfen.	Information auf Seite 220, 243
Sind die Spulen auf dem Stator in Ordnung?	Stator prüfen, Abstand Pick-up zum Rotor prüfen.	Information auf Seite 208, 217
Ist das Zündschloss in Ordnung?	Kabel (Klemme «Stopp«) an dem Zündschloss bis zum CDI Steuergerät prüfen.	Information auf Seite 204, 231
Sind die Steckverbindungen in Ordnung und fest versteckt?	Kabelverbindungen und ihren Sitz prüfen.	
Ist wieder ein Zündfunken feststellbar?	CDI Steuergerät prüfen, gegebenenfalls ersetzen.	Information auf Seite 213, 216

Achten Sie darauf, dass dieser Fehler durchaus nur in einem bestimmten Betriebszustand auftreten kann. Richten Sie sich für die entsprechenden Prüfungen so ein, dass Sie das entsprechende Werkzeug im Helmfach mitführen.

Fehler gefunden? Bitte einen Tag stehen lassen und dann Funktionstest im Kalt- und Warmzustand durchführen.

Bauteile und Prüfungen

In diesem Kapitel werden die Bauteile Ihres Rollers genauer unter die Lupe genommen. Sie erhalten Hinweise und Tipps für die Fehlersuche und erfahren mehr zum Aufbau und den Eigenschaften. Oftmals basiert die fundierte Fehlersuche auf einer erheblichen Kenntnis über Bauteile und das Zusammenspiel dieser in Baugruppen. Wir versuchen Ihnen hier eine Möglichkeit zu eröffnen, die Bauteile kennenzulernen und sie mit einfachen Mitteln zu prüfen.

Sortiert sind die Bauteilbeschreibungen nach Themengebieten, wie Sie schon im Inhaltsverzeichnis festgestellt haben. Die »geführte Fehlersuche« im Kapitel Diagnose verweist auf einzelne Bauteilbeschreibungen, die die Diagnose dann erleichtern sollen. Diese Sortierung finden Sie dann auch im Kapitel »Schaltpläne«, in dem die unterschiedlichsten Varianten der Verschaltungen der Motorroller aufgegriffen werden. und in den Verschlauchungsplänen, die in »Sonstige Pläne« vorgestellt werden. Auch im Kapitel »Praxistraining« wird zur Übung auf dieses Kapitel verwiesen.

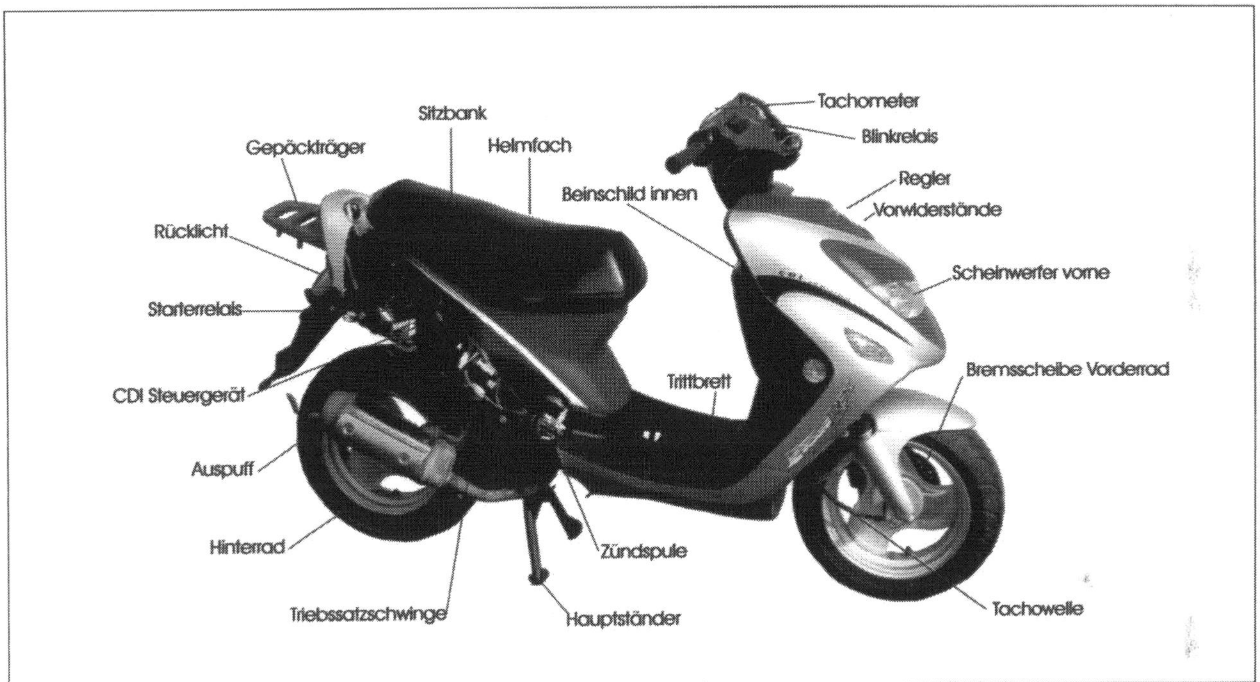

Ansicht von rechts.

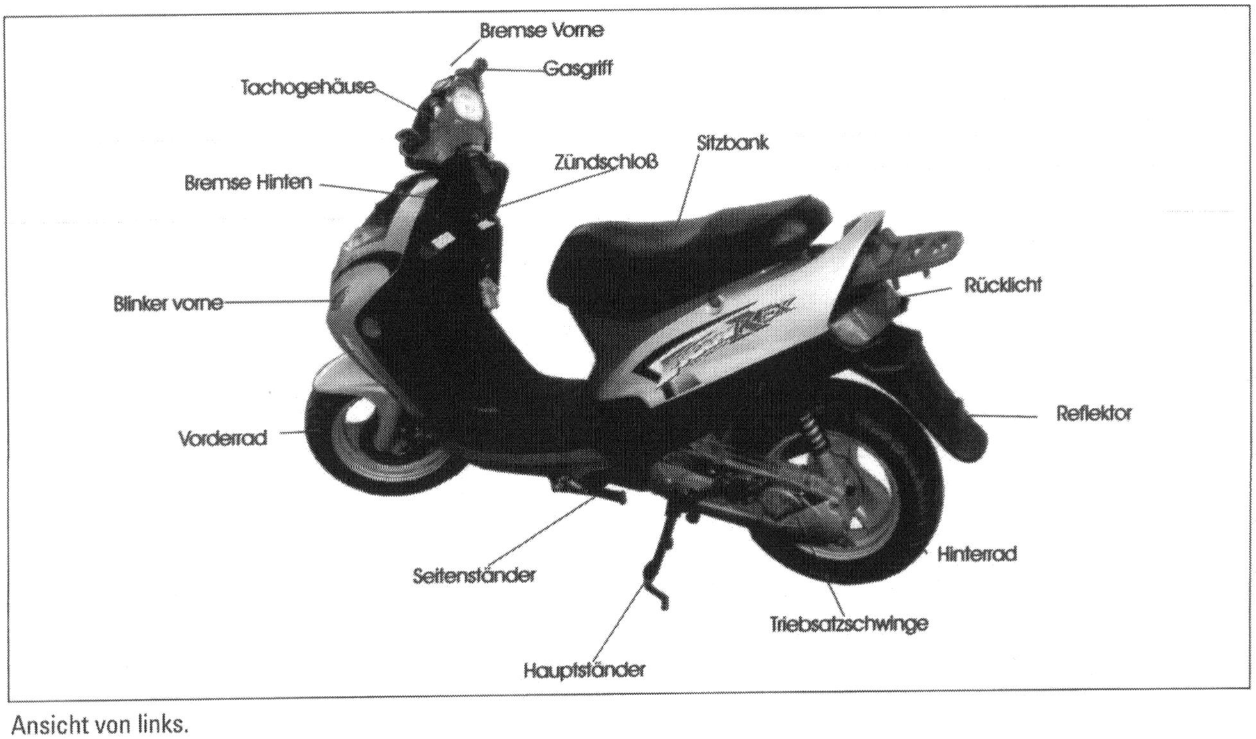

Ansicht von links.

Die Motormechanik

Die Mechanik gehört genauso zu den Fehlerquellen wie alle anderen Baugruppen Ihres Motorrollers. Selbstverständlich müssen auch hier Probleme verstanden und angegangen werden, um die »Fuhre wieder ans Laufen zu kriegen«.

Kurbelgehäuse Dichtheit

Eigenschaften: Die Aluminiumgehäuse nehmen die Bauteile des Motors auf. Das Kurbelgehäuse muss zusätzlich gasdicht sein, um die Vorverdichtung und das Ansaugen zu ermöglichen.

Typische Fehler:
- Undichtheit der Kurbelwellensimmerringe.
- Undichtheit der Mitteldichtung.
- Beschädigungen an der Dichtfläche.
- Beschädigte Lagersitze.
- Beschädigte Gewinde.

Kurbelgehäuse eines Zweitaktmotors.

Eine Undichtheit des Kurbelgehäuses äußert sich meist in unrundem Leerlauf und gelegentlich auch in Kaltstartschwierigkeiten. Die Kompressionsmessung bleibt meist ohne Befund. In vielen Fällen läuft der Motor meist sehr hochtourig und stirbt schnell ab, wenn man versucht die Leerlaufeinstellung zu korrigieren. Da der Aufbau des Kurbelgehäuses sehr komplex ist und die meisten Bauteile, die für die Abdichtung verantwortlich sind, nur durch das Zerlegen des Motors erreichbar sind, muss ein anderer Weg gefunden werden, um das Kurbelgehäuse überprüfen zu können.

Zuerst müssen die Gehäuseabdeckungen links und rechts entfernt werden. Der Motor sollte in diesem Fall nur noch sehr kurz betrieben werden, da die Kühlung sowohl beim luftgekühlten als auch beim wassergekühlten Motor deutlich verschlechtert wird.

Nun werden mit einem leicht flüchtigen Reiniger (Bremsenreiniger oder Schnellreinigerspray) die Gehäusedichtungen sowie Ansaugstutzen und auch die Kurbelwellensimmeringe bei im Leerlauf laufendem Motor abgespritzt. Sollte eine Undichtheit vorliegen, wird die Motordrehzahl sich verändern. In der Regel wird sie absinken, bis die Reinigerflüssigkeit entweder angesaugt wurde oder verdunstet ist.

An der Stelle, wo die Drehzahländerung erfolgt, muss genauer nachgesehen werden. Zum Teil kommt man nun nicht mehr um das Zerlegen des entsprechenden Bereiches herum. Oftmals können mit diesem Trick sehr schnell undichte Simmerringe und Gehäusedichtungen entlarvt werden.

Häufig kann man auch aufgrund der Spurenlage Hinweise auf mangelhafte Abdichtung bekommen. Bei undichten Simmerringen lässt sich sehr oft eine leichte »Feuchtigkeit« feststellen. Undichte Gehäusedich-

Dichtheitskontrolle mit Schnellreiniger oder Startpilot.

Absprühen aller erreichbaren Bereiche.

tungen hinterlassen feuchte Spuren, die gerade bei von Straßendreck verschmutzten Motoren gut zu erkennen sind.

Kurbelwelle

Hier gibt es einen deutlichen Unterschied zwischen Viertaktmotor und Zweitaktmotor. Die Kurbelwellenlager für den Viertakter können nicht einfach gewechselt werden, da hier auf der einen Seite das Antriebsritzel der Steuerkette und auf der anderen Seite das Antriebsritzel für die Ölpumpe verpresst sind. Ob Zweitakter oder Viertakter, die Wellen sind im gut sortierten Rollerzubehör zu erwerben.

Eigenschaften: Stahlkurbelwelle in vollwangiger Ausführung. Pleuellager und Kolbenbolzenlager sind nadelgelagert.

Sie setzt die geradlinige Bewegung in eine Kreisbewegung um und überträgt die Kolbenkraft zum Antriebsstrang.

Typische Fehler:

- Versatz durch äußere Gewalt (Kolbenstopper).
- Verzug der Kurbelwellzapfen.
- Beschädigung der Gewinde auf den Zapfen.
- Beschädigung der Keilnut.
- Abriss durch Überlastung.
- Beschädigung der Keilnut.
- Beschädigung der Verzahnung.

Die Kurbelwelle weist in der Regel zwei typische Schadensbilder auf. Zum einen vergrößert sich das Lagerspiel oder Lagenschalen, und Wälzkörper weisen Laufspuren auf, bis hin zu einer Grübchenbildung (Pitting). Zum anderen wird die Welle durch unsachgemäße Behandlung beschädigt. Die Beschädigung kann auch durch sogenanntes Spezialwerkzeug entstehen. Gerade die dreiteiligen Kurbelwellen für unsere Rollermotoren können für die Demontage eigentlich nur durch entsprechendes Werkzeug fixiert werden. Der sogenannte Kolbenstopper blockiert zwar den Motor, stützt aber lediglich den Kolben. Die Kräfte, die zum Gegenhalten beim Lösen der Kurbelwellenmuttern aufgewendet werden, müssen von Pleuel und Kurbelwangen schadlos übertragbar sein.

Das Risiko ist sehr hoch, Kolben, Pleuel oder Kurbelwelle zu beschädigen. Der Schlagschrauber arbeitet mit der Trägheit der Masse der Kurbelwange und überträgt zwar recht große Drehmomentspitzen, verursacht aber geringere Belastungen für den Kurbeltrieb. Wenn er zum Einsatz kommt, muss sehr darauf geachtet werden, dass er möglichst nur zum Lösen der Schrauben verwendet wird und auch lediglich in geringen Drehmomentstufen zu Einsatz kommt.

Am günstigsten für den Kurbeltrieb ist der Einsatz von entsprechendem Werkzeug in dem Bereich, in

Kolbenstopper: So was gehört in die Mülltonne, nicht in den Motor!

Werkzeug zum Festhalten der Kurbelwelle.

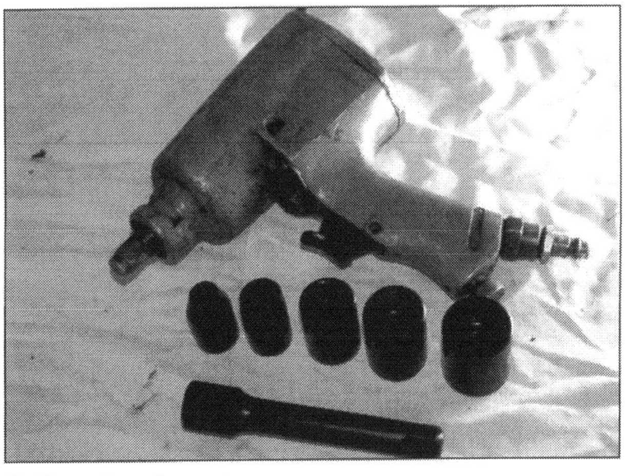

Schlagschrauberset.

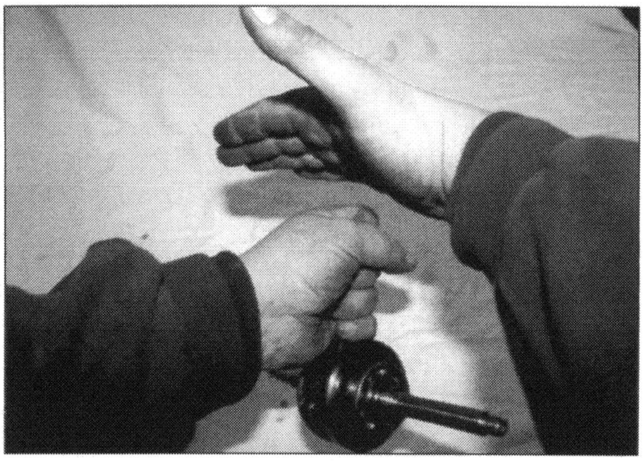

In der Faust gespannt und mit der Hand geschlagen.

dem auch die Kräfte entstehen. Ein entsprechender Gegenhalter für das Lüfterrad und das Polrad tun hier gute Dienste.
Es gibt eigentlich zwei relevante Messungen, die uns Aussagen über den Zustand der Kurbelwelle geben. Der Höhenschlag, das heißt also der Rundlauf der Kurbelwelle muss beurteilt werden. Hierzu sind die Auflagerböcke notwendig. Am besten baut man diese Messungen auf einer Metallplatte auf, da so die Messuhr besser fixiert werden kann.
Zuerst sollte nun die tiefste Stelle des Schlages ermittelt werden. Dazu richten Sie die Messuhr nun mit einer Vorspannung von ungefähr 2 mm auf die Kurbelzapfen aus. Wenn Sie nun die Kurbelwelle langsam drehen, darf ein Schlag von nicht mehr als 2/100 mm feststellbar sein. Um die Kurbelwelle ausrichten zu können, ist allerdings »schwereres Gerät« erforderlich und in der Schrauberwerkstatt sicher nicht fachlich sauber zu handhaben.
Anhand eines einfachen Tricks kann man feststellen, ob ein unzulässig großes Lagerspiel am unteren Pleuellager vorliegt. Man nimmt die ausgebaute Kurbelwelle in die Hand und spannt das Pleuellager durch die Handkraft in Richtung OT vor. Nun schlägt man leicht mit der anderen Hand auf das obere Pleuelauge. Das erhöhte Lagerspiel ist nun fühl- und hörbar.
Eine Messung ist das natürlich nicht. Für eine solche empfiehlt es sich, die Kurbelwelle zu fixieren. Das Lagerspiel kann dann wieder mit der Messuhr erfasst werden. Wichtig hierbei ist, dass insgesamt mindestens 8 Messungen (siehe Bild) durchzuführen sind. Bei der Verdrehung um jeweils 1/8 wird das Verschleißbild sehr deutlich. Einzelne Importeure bieten den Pleuel auch noch als Reparaturkit für die Kurbelwelle an. Meist ist der Ersatz der Kurbelwelle jedoch aufgrund der sehr günstigen Angebote für komplette Wellen nicht mehr rentabel.

Messpunkte an der Kurbelwelle zur Bestimmung des Pleuellagerspiels.

Zylinderkopf am Zweitakter

Wenn nicht im Set, dann sind sie wie der Zylinder im Zubehör erhältlich.
Eigenschaften: Aluminium-Druckguss
Typische Fehler:
- Beschädigungen durch defekte Kolbenbauteile.
- Verzug durch Überhitzung.
- Undichtheit der Zylinderkopfdichtung.
- Undichtheit durch beschädigtes Kerzengewinde.

Ein weiteres Bauteil, welches für die Abdichtung des Zylinderraumes zuständig ist, ist der Zylinderkopf. Die Schäden am Zylinderkopf belaufen sich in der Regel auf Undichtheiten an der Zylinderkopfdichtung oder auch Undichtheiten durch einen verzogenen Zylinderkopf. Beide Fehler erkennt man meist schon daran, dass sehr starke ölhaltige Ablagerungen zwischen Zylinder und Zylinderkopf angesammelt wurden. Auch Kompressionsdruckverlust kann die Auswirkung sein. Oftmals entstehen auch »knallende« Geräusche, ähnlich wie bei einer undichten Auspuffanlage. Leerlauf und Kaltstartverhalten verschlechtern sich deutlich.

Zylinderkopf für den 2-Taktmotor.

Zylinderkopf für den 4-Taktmotor.

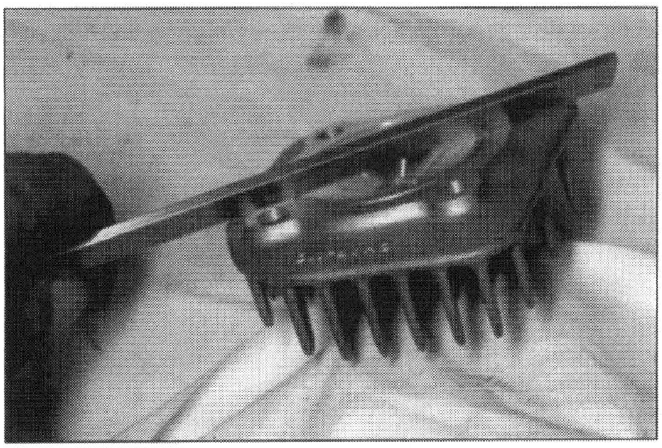

Ebenen und Verzug mit dem Haarlineal prüfen.

Gerade Flächen wieder herstellen: Planschleifen.

Gelegentlich kommt es auch vor, dass das Kerzengewinde beschädigt wurde. Auch hier gibt es Reparaturmöglichkeiten. Allerdings ist es meistens so, dass die Werkzeuge, die benötigt werden, teurer sind als der Zylinderkopf selber, wenn dieser im Zubehörbereich lieferbar ist. Betrachten wir zuerst die Dichtfläche des Zylinderkopfes:

Beim Zylinderkopf wird lediglich begutachtet, ob die Dichtfläche »plan«, also gerade ist. Diese Arbeit wird am besten mit einem Haarlineal durchgeführt.
Das Haarlineal wird jeweils über Kreuz und parallel in Längs- und Querrichtung gelegt. Der maximale Luftspalt, der wiederum mit der Fühlerlehre erfasst wird, darf 0,02 bis 0,03 mm betragen.
Wird das Spaltmaß größer, muss der Zylinderkopf geplant werden. Diese Arbeit lässt sich auch recht einfach selber erledigen. Hierzu werden lediglich eine Planplatte und einige Bögen Schleifpapier mit einer Körnung um 180 benötigt. Der Zylinderkopf wird nun zuerst in die eine Richtung über das Schleifpapier hin und her geschoben und dann um 90° versetzt. Auch in diese Schleifrichtung wird der Kopf geschliffen. Man kann schon am Schleifbild den Fortschritt der Arbeit erkennen. Eine Kontrolle mit dem Haarlineal ist aber auch zwischen den einzelnen Arbeitsschritten zu empfehlen.

Zylinderkopf am Viertakter

Auch ihn gibt es oft im Zubehör. Achten Sie darauf, ob er komplett oder ohne Ventile geliefert wird. Das erklärt schnell einen Preisunterschied.
Eigenschaften: Aluminium-Druckguss
Typische Fehler:
- Beschädigungen durch defekte Kolbenbauteile.
- Verzug durch Überhitzung.
- Undichtheit der Zylinderkopfdichtung.
- Undichtheit durch beschädigtes Kerzengewinde.
- Beschädigte Ventile.
- Beschädigter Ventilsitz.

Wie beim 2-Takter ist auch am 4-Takter der Zylinderkopf die obere Abdichtung des Zylinderraums. Die

Schäden am Zylinderkopf belaufen sich in der Regel auf Undichtheiten an der Zylinderkopfdichtung oder auch Undichtheiten durch einen verzogenen Zylinderkopf. Beide Fehler erkennt man meist schon daran, dass sehr starke ölhaltige Ablagerungen zwischen Zylinder und Zylinderkopf angesammelt wurden. Auch Kompressionsdruckverlust kann die Auswirkung sein. Oftmals entstehen auch »knallende« Geräusche, ähnlich wie bei einer undichten Auspuffanlage. Leerlauf und Kaltstartverhalten verschlechtern sich deutlich. Gelegentlich kommt es auch vor, dass das Kerzengewinde beschädigt wurde. Auch hier gibt es Reparaturmöglichkeiten. Allerdings ist es meistens so, dass die Werkzeuge, die benötigt werden, teurer sind als der Zylinderkopf selber, wenn dieser im Zubehörbereich lieferbar ist. Betrachten wir zuerst die Dichtfläche des Zylinderkopfes:
Beim Zylinderkopf wird lediglich begutachtet, ob die Dichtfläche »plan«, also gerade ist. Diese Arbeit wird am besten mit einem Haarlineal durchgeführt.

Material zum Ventileinschleifen.

Ungleichmäßiger Schliff am Ventilsitz.

Das Haarlineal wird jeweils über Kreuz und parallel in Längs- und Querrichtung gelegt. Der maximale Luftspalt, der wiederum mit der Fühlerlehre erfasst wird, darf 0,02 bis 0,03 mm betragen.

Wird das Spaltmaß größer, muss der Zylinderkopf geplant werden. Diese Arbeit lässt sich auch recht einfach selber erledigen. Hierzu werden lediglich eine Planplatte und einige Bögen Schleifpapier mit einer Körnung um 180 benötigt. Der Zylinderkopf wird nun zuerst in die eine Richtung über das Schleifpapier hin und her geschoben und dann um 90° versetzt. Auch in diese Schleifrichtung wird der Kopf geschliffen. Man kann schon am Schleifbild den Fortschritt der Arbeit erkennen. Eine Kontrolle mit dem Haarlineal ist aber auch zwischen den einzelnen Arbeitsschritten zu empfehlen.
Auch bei den Ventilen sollte einiges beachtet werden: Die Ventile sollten nicht nachgearbeitet werden. Der Ventilsitz soll aufgrund fehlender Messdaten nur soweit nachgefräst werden, dass das Ventilspiel noch einzustellen ist. Genauso wie bei Schäden an Ventilsitz und Schaftführung muss der Zylinderkopf dann gewechselt werden. Das Nachschleifen hingegen ist unproblematisch. Es handelt sich dabei um die Bearbeitung der Dichtfläche des Ventils und des Ventilsitzes im Zylinderkopf.
Sollten Sie feststellen, dass ein Ventil unvollständig oder ungleichmäßig angeschliffen wird, können Sie davon ausgehen, dass es verzogen ist und erneuert werden muss.

Zylindersatz

Im Set erhältlich, nicht teuer und auch für die Viertakter im Zubehör lieferbar – der Zylindersatz. Achten Sie darauf, dass die Dichtungen mitgeliefert werden.
Eigenschaften: Stahlgusslaufbahn
Typische Fehler:
- Verschleiß der Zylinderlaufbahn,
- Verschleiß des Kolbens,
- Verschleiß der Kolbenringe,
- Beschädigung von Laufbahn und Kolben.

Der Zylindersatz gehört zu den stark belasteten Teilen des Motors. Liegt die Nenndrehzahl bei 6000 Umdrehungen pro Minute, bewegt sich der Kolben 12.000-mal aufwärts und abwärts im Zylinder. Trotz Schmierung entsteht ein entsprechender Verschleiß an Zylinder und Kolben. Der Verschleiß sorgt dafür, dass die

Zylindersatz für einen Zweitaktmotor.

Abdichtung zwischen Kolben und Zylinder verloren geht. Damit werden das Kaltstartverhalten, der Leerlauf und meist auch die Motorleistung negativ beeinträchtigt. Auch wenn es mittlerweile die Zylindersätze zu recht moderaten Preisen zu kaufen gibt, rechnet sich das Ausmessen dieser Verschleißteile allemal. In vielen Fällen ist es meist schon ausreichend, die Kolbenringe zu ersetzen. So kann durchaus der eine oder andere Euro eingespart werden. Für die Werkstätten ist diese Arbeit ebenfalls sinnvoll, da die Arbeitszeit nun einmal wertvoller als der Umsatz an Ersatzteilen ist. Denn nur Arbeit sichert Arbeitsplätze.
Betrachten wir die Vorgehensweise für die Messungen und Beurteilung des Zylindersatzes:
Zuerst müssen die Bauteile des Zylindersatzes gründlich gereinigt werden. Nachdem alle Ablagerungen entfernt und der Zylindersatz wieder getrocknet ist, wird eine Maßtabelle vorbereitet. Man vergleicht hier Sollmaße und Istmaße miteinander und kann anhand der Verschleißwerte erkennen, in wieweit die einzelnen Bauteile verwendbar sind oder erneuert werden müssen.

Beurteilung des Zylindersatzes

Anhand des Minarelli-Motors wird im Folgenden dargestellt, wie diese Arbeiten sachgerecht und effektiv durchgeführt werden. Die eigentlichen Messarbeiten unterscheiden sich auch am Viertaktmotor nicht.
Zuerst einmal wird eine Maßtabelle für den Zylinder erstellt:
In die Spalte»Ist-Maß« können Sie dann die Messergebnisse Ihres Zylinders eintragen.

Abmessung	Soll-Maß	Ist-Maß
A1	40,00 mm	
B1	40,00 mm	
A2	40,00 mm	
B2	40,00 mm	
A3	40,00 mm	
B3	40,00 mm	

Die Sollwerte werden aus der Tabelle Zylinder im Kapitel 11 entnommen. Die Ist-Maße des Zylinders werden nun gemessen. Hierfür ist es erforderlich, das Messwerkzeug vorzubereiten.
Zuerst wird die Bügelmessschraube auf das Sollmaß des Zylinders eingestellt.
Anschließend wird der Innenmesser auf das Sollmaß eingerichtet. Hierzu wird das entsprechende Distanzstück montiert. Um die Messuhr mit ca. 2 mm Vorspannung montieren zu können, ist es hilfreich, den Innenmesser in den Zylinder einzuführen. Durch das Schwenken der Messuhr kann das »Kleinstmaß« ermittelt werden. Der kleinste angezeigte Wert ist der Zylinderinnendurchmesser. Da der Zylinder ungefähr den geforderten Durchmesser hat, ist es ausreichend, die Zylinderbohrung zur Einstellung des Innenmessers zu nutzen. Die Einstellung der Vorspannung ist willkürlich gewählt. Meiner Erfahrung nach reicht das

Unverzichtbar: Bügelmessschrauben im Set.

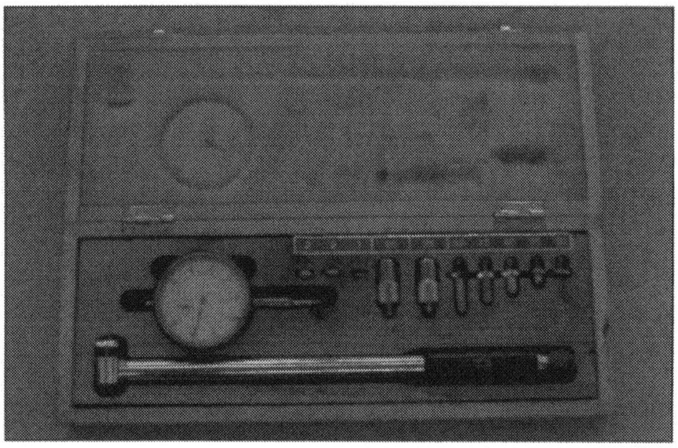

Innenmessgerät zur Verschleißmessung am Zylinder.

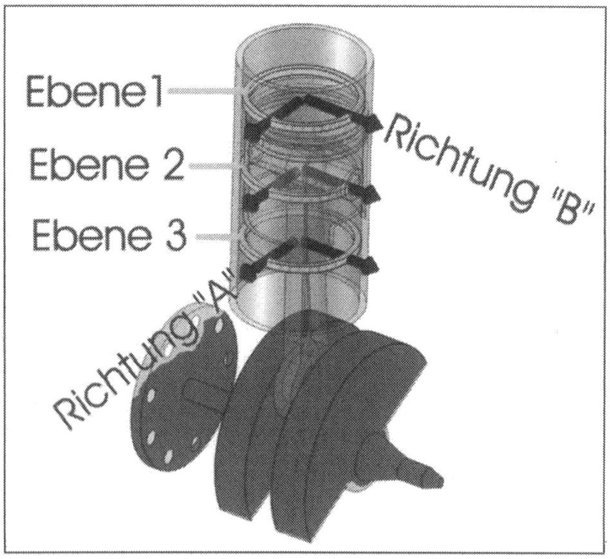

Messebenen und -richtungen am Zylinder.

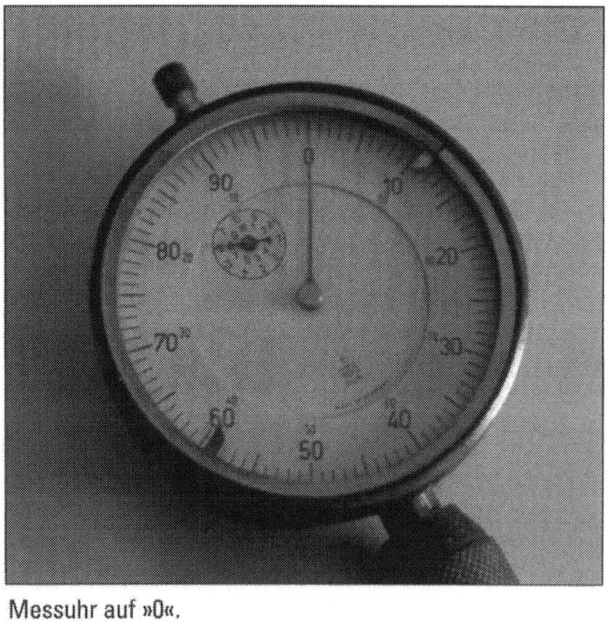

Messuhr auf »0«.

in der Regel aber aus, um eventuellen extremen Verschleiß noch messen zu können. Diese Vorspannung würde ein Zylindermaß bis zu 42 mm ermöglichen. In diesem Fall wäre die Größe des Verschleißes nicht mehr relevant, da die Zylinderreparatur oder der Ersatz des Zylinders unvermeidlich wäre.

Mit Hilfe der auf das Sollmaß eingestellten Bügelmessschraube kann nun die Feineinstellung des Innenmessers erfolgen. Die drehbare Skala wird nun so eingestellt, dass der große Zeiger auf die Null der Ableseskala zeigt.

Der kleine Zeiger sollte nun annähernd die 2-mm-Vorspannung anzeigen. Den nun so eingestellten Innenmesser wird nun in den Zylinder eingeführt.

Gemessen wird ein Zylinder in drei Ebenen (1–3) und zwei Richtungen (A-B). Der Einfachheit halber werden zuerst alle Ebenen in der einen Richtung gemessen. Die Messuhr zeigt nun eine Abweichung von der Nullstellung.

Steht der Zeiger der Messuhr genau auf der »Null«, entspricht das erfasste Maß genau dem eingestellten Sollmaß von 40,0 mm.

Weicht der Zeiger der Messuhr im Uhrzeigersinn von der Null ab, wird lediglich die Abweichung in die Tabelle eingetragen. Hier sind es +0,05 mm, also 5/100 mm, die die Bohrung größer ist als das angegebene Soll-Maß des Zylinders.

Weicht der Zeiger der Messuhr gegen den Uhrzeigersinn von der Null ab, wird auch hier lediglich die Abweichung in die Tabelle eingetragen. Hier sind es -0,05 mm, also 5/100 mm, die die Bohrung kleiner ist als das angegebene Soll-Maß des Zylinders.

Abmessung	Soll-Maß	Ist-Maß
A1	40,00 mm	+0,01 mm
B1	40,00 mm	0,00 mm
A2	40,00 mm	0,00 mm
B2	40,00 mm	+0,01 mm
A3	40,00 mm	0,00 mm
B3	40,00 mm	0,00 mm

Als Nächstes steht nun die Messung des Kolbens an. Das entsprechende Soll-Maß findet sich in der gleichen Datentabelle wie die Zylindermaße auch.

39,993 mm bis 39,972 mm darf der Durchmesser am Kolbenhemd bei unserem Beispiel betragen. Gemessen werden soll in einer Ebene, die 5 mm von der Kolbenhemdunterseite liegt. Auch dieses Maß wird in einer Tabelle notiert.

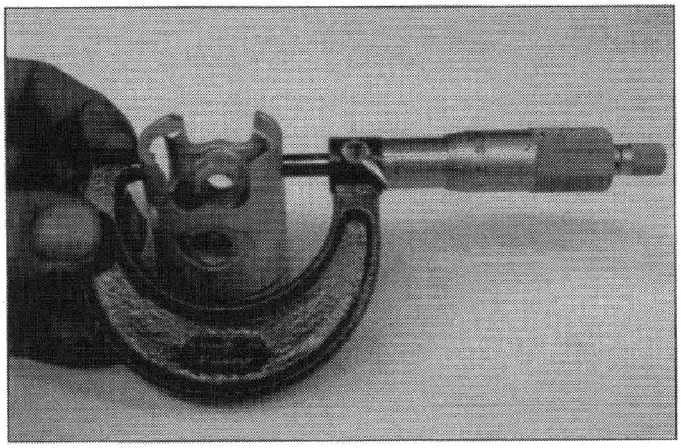

Kolbenmessung am Kolbenhemd.

Abmessung	Soll-Maß	Ist-Maß
Kolben	39,993 mm bis 39,972 mm	39,98 mm

Manche Hersteller geben die Abmessungen des Kolbens in 1/1000 mm an. Diese Maßangabe ist etwas zu feingliedrig für die Maßangaben an Zylindern. Eine Messgenauigkeit von 1/100 mm ist ausreichend. In unserem Fall entspricht der Kolben den Vorgaben des Herstellers und kann, wenn keine Verschleißspuren vorliegen, weiter verwendet werden. Das Laufspiel des Zylindersatzes ist mit 0,05 mm angegeben worden. Für die Betrachtung des Laufspiels ist nur die A-Richtung des Zylinders relevant. Die Messrichtung des Kolbens bezieht sich auf diese Messrichtung des Zylinders. Betrachtet man die Maßtabelle für den Zylinder, fallen zwei Maße in der A-Richtung auf:
A1 = 40,00 mm +0,01 mm = 40,01 mm.

Die Bohrung ist also 40,01 mm groß. Zieht man nun das Ist-Maß der Bohrung vom Ist-Maß des Kolbens ab, so erhält man das Laufspiel des Zylindersatzes.
40,01mm–39,98 mm = 0,03 mm.

Die zulässige Obergrenze des Laufspieles beträgt 0,05 mm. Somit ist in unserem Fall auch der Zylinder noch verwendbar. Er weist einen Verschleiß von 1/100 mm auf.
Zu einem Zylindersatz gehören aber auch die Kolbenringe. Sie haben die Aufgabe, den Zylinderraum gegen das Kurbelgehäuse abzudichten. Natürlich unterliegen auch sie einem Verschleiß. Dieser Verschleiß kann sich in zwei Richtungen auswirken. Zum einen können die Kolbenringnuten ausschlagen. Die Messung hierzu nennt sich »Höhenspielmessung«. Zum anderen können die Kolbenringe durch Reibung im Zylinder verschleißen. Durch die Messung des Kolbenringspaltes lässt sich eine sichere Aussage über die Abnutzung der Kolbenringe treffen.

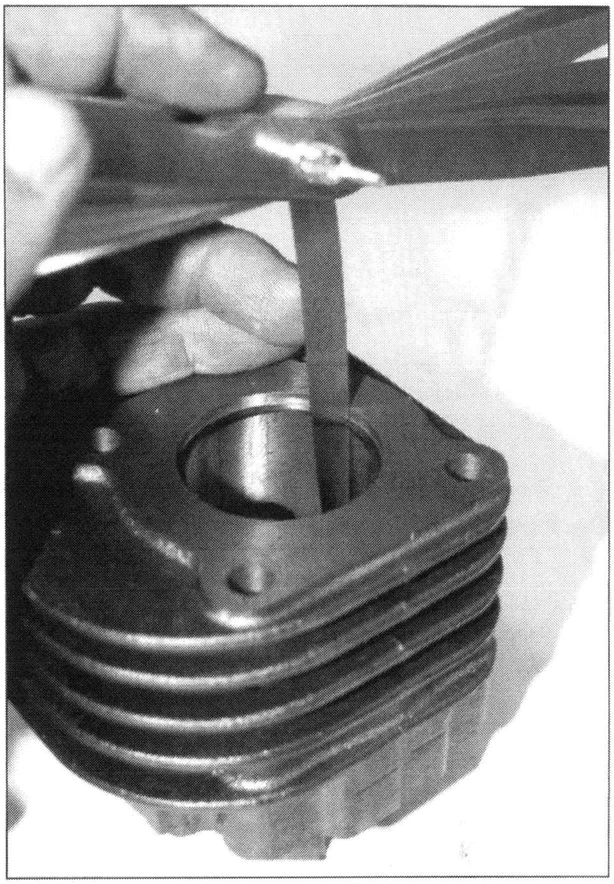

Das Stoßspiel oder Spaltmaß der Kolbenringe benennt den Verschleiß an den Kolbenringen.

Betrachten wir nun zuerst einmal das Kolbenringspaltmaß. Hierzu wird ein Kolbenring gerade in den Zylinder eingelegt. Das gelingt sehr leicht, wenn man den Kolben zur Hilfe nimmt. Man legt den zu prüfenden Kolbenring in den Zylinder ein und drückt ihn mit dem Kolben herunter, sodass die Kolbenringnut gerade zum Zylinder steht.
Nun ergibt sich ein Spalt an den Ringöffnungen. Mit der Fühlerlehre wird jetzt ausprobiert, welche Fühlerlehre in diesen Spalt gerade noch hineinpasst. Die Stärke des Fühlerlehrenplättchens kann man am Aufdruck ablesen. Der abgelesene Wert entspricht dem Kolbenringspaltmaß. In unserem Fall lässt sich ein Spaltmaß von 0,15 mm »erfühlen«. Zulässig ist ein Spaltmaß zwischen 0,15 mm und 0,35 mm, wie man der Tabelle »Kolben« aus dem Kapitel »Sonstige Pläne und Daten« entnehmen kann. Hinsichtlich des Spaltmaßes ist also auch kein unzulässiger Verschleiß feststellbar.

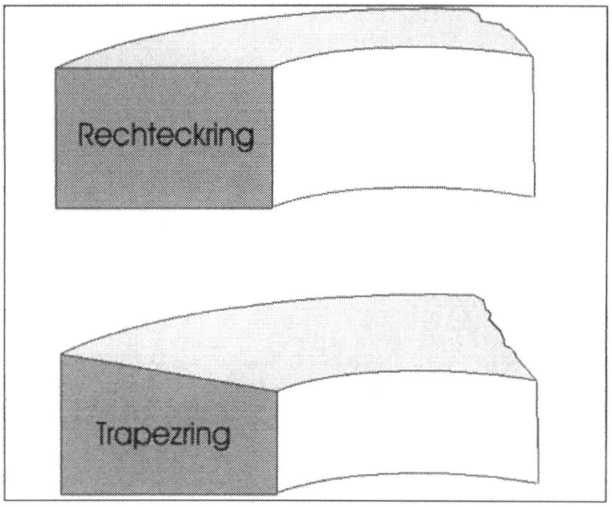

Das Profil ist entscheidend: rechteckig oder trapezförmig.

Zu guter Letzt betrachten wir noch das Höhenspiel der Kolbenringe. Hierbei muss allerdings zwischen Trapez- und Rechteckkolbenringen unterschieden werden. Wie man an den Schnittbildern erkennt, kann der Trapezring nur in der vorgesehenen Richtung montiert werden. Die schräge Fläche dieses Kolbenringes wird grundsätzlich nach oben montiert. Das bedeutet, dass der Kolbenring für die Messung montiert werden muss. Zudem wird der Kolbenring soweit in die Ringnut hineingedrückt, dass Kolbenring und Kolben bündig sind. Mit einer Fühlerlehre kann jetzt das Spaltmaß ermittelt werden, in dem man sie unten in die Nut einsetzt. In unserem Fall ergibt sich ein Höhenspiel von 0,05 mm. Auch dieses Maß kann in der Maßtabelle im Kapitel »Sonstige Pläne und Daten« nachvollzogen werden. Das Nutspiel wurde mit 0,03 mm bis 0,05 mm vom Hersteller angegeben und ist somit zulässig.

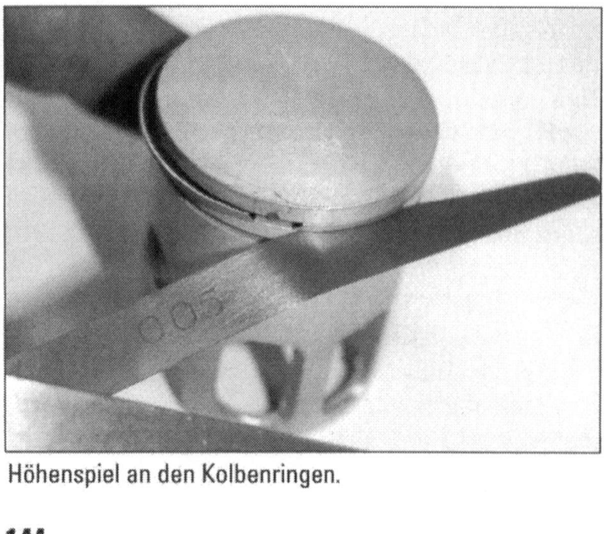

Höhenspiel an den Kolbenringen.

Der Antrieb

Zum Antrieb gehört alles, was die Energie der Kurbelwelle auf die Straße bringt. Die Funktionsweise ist oftmals gar nicht klar. Die Wartung dieser Bauteile wird häufig vernachlässigt. Neben der Funktionsweise werden Sie auch die typischen Fehler in dieser Baugruppe kennenlernen.

Antriebsriemen Variomatik

Eigenschaften: Beim Antriebsriemen handelt es sich um einen gezahnten Keilriemen. Er muss die Antriebskräfte von der Kurbelwelle auf das Radgetriebe übertragen.

Typische Fehler:

■ Normaler Verschleiß.
■ Verschleiß durch fehlerhafte Bauteile der Variomatik.
■ Riss des Antriebsriemens.
■ Falsche Abmessungen.

In den meisten Fällen wird der Antriebsriemen turnusmäßig bei der Inspektion überprüft. Optisch erkennt man sehr gut, wenn sich bereits erste Fäden vom Trägermaterial auslösen oder die Seitenränder sich hochwölben. Bei den meisten Herstellern ist auch hier ein Grenzmaß festgelegt. Dieses Grenzmaß bezieht sich auf die Riemenbreite und kann sehr leicht mit dem Messschieber nachgeprüft werden.
Bei einigen Antriebsriemen ist die Laufrichtung angegeben. Sollte sich ein solcher Pfeil auf dem Antriebsriemen befinden, muss dieser Riemen in der angegebenen Richtung verbaut werden.

Achten Sie auf die Abmessungen des Riemens.

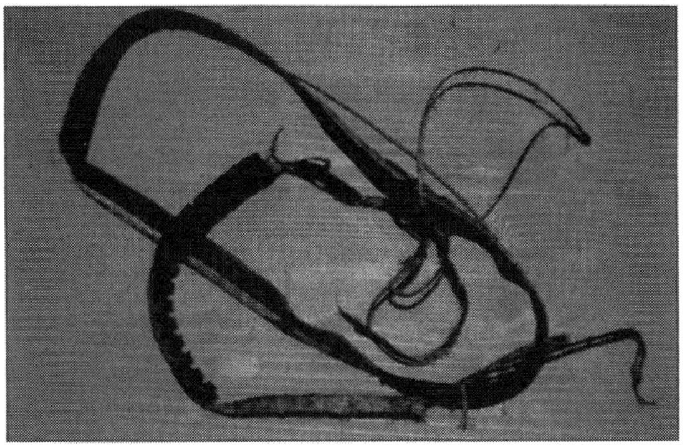

Gerissener Zahnriemen.

Bei der angegebenen Bezeichnung beziehen sich die ersten beiden Angaben auf die Länge und die Breite des Riemens in »mm«. Die Angabe »683 x 16 x 28« bedeutet also, dass hier ein Antriebsriemen in der Länge von 683 mm und einer Breite von 16 mm verbaut ist. Anhand dieser Bestellung ist es möglich, auch Tuning-Antriebsriemen oder verstärkte Varianten aus dem Zubehörhandel zu beziehen. Es gibt auch Antriebsriemen mit »Norm«-Bezeichnung. Die Größenangaben hier lauten zum Beispiel für den Yamaha Aerox 50 LC: »16,5 x 8 x 752«. Das bedeutet, dass der Antriebsriemen 16,5 mm breit ist, eine Höhe von 8,0 mm und eine Gesamtumfangslänge von 752 mm hat. Sollten sich deutliche Verschleißspuren zeigen oder die Riemenbreite stark abgenommen haben, so muss dieser dringend ersetzt werden.

Wenn der Antriebsriemen gerissen ist, wird es sehr wichtig, das gesamte Motorgehäuse zu reinigen, um weitere Beschädigungen durch Restteile des Antriebsriemens zu vermeiden. Sehr wichtig ist es, ausschließlich Antriebsriemen mit den entsprechenden Maßen zu verbauen. Zu lange sowie zu kurze Antriebsriemen können die Funktion der Variomatik negativ beeinflussen. Verbaut man einen zu kurzen Antriebsriemen, wird in der Regel die Antriebuntersetzung zu lang. Man stelle sich vor, man könnte beim Auto nur im 3. Gang anfahren. Die Fehlerbeschreibung lautet dann oft: »Der Roller fährt schlecht an« oder »man hat das Gefühl, die Kupplung schleift«. Auch hier entsteht ein höherer Verschleiß am Antriebsriemen sowie an Lüfterrad und Variomaten. In den meisten Fällen wird auch die Endgeschwindigkeit nicht erreicht.

Wird ein längerer Antriebsriemen verbaut, als vom Hersteller vorgesehen, ist das Fehlerbild sehr ähnlich. In den meisten Fällen schlägt der Antriebsriemen am Motorgehäuse oder am Variomatikdeckel an. Wichtig ist demzufolge sowohl bei der Fehlersuche als auch bei der Fahrzeugwartung, genau auf die Herstellerangaben zu schauen und die Abmessungen, die auch auf dem Antriebsriemen aufgedruckt sind, zu vergleichen.

Auch der Antriebsriemen unterliegt einem Verschleiß. Einer der Nachteile dieses Antriebskonzeptes ist stetiger »Schlupf« des Antriebsriemens. Die durch den Schlupf entstehende Reibung verursacht entsprechenden Abrieb. Dieser Abrieb findet sich entsprechend auch im Variogehäuse und muss regelmäßig entfernt werden.

Ausgleichsscheibe außen statisch und innen beweglich

Eigenschaften: Die Ausgleichscheiben haben zwei Aufgaben. Zum einen die Längenänderung bei der Übersetzungsänderung des Antriebsriemens. Zum anderen begünstigen die Ausgleichscheiben die Übersetzungsänderung, indem sie gegenläufig zur Verstellung des Variomaten arbeiten.

Typische Fehler:

- Ausschlagen der Führungsrillen.
- Undichtigkeiten.
- Korrosion.
- Riss der Riemenscheibe.
- Schwergängigkeit.
- Führung ausgeschlagen.

Die beiden Ausgleichscheiben stellen, wie der Name schon sagt, den erforderlichen Längenausgleich bei der Übersetzungsänderung her. Sie sind in der Lage sich ineinander zu verschieben. Allerdings erfolgt das mit einer leichten Verdrehung der Scheiben zueinander. Der Führungsmechanismus befindet sich unter der Ausgleichsfeder, geschützt durch eine Abdeckhülse.

Im Wesentlichen besteht die Ausgleichscheibe nur aus den Führungsrillen der beweglichen Ausgleichsscheibe sowie zumeist aus drei Führungsstiften.

Die wichtigsten Fehler, die durch die Ausgleichsscheiben entstehen können, sind der Bruch der statischen Scheibe, Schäden an der Lagerung auf der Getriebewelle oder auch Schwergängigkeit der Führungsrillen oder der Führungsstifte.

Die Prüfung der Scheiben kann eigentlich nur im ausgebauten und zerlegten Zustand erfolgen. Lediglich Funktionsstörungen bei Schaltvorgängen können Hin-

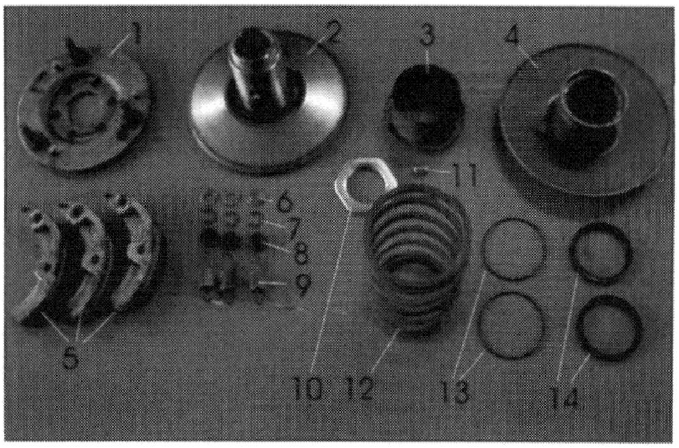

Ausgleichscheibe und Kupplung in Teilen: 1 Belagträger, 2 Statische Scheibenhälfte, 3 Abdeck- und Führungshülse, 4 Bewegliche Scheibenhälfte, 5 Kupplungsbacken, 6 Unterlegscheiben, 7 Sicherungsringe, 8 Anschlag-Gummis, 9 Kupplungsfedern, 10 Flachmutter, 11 Sicherungsstift, 12 Gegendruckfeder, 13 O-Ring, 14 Wellendichtring.

Ausbau der Sicherungsstifte.

weise auf einen Fehler an den Ausgleichscheiben geben. Ruckende Übersetzungsänderungen und auch Schwierigkeiten beim Hoch- oder Runterschalten sind Hinweise, die auf einen mechanischen Fehler an den Ausgleichscheiben deuten.
Zum einen kann man die demontierten Teile, wie gezeigt, genau betrachten, zum anderen ist es sehr hilfreich, die Funktion im teilmontierten Zustand mit der Hand durch Druck und Drehung zu belasten und zu überprüfen.

Führungsecken für die Gegenscheibe

Eigenschaften: Sie müssen die Gegenscheibe sauber und klemmfrei im Variomaten führen. Gleichzeitig müssen sie die Motorkraft von der Kurbelwelle auf den Variomaten übertragen.

Gegenscheibe mit Führungsecken.

Typische Fehler:
- Versatz durch Äußere Gewalt (Kolbenstopper).
- Verzug der Kurbelwellzapfen.
- Beschädigung der Gewinde auf den Zapfen.
- Beschädigung der Keilnut.
- Abriss durch Überlastung.
- Beschädigung der Keilnut.
- Beschädigung der Verzahnung.

Die Führungsecken übernehmen die kraftschlüssige Führung des Variators zur Kurbelwelle. Dementsprechend stehen hier auch Belastungen infolge von Lastwechseln an, die für Verschleiß sorgen können. Sollten diese Führungsecken verschlissen sein, so müssen sie dringend ersetzt werden, da sonst der Variator beschädigt werden kann. Bei einigen Originalteilen sind alle Bestandteile der Variomatik einzeln erhältlich. Im Zubehörbereich gibt es den Variator und die Gegenscheibe im Set.
Die Prüfung kann, wie bei den meisten Teilen der Variomatik, optisch durch Sichtung erfolgen. Steckt man

Da hängt die Schaltung! Laufspuren durch die Variorollen.

Gegenscheibe mit Führungsecken.

Diverse Federn in unterschiedlichen »Stärken«.

Das klemmt! Ausgeschlagener Variator.

Kräfte an der Feder.

die Bauteile probeweise zusammen, kann man leicht ein ungewöhnliches Spiel erkennen. Die Führungsecken dürfen kein Spiel in Drehrichtung zwischen den Variatoren und der Gegenscheibe zulassen.
Zum einen würde das Spiel Geräusche verursachen und zum andern würde es sich im Laufe der weiteren Betriebszeit immer weiter vergrößern.

Gegendruckfeder

Eigenschaften: Die Stahlfedern sind in bestimmten Federstärken definiert. Die Federn werden in der Regel linear ausgelegt. Durch die Verdrehung der Ausgleichscheiben wird aber eine degressive Funktion erreicht.

Typische Fehler:

- Verschleiß durch Ermüdung.
- Bruch der Feder.
- Beschädigung der Auflagen.

Die Gegendruckfeder arbeitet in zweierlei Hinsicht gegen die Fliehkräfte, die auf die Variomatikrollen lasten und den Variator verschieben wollen. Zum einen wirkt die Druckkraft der Feder gegen das Zusammenschieben und zum anderen auch die Torrosionskraft der Feder. Eine stärkere Feder bewirkt, dass der Antriebsriemen stärker gespannt wird und erfordert dann entsprechend schwerere Variomatikrollen.
Der Vergleich der Federn und ihre Wirkungsweise werden immer lediglich statisch betrachtet. Das heißt, alle Angaben und Vergleichswerte beziehen sich auf die Druckbelastung der Feder. Die Kräfte, die durch das Verdrehen entstehen, also die Torrosionskräfte, werden nicht beachtet und auch nicht angegeben. Für die Verdrehung ist nicht die Feder verantwortlich, sondern die hinteren Ausgleichscheiben. Da die Schlitzführungen der Ausgleichscheiben durchaus unterschiedlich ausfallen können, werden auch die Einflüsse auf die Federn unterschiedlich ausfallen.
Um die Kennlinie einer Feder erfassen zu können, muss sie zusammengedrückt werden. Der Weg und die Kraft, die benötigt wird, geben Auskunft über die Federstärke. Es gibt für die Prüfungen von Druck und Zugfedern aufwendige Messeinrichtungen, die leider

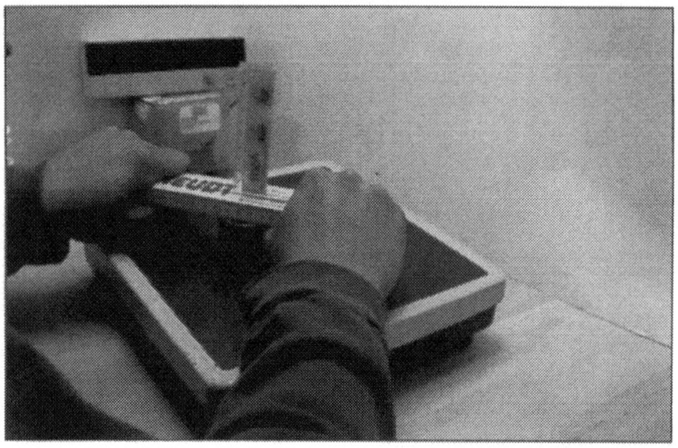

»Self made«-Prüfstand mit Waage.

nur den wenigsten der Schrauber zur Verfügung stehen.
Die Kräfte an den Kupplungsfedern sind nicht sehr hoch. Man kann sich mit einem Zollstock, einem Linieal und einer Digitalwaage leicht aushelfen. Die Ergebnisse dienen schließlich nur dem Vergleich unterschiedlicher Federn.
Um die Daten nach diesem System zu erfassen, ist eine zweite Person sehr hilfreich. Die Federhöhe wird mit dem Linieal erfasst. Dieser Wert stellt die Ruhestellung dar. Nun wird die Feder Zentimeter für Zentimeter zusammengedrückt und die angezeigte Gewichtskraft der Waage in einer Tabelle vermerkt. Die Angaben der Hersteller »+10%« beziehen sich meistens auf die Kraft der Orginalfeder des Rollers.

Gegenscheibe

Eigenschaften: Die Gegenscheibe stützt die Variorollen ab, die dann bei steigender Fliehkraft den Variomaten verstellt und so die Übersetzung verändert.

Gegenscheibensammlung.

Typische Fehler:
- Verzug durch seitliche Belastung.
- Beschädigung der Verzahnung.

Die Gegenscheibe hat die Aufgabe, die Variomatikrollen gegen den Variator abzustützen und die Verstellung des Variomaten so zu ermöglichen.
Sie ist in der Regel aus Stahl und hat eine Verzahnung zur Kurbelwelle. Die Steigung sollte auf den Variator abgestimmt sein. Des Weiteren ist es sehr wichtig, dass die Gegenscheibe fest montiert wird, sie darf kein seitliches Spiel oder Kippspiel haben.
Sollten bei der Montage des Variators Unterlegscheiben vergessen werden und dadurch die Bauteile nicht mehr fest auf der Kurbelwelle verschraubbar sein, kann sogar die Zahnung der Kurbelwelle beschädigt werden. Das hätte dann unweigerlich den Ersatz der Kurbelwelle zur Folge.
Verschleiß ist auf der Gegenscheibe so gut wie nie festzustellen. Zumeist tritt der Verschleiß dann eher an den »weicheren« Teilen wie den Variomatikrollen oder dem Variator auf. Die Prüfung beschränkt sich somit zuerst einmal auf den optischen Eindruck. Im Zweifelsfall kann die Gegenscheibe ohne den Variomaten auf die Kurbelwelle montiert und so leicht auf Rundlauf geprüft werden. Sollte die Scheibe verzogen sein, ist das so sehr gut sichtbar. Bei allen Beschädigungen und auch einem Verzug müssen die beschädigten Bauteile ersetzt werden.

Einbaulage am Motorroller.

Variatorset komplett.

Kupplung mit Glocke.

Bei einigen Orginalteilen sind alle Bestandteile der Variomatik einzeln erhältlich. Im Zubehörbereich gibt es den Variator und die Gegenscheibe im Set. Meistens werden die Variomatiksets bereits im Katalog bestimmten Fahrzeugen zugeordnet. Die Überprüfung der Anstellwinkel muss dann lediglich als Kontrolle durchgeführt werden.

Kupplung Variomatik

Eigenschaften: Die Ausgleichscheiben sollen den Längenunterschied bei der Übersetzungsänderung ausgleichen. Die Ausgleichfeder stellt die Gegenkraft zu den Variomatikrollen dar. Die Anfahrkupplung kuppelt bei einer bestimmten Drehzahl ein und ermöglicht das Anfahren des Fahrzeuges.

Typische Fehler:

- Anfahrkupplung verschlissen.
- Kupplungsbelag gebrochen.
- Kupplungsfeder gebrochen.
- Führungsstifte oder Nut verschlissen.
- Mangelhafte Schmierung der Ausgleichscheiben.
- Ausgleichscheiben gerissen.
- Lagerung defekt.

Für die genauere Überprüfung ist es erforderlich, die Variomatikkupplung auszubauen und zu demontieren. Die Reinigung der Bauteile erleichtert die Beurteilung der Einzelteile erheblich.

Schon an der montierten kompletten Kupplung lassen sich einige Fehler ohne eine Demontage feststellen. Ist die Lagerung der Kupplung noch in Ordnung oder lässt sich das Bauteil auf der Antriebswelle hoch und runter bewegen?

Wie sieht die Lagerung aus? Sind die Lager noch sauber und erkennbar gefettet?

Federn noch in Ordnung?

Verzahnung in Ordnung?

Auch der Zustand der Kupplungsfedern lässt sich leicht überprüfen. Liegen sie noch sauber an der Trägereinheit an? Sind die Beläge noch in Ordnung? Gebrochene Federn zeigen sich meist schon daran, dass der entsprechende Belag dann »locker herum fällt« und so eben dafür sorgt, dass das Fahrzeug nicht sauber »auskuppelt«. Verschlissene Beläge erkennt man sehr gut an den unterschiedlichen Dicken

zwischen dem gelagerten Ende und dem ausschwenkenden Ende. Bei einigen Herstellern findet man auch Abmessungen unter den technischen Daten. Diese müssen aber nicht mehr stimmen, wenn eine Kupplung aus dem Zubehör eingesetzt wurde.
Die Kupplungsglocke sollte auf der Reibfläche keine tiefen Laufspuren aufweisen. Auch die Verzahnung auf der Getriebeeingangswelle darf nicht ausgeschlagen sein. Die Variomatikfeder unterliegt, mal abgesehen von Ermüdung, keinem Verschleiß. Die Prüfung der Feder und der Vergleich mit anderen Federn wird detailliert im Kapitel »Bauteile und Prüfungen« beschrieben.
Die Ausgleichscheiben müssen sich ruckfrei und ohne Verklemmen verdrehen lassen. Bei dieser Drehung müssen sie gleichzeitig auseinandergehen. Stellt man fest, dass die Drehung und/oder Hubbewegung der Ausgleichsscheiben hakt, ist es erforderlich, diese zu zerlegen. Um die Lagerung und die Führung der Führungsstifte und der Nut genau beurteilen zu können ist es erforderlich, die Ausgleichsscheiben zu demontieren.

Kupplungsglocke und Anfahrkupplung

Eigenschaften: Die Kupplungsglocke besteht aus Stahl; sie verbindet und trennt den Motor sowie die Variomatik vom Radgetriebe. So wird das Anfahren und Anhalten ermöglicht.
Die Kupplung arbeitet als Fliehkraftkupplung und kuppelt bei einer bestimmten Drehzahl der Variomatik ein, indem die Fliehkräfte größer sind als die Federkräfte der Kupplungsfedern.

Typische Fehler:
- Verzug durch unsachgemäße Demontage.
- Beschädigung der Verzahnung.
- Gebrochene Belaglagerung.

Die Aufgabe der Anfahrkupplung liegt darin, die durch die Variomatik übertragenen Kräfte und Drehzahlen an das Achsgetriebe weiterzugeben. Auch hier ist selten Verschleiß festzustellen. Wichtig ist ein fester Sitz der Kupplung auf der Getriebewelle und bei Motorstillstand ein leicht drehbarer Antrieb auf das Hinterrad. Die Anfahrkupplung darf nicht anschleifen. Die Anfahrkupplung ist wie alle Steuerbauteile der Variomatik von der Fliehkraft abhängig. Wird eine bestimmte Drehzahl durch den Antriebsriemen an die Kupplung übertragen, werden die Kupplungsbeläge durch die Fliehkräfte nach außen gedrückt und greifen

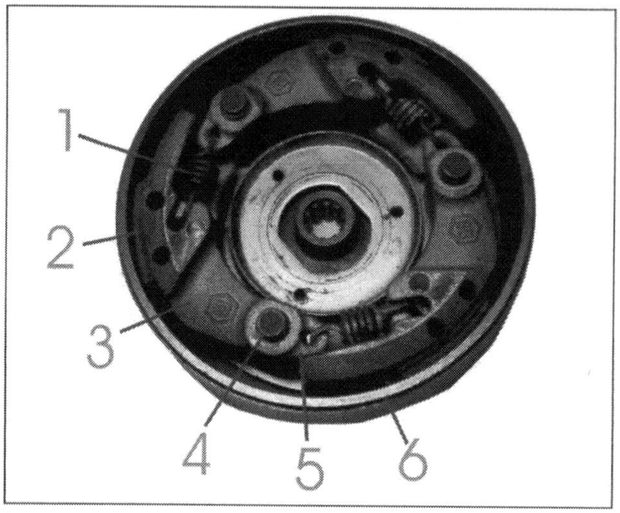

Kupplungsglocke und Anfahrkupplung demontiert.

Bauteil	Aufgabe
1 Kupplungsfeder	Rückstellung der Kupplungsbeläge
2 Kupplungsbelag	Verbindung zwischen Variomat und Rad herstellen
3 Kupplungsbelagträger	Halter für die Kupplungsbeläge und Fliehgewicht
4 Lagerbolzen des Trägers	Kupplungsträger drehbar lagern
5 Schwenkarm	Hebelarm für die Federkraft
6 Kupplungsglocke	Verbindung zwischen Rad und Motor herstellen

in die Kupplungsglocke ein. Die Einkuppeldrehzahl ist auch im Kapitel »Sonstige Pläne und Daten« angegeben.
In den meisten Fällen liegt sie bei serienmäßiger Abstimmung bei einer Motordrehzahl von ungefähr 30001/min.

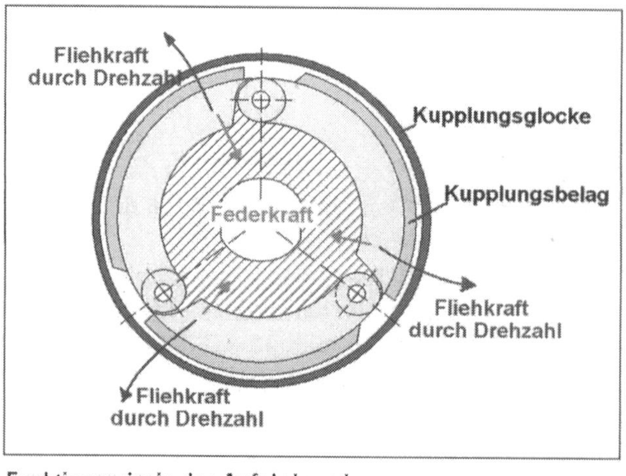

Funktionsprinzip der Anfahrkupplung.

Prüfung der Anfahrdrehzahl

Diese Prüfung ist sehr leicht praktisch nachzuvollziehen. Hierzu wird allerdings ein Drehzahlmesser benötigt. Das Fahrzeug wird nun auf dem Hauptständer abgestellt und die Hinterradbremse angezogen. Die Kupplung darf erst bei der angegebenen Motordrehzahl einkuppeln.

Sollte die Kupplung zu früh greifen, entsteht bei der Probefahrt gerade beim Anfahren der Eindruck, dass der Roller »keine Leistung« hat und erst bei etwas höherer Drehzahl zieht.

- Lassen Sie den Motor warm laufen oder fahren Sie ihn besser warm.
- Stellen Sie die Leerlaufdrehzahl auf ca. 1500–2000 1/min ein.
- Messen Sie die Drehzahlen des Motors mit einem Prüf-Drehzahlmesser am Motortester oder als Handtester. Die Anzeigegeräte, die im Roller verbaut sind, arbeiten zu ungenau.
- Stellen Sie den Roller auf den Hauptständer.
- Ziehen Sie die hintere Bremse an.
- Geben Sie ganz langsam Gas und ermitteln Sie die Drehzahl, bei der das Rad anzutreiben beginnt.
- Führen Sie diese Messung dreimal durch und errechnen Sie den Mittelwert der Messungen.

In den meisten Fällen kann diesem Fehler durch Austausch der Kupplungsfedern abgeholfen werden. Werden stärkere Kupplungsfedern verbaut, wird die Anfahrdrehzahl angehoben.

Eine verzogene Kupplungsglocke zeigt sich meist durch einseitige bläuliche Verfärbung. In der Regel trennt die Kupplung nicht oder nur unsauber. Da dieser Fehler auch bei beschädigten Kupplungsfedern auftritt, ist es unerlässlich, die Kupplungsglocke zu demontieren und Kupplungsglocke und Kupplung genauer unter die Lupe zu nehmen.

Lüfterrad

Eigenschaften: Das Lüfterrad besteht aus Aluminiumguss. Zum einen sorgt es für die Kühlung der Variomatik, zum anderen stellt sie die Gegenscheibe zum Variomaten dar, an dem der Antriebsriemen läuft.

Typische Fehler:

- Verschleiß der Riemenseite.
- Auswaschungen an der Riemenseite.
- Beschädigung der Verzahnung.
- Beschädigung der Lüfterlamellen.

Lüfterrad: Ausgeschlagen und Neuzustand.

Das Lüfterrad hat zwei Aufgaben. Zum einen soll es kühle Luft in das Variomatikgehäuse ansaugen, um die Bauteile der Variomatik zu kühlen. Zum anderen stellt es das Gegenstück zur Variatorscheibe dar. Auch hier können durch Verschleiß leicht Laufspuren oder Fehlstellen entstehen. Wie bei der Lauffläche des Variators, kann jede Unebenheit bedeuten, dass der Antriebsriemen entweder hängen bleibt oder zumindest nicht voll anliegt. Schäden am Antriebsriemen wären damit nicht vermeidbar. Sobald Schäden erkennbar sind, muss die Scheibe ausgewechselt werden.

Auch die Luftleitschaufeln müssen unbeschädigt sein. Es ist leicht vorstellbar, dass beschädigte oder fehlende Schaufeln die Luftförderung und somit die Kühlung negativ beeinflussen. Fehlende Leitschaufeln können aber genauso eine Unwucht verursachen und langfristig Kurbelwelllager oder sogar die Kurbelwelle schädigen. Zumeist wirkt sich eine Unwucht aber zuerst in Motorvibrationen aus.

Ein weiterer wichtiger Aspekt ist der Sitz des Sterns in dem Lüfterrad. Der Stern fixiert das Lüfterrad auf der Kurbelwelle. Wenn er ausgeschlagen ist, besteht

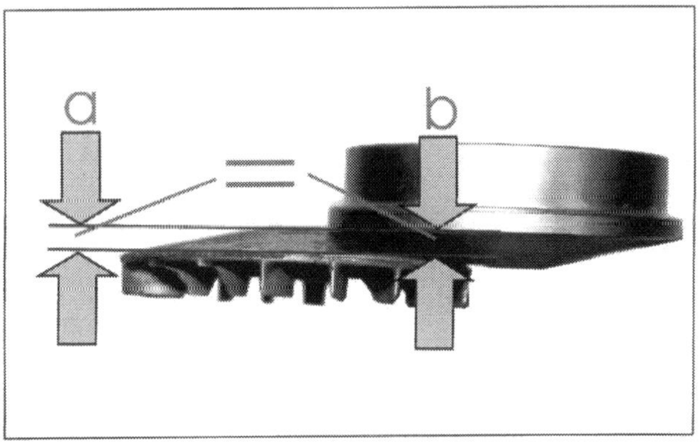

Die Winkel von Variator und Lüfterrad müssen zusammenpassen. Ungleiche Winkel zerstören den Antriebsriemen.

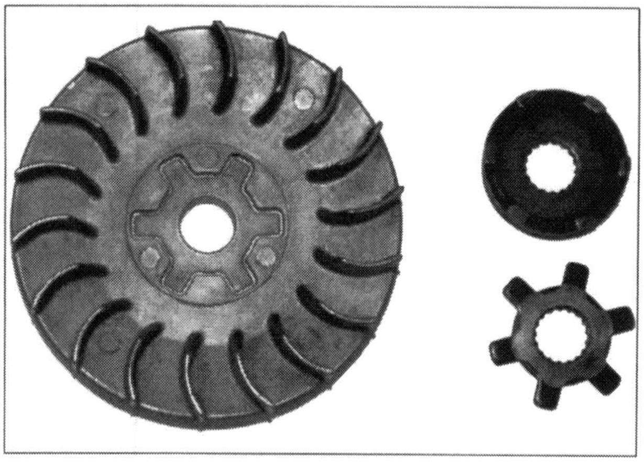
Schauen Sie sich an, welche Bauteile an welcher Stelle verbaut wurden.

Radgetriebe in Teilen.

die Gefahr, dass das Lüfterrad taumelt und dadurch der Antriebsriemen sehr schnell verschleißt.
Weiterhin kann die Verzahnung der Kurbelwelle beschädigt werden. Diese müsste dann ersetzt werden, was entsprechende Kosten verursacht. Auch wenn durchaus andere Lüfterräder auf die Kurbelwelle passen, muss darauf geachtet werden, dass der Anstellwinkel auf der Keilriemenseite identisch mit den Anstellwinkeln des Variomaten und denen der Ausgleichsscheiben hinten ist.
Wichtig ist auch die richtige Montage des Lüfterrades. Es muss gewährleistet sein, dass Anlaufscheiben und Federscheiben wieder an die Stelle verbaut werden, wo sie hingehören. Wenig Spiel oder eine falsche bzw. fehlende Scheibe können das Lüfterrad ebenfalls beschädigen oder die Beschädigung des Antriebsriemens verursachen.

Radgetriebe

Eigenschaften: Untersetzung zur Drehmomentverstärkung und Drehzahlsenkung.
Typische Fehler:
- Verschleiß der Getriebezahnräder.
- Beschädigung der Gewinde auf Antriebs- und Abtriebswelle.
- Beschädigung der Lagersitze.
- Undichtheit der Dichtung.
- Undichtheit der Simmeringe.

Das Radgetriebe hat die Aufgabe, die hohe Drehzahl des Variomatikgetriebes zu untersetzen und somit in eine gewünschte Raddrehzahl mit einem entsprechenden Drehmoment umzuwandeln. Die höchste

Bauteil	Aufgabe
1 Getriebedeckel	Lagerung und Aufnahme
2 Dichtung	Abdichtung des Gehäuses
3 Getriebeeingangswelle	Kraftübertragung und Lagerung Ausgleichscheiben
4 Anlaufscheibe	Verschleißschutz
5 Vorgelegerad	Untersetzung
6 Getriebeausgangswelle	Kraftübertragung zum Rad

Raddrehzahl soll eine Fahrgeschwindigkeit des Motorrollers bis zu 50 km/h ermöglichen.
Bereits bei der Probefahrt kann man erkennen, wie es um die Verzahnung des Getriebes bestellt ist. Tritt bei warm gefahrenem Motor ein pfeifendes Geräusch beim Beschleunigen oder Gaswegnehmen auf, kann davon ausgegangen werden, dass die Zahnflanken verschlissen sind. In der Regel findet man keine Originalübersetzungen im Zubehör und muss so auf die Originalhersteller zurückgreifen. Müssen die Getriebezahnräder aufgrund von Verschleiß ausgewechselt werden, so sollten auch die Lager komplett getauscht werden.
Das Pfeifgeräusch zeugt von nicht unerheblichem Verschleiß an den Zahnflanken. Dieser wiederum verursacht größere Kräfte, die nicht radial auf die Zahnräder abgegeben werden, sondern teilweise auch die Lagerwellen stützt und so einen höheren Lagerverschleiß verursacht. In den meisten Fällen kann das erhöhte Lagerspiel schon durch Drehen des Rades festgestellt werdenden. Der Verschleiß an den Zahnflanken ist durch deutliches Lagerspiel und auch am Tragbild der Getriebezähne gut erkennbar.
Undichtigkeiten am Gehäuse oder an den Stimmerringen lassen sich etwas schwerer feststellen. Tritt bei-

spielsweise Öl im Bereich der Bremse oder der Felge auf und der sichtbare Teil des Gehäuses ist trocken, so kann davon ausgegangen werden, dass der Sekundärwellensimmering defekt ist. Tritt Öl aus dem Variomatikdeckel aus, dürfte der Fehler im Bereich des Getriebedeckels oder des Primärwellensimmerings zu finden sein. Hiefür müssen allerdings der Variomatikdeckel und die hinteren Ausgleichsscheiben demontiert werden.

Variomatik

Bei Rollern mit Variomatik kommt noch ein weiterer Aspekt hinzu. Einer der wenigen Vorteile des Riemengetriebes liegt sicherlich an seiner stufenlosen Abstimmbarkeit. Im Grundsatz muss man einige Wirkprinzipien in der Ansteuerung unterscheiden. Bis auf wenige Ausnahmen erfolgt in dieser Klasse die Ansteuerung über sogenannte Variomatikrollen.
Fehler an der Variomatik sind nicht unbedingt leicht zu lokalisieren. Der Funktionsablauf ist recht komplex und zudem ohne Demontage von außen nicht erkennbar. Um nicht die gesamte Variomatik zerlegen zu müssen, ist es vorteilhaft, einige Bauteile und typische Eigenschaften hierzu genauer zu betrachten.
Eigenschaften: Stufenlose Übersetzung in Abhängigkeit der Motordrehzahl über einen Antriebsriemen.
Typische Fehler:
- Abnutzung der Variorollen (auch Flächenbildung).
- Verschleiß des Antriebsriemens.
- Ausschlagen des Variators.

Veränderungen an der Motorcharakteristik können beispielsweise einen späteren Schaltpunkt erforderlich machen, da die Motordrehzahl angestiegen ist und die höchste Motordrehzahl erst wesentlich später erreicht wird. Um das Schaltverhalten der Variomatik beeinflussen zu können, muss man lediglich die physikalischen Hintergründe betrachten. Wie im nächsten Kapitel angesprochen, kann mit Hilfe der Masse der einzelnen Variomatikrollen das »Schaltverhalten« der Variomatik beeinflusst werden. Veränderte Andruckfedern sowie speziell angepasste Variomaten können ein eigenes angepasstes Verhalten auf den Motor ermöglichen.
Im Gegensatz zu den meisten Anpassungs- und Tuningarbeiten kann die Abstimmung der Variomatik ausschließlich über Probefahrten »erfahren« werden. Eine Versuchsreihe nach »try & error« wird hier wohl kaum Schäden verursachen. Die Bezeichnungen der

Lieferinhalt eines Tuning-Variomatik-Sets.

Bauteile und Aufgaben (siehe auch Bild nächste Seite):

Bauteil	Aufgabe
1 Variatorscheibe	Durch die Variorollen geregelt, die Übersetzung verändern.
2 Keilriemen	Antriebskräfte übertragen.
3 Lüfterrad	Kühlungsluft in das Gehäuse ansaugen.
4 Gegenscheibe	Abstützung für die Variorollen.
5 Variorolle	Drehzahlabhängige Regelung der Übersetzung.
6 Gleithülse	Lagerung.
7 Gleitlager	Fast spielfreie Führung.
8 Statische Ausgleichscheibe	Gegenlager für den Antriebsriemen.
9 Bewegliche Ausgleichsscheibe	Ausgleich der Längen durch die Übersetzungsänderung.
10 Kupplungsglocke	Antrieb des Radgetriebes.
11 Anfahrkupplung	Trennen und fügen des Radantriebes vom Motor.
12 Gegendruckfeder	Gegenkraft gegen die Fliehkräfte der Variomatikrollen.

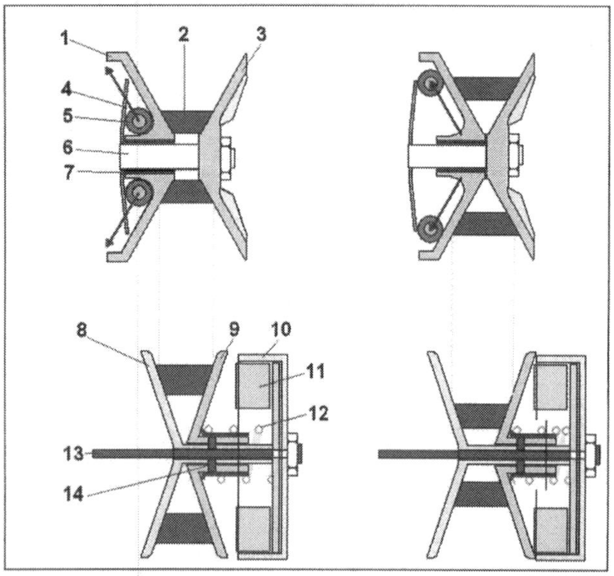

Die Variomatik besteht im Wesentlichen aus den folgenden Bauteilen: Variatorscheibe vorne: 1 Variatorscheibe, 2 Keilriemen, 3 Lüfterrad, 4 Gegenscheibe, 5 Variorolle, 6 Gleithülse, 7 Gleitlager.
Ausgleichscheiben hinten: 8 statische Ausgleichscheibe, 9 bewegliche Ausgleichsscheibe, 10 Kupplungsglocke, 11 Anfahrkupplung, 12 Gegendruckfeder.

Rollen setzen sich aus den Maßen und den Gewichten zusamme: 17 x 22 x 20 bedeutet nichts anderes als 17 mm Breite, 22 mm in der Höhe und dem Gewicht einer einzelnen Rolle von 20 Gramm.
Betrachten wir aber zuerst einmal die Funktionsweise der Variomatik. Die Variomatik reagiert in direkter Abhängigkeit auf die Motordrehzahl.
Die Motorcharakteristik lässt sich zumindest hinsichtlich Drehmoment und Drehzahl auch sehr gut an der Motordrehzahl festmachen.
Im Grundsatz beruhen die meisten der Funktionen der Variomatik auf der Fliehkraft. Am einfachsten ist noch die Anfahrkupplung (Nr.11) zu verstehen. Die Kupplungsbacken werden durch Zugfedern zurückgehalten. Sobald die Fliehkraft, die auf die Backen wirkt, größer als die Zugkraft der Federn ist, schwenken die Kupplungsbeläge der Anfahrkupplung aus und schleifen in der Kupplungsglocke an. Bei einer Anfahrdrehzahl um 3000 1/min greift die Kupplung fast schlupffrei ein. Der Roller kann anfahren. Sinkt die Drehzahl an der Kupplung wieder ab, werden die Fliehkräfte an den Belägen kleiner. Sind die Fliehkräfte kleiner als die Zugkräfte der Federn, werden die Beläge zurückgeschwenkt und der Roller wird nicht mehr angetrieben.

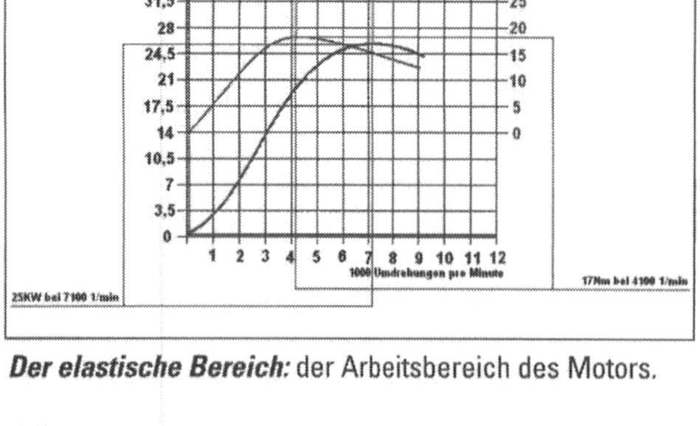

Der elastische Bereich: der Arbeitsbereich des Motors.

Der Ablauf für die Übersetzungsänderung ist etwas schwieriger zu verstehen.
Die Veränderung der Übersetzung erfolgt drehzahlabhängig. Die Fliehkräfte wirken auf die Variorollen (Nr.5). Durch den Einfluss der Fliehkräfte wollen die Variorollen nach außen drängen. Hierzu müssen Sie die Variatorscheibe und die Gegendruckscheibe auseinander drücken. Da der Abstand zwischen Variatorscheibe und Gegendruckscheibe größer wird, bleibt für den Antriebsriemen weniger Platz und er wird nach außen verdrängt. Dadurch wird er mit einem größeren Riemenscheibendurchmesser angetrieben und vergrößert so langsam die Fahrgeschwindigkeit des Fahrzeugs.
Um die Fliehkräfte, die auf die Variomatikrollen wirken, fein einregeln zu können, ist es erforderlich, mit einer definierten Kraft gegen die Fliehkräfte zu wirken. Zusätzlich wird durch die Veränderung des sogenannten wirksamen Riemenscheibendurchmessers auch ein Längenausgleich erforderlich. Diese Arbeit übernehmen die beiden Ausgleichscheiben (Nr.8+9) und die Gegendruckfeder (Nr.12).

Variomatikrollen und Variator

Eigenschaften: Gehäusebauteile des Variators aus Aluminium-Druckguss mit einer Lagerhülse aus Messing, seine Gleithülse aus Stahl.
Variomatikrollen sind meist aus Kunststoff mit einer Einlage aus Messing oder Aluminium.
Gleitstücke aus Kunststoff. Sie ermöglichen und steuern die stufenlose Übersetzung für den Antrieb.

Typische Fehler:
- Verschleiß der Variomatikrollen.
- Verschleiß der Gleithülse.
- Verschleiß der Führungsstücke.
- Verschleiß der Antriebsriemenlauffläche.

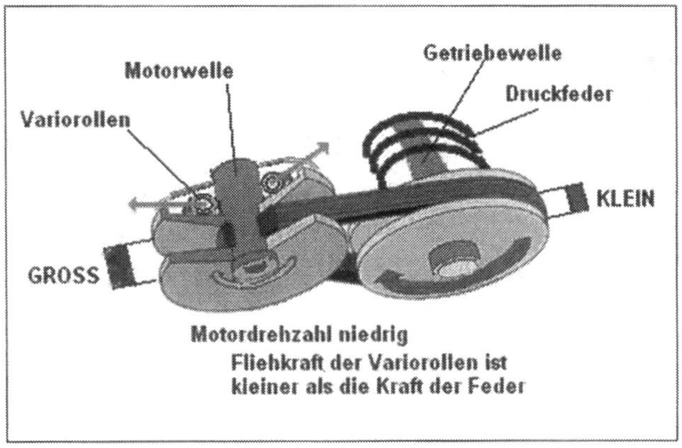

Variomatik: Was ist wo verbaut?

Variohülse muss am besten spielfrei und leichtgängig sein.

Gerade dann, wenn Probleme mit dem Schaltvorgang festgestellt werden, ist in den meisten Fällen der Fehler im Variomaten zu finden. Natürlich können auch Fehler aus vorhergegangenen Abstimmungsversuchen als Ursache infrage kommen. Sollten allerdings auch die werksmäßig verbauten Variomatikrollen mit dem entsprechenden Variator keine Erfolge bringen, so ist die Ausgleichsfeder zu prüfen. In diesem Kapitel unter der Überschrift »Gegendruckfeder« auf den Seiten 147 und 148 wird das Ausmessen der Federkraft für die Ausgleichfeder genauer beschrieben.

Um den Zustand des Variators beurteilen zu können, muss dieser ausgebaut und demontiert werden. Hinweise für die Demontage finden Sie im Kapitel »Reparaturen an der Mechanik« unter »Arbeiten an der Variomatik«.

Zuerst einmal müssen die Bauteile des Variomaten gründlich gereinigt werden. Nun können Sie die Laufspuren des Riemens begutachten. Stellen Sie eine deutliche Riefenbildung fest, so muss der Variator ersetzt werden. Durch die Riefen wird sich das Schaltverhalten deutlich verschlechtern und zudem der Riemen stärker verschleißen.

Riemenscheibe außen mit deutlichen Verschleißspuren.

Vormontage des Variators: Nicht vergessen! Hülse und Führungsecken fetten!

Auch die Rückseite des Variators ist interessant. Zum einen können die Variomatikrollen deutliche Spuren hinterlassen und zum anderen können verschlissene Führungsstücke den Variator beschädigen. Auch in diesen Fällen muss der Variator komplett erneuert werden.

Als Letztes müssen Sie noch die Lagerung des Variators prüfen. Auch sie unterliegt dem Verschleiß. Sollte die Variomatikhülse stärker im Lager kippen, so muss zumindest die Hülse sowie das eingepresste Lager erneuert werden. In den meisten Fällen ist von dieser Arbeit aber aufgrund der Lieferfähigkeit der Einzelteile und der Kosten eines neuen kompletten Variomaten abzuraten.

Nachdem nun der eigentliche Variator auf Laufspuren hin überprüft wurde, müssen nun lediglich die Gegenscheibe sowie die Führungsstücke und die Variorollen überprüft werden. Die Gegenscheibe weist in der

Regel kaum Verschleißspuren auf. Die Ursache hierfür ist das verwendete Material.
Der Stahl ist jedenfalls deutlich härter als die verwendeten Variorollen. Die Verzahnung zur Kurbelwelle allerdings kann durchaus beschädigt sein. Sollte die Verzahnung ausschlagen, müssen Sie in jedem Fall den Variator ersetzen und auch überprüfen, ob alle erforderlichen Anlaufscheiben verbaut wurden und der erforderliche Anpressdruck erreicht werden kann.

Variorollen

Eigenschaften: Die Variorolle erzeugt mit ihrem Gewicht eine bestimmte Fliehkraft. Gegen die Kraft der Ausgleichsfeder muss die Variorolle auf der Laufbahn des Variators ablaufen und die Scheiben des Variators zusammenschieben, um mit steigender Drehzahl die Übersetzung zu ändern.
Typische Fehler:
- Verschleiß.
- Schräges Ablaufen.
- Falsche Größe.
- Falsches Gewicht.
- Unterschiedliche Rollen verbaut.
- Klemmen der Rolle.

Die Variomatikrolle ist im Variator verbaut und ist das Bauteil, welches den Variator verschiebt, indem es an der Gegenscheibe anliegt. Die Variorolle ist werkseitig so ausgelegt, dass sie weicher ist als der Variator. Meistens werden die Variomatikrollen nur wenige tausend Kilometer alt und müssen dann wegen deutlichen Verschleißanzeichen ersetzt werden.
Die Variomatikrollen sollen den Variator gleichmäßig und möglichst ruckfrei verschieben. Somit ist es wichtig, dass grundsätzlich alle Variorollen aus dem gleichen Set stammen und auch gleiche Abmessungen und Gewichte haben.

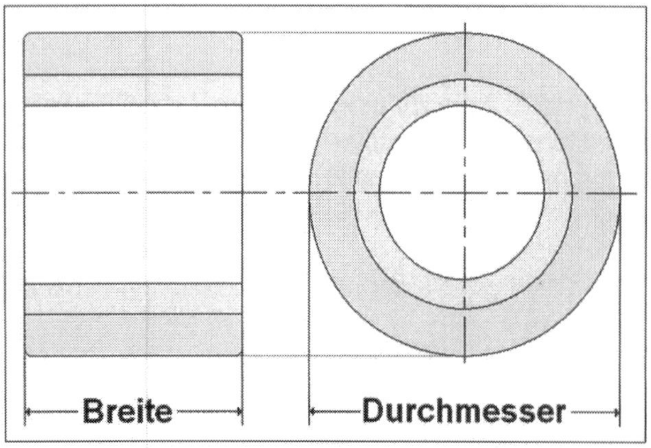

Abmessungen an der Variorolle.

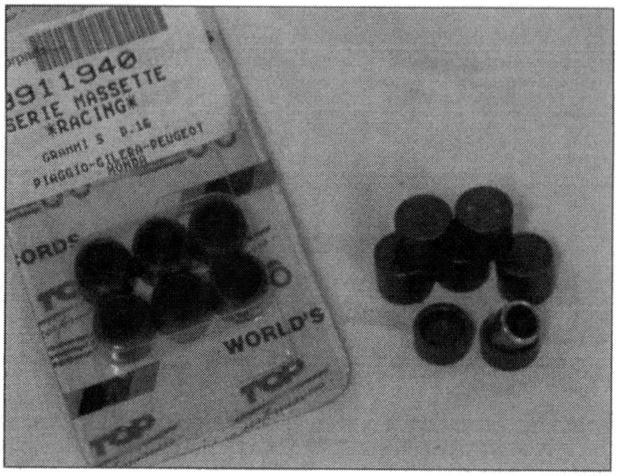

Variorollen: Komplett oder zum Abstimmen in Teilen.

Die Abmessungen der Variomatikrolle setzen sich wie folgt zusammen:
12 x 15 – 6,5 → Breite x Höhe + Gewicht (einer einzelnen Rolle). 12 x 15 – 6,5 bedeutet also, es handelt sich um eine Rolle mit 12 mm Breite, 15 mm Durchmesser und einem Gewicht von 6,5 Gramm. Die Messung erfolgt am besten mit einem Messschieber. Die Feststellung des Gewichtes kann mit einer Briefwaage erfolgen.
Um die Variorollen sicher beurteilen zu können, ist es erforderlich, den Variomaten und die Rollen auszubauen und genau zu betrachten. Wichtig hierbei ist auch, den Variomaten genau zu untersuchen. Ein defekter Variomat kann den Verschleiß der Variorollen negativ beeinflussen und die Laufleistung der Variomatikrollen deutlich herabsetzen.
Die Variorollen sollten in der gleichen Gewichtklasse ersetzt werden. Andere Gewichte beeinflussen das Schaltverhalten der Variomatik sehr deutlich. Die Anpassung der Variomatik über die Gewichte wird im Kapitel »Funktionen und Aufbau« unter »Die Variomatik« genauer beschrieben.

Prüfen der Anfahrdrehzahl (Einkuppeldrehzahl)

Eigenschaften: In den meisten Fällen, in denen eine Fehlerbeschreibung des Kunden aussagt, dass der Roller sich gerade beim Anfahren »schwer tut«, aber bei etwas Fahrt dann »vernünftig« zieht, ist entweder die Variomatik oder die Anfahrkupplung als Fehlerstelle auszumachen. Greift die Fliekraftkupplung schon bei einer zu niedrigen Motordrehzahl ein, kann der Motor kein ausreichendes Drehmoment entwickeln, um den Roller anzufahren.

Typische Fehler:

- Gebrochene Kupplungsfeder.
- Gebrochener Kupplungsbelag oder Belagträger.

Für die Messung wird ein Drehzahlmesser benötigt. Stellen Sie das Fahrzeug sicher auf den Hauptständer. Soweit der Roller keinen eigenen Drehzahlmesser besitzt, benötigen Sie einen Motortester oder einen Drehzahlmesser, der die Drehzahl per Laser oder Abnehmer erfassen kann.

Schließen Sie den Drehzahlmesser an und erhöhen Sie langsam die Motordrehzahl, bis das Hinterrad beginnt, sich zu drehen. Lesen Sie die Drehzahl vom Drehzahlmesser ab und notieren Sie sich diese. Wiederholen Sie diesen Versuch dreimal und schätzen Sie den Mittelwert der drei ermessenen Drehzahlen ab. Im Regelfall wird er um 3000 1/min liegen. Bei Tuning-Rollern kann dieser Wert allerdings durchaus bis zu 6000 1/min erreichen.

Je niedriger die Anfahrdrehzahl, um so »sanfter« fährt der Roller an. Je höher sie ausfällt, um so »ruppiger« wird das Anfahrverhalten.

Fahrwerk

Diese Baugruppe umfasst die Teile, die dem Rahmen, der Federung und Aufhängung sowie der Bremse zuzuschreiben sind. Sie werden hier die Funktionen und Bauteile kennenlernen, auch wenn sie zum Teil nicht reparabel sind oder die Reparatur vom Hersteller nicht eingeplant worden ist.

Das Fahrwerk und die Bremsanlage moderner Roller sind alles andere als primitiv. Alle Bauteile, die in Bewegung sind, unterliegen auch einem gewissen Verschleiß und müssen demzufolge auch gewartet und gegebenenfalls repariert werden.

Natürlich handelt es sich hier um einen Bereich, der durchaus als besonders sicherheitsrelevant bezeichnet werden kann. Die beschriebenen Arbeiten sollten deshalb nur von Fachleuten ausgeführt werden. Nicht nur, dass Schäden durch eine unsachgemäße Handhabung entstehen können, es besteht auch die Möglichkeit, dass ein Bauteil aufgrund unsachgemäßer Behandlung im Betrieb Schäden zeigt, die zu plötzlichem Ausfall führen können.

Aus diesem Grund werden auch nicht alle Arbeiten bis ins letzte Detail beschrieben. Sollten Sie keine Erfahrungen im Umgang mit den beschriebenen Bauteilen haben, wenden Sie sich besser an einen Fachmann.

Das Buch kann Ihnen trotzdem immer noch einen guten Einblick in die erforderlichen Arbeiten geben. Der Arbeitsaufwand und die erfolgten Rechnungsstellungen können so nachvollzogen und besser verstanden werden.

Fahrwerksgeometrie

Eigenschaften: Das Fahrwerk hat die Aufgabe, die Räder auf der Straße zu halten und die Karosserie komfortabel oder sportlich sicher abzufedern. Gleichermaßen ist es wichtig, die Räder und die Radführung präzise und sicher zu gestalten.

Typische Fehler:

- Verzogener Rahmen.
- Ausgeschlagene Radführung.
- Dackelspur.

Probleme mit der Fahrwerksgeometrie entstehen sehr leicht. Schon ein Bordstein oder ein größeres Schlagloch können eine Ursache dafür sein. Kaum jemandem ist klar, dass auch ein Roller Sturz, Spur und Nachlauf hat und selbstverständlich seiner Geofahrachse folgt. Ähnlich wie beim Auto bemerkt man auch beim Roller das Ziehen zu einer Seite oder ein Ziehen in eine Richtung beim Bremsen. Im Gegensatz zum Auto lässt sich beim Roller nichts einstellen, sondern lediglich austauschen.

Nachlauf

Betrachtet man das Rad von der Seite, fällt auf, dass der Radaufstandspunkt am Boden vor dem Aufhängungspunkt (die Radachse) steht. Die Aufhängung läuft also dem Aufstellungspunkt nach.

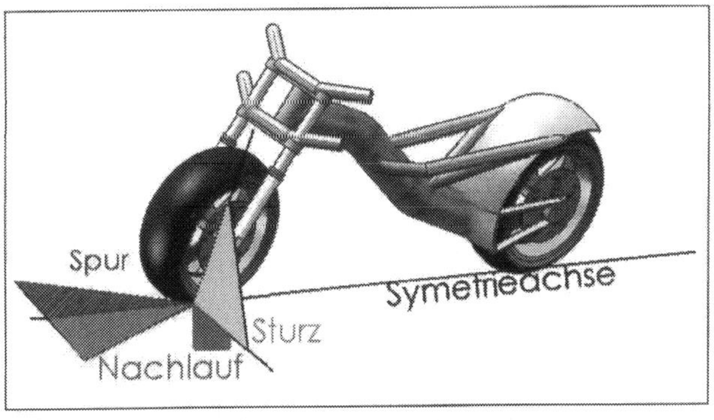

Fahrwerksgeometrie am Fahrgestell.

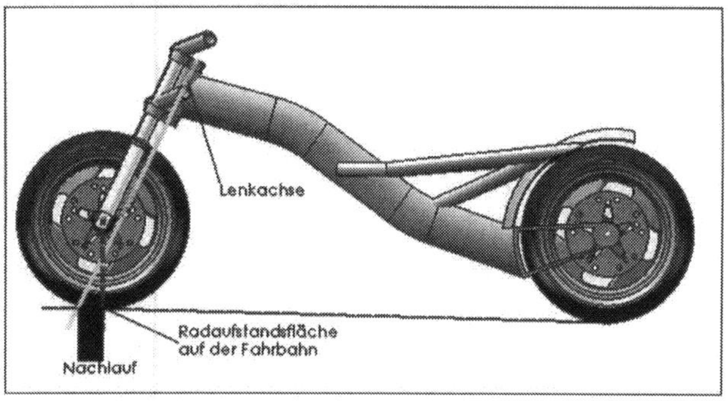

Nachlauf am Zweirad.

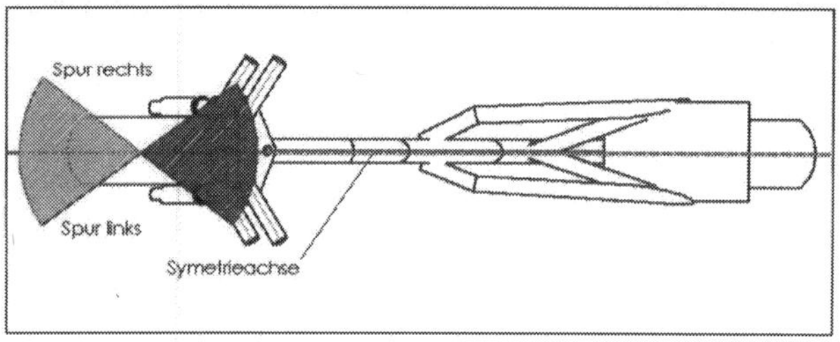

Spur am Zweirad.

Der Nachlauf ist wichtig, um das Rad stabil in die Geradeausstellung zu lenken und somit auch das Rad zu beruhigen. Wenn das Rad zu flattern beginnt, kann das durchaus auf fehlenden Nachlauf schließen lassen. Zumeist bedeutet es, dass der Rahmen oder die Gabel verzogen sind.

Spur
Als Spur bezeichnet man die Abweichung des Rades vom Geradeauslauf nach links oder rechts. Beim Zweirad nennt man die Spurabweichung die Abweichung von der Geofahrachse bei der Geradeausfahrt. Das Einlenken in eine Richtung verursacht also eine Spuränderung.

Sturz
Der Sturz bezeichnet die Radneigung oben nach innen oder nach außen im Bezug auf die Fahrbahn. Negativer Sturz, also das Abkippen des Rades zur kurveninneren Seite, erhöht die Seitenführungskraft des Reifens. So werden der Geradeauslauf stabilisiert und höhere Kurvengeschwindigkeiten ermöglicht. Beim Roller spielt hier auch die Schräglage in den Kurven eine wichtige Rolle.

Geofahrachse
Die Geofahrachse stellt beim Auto immer eine gedachte Linie dar, die die Summe der Spur der Hinterachse zusammenfasst. Man kann sich leicht vorstellen, dass bei einem Fahrzeug, an dem die Räder nicht parallel auf der Geofahrachse laufen, beide Räder schräg laufen. Dadurch entsteht sogar ein einseitiger Reifenverschleiß. Nach links nennt sich diese Abweichung »negativ«. Da das Fahrzeug sich entlang der gedachten Linie »geometrische Fahrachse« bewegt, zieht das Fahrzeug beim Beschleunigen und Bremsen nach links. Bei Geradeausfahrt steht der Lenker etwas nach rechts.
Die Abweichung nach rechts wird als »positiv« bezeichnet. Das Fahrzeug zieht dann beim Beschleunigen und Bremsen nach rechts und das Lenkrad steht bei Geradeausfahrt etwas nach links.
Beim Roller wird die Abweichung der Geofahrachse durch ein schräg stehendes Hinterrad verursacht. Speziell beim Roller sollten deshalb hier auch regelmäßig die Silentlagerbuchsen der Motoraufhängung überprüft werden. Die Abweichung der Geofahrachse bemerkt man schnell bei einer Probefahrt. Stand der Lenker im Stand noch gerade und zieht sich während der Fahrt immer etwas schief? Dann finden sich hier Fehler um die Geofahrachse. Lagerungen und Aufhängungen bis hin zum Rahmen müssen jetzt geprüft werden.
Die Fahrwerksgeometrie wie die Spur, der Sturz sowie der Nachlauf hängen voneinander ab. Alle Fahrwerksgeometriedaten müssen so gewählt sein, dass ein guter Geradeauslauf und das aktive Eigenlenken positiv beeinflusst werden.
Bei Probefahrten können leicht Fehler an Fahrwerk und Rahmen festgestellt werden (siehe Tabelle rechts oben). Eine etwas abgelegene Probefahrtstrecke ermöglicht es, sich mehr auf das Fahrzeug zu konzentrieren.

Lenkkopflager Vorderradgabel

Eigenschaften: Das Lenklager solle die Gabel zwar sauber und spielfrei führen, trotzdem aber sehr leicht laufen.
Die Gabelholme der Vorderradgabel übernehmen die Federung und mithilfe der Ölfüllung auch die Dämpfung der Fahrbahnunebenheit.
Typische Fehler:
- Beschädigte Lagersitzfläche.
- Beschädigte Kugellaufwerke.
- Undichte Gabelholme.
- Defekter Gabelsimmering.
- Ausgeschlagener Gabelholm.

Fehlerbeschreibung	Mögliche Ursache
Lenker schlägt selbstständig um:	Gabel ausgeschlagen oder lose. Gabel schief verbaut. Lenkkopf verzogen. Gabel verzogen. Lenkkopflager defekt. Radlager vorne defekt.
Lenker steht schief:	Lenker falsch eingestellt. Silentlagerböcke ausgeschlagen. Radlager vorne defekt. Rahmen verzogen. Gabel verzogen.
Lenkt einseitig stärker ein:	Lenkkopf verzogen. Rahmen verzogen. Gabel verzogen Lenkkopflager defekt. Radlager defekt. Silentlagerböcke am Motor defekt.

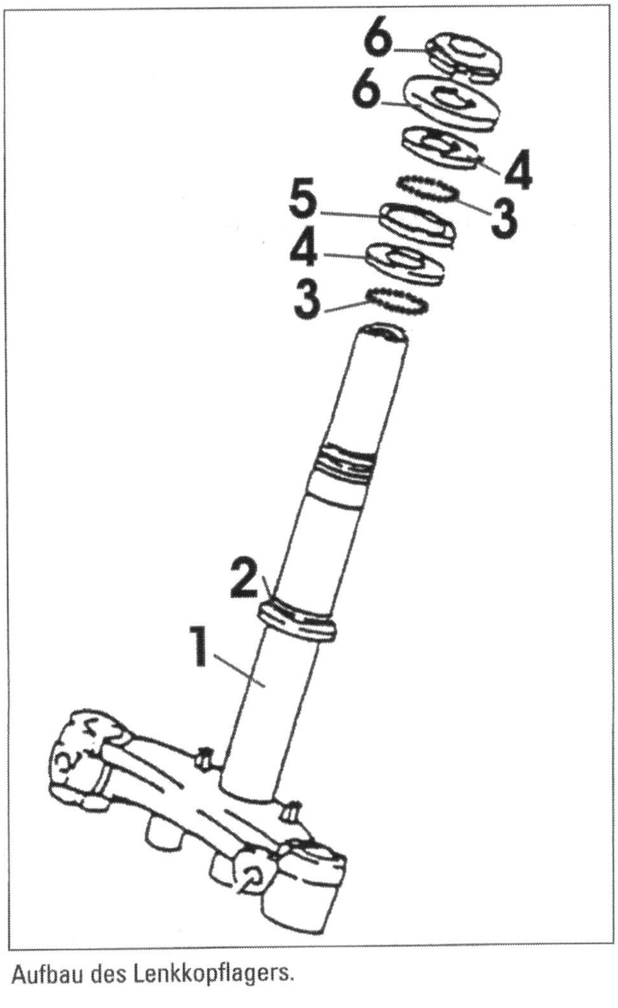

Aufbau des Lenkkopflagers.

Lenkkopflagerschrauben am Rahmenkopf.

Die meisten Schäden im Lenkkopf entstehen durch Verschleiß, Korrosion und auch durch zu großes Lenklagerspiel. Das Lager schlägt dann regelrecht aus. Die Abdichtung der Lager erfolgt meist nicht so aufwendig wie bei Motorrädern. Lediglich Lagerfett, das ausreichend vorhanden sein sollte, verhindert das Eindringen des Wassers. Dementsprechend sollte auch bei der Wartung ein Auge auf die Lenkkopflager geworfen werden.
Die Prüfung kann schon recht einfach erfolgen. In der Regel macht sich das Lagerspiel schon bemerkbar, wenn man den Roller schiebt und die Vorderradbremse stotternd zieht. Wird ein Klappern oder Klacken hörbar, ist das ein sicheres Anzeichen für ein ausgeschlagenes Lenkkopflager.
Dieses Spiel kann auch bedeuten, dass Spiel an der Gabel vorhanden ist.
Besteht der Verdacht, dass Spiel an der Vorderradgabel oder am Lenkkopflager vorhanden ist, so muss die Ursachse geortet werden. Hierzu sollte das Fahrzeug auf den Hauptständer abgestellt werden. Nun kniet man sich vor das Fahrzeug und bewegt die Gabel vor und zurück. Legt man die Finger auf die Stelle, an der man das Spiel vermutet, kann man es sogar erfühlen.
Reparatursätze für die Gabelholmführung sind bei fast allen Gabelherstellern für die kleinen Gabeln nicht vorgesehen. Sind Markenkomponenten wie Marzochi oder Paoli verbaut, kann es aber dennoch sein, dass einige Bauteile lieferbar sind. Die Gabelsimmeringe sind aber wiederum im Zubehör lieferbar.
Wichtig hierbei ist es allerdings, die Größe richtig bestimmen zu können. Für Simmeringe gibt es sogenannte »Normbezeichnungen«, die mittlerweile weltweit Anwendung finden. In der Regel ist die entsprechende Größe auf dem Simmering eingeprägt.
Man kann die Normgröße auch anhand der Bauteile rekonstruieren. Das Innenmaß ist der Durchmesser des Gabelholms, das Außenmaß wird durch den Bohrungsdurchmesser im Tauchrohr vorgegeben. Die Höhe lässt sich am besten am alten Simmering ermessen.

Prüfen des Lenkkopflagers.

Reifen

Eigenschaften: Mehrlagiger Aufbau aus Gummi und Polyestergewebe.
Er stellt die Verbindung zwischen Fahrzeug und Straße her. Heute gibt es sogar spezielle Winterreifen für Motorroller.
Typische Fehler:
- Undichtheiten wegen Durchstiche von Nägeln.
- Undichtheit aufgrund erhöhter Porosität im Alter.
- Schäden an der Karkasse.
- Verschleiß.

Die meisten der auftretenden Fehler beziehen sich auf die Dichtigkeit und den Verschleiß der Reifen. Wenn man bereits mehrfach Luft in die Reifen hat auffüllen müssen und das Loch nicht so einfach zu orten ist, kann eine Sprühflasche mit einer Mischung Geschirrspülmittel eine große Hilfe sein. Zuerst wird der Reifen auf seinen normalen Druck aufgepumpt. Anschließend werden der Reifen und die Felge mit dem Spülmittel-Wassergemisch eingesprüht. Die undichte Stelle zeigt sich meist sehr schnell durch deutliche Blasenbildung.
Die Profiltiefe ist durch den Gesetzgeber vorgegeben. 1,6 mm muss das Profil an der schwächsten Stelle des Reifen aufweisen. Darunter ist es nicht nur gefährlich bei Nässe zu fahren, zumeist sind die Tickets für den abgefahrenen »Schlappen« teurer als der Reifen selber.

Zu den Angaben auf den Reifen

Die Bezeichnungen zwischen den Ballon- und den Straßenreifen unterscheiden sich zumeist nur in der Größenangabe. Heute ist es jedoch recht wichtig geworden, sich davon zu überzeugen, ob auch ein »E-

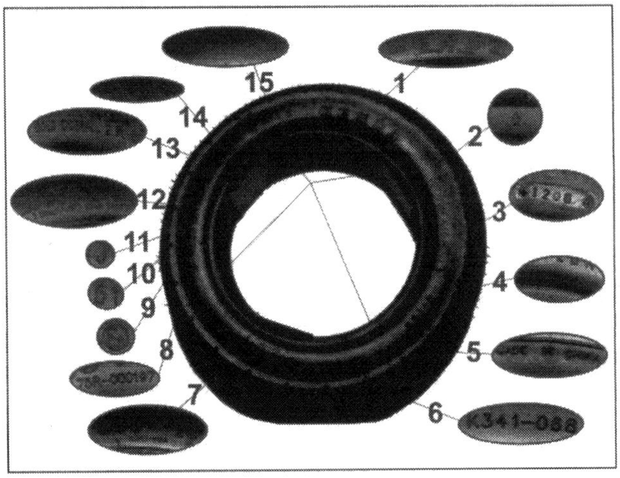

Bezeichnungen am Reifen.

Nr.	Bezeichnung
1	Der Reifenhersteller
2	Tread Wear Index (Profiltiefen Anzeige)
3	Herstellungszeitraum (DOT Nr.)
4	Felgenbezeichnung
5	Herstellungsland
6	Reifenbezeichnung
7	Reifengröße
8	EG Zulassungsnummer
9	EG Label für Herstellerland oder Prüfland
10	Load Index (zulässige Radlast)
11	Speed Index (zulässige Höchstgeschwindigkeit)
12	Angaben für den US-Markt
13	Aufbau des Reifens
14	Schlauch? TUBETYP = ja / TUBELESS = nein
15	Laufrichtung des Reifens

Prüfzeichen« vorhanden ist. Die Bezeichnung »Not for highway use« gilt jedenfalls für den US-Markt und ist für den Straßenverkehr in Europa ohne Belang. Gerade bei älteren Fahrzeugen ist es möglich, dass noch kein »E-Prüfzeichen« im Reifen vermerkt ist. Im Zweifel beim Reifenhändler mal nachfragen, ob mittlerweile für diese Reifensorte eine Typenprüfung vorliegt. Aber keine Panik, es ist nicht notwendig die Reifen sofort zu tauschen. Wie schon angedeutet, wurden die Prüfungen für fast alle Reifen nachgereicht.

Den Reifenhersteller und die Reifenbezeichnung dürfte wohl jeder auf seinem Reifen erkennen können. Bei den Abmessungen fangen aber meist die Schwierigkeiten an. Auf dem Standartreifen eines Motorrollers steht zumeist 130/40-13. Diese Angaben beziehen sich auf die Reifenabmessungen. »130« bedeutet, dass der Reifen 13,0 cm breit ist, die »40« bedeutet, dass die Seitenflanke des Reifens 40% von seiner Reifenbreite ausmacht. In unserem Fall wären das 5,2 cm. Die Bezeichnung »13« gibt einen Hinweis auf die in unserem Fall erforderlichen 13 Zoll Felgendurchmesser.

Ein wichtiger Hinweis ist auch unter Nr. 3 zu finden. »Tubetype« ist die Bezeichnung für einen Reifen, in dem ein Schlauch montiert werden muss. »Tubeless« hingegen lässt den Betrieb mit einem Schlauch nicht zu. In der Regel ist dieser heute auch recht selten in Stahlfelgen zu finden und überhaupt nicht mehr in den häufig verbauten Alufelgen.

Der sogenannte »SI« (Speedindex = Kennzeichen für die Höchstgeschwindigkeit) gibt Auskunft über die maximale zugelassene Geschwindigkeit für diesen Reifen. Grundsätzlich sollten die Reifen so gewählt werden, dass die Endgeschwindigkeit des Rollers etwas geringer ist, als der »Speedindex« des Reifens es ermöglichen würde.

Aus der untenstehenden Tabelle lässt sich nun leicht entnehmen, welcher Reifen dann bis zu welcher Geschwindigkeit ausgelegt ist.

Übersicht über die Kennbuchstaben für die Höchstgeschwindigkeit der Reifen (siehe Nr. 11 im Bild)

SI	km/h	SI	km/h
A1	5	K	110
A2	10	L	120
A3	15	M	130
A4	20	N	140
A5	25	P	150
A6	30	Q	160
A7	35	R	170
A8	40	S	180
B	50	T	190
C	60	U	200
D	65	H	210
E	70	V	240
F	80	W	270
G	90	Y	300
J	100	ZR	über 240

Bei moderneren Reifen findet man neben der Angabe für die Geschwindigkeit auch die Angabe für seine maximale Nutzlast.

Diese Angabe wird »Loadindex« genannt. Die Kurzform ist »Li«. Die korrekte Reifenbezeichnung, die wir

Übersicht über die Kennbuchstaben für die Radlast der Reifen (siehe Nr. 10 im Bild)

Li	Kg	Li	Kg	Li	Kg	Li	Kg
1	46.2	11	61.5	21	82.5	31	109
2	47.5	12	63	22	85	32	112
3	48.7	13	65	23	87.5	33	115
4	50	14	67	24	90	34	118
5	51.5	15	69	25	92.5	35	121
6	53	16	71	26	95	36	125
7	54.5	17	73	27	97.5	37	128
8	56	18	75	28	100	38	132
9	58	19	77.5	29	103	39	136
10	60	20	80	30	106	40	140

an unserem Reifen ablesen können, lautet:
130/40-13 32N.

Die »32« ist der Lastindex oder auch »Loadindex« des Reifens und entspricht einer Radlast von 112 kg.

Zwar ist es zu empfehlen, die Räder mit angepassten »Speed- und Loadindex« auszuliefern, nur dürften nach den Richtlinien 92/23EWG der europäischen Union die Zulassung, die Inbetriebnahme sowie der Verkauf auf Grund der Reifen nicht untersagt werden, wenn diese eine E/ECE-Kennzeichnung tragen. Diese Kennzeichnung ist ab dem Herstellungsjahr 01.10. 1998 erforderlich. Die Verwendung eines Reifens mit einer niedrigeren Geschwindigkeitsangabe ist nicht generell verboten. Der Eintrag und die Handhabung können ähnlich erfolgen wie die M+S-Winterreifen beim Pkw. Hier wird nur ein Hinweis auf die verminderte Geschwindigkeit im Sichtbereich des Fahrers aufgeklebt. Wie weit Ihr Tüv-Prüfer die Eintragung umsetzen kann, lässt sich am besten in einem persönlichen Gespräch auf der Prüfbahn klären.

Zum Teil wundert man sich über den durchaus unterschiedlichen Ausfall von Reifen gleicher Größe. Bei einigen Herstellern oder Reifentypen wirkt der Reifen wesentlich größer als bei anderen. Das hängt sicherlich mit den unterschiedlichen Messansätzen der Hersteller zusammen und darf als ein kleiner Bereich der persönlichen Freiheit gesehen werden. Wenn die Reifen etwas größer ausfallen, kann sich auch die Endübersetzung leicht verändern. Somit sollte auch beim Reifenwechsel die Funktionsgenauigkeit des Tachometers überprüft werden.

Eine wichtige Angabe ist auch der Produktionszeitpunkt des Reifens. Zum einen möchte wohl jeder vermeiden einen alten Ladenhüter zu erstehen, der möglicherweise schon seit einigen Jahren im Regal gestanden hat. Zum anderen ist es gerade beim Wechsel eines einzelnen Reifens auf der Vorderachse enorm wichtig, einen Reifen aus der gleichen Produktionswoche zu bekommen. Zum Teil werden nach einer solcher Charge die Gummizusammensetzung oder die Bestandteile des Reifens geändert. Anhand der sogenannten »DOT-Nummer« sind das Herstellungsjahr und die Herstellungswoche des Reifens zu erkennen. Grundsätzlich unterscheidet man zwischen dreistelligen und vierstelligen DOT-Nummern.

Die dreistelligen DOT-Nummern stammen noch aus der Anfangszeit der DOT-Kennzeichnung. Zuerst gab es lediglich eine dreistellige Zahl, deren erster Teil die Produktionswoche und der zweite das Produktionsjahr angab. Mit dieser Kombination konnte allerdings keine Rücksicht auf den Jahrzehntwechsel genommen werden. Deshalb wurde diese Nummer mit einem Dreieck ergänzt. Ohne das Dreieck galt diese Zahl bis zum Jahr 1989. Das Dreieck markierte die Jahre 1990 bis 1999.

Erst zum Jahrtausendwechsel wurde die neue vierstellige DOT-Nummer vergeben. Hier ist nun das Produktionsjahr mit den letzten beiden Ziffern kenntlich gemacht.

Die Produktionswochenkennzeichnung ist allerdings, wie auch bei den beiden ersten Varianten, geblieben und bezeichnet die Jahreskalenderwoche.

Die Angabe »Treadwear« bezieht sich auf einen Standardtest des »Department of transport« der amerikanischen Straßenverkehrsbehörde. Der Wert bezieht sich auf einen Normreifen, der als Vergleich zu diesen Messungen herangezogen wird. Diese Angabe gibt Auskunft über die relative Lebenserwartung, bezogen auf diesen US-spezifischen Standardtest. Die Angabe

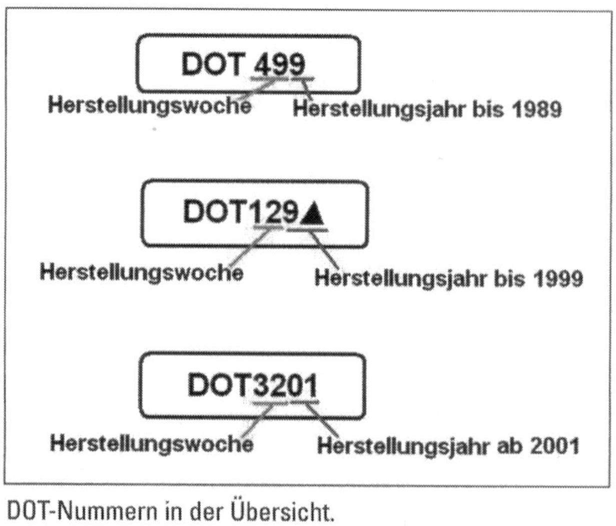

DOT-Nummern in der Übersicht.

»Treadwear« 180 bedeutet dann eine Lebensdauer von 180%.
Die TWI-Markierung (TREAD WEAR INDICATOR) ist in regelmäßigen Abständen am Reifen angebracht und ermöglicht ein einfaches Erkennen der Mindestprofiltiefe von 1,6 mm. Das Mindestprofil ist immer auf die abgefahrenste Stelle im Profil bezogen. Hier wird auch dementsprechend kontrolliert.
US-Markt-Nassbremsvermögen (TRACTION) gibt Auskunft über die Bremsleistung bei Nässe nach einem US-spezifischen Standardtest. Die Angabe erfolgt in drei Klassen: »A«, »B« oder »C«.
US-Markt-Temperaturfestigkeit (TEMPERATURE) gibt Auskunft über die Temperaturfestigkeit bei höheren Geschwindigkeiten nach einem US-spezifischen Standardtest. Auch hier wird die Beanspruchung in drei Gruppen sortiert: »A«, »B« oder »C«.
Zu guter Letzt bleibt noch eine für den US-Markt sehr wichtige Angabe. Die Sicherheitshinweise (SAFTY WARNING). Hier werden wichtige Hinweise zur Montage und zum Gebrauch des Reifens vermerkt. Ohne diese Hinweise auf den Reifen ständen den Herstellern, wie eben nur in den USA möglich, nicht unerhebliche Klagesummen bei falscher Handhabung des Reifens ins Haus.
Sicherlich finden sich nicht alle Angaben auf allen Reifen. Zum einen hängt das an den Herstellern selbst, die nicht unbedingt für den Straßenbetrieb auf dem US-Markt produzieren. Zumeist weist das Kürzel »Not for highway use« darauf hin. Zum anderen muss die Produktion auf diese »neuen« Anforderungen zuerst einmal reagieren. Die meisten dieser Angaben werden wahrscheinlich in den nächsten Jahren auch auf den Ballonreifen auftreten.

Schäden am Bremssattel

Eigenschaften: Der Bremssattel drückt die Bremsbeläge an die Bremsscheibe und erzeugt so die Bremskraft.
Er muss sich selbsttätig »zurückstellen«, um ein Lüftspiel zwischen Belag und Scheibe zu ermöglichen.
Typische Fehler:
- Undichtheit der Anschlüsse.
- Undichtheit nach außen.
- Korrosion.
- Lufteinschlüsse in der Bremsflüssigkeit.

Der Bremssattel setzt das durch die Handpumpe geförderte Volumen und die durch den Bremshebel eingebrachte Kraft in die Bremskraft um. Der Durchmesser der Handpumpe ist immer kleiner gewählt als der Kolbendurchmesser des Bremskolbens. So entsteht eine hydraulische Übersetzung, die es ermöglicht die Handkraft so zu verstärken, dass sie ausreicht, um die Bremsbeläge ausreichend stark an die Bremsscheibe zu pressen.

Bremssattel in Teilen.

Bauteil	Aufgabe
11 Gehäuse	Zylinderlaufbahn für den Kolben, Bauteile aufnehmen.
12 Rechteckmanschette	Druckfeste Abdichtung zwischen Kolben und Zylinder.
13 Bremskolben	Hydraulische Kraftübertragung.
14 Dichtmanschette (Staubmanschette)	Kolben und Zylinder vor Verschmutzungen schützen.

Die Funktionsweise des Bremssattels
Wird der Bremssattel mit Druck beaufschlagt, wird der Bremskolben nach außen geschoben, bis er den Belag an die Bremsscheibe presst. Abgedichtet wird der Bremskolben durch die Rechteckmanschette. Auch die Rechteckmanschette wird verschoben. Die Verformung wird nach dem Bremsvorgang für die Rückstellung des Bremskolbens benötigt.
Die meisten Schäden haben ihre Ursache entweder in innerer oder äußerer Korrosion. Die innere Korrosion entsteht durch den zunehmenden Wasseranteil der Bremsflüssigkeit. Entsteht eine einzige raue Stelle in einem Bremsgerät, wird eine Dichtmanschette hier sehr leicht beschädigt. Der regelmäßige Bremsflüssigkeitswechsel verhindert größere Wasseransammlungen in der Bremsflüssigkeit.
Die äußere Korrosion kann durch den Einsatz falscher Materialien (Stahl-Schrauben) oder auch schon durch fehlende oder beschädigte Abdichtungen entstehen. Es lässt sich leicht ein ganzer Bremssattel einsparen, wenn man darauf achtet, dass die Staubmanschetten

und auch die Dichtmanschetten an den Lagerungen und auf dem Entlüftungsnippel in Ordnung sind.
Für die Montage und Demontage der Bremsanlage sollte immer ein spezielles Bremsenmontagefett verwendet werden. Es ist speziell für die Montage der Bremsgeräte entwickelt worden. Den meisten Zubehörhändlern ist es als »ATE-Fett« bekannt. Obwohl es eigentlich nichts mit Fett zu tun hat.

Auspressen eines festgerosteten Bremssattelkolbens

Natürlich ist es fraglich, inwieweit diese Reparatur sinnvoll ist. Muss ein Sattel aber wieder in Betrieb kommen, ist die Demontage meist unabdingbar. Am leichtesten lässt sich ein festgerosteter Kolben mit einer Fettpresse ausdrücken. Dazu muss die Fettpresse an den Bremssattel angeschlossen und der leichtgängige Bremssattel blockiert werden. Nun lässt sich der festgerostete Kolben langsam und vorsichtig herausdrücken. Anschließend müssen die Manschetten entfernt und wie der Rest des Bremssattels auch gründlich vom eingepressten Lagerfett gereinigt werden.

Schäden an der Bremspumpe

Eigenschaften: Die Bremspumpe erzeugt den erforderlichen Volumenstrom und Druck für die Betätigung der Bremse.
Sie kann Belagverschleiß ausgleichen.
Typische Fehler:
- Undichtheit der Anschlüsse.
- Undichtheit nach außen.
- Undichtheit innen.
- Verschmutzte Bohrungen.
- Korrosion.
- Fehlerhafte Einstellung.

Um die Fehler an der Bremsanlage besser verstehen zu können, ist es erforderlich, den Aufbau der Handbremspumpe zu erkennen. Betrachten wir zuerst einmal die Bauteile eines Hauptbremszylinders.
Nicht gerade viele Bauteile sorgen für einen guten Druckaufbau und auch für die Nachstellung, wenn der Belag verschleißt. Schaut man sich den Hauptbremszylinder mal von oben an, kann man zwei Bohrungen entdecken. In vielen Fällen ist die eine Bohrung durch ein Schwallblech abgedeckt. Dieses Blech soll verhindern, dass die Bremsflüssigkeit stark in Richtung Membran spritzt.

Handbremspumpe

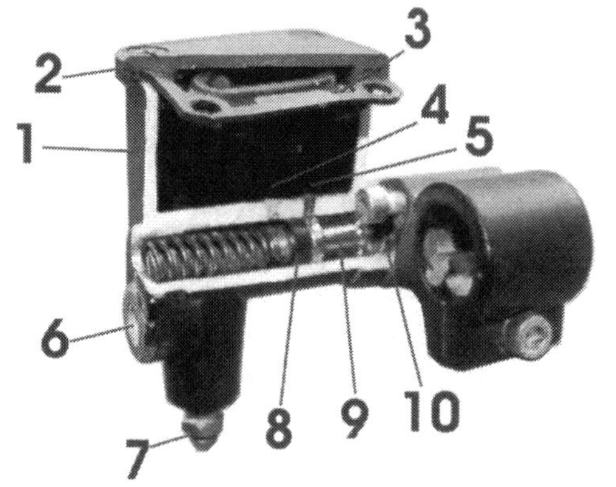

Bremspumpe im Schnitt.

Bauteil	Aufgabe
1 Gehäuse	Bauteile aufnehmen.
2 Deckel	Behälter verschließen.
3 Membrane	Bremsflüssigkeit von der Außenluft trennen.
4 Ausgleichsbohrung	Rücklauf der Flüssigkeit ermöglichen.
5 Füllbohrung	Nachfüllen der Flüssigkeit ermöglichen.
6 Anschlussgewinde	Anschluss der Bremsleitungen.
7 Entlüftungsnippel	Entlüften der Anlage.
8 Primärmanschette	Druckaufbau.
9 Pumpenkolben	Manschetten tragen.
10 Sekundärmanschette	Abdichtung nach außen.

Bohrungen im HBZ.

Auch die Funktion ist recht einfach zu verstehen. Betrachten wir mal die Ruhestellung:
Die Füllbohrung und die Ausgleichsbohrung sind offen. Durch die Ausgleichsbohrung besteht eine Verbindung zum Druckraum und somit auch zur Bremsleitung. Diese Verbindung ist wichtig, um Druck abbauen zu können, wenn beispielsweise die Bremsflüssigkeit sich erwärmt. In der Ruhestellung wird ein so entstehender Druck abgebaut. Bei einigen Bremsanlagen kann man am Bremshebel den Druckpunkt verstellen. Hier muss man darauf achten, dass die Ausgleichsbohrung beim Einstellen nicht verschlossen wird.
Wird nun der Bremshebel betätigt, erfolgt ein Druckausgleich, bis die Ausgleichsbohrung von der Primärmanschette verschlossen wird. Das kann man bei vielen Hauptbremszylindern gut an der kleinen Fontäne erkennen.
Sobald die Primärmanschette die Ausgleichsbohrung verschlossen hat, wird Druck aufgebaut. Besser gesagt, es wird nun Bremsflüssigkeit gefördert. Während der Förderung kann Bremsflüssigkeit durch die Füllbohrung vor die Sekundärmanschette nachfließen.
Wenn neue Bremsbeläge eingebaut wurden, ist es erforderlich die Bremse »beizupumpen«. Da die Bremsbeläge noch nicht an der Bremsscheibe anliegen, entsteht noch kein Gegendruck und beim Loslassen des Bremshebels klappt die Primärmanschette zurück und lässt Bremsflüssigkeit aus dem Förderraum in den Druckraum. Aus dem Vorratsbehälter fließt dann entsprechend viel Bremsflüssigkeit in den Förderraum nach.

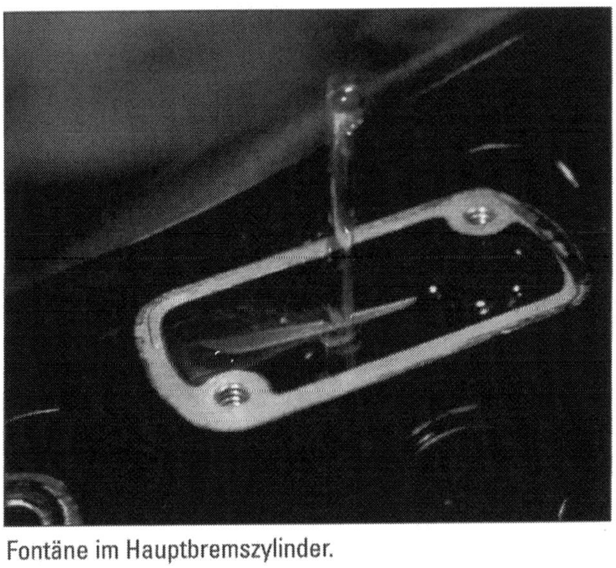

Fontäne im Hauptbremszylinder.

Bremse entlüften.

Am häufigsten treten Undichtheiten am Hauptbremszylinder auf. Ist die Sekundärmanschette undicht, erkennt man das in den meisten Fällen schon daran, dass Bremsflüssigkeit aus dem Bremszylinder austritt. In einigen Fällen ist mir schon aufgefallen, dass Gründe für diese äußere Undichtheit auch in einem etwas zu weiten Herausfahren des Kolbens und somit einem Austreten der Primärmanschette für diese Leckage zu finden sind. In einigen Fällen lässt sich dieser Fehler durch die Einstellung des Zylinders an der Korrekturschraube beseitigen. Leider ist diese Einstellmöglichkeit nicht an allen Bremszylindern gegeben.
Die Funktionsweise der »Förderung« lässt sich am besten beim Bremsen entlüften oder beim Bremsflüssigkeitswechsel prüfen. Hierzu wird der Deckel und die Trennmembran entfernt und ein Auffangbehälter am Entlüftungsnippel des Bremssattels angeschlossen. Nachdem der Entlüftungsnippel am Bremssattel geöffnet wurde, wird der Bremshebel LANGSAM betätigt. Zum einen kann man nun gut die schon erwähnte »Fontäne« beobachten. Zum anderen wird nun Bremsflüssigkeit aus dem System herausgepumpt. Wenn der Bremshebel wieder losgelassen wird, soll der Flüssigkeitsstand im Vorratsbehälter sinken. Der Behälter sollte für die Prüfung oder das Bremsenentlüften nicht »leer gesaugt« werden. Dementsprechend muss der Flüssigkeitsstand bei geöffnetem Entlüftungsnippel immer beobachtet werden.

Legen Sie sich einige saugfähige Lappen bereit.
Die Prüfung der Druckseite erfolgt natürlich am besten unter Druck. Hierbei wird die Bremse betätigt und dabei beobachtet, ob der Bremshebel im Druck nachgibt oder am Bremszylinder Bremsflüssigkeit austritt. Wer die notwendige Ausrüstung besitzt, kann natürlich auch eine Druckuhr anschließen und den eventuell auftretenden Druckabfall so beziffern.
Wichtig ist es, die Bremsflüssigkeit auf allen Lackteilen gründlich abzuwaschen, da sonst leicht Schäden entstehen können. Als Lösungsmittel eignet sich Wasser hervorragend. Am besten den Roller nach den Arbeiten an der Bremsanlage gründlich mit Wasser abspülen.
Die Bremsflüssigkeit sollte spätestens alle zwei Jahre gewechselt werden. Neben der abnehmenden Siedetemperatur sorgt der steigende Wasseranteil auch für Korrosion am Bremszylinder. Die so entstehende Rauigkeit des Zylinders kann die Manschetten beschädigen und so zum Funktionsverlust oder zumindest zu Funktionsstörungen der Bremsanlage führen.

Schäden an der Bremsscheibe

Eigenschaften: Die Bremsscheibe muss die Bremsenergie in Wärme umwandeln. Durch die Temperaturunterschiede muss sie sehr korrosionsfest sein.
Typische Fehler:
- Bremsscheibenschlag.
- Verschleiß.
- Rissbildung.

Die Bremsscheibe unterliegt neben den Umwelteinflüssen wie Wasser und Salz auch einem Verschleiß. Die Aufgabe der Geschwindigkeitsreduzierung wird

Bremsscheibe messen.

durch Reibung mit den Belägen erzeugt. Hier muss sie nicht nur großen Kräften widerstehen, sondern auch großen Temperaturschwankungen ohne Verzug standhalten können.
Ein sicherer Indikator für den Verschleiß der Bremsscheibe ist die Materialdicke. Dieses Maß wird meist von den Fahrzeugherstellern angegeben. Wird das geforderte Mindestmaß unterschritten, muss die Bremsscheibe ersetzt werden. Sie kann mit einer geringeren Materialstärke den geforderten Ansprüchen nicht mehr sicher gerecht werden, kann reißen und sich verziehen. Am einfachsten lässt sich die Scheibendicke mit einer Bügelmessschraube erfassen.
Um beurteilen zu können, ob die Bremsscheibe gerade läuft, muss der Bremsscheibenschlag ermessen werden. Auch hier wird durch den Hersteller ein maximales Maß vorgegeben. Wird dieses Maß überschritten, muss die Bremsscheibe getauscht werden. Anderenfalls würden der Bremssattel oder die Sattellage-

Auswahl an Bremsscheiben.

Bremsscheibe »Schlag« messen.

rung recht schnell verschleißen, da sie für die stetige Bewegung nicht ausgelegt sind.
Die optische Beurteilung des Zustandes der Bremsscheibe ist von großer Wichtigkeit. Zum einen wird durch eine wellige Bremsscheibe und daraus resultierenden unterschiedlichen Dicken im Profil auch die Wärmeleitung unterschiedlich ausfallen. Leicht entstehen so Hitzerisse, die im Extremfall zu einem schlagartigen Zerbersten der Bremsscheibe führen können. Sollte die Bremsscheibenreibfläche deutliche Wellen oder sogar Risse aufweisen, ist die Bremsscheibe sofort zu tauschen. Der Roller darf in diesen Fällen nicht weiter betrieben werden.

Schäden an den Bremsleitungen

Eigenschaften: Die Bremsleitung soll die Flüssigkeit ohne größere Druckverluste durch Ausdehnung an die jeweiligen Bremsgeräte, wie beispielsweise den Bremssattel, weiterleiten.

Typische Fehler:
- Undichtheit der Anschlüsse.
- Undichtheit in den Übergängen der Leitung zu den Schraubstücken.
- Knickstellen.
- Scheuerstellen.

Die meisten Schäden an Bremsleitungen werden durch Knicken und Aufscheuern verursacht. Die richtige Lage beim Einbau muss also auf jeden Fall beachtet werden. Mögliche Scheuerstellen oder Anlagestellen an Karosserie oder Rahmenteilen werden günstigstenfalls mit einem Gummischlauch oder entsprechender Polsterung abgedeckt.

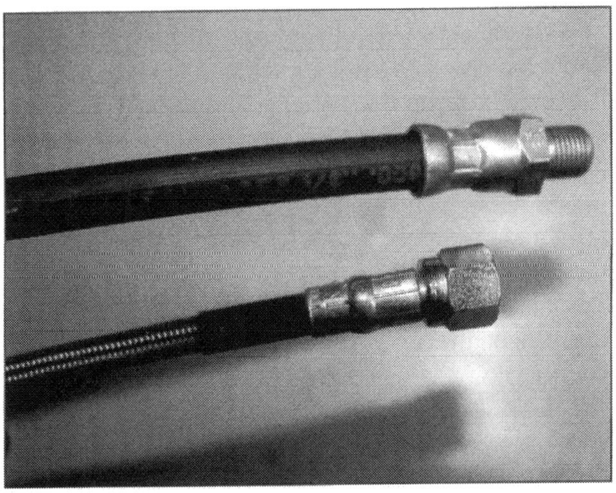

Stahlflex und Gummileitung.

Leitung, Schraube und Dichtungen.

Die Dichtheit wird wiederum unter Hochdruck überprüft. Hierzu wird der Bremshebel betätigt und der Bremsdruck mit kräftiger Handkraft gehalten. Sollten sich Undichtheiten zeigen, muss entsprechend gehandelt und die defekten Teile rigoros getauscht werden. Die Dichtringe können einzeln erworben werden. In der Regel handelt es sich um 10 x 14 x 2-Kupfer- oder Aluminium-Dichtringe.
Die Hohlschrauben unterscheiden sich meist durch die Steigung der Gewinde. Es werden je nach Fahrzeugtyp und Bremsbauteil Hohlschrauben mit M10x1-Gewinde sowie M10x1,25-Gewinde verbaut. Die Steigzahl kann leicht mit dem Messschieber erfasst werden.

Silentblöcke am Motor

Eigenschaften: Sie übernehmen die Radführung über die Triebsatzschwinge und dämpfen die Vibrationen, die der Motor erzeugt.
Profilgummilage mit vulkanisierten Außen- und Innenhülsen.

Typische Fehler:
- Lagergummi ausgerissen.
- Lagergummi ausgeschlagen.

Die Silentbuchsen haben zwei eigentlich gegensätzliche Aufgaben zu bewältigen. Zum einen muss die Radführung sehr präzise erfolgen und darf auch bei Lastwechselsituationen annähernd keine Veränderung hinsichtlich Spur und Sturz zulassen. Zum anderen sollen aber keine Schwingungen und Vibrationen vom Motorlauf auf den Rahmen und die Karosserie übertragen werden.
Sollten die Lagebuchsen ausgeschlagen oder ander-

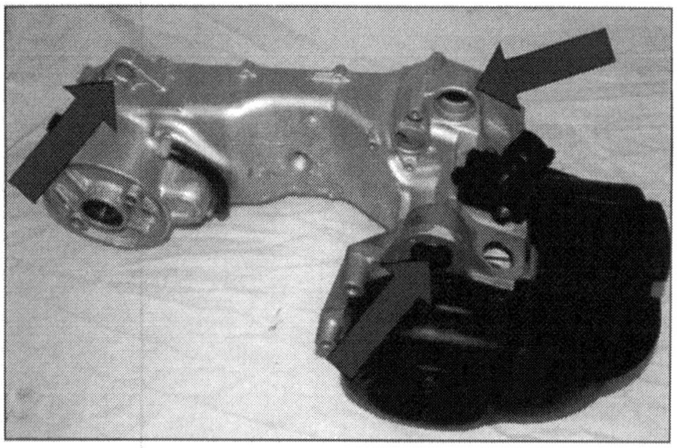

Einbaulage der Silentblöcke im Motorblock.

Rissbildung am Silentblock.

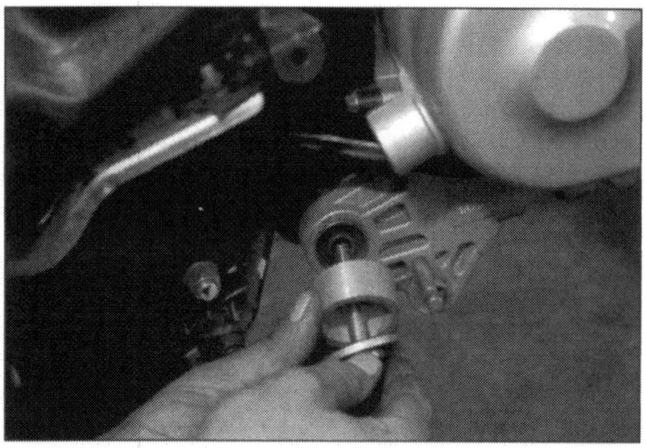

Auspresswerkzeug am Motorblock.

weitig beschädigt sein, merkt man das meist recht schnell daran, dass das Fahrzeug beim Lastwechsel in eine Richtung zieht. Beim Bremsen oder beim Beschleunigen wird die Triebsatzschwinge belastet. Wenn die Lagergummis unterschiedlich ansprechen, hat das zur Folge, dass die Triebsatzschwinge schief drückt. Das wiederum kann eine Spuränderung an der Hintersachse mit den entsprechenden Auswirkungen zur Folge haben. Stark ausgeschlagene Buchsen melden sich durchaus mit lautstarkem »Rappeln« zu Wort. Die Silentbuchsen lassen sich am besten überprüfen, wenn man mit einem entsprechend großen Schraubendreher Druck auf die Verschraubungen ausübt und dabei die Silentbuchse genau beobachtet. Treten Risse im Gummi auf oder stellt sich heraus, dass das Gummi bereits von der Stahlhülse abgelöst ist, muss die Buchse dringend ersetzt werden.

Stoßdämpfer und Gabelholm

Eigenschaften: Schwingungen und Schläge, die durch die Fahrbahn auf das Fahrzeug wirken, möglichst komfortabel und schnell auffangen. Natürlich soll die Federung auch komfortabel für den Betrieb mit Sozius ausgelegt sein.

Typische Fehler:

- Undichtheit der Dämpfer.
- Undichtheit der Gabelsimmeringe.
- Beschädigte Gleitflächen der Gabel.
- Korrosion.

Die Anforderungen an das Dämpfer-Feder-System sind eigentlich ganz einfach. Sie sollen alle Fahrbahnunebenheiten ausgleichen sowie Schläge und Schwingungen des Fahrzeugaufbaus abbauen. Eine 100%ige Lösung ist zwar erstrebenswert, aber aufgrund der Widersprüche zu anderen Anforderungen an das Fahrwerk müssen Kompromisse gefunden werden.

Die Stoßdämpfer sind bei den meisten Rollern als Feder-Dämpfer-Kombination ausgelegt. Diese Kombination nennt sich Federbein. Die Aufgabe von Federung und Dämpfung ist für Laien recht schwer auseinanderzuhalten.

Technisch betrachtet soll die Federung Erschütterung und Unebenheiten vermindern, indem sie der Kraft, die auf die Achsteile einwirkt, nachgibt. Der Kontakt der Räder in unterschiedlichen Fahrsituationen wird so verbessert. Sichtbar ist zuerst einmal die Spiralfeder des Federbeins. Bei hochwertigeren Dämpfersystemen fällt neben der Spiralfeder ein Ausgleichbehäl-

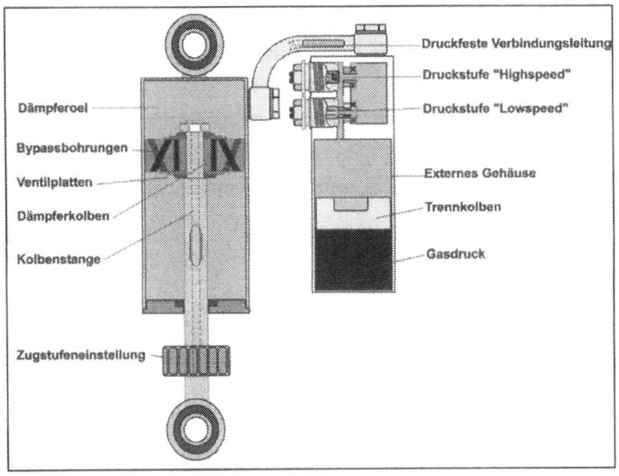

Funktionsskizze Stoßdämpfer.

ter auf, der mit Gas beziehungsweise Luft gefüllt wird und die Stahlfeder sogar unterstützen kann. Dieses Gasgefäß ermöglicht eine bessere Feinabstimmung der Federung.

In ihrem Aussehen kaum zu unterscheiden sind die federunterstützenden Elemente und die dämpfungsunterstützenden Elemente. In den dämpfungsunterstützenden Elementen wird in der Kammer eine Emulsion, also ein Gas-Öl-Gemisch, erzeugt, welches die Dämpfungseigenschaften positiv beeinflusst. Der Unterschied in der Bauweise liegt eigentlich nur in einem Trennkolben.

Dieser Trennkolben verhindert die Vermischung von Gas und Öl. Da sich Flüssigkeiten nicht komprimieren lassen, eignet sich das Dämpferöl hervorragend, um Federkraft in den Behälter zu leiten. Hier kann das Gas über dem Trennkolben nun beim Einfedern verdichtet werden und unterstützt so die Stoßdämpferfeder.

Die meisten Schwächen in Sachen Federung und Dämpfung fallen wiederum bei der Probefahrt auf. Ein durchschlagender Stoßdämpfer oder ein sich stetig aufschaukelnder Roller sind bereits sehr sichere Hinweise auf größere Defekte im Fahrwerksbereich des Rollers. In den meisten Fällen lassen sich defekte Dämpfer schon an außergewöhnlich deutlichen Reibspuren oder auch an dem ausgelaufenen Dämpferöl erkennen. Hier sollten dann dringend die entsprechenden Teile erneuert werden. Dämpfer und Zubehör hierfür hält der Zubehörhandel bereit. Es gibt hier keine Grenzen mehr. Sowohl die Auslegung, die Abstimmbarkeit und zu guter Letzt der Preis lassen eine große Auswahl zu. Lediglich die Länge und die Anschlussflansche seines Dämpfers sollte man kennen.

Gute Stoßdämpfer weisen neben einer Einstellmöglichkeit der Feder auch Verstellmöglichkeiten für Druck und Zugstufe auf. Durch diese Einstellmöglichkeiten werden die Einfedergeschwindigkeit und die Ausfedergeschwindigkeit beeinflusst.

Die meisten Fehler in der Dämpfereinheit finden sich in der Abdichtung. Zumindest hochwertige Dämpfer arbeiten immer mit einer Ölfüllung, die durch die verlangsamte Bewegung die Schwingungen abfängt. Austretende Flüssigkeit ist immer ein Zeichen, dass diese Dämpfereinheit neu abgedichtet oder ersetzt werden muss. Stoßdämpfer mit Gasfüllung sollten niemals ohne Sachkenntnis geöffnet werden. Sie stehen unter Druck, unsachgemäßer Umgang mit einer solchen Dämpfereinheit kann lebensgefährlich sein.

Billige Dämpfer sind als Reibungsdämpfer ausgelegt. Die Dämpfung wird durch innere Reibung erreicht. Zumeist sind diese Dämpfer aber weder leistungsfähig noch besonders langlebig. Ein Stoßdämpfer kann im Motorradbereich mehrere 1000 Euro kosten.

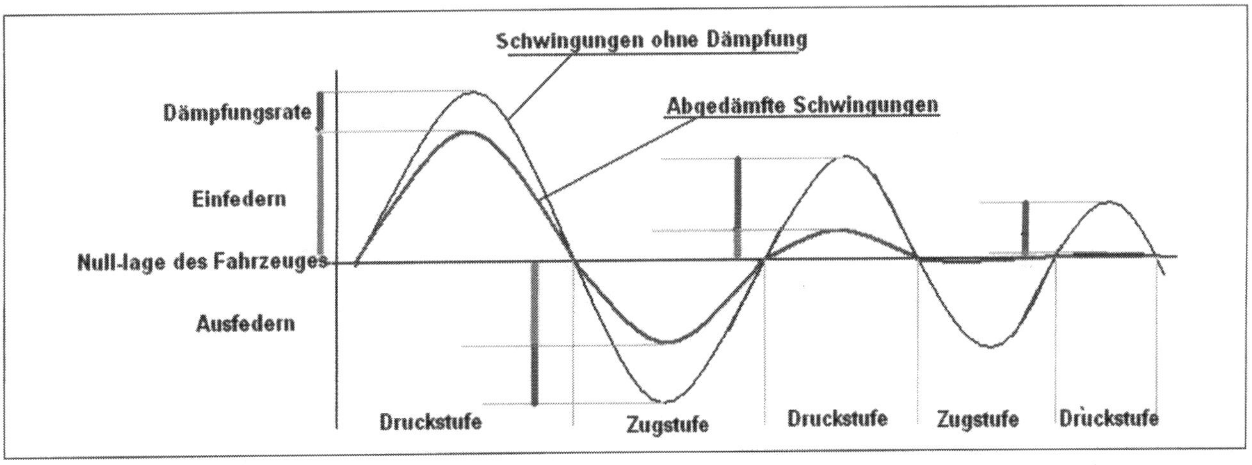

Schwingungen am Stoßdämpfer.

Diese Summen werden beim Roller wohl eher selten anfallen.
Des Weiteren muss auch die Befestigung an Rahmen und Motor beachtet werden. Die Gummibuchsen sind in der Regel nicht einzeln zu kaufen. Ausgeschlagene Buchsen bedeuten also auch den Ersatz des kompletten Dämpfers. Höherlegungskits belasten die Lagergummis übrigens besonders. Auf die Verwendung sollte verzichtet werden.

Federweg aktiv prüfen

Eigenschaften: Die Federung soll Schwingungen und Schläge, die durch die Fahrbahn auf das Fahrzeug wirken, möglichst komfortabel und schnell auffangen. Die Auslegung der Federung muss zum Gewicht passen.
Typische Fehler:
- Federung ist zu hart.
- Federung ist zu weich.

Die Problematik ist schnell nachzuvollziehen. Da fährt man mal alleine mit dem Roller und gelegentlich auch zu zweit. Bodenwellen und Schlaglöcher finden sich bei der desolaten Situation der Haushaltskassen fast auf allen Straßen und so schlägt der Stoßdämpfer in schöner Regelmäßigkeit durch. Er geht auf »Block«, sagen die Fahrwerkler. Die Gefahr besteht, dass sich der Stoßdämpfer verbiegt oder auch innerlich Schäden davon trägt.
Zuständig für die Gegenkraft ist die Kennlinie der Stoßdämpferfeder. Sie bestimmt, wieweit der Stoßdämpfer sich bei einer bestimmten Belastung zusammendrücken lässt. Verstellbare Federvorspannungen verändern diese Kennlinie nicht, sondern lassen sie erst etwas später beginnen als bei höherer Gewichtsbelastung. Teilt man den Federweg eines Stoßdämpfers in drei Bereiche, lässt sich der Federweg recht gut einschätzen. Im ersten Drittel spricht man vom »Negativfederweg«. Das zweite Drittel ist der »Arbeitsbereich« und das letzte Drittel die »Reserve«.

Bestimmen Sie die Ruhestellung und den Negativfederweg

1. Montieren Sie einen kleinen Kabelbinder an der Kolbenstange des Stoßdämpfers. Schieben Sie ihn so weit wie es geht nach oben zur Dämpferkartusche.
2. Eine zweite Person hält den Roller am Gepäckträger fest und sorgt dafür, dass er nicht ungewollt einfedert.
3. Setzen Sie sich nun vorsichtig auf den Fahrersitz. Die zweite Person lässt nun zu, dass der Roller einfedert.
4. Steigen Sie nun vorsichtig vom Roller wieder ab. Schauen Sie nach, wieweit der Kabelbinder nach unten verschoben wurde. Stimmt die Federvorspannung, sollte er am Anfang des 2. Drittels des Federweges zum Stehen gekommen sein.

Bestimmen Sie den Arbeitsfederweg

1. Fahren Sie den Roller mit ihrer normalen Zuladung über eine normale Strecke Probe. Vermeiden Sie extreme Belastungen wie Bodenwellen und Schlaglöcher sowie extreme Bremsbewegungen.
2. Sehen Sie nach, wieweit sich der Kabelbinder verschoben hat. Er darf das 2. Drittel des Arbeitshubes des Stoßdämpfers nicht verlassen haben. Ist das doch der Fall, sollte, wenn möglich, zuerst die Federspannung erhöht und der Versuch wiederholt werden.

Dieselbe Vorgehensweise gilt übrigens auch für die Vorderradgabel. Ein gleichmäßig abgestimmter Roller wird ein deutlich besseres Fahrverhalten aufweisen als ein zusammengestückeltes Fahrwerk.
»Das Fahrwerk birgt mehr Potenzial als der Motor«, sagte mal ein recht erfahrener Yamaha-Cup-Fahrer und behält auch beim Roller recht. Ist das Fahrwerk gut abgestimmt, federt der Roller übrigens gleichmäßig auf Vorderrad und Hinterrad ein, wenn Sie ihn im Bereich Ihrer Sitzposition belasten.

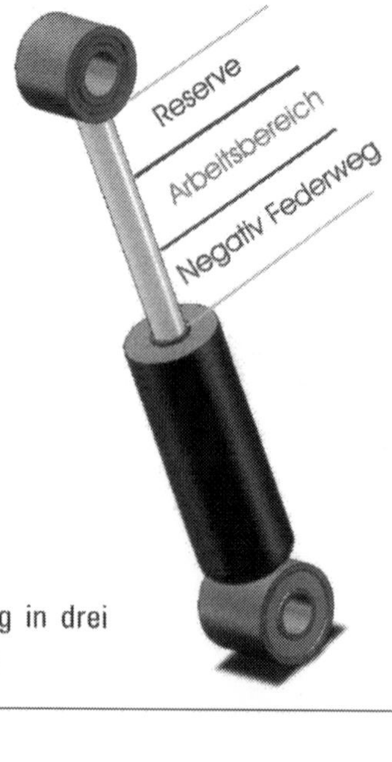

Der Federweg in drei Teilbereichen

Die Kraftstoffanlage

In der Gruppe Kraftstoffanlage finden Sie alles, was sich mit der Gemischaufbereitung zwischen Motor und Außenluft befindet. Hier können Sie die Bauteile, die für die Gemischaufbereitung zuständig sind, genauer unter die Lupe nehmen.

Ansaugstutzen

Eigenschaften: Gummistutzen mit Aluminiumeinlage zur Aufnahme des Vergasers und zur Vibrationsdämpfung für den Vergaser.
Typische Fehler:
■ Undichtheit durch Rissbildung oder Rissbildung in der Unterlagplatte.

Die Rissbildung des Ansaugstutzens ist meist auf den ersten Blick zu erkennen. Bei den meisten Modellen der Motorroller ist er auch nicht ohne Weiteres sichtbar. Lediglich ein kleiner Teil kann eingesehen werden.
In der Regel muss das Helmfach demontiert werden, um den Vergaser und den Ansaugstutzen betrachten zu können. Sollte man also aufgrund anderer Montagearbeiten einmal Helmfach und Verkleidungen demontieren müssen, sollte unbedingt der Ansaugstutzen inspiziert werden.

Spray als Hilfsstellung.

Sichtbare Rissbildung: Hier muss was Neues her!

In den meisten Fällen wirkt sich ein undichter Ansaugstutzen so aus, dass der Motor Falschluft zieht und dann die Drehzahl bei warmen und teilweise auch bei kaltem Motor höher liegt, als eigentlich erforderlich. Versucht man die Leerlaufdrehzahl einzustellen, gelingt das meistens nicht oder nur sehr unzureichend. Grundsätzlich sollte man wie bei einem gerissenen Vergaser vorgehen. Der Ansaugstutzen wird bei Leerlaufdrehzahl mit Bremsenreiniger abgespritzt. Verändert sich die Motordrehzahl, kann davon ausgegangen werden, dass der Ansaugstutzen undicht geworden ist. In vielen Fällen kann man die Rissbildung im Gummi gut erkennen, wenn der Ansaugstutzen gebogen wird. Ein undichter Ansaugstutzen muss sofort ersetzt werden. Die Falschluft sorgt für eine Abmagerung des Brenngemisches. Dieser Luftüberschuss kann zur Folge haben, dass die Verbrennung »heißer« abläuft. Die Überhitzung wiederum kann einen Zylinderschaden und/oder Kolbenschaden verursachen.

Benzinhahn

Eigenschaften: Unterdruckgesteuertes Membranventil. Durch den entstehenden Unterdruck im Ansaugtrakt des Motors wird die Membran betätigt und der Benzinhahn geöffnet.
Typische Fehler:
■ Verschmutzung.
■ Verharzung.
■ Haarrisse im Gehäuse.
■ Defektes Membran (Benzin im Unterdruckschlauch).
■ Undichte Unterdruck- oder Kraftstoffschlauchleitung.

Im Grundsatz findet man zwei Haupttypen, die in den beschriebenen Rollern verbaut wurden. Zum einen

Benzinhahn (Schraubvarianten am Tank).

finden sich am Tank verbaute Benzinhähne, zum anderen extern verbaute. Hinsichtlich der Funktion besteht kein Unterschied. Der Benzinhahn arbeitet automatisch. Er besitzt in aller Regel 3 Anschlüsse. Kraftstoffablauf und Unterdruckanschluss sind immer vorhanden. Der dritte Anschluss kann zur Belüftung des Benzinhahns verbaut worden sein. Lediglich die extern verbauten Varianten haben einen vierten Anschluss. Dieser dient dann zur Benzinzufuhr vom Tank. Einige wenige Varianten der Benzinhähne sind mit einem Kraftstofffilter ausgerüstet. Dieser Filter sollte dann auch im Rahmen der Inspektion regelmäßig gereinigt werden.
Die Funktion lässt sich recht einfach schon im eingebauten Zustand prüfen. Man zieht beide Schläuche vom Vergaser ab. Der Unterdruckschlauch wird nun mit Unterdruck beaufschlagt (Medizinspritze!! Nicht mit dem Mund! Benzin ist giftig!!!). Die Membran sollte öffnen und der Kraftstoff aus dem abgezogenen Versorgungsschlauch zum Vergaser herauslaufen. Der Kraftstoff sollte aufgefangen werden. Sobald man den Unterdruck weglässt, sollte der Benzinhahn schließen. Lässt sich der Bezinhahn nicht per Unterdruck öffnen, obwohl die Schläuche intakt sind, ist das Nadelventil festgerostet. Schließt er gar nicht oder läuft sogar Kraftstoff aus dem Unterdruckanschluss, muss der Benzinhahn dringend ersetzt werden. Das Fahrzeug sollte auf keinen Fall weiter betrieben werden, da sonst leicht ein Motorschaden entstehen kann. Bei undichtem Benzinhahn und eventuellem Verdacht, dass der Motor schon einmal mit Benzin vollgelaufen ist, unbedingt den Zylindersatz prüfen.

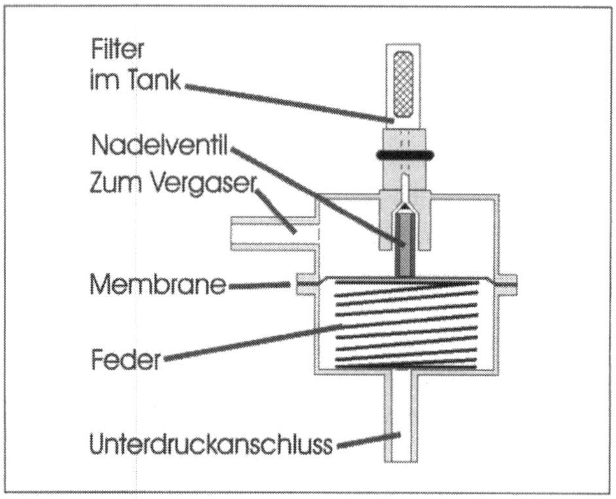

Funktionsprinzip des unterdruckgesteuerten Benzinhahnes.

Düsen und Mischrohr

Eigenschaften: Die Düsen sorgen für die Kraftstoffzuteilung in der richtigen Menge. Das Mischrohr mischt Luft zu dem Kraftstoff hinzu, um eine feinere Kraftstoffzerstäubung zu erreichen.
Die Düsen sind mit sehr kleinen Bohrungen versehen.
Typische Fehler:
- Verschmutzung.
- Unzureichende Befestigung.
- Falsche Bedüsung.

Die Bezeichnung auf den Düsen gibt Informationen über die verwendete Lochgröße. »53« bedeutet, dass die Düsenbohrung 0,53 mm groß ist. Anhand dieser Größe und dem Gewindedurchmesser lassen sich auch Düsen im Zubehörhandel beschaffen. Auf diese Weise ist sogar eine individuelle Abstimmmöglichkeit gegeben. Die Düsengrößen werden vom Fahrzeughersteller angegeben.

Düsen im Detail.

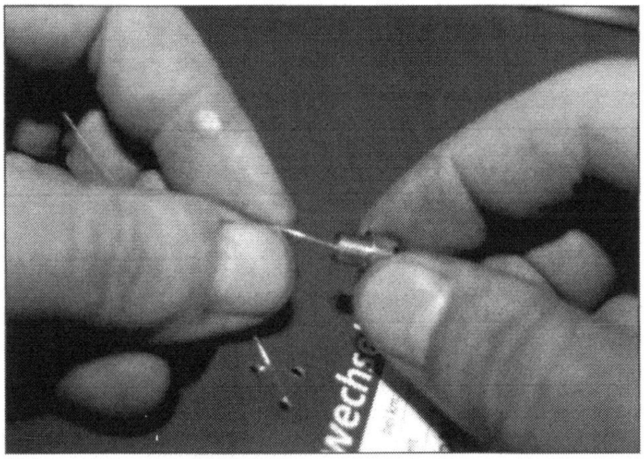

Reinigung der Leerlaufdüse.

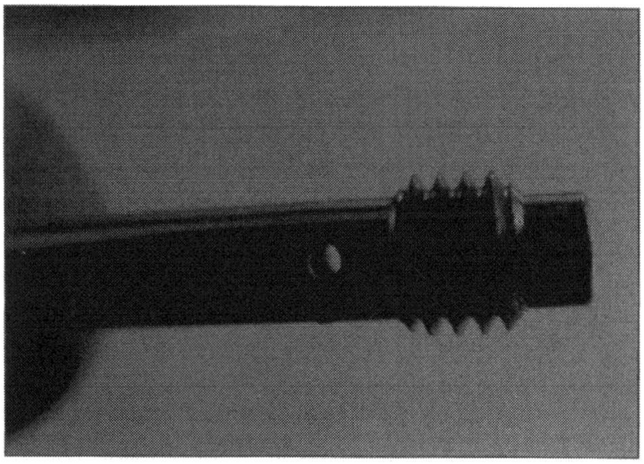

Blick seitlich durch die Mischdüse.

Das ist gründlich: Ein Ultraschallbad.

Die Größe der Düse ist in allen Fällen durch das technische Gutachten, das jeder Rollerbetriebserlaubnis zugrunde liegt, festgeschrieben. Eine Veränderung hätte das Erlöschen der Betriebserlaubnis zur Folge. Bei einigen Herstellern kann eine Korrekturgröße der Düsen abgefragt werden, die dann legal verbaut werden kann.

Bei allen Düsen gilt, dass für die Reinigung immer Materialien und Reinigungsmittel gefunden werden müssen, die die Düsen nicht angreifen, die Verschmutzung aber lösen. In der Regel reichen Benzin oder im Notfall auch Verdünnung aus, um die Verschmutzungen zu lösen. Zur mechanischen Reinigung bietet sich auch ein Draht von einem Ölzettel an. In der Regel ist dieser ca. 0,5 mm dick. Hier muss selbstverständlich mit äußerster Vorsicht vorgegangen werden, um die Düse nicht aufzuweiten oder zu beschädigen. Die Düsen müssen auf jeden Fall immer wieder auch während der Reinigung gründlich mit Luft ausgeblasen und genauestens betrachtet werden. Die Düsenreibahle sind zur Reinigung ungeeignet, da hier sehr leicht die Düsengröße verändert wird.

Sehr gut zur Reinigung eignet sich ein sogenanntes Ultraschallbad. Hier werden die Verschmutzungen und Ablagerungen durch die übertragenen Schwingungen gelöst.

Die Überprüfung der Düsen kann mit entsprechenden Leeren oder eben nur durch optische Begutachtung erfolgen. Die meisten Eigenschaften sind bis auf die tatsächliche Bohrungsgröße mit dem Auge wahrnehmbar. Die Düse darf keine Ablagerungen haben und die Bereiche, durch die der Kraftstoff hindurch soll, müssen entsprechend glatt sein.

Bei den Mischrohrdüsen kommen lediglich die seitlichen Bohrungen hinzu. Hier gelten die gleichen Anforderungen wie für die Düsentrichter. Am besten kontrolliert man die Düsenbohrungen, indem man sie gegen das Licht betrachtet.

Betrachten wir nun die Düsen einzeln, um die Aufgabe und den Aufbau zu verdeutlichen und eine Prüfung dieser Bauteile zu ermöglichen:

Die Hauptdüse übernimmt die Kraftstoffversorgung für den Hauptkanal des Vergasers. Sie stellt aber auch eine feste Größe für die Leerlaufgemischregelung dar. Meistens zeigt sich ein Fehler, der in Verbindung mit der Hauptdüse zu suchen ist, durch schlechte Gasan-

Hauptdüse.

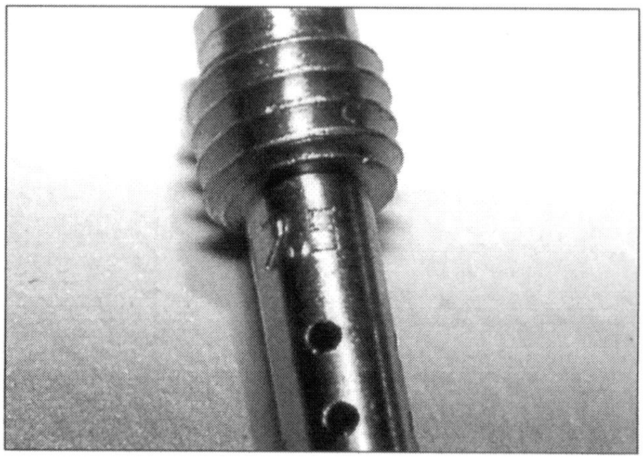

Leerlaufdüse.

Mischrohr.

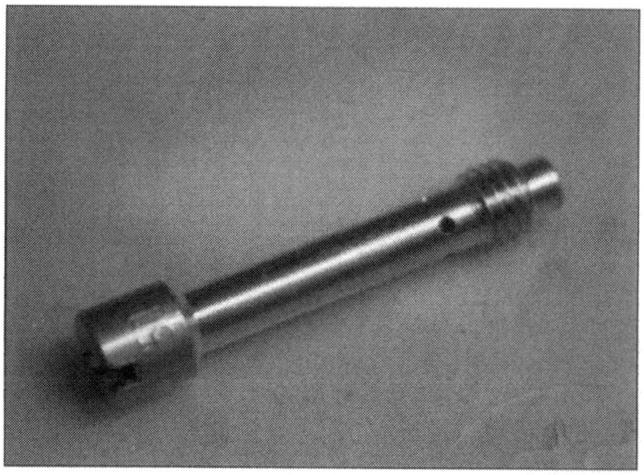

Chokedüse.

nahme des Motors. Eine verstopfte Hauptdüse kann durchaus Einfluss auf den Leerlauf des Motors haben. Ein Teil des Leerlaufgemisches wird auch aus der Hauptdüse zugemischt. Die Bohrung ist lediglich durch die Mitte der Düse angelegt. Die Reinigung kann vorsichtig mit feinem Draht durchgeführt werden.

Das Mischrohr vermischt den durch die Hauptdüse reduzierten Kraftstoff mit Luft, um eine feinere Zerstäubung des Kraftstoffes im Vergaser realisieren zu können. Die Schiebernadel übernimmt die Zuteilung des Kraftstoffluftgemisches entsprechend der Gasschieberstellung.

Die Leerlaufdüse übernimmt die Kraftstoffversorgung für den Nebenkanal des Vergasers und ist die maßgebende Größe für die Leerlaufgemischregelung. Meistens zeigt sich ein Fehler, der in Verbindung mit der Leerlaufdüse zu suchen ist, durch schlechte Gasannahme des Motors sowie nicht vorhandener Leerlaufdrehzahl. In vielen Fällen ist eine auf Anschlag hineingedrehte Leerlaufeinstellschraube ein Zeichen für ein nicht intaktes Leerlaufsystem. Die Bohrung ist lediglich durch die Mitte der Düse angelegt.

Die Reinigung kann vorsichtig mit feinem Draht durchgeführt werden. Eine Besonderheit liegt bei einigen Vergasern in dem Aufbau der Leerlaufdüse. Sie kann mit einem integrierten Mischrohr ausgerüstet sein. Zumeist erkennt man diese Düsen an der längeren Bauform. Hier müssen auch die seitlichen Bohrungen betrachtet und nötigenfalls auch gereinigt werden.

Die Chokedüse ist nur bei wenigen Vergasermodellen verbaut, zumeist sind die Dellorto-Vergaser damit ausgerüstet. Mikuni setzt bei den meisten ihrer Kleinvergaser auch die Reduzierung im Kraftstoffrohr. Der Aufbau der Chokedüse erinnert stark an den Aufbau der Hauptdüse. Die Prüfung und Reinigung kann genau wie bei der Hauptdüse erfolgen.

Einlassmembrane am Zweitakter

Eigenschaften: Plättchenmembrane mit Zungen aus Stahl, Carbon oder anderen Verbundstoffen.
Sie steuern die Zufuhr von Frischgemisch beim Ansaugen und beeinflussen die Steuerzeiten des Zweitaktmotors.

Typische Fehler:

- Beschädigung durch Biegebeanspruchung.
- Ausbrüche aufgrund von Verschleiß.
- Unsaubere Auflage auf dem Membranträger.
- Unzureichende Befestigung der Zungen.

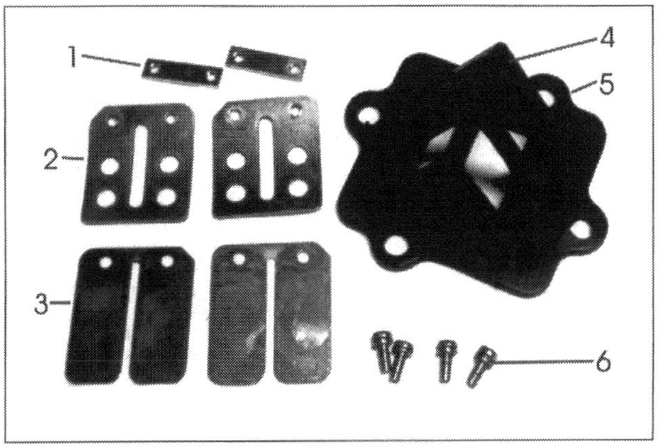

Einlassmembran in Teilen.

	Bauteil	Aufgabe
1	Gegenlagerplatten	Gewindeeinsätze für das Membrangehäuse.
2	Anschlagplatten	Beschränkung der Membranplättchenauslenkung.
3	Membranzungen	Bewegliches Teil des Membranventils.
4	Dichtsitzflächen	Abdichtung zu den Membranzungen.
5	Membrangehäuse	Bauteileträger.
6	Befestigungsschrauben	Befestigung der Bauteile.

Der Aufbau der Minarelli-Motoren ist der Grund, warum sie als membrangesteuerte Zweitaktmotoren bezeichnet werden. Die Membrane arbeiten wie ein Wegeventil und lassen nur eine Luftbewegung zu. Bewegt sich die Luft in den Motor hinein, werden die Membrane durch die Luftmasse aufgedrückt. Sollte die Luftbewegung aus dem Motor heraus erfolgen, werden die Membrane geschlossen. Betrachten wir die Membransteuerung unter dem Gesichtpunkt der unterschiedlichen Drücke, wird die Membran immer

Ausbruch ab einem Membranplättchen.

dann geöffnet, wenn der Druck im Kurbelgehäuse geringer ist als der Druck im Ansaugstutzen. Es ist leicht vorstellbar, dass Membranplättchen schneller reagieren, je leichter und flexibler sie sind.
Da sie bei jedem Ansaugtakt, also bei jeder Umdrehung, geöffnet und wieder geschlossen werden, unterliegen auch sie einem Verschleiß. Durch die dauernde Biegebeanspruchung und das Zuschlagen können sie reißen oder sogar brechen oder gerade im Randbereich ausfransen.
Eine undichte Membran wirkt sich meist so aus, dass etwas Leistungsverlust zu beklagen und auch die Leerlaufdrehzahl kaum noch sauber einzustellen ist. In vielen Fällen verschlechtert sich auch das Kerzenbild recht deutlich.
Für die Beurteilung der Membrane ist die Dichtheit von entscheidender Bedeutung. Hierzu betrachtet man die Auflage der Membrane genauer. Ein weiterer Faktor für die Beurteilung ist gerade bei Carbonvarianten, die Rissbildung oder andere Beschädigungen der Membranzungen. Auch die Verschraubungen sollten auf festen Sitz überprüft werden. Die Rückseiten der Schrauben sollten verpresst oder gequetscht werden, um das Losvibrieren der Schrauben zu vermeiden.
Sollten sich Bauteile oder Bruchteile in das Kurbelgehäuse verirren, kann das einen kapitalen Motorschaden verursachen, bei dem sogar Zylindersatz und Kurbelwelle betroffen sind.

Gemischpumpe

Eigenschaften: Sie versorgt den Motor mit dem notwendigen Schmieröl. Je nach Ausführung wird die Ölmenge über die Drehzahl und die Lastanforderung geregelt.

Typische Fehler:

- Verschleiß der Gemischpumpe.
- Undichtheit im Antrieb.
- Undichtheit der Druck und Versorgungsschläuche.
- Defektes Antriebsritzel.
- Undichte Gemischpumpe.

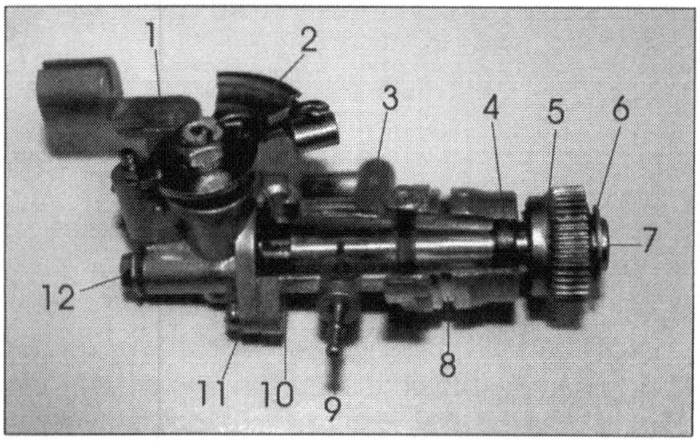

Gemischpumpe im Schnitt: 1 Deckel mit Zugführung, 2 Verstellbare Nockenwelle, 3 Pumpengehäuse, 4 Pumpensimmering, 5 Antriebsrad, 6 Sicherungsring, 7 Pumpenwelle, 8 Fettdichtungsnut, 9 Druckausgang, 10 Kolbenfeder, 11 Arbeitskolben, 12 Entlüftungsschraube.

Einbaulage der Gemischpumpe.

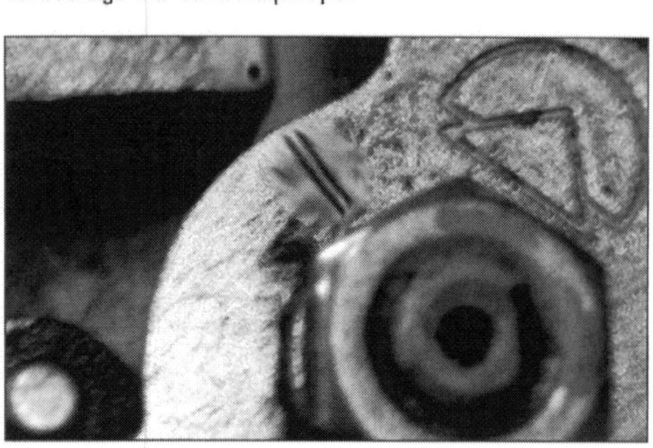

Grundeinstellung Gemischpumpe.

Die Lage der Gemischpumpe ist bei den Minarellimotoren recht günstig gewählt. Sie ist bei beiden Motorvarianten auf der rechten Seite in der Nähe des Generators verbaut. Der Gemischpumpenantrieb findet sich hinter der Ankerplatte des Generators. Die Anschlussschläuche werden bei allen Modellen sehr sauber geführt. Undichtheiten im Bereich der Anschlussschläuche kommen sehr selten vor und können im Fall der Fälle leicht geortet werden. Sie sind zudem gut erreichbar.

Gerade bei Zylinderschäden geraten die Gemischpumpen leicht in den Verdacht, ihren vorgesehenen Dienst nicht oder nicht vollständig zu erfüllen. Bei den meisten Herstellern ist die Fördermenge nicht angegeben. Das hängt sicherlich auch davon ab, dass die Fördermenge mindestens drehzahlabhängig und bei einigen Modellen zusätzlich noch lastabhängig ist. Die lastabhängigen Pumpen erkennt man leicht an dem zusätzlichen Gaszug.

Die Grundeinstellung der lastabhängigen Gemischpumpen ist recht einfach zu bewerkstelligen. Wie auf dem Bild zu erkennen, findet man auf dem Gemischpumpengehäuse und auf dem Gaszughalbrad Markierungen. Diese Markierungen müssen im Leerlauf übereinander stehen. Weitergehende Einstellungen sind bei beiden Pumpenarten nicht vorgesehen. Bei Pumpen ohne Markierungen muss das Gaszughalbrad im Leerlauf in Ruhestellung stehen. Der Anschlag entspricht dann der Leerlaufeinstellung der Pumpe.

Zur Überprüfung des Förderverhaltens im Leerlauf kann die Tropfen/Zeit-Methode herangezogen werden. Hierzu wird der Gemischpumpenschlauch abgezogen und der Motor im Leerlauf laufen gelassen. Alle 10-15 Sekunden sollte ein Tropfen die Druckleitung verlassen. Es kann dann davon ausgegangen werden, dass die Gemischpumpe arbeitet. Diese Prüfung sollte auch bei warmem Motor durchgeführt werden. Bei eventuellen Schäden am Antriebsritzel kann es sein, dass die Pumpe erst bei der normalen Motortemperatur ausfällt.

Da es keine Ersatzteile für die Gemischpumpen gibt, macht es keinen Sinn, diese zu zerlegen. Im Fall einer Undichtheit oder bei mangelhaftem Förderverhalten der Gemischpumpe ist die gesamte Pumpe zu ersetzen.

In vielen Fällen des recht seltenen Pumpenausfalls sind die Antriebsräder als Ursache festzustellen. Die Schäden finden sich meist auf dem Kunststoffrad, welches auf der Kurbelwelle montiert ist. Die Abnutzung ist mit bloßem Auge kaum zu erkennen. Mit Hilfe

eines Lineals wird aber der Verschleiß sehr gut sichtbar.
Ein weiterer, nicht nur für diese Motoren typischer Fehler zeigt sich meist nach längerer Standzeit. Nachdem das Fahrzeug meist nur schwer anspringt und in der ersten Zeit auch während der Fahrt deutlich Nebelschwaden hinter sich herzieht, kann davon ausgegangen werden, dass das oder eines der Rückschlagventile festhängt. In den meisten Fällen sammelt sich so im Kurbelgehäuse Zweitaktöl, welches dann mit verbrannt werden muss.
Da es sich meist um ein Einzelteil des Vergasers handelt, ist auch das Rückschlagventil nicht ohne Weiteres lieferbar. Findet man jedoch eine gut sortierte Werkstatt, so lassen sich sogar Rückschlagventile einzeln käuflich erwerben.
Sollte sich herausstellen, dass bereits soviel Öl im Kurbelgehäuse abgelagert wurde, sollte der Motor erst nach dem Entleeren des Kurbelgehäuses gestartet werden, um Kolben und Kurbelwellschäden zu vermeiden. In den meisten Fällen ist es ausreichend, die Zündkerze und den Auspuff zu demontieren, um das Öl mit Hilfe des Anlassers vorsichtig herausspritzen zu lassen. Es muss dringend empfohlen werden, im Bereich von Kerzengewinde und Auspuffflansch Lappen zum Aufnehmen des überschüssigen Öls auszulegen.

Kaltstartregler Vergaser

Eigenschaften: Elektrisch beheiztes Dehnstoffventil, welches durch die Generatorspannung bei laufendem Motor beheizt wird. Nach einer gewissen Laufzeit ist die Wachsfüllung des Dehnstoffelementes soweit ausgedehnt, dass das Ventil verschlossen wird.
Typische Fehler:
- Kontaktkorrosion am Heizelement.
- Bruch der Anschlussleitungen.
- Dehnstoffelement undicht.
- Heizplättchen defekt.

Fehlerbild und Ursache

Der Kaltstartregler des Vergasers hat die Aufgabe neben dem Hauptkanal im Vergaser zusätzlich Kraftstoff und Luft zuzugeben. In den meisten Fällen wird dann in der Warmlaufphase die Leerlaufdrehzahl angehoben. Mechanischer Verschleiß ist bei diesem Bauteil eigentlich nicht anzutreffen. Wie bei vielen anderen Bauteilen am Roller ist Korrosion auch ein Problem am Kaltstartregler. Weiterhin brechen auch schon mal

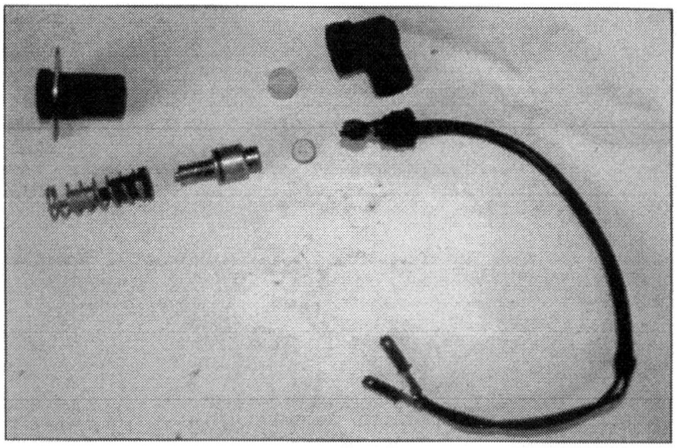

Kaltstartregler in Teilen.

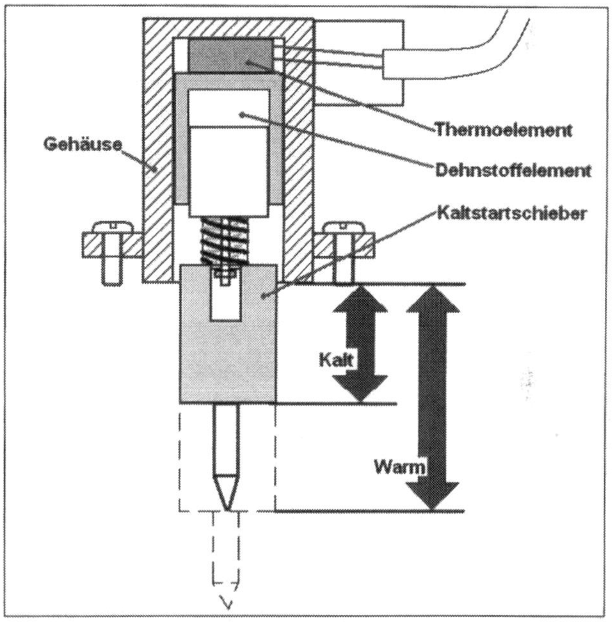

Kaltstart als Funktionsprinzip.

die Kabel am Gehäuse ab. Die Funktionsweise dieses Bauteils ist denkbar einfach. Im Kaltzustand wird der Kaltstartschieber angehoben. Ein elektrisches Heizelement wird, während der Motor läuft, vom Lichtstrom versorgt und beheizt ein Dehnstoffelement. Dieses Dehnstoffelement dehnt sich aus und schiebt den Kaltstartschieber auf den Sitz im Vergaser. So wird dann sowohl die Zusatzluft als auch der Zusatzkraftstoff abgeregelt und der Vergaser läuft wieder über das normale Leerlaufgemischsystem.

Messungen

Funktionsprüfung im ausgebauten Zustand

Die Funktion des Kaltstartreglers lässt sich auch im ausgebauten Zustand simulieren. Zuerst wird mit

Startanhebung testen.

Versorgungsspannung der Startanhebung messen.

einem Messschieber oder mit einem Maßstab das Überstandsmaß des Kaltstartschiebers ermittelt. Nun wird an die elektrischen Anschlüsse eine 12-V-Batterie angeschlossen. Nach einer Wartezeit von einigen Minuten wird der Kaltstartschieber langsam weiter herausgeschoben. Er bewegt sich im ausgebauten Zustand um ca. 4 mm. Wenn man die Schutzkappe abzieht, kann man am Gehäuse fühlen, dass das Heizelement arbeitet. Der Kaltstartregler ist nicht zerlegbar und kann nur als ganze Baueinheit ersetzt werden. Sollte das Gehäuse nicht warm werden und der Kaltstartschieber nicht ausfahren, so muss der Kaltstartregler ersetzt werden. Weiterhin gibt es die Möglichkeit, dieselbe Prüfung an dem Kaltstartregler durchzuführen, wenn er am Vergaser verbaut ist. Blickt man in den Ansaugtrichter des Vergasers hinein, kann man auf der Seite, an der das Kaltstartregelventil verbaut ist, eine ca. 4 mm große Bohrung erkennen. Diese Bohrung ist die Luftzufuhrbohrung für das Zusatzgemisch in der Warmlaufphase.
Mit Hilfe eines Gummischlauches kann man nun versuchen, in die Bohrung hineinzublasen. Gelingt das, kann man ein deutliches Zischen wahrnehmen. Wenn das Thermoelement ausreichend aufgeheizt ist, sollte der Kaltstartschieber die Bohrung verschließen. Nun sollte es nicht mehr möglich sein, Luft durch diesen Kanal durchzublasen.

Funktionsprüfung im eingebauten Zustand
Um die Funktion im eingebauten Zustand überprüfen zu können, ist es erforderlich, dass der Ansaugschlauch zum Luftfilter demontiert ist. Zudem muss der Motor kalt und der Roller für mindestens eine Stunde nicht in Betrieb gewesen sein.
Startet man nun den Motor, wird auch Luft durch diese Bohrung angesaugt. Verschließt man diese Bohrung dicht mit einem Finger, wird die Leerlaufdrehzahl sofort abfallen.
Gelegentlich geht auch der Motor aus. Im Warmzustand, nach einigen Minuten Laufzeit des Motors, wird dieselbe Prüfung keine Veränderung der Leerlaufdrehzahl ergeben. Natürlich kann so keine Aussage über die Abdichtung des Kaltstartschiebers für den Kraftstoffkanal getroffen werden.

Spannungsmessung an den Anschlüssen
Die Voraussetzung für die Funktion des Kaltstartreglers ist die elektrische Stromversorgung. Misst man parallel zu den Anschlüssen beim angeschlossenen Kaltstartregler, so muss bei laufendem Motor eine Wechselspannung von ca. 10 V–15 V anliegen.

Widerstandsmessung an den Anschlüssen
Bei Raumtemperatur sollte ein ohmscher Widerstand von ungefähr 25 Ohm an den Anschlusssteckern festzustellen sein. Bei Erwärmung steigt der Widerstand stetig.

Luftfilter und Luftfilterkasten

Eigenschaften: Benetztes Schaumstoffelement zur Staubfilterung und Kunststoffgehäuse zur Geräuschdämmung.

Typische Fehler:
- Verschmutzter Filtereinsatz.
- Beschädigter Filtereinsatz.
- Undichtes Luftfiltergehäuse.
- Fehlender Reduzierungsschnorchel.

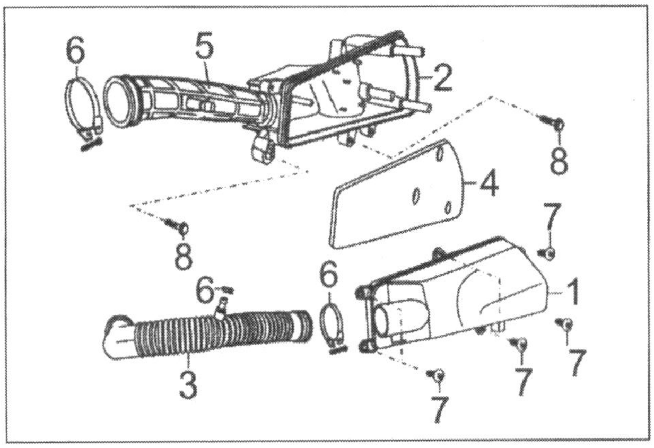

Luftfilter in Teilen.

	Bauteil	Aufgabe
1	Gehäusedeckel	Volumenbildung
2	Luftfiltergehäuse	Geräuschdämmung
3	Ansaugschlauch	Luft eingeben
4	Filterelement	Luft reinigen
5	Luftführung	Vergaser
6	Schelle	Schlauchbefestigung
7	Schrauben	Befestigung Gehäusedeckel
8	Schrauben	Befestigung am Motor

Genau genommen muss man die Luftfilteranlage zur Schalldämpferanlage hinzuzählen. Sie soll ebenso wie der eigentliche Schalldämpfer die Geräuschemission reduzieren. Technisch betrachtet haben der Luftfilter und sein Gehäuse noch wesentlich feinere Aufgaben, auf die sie abgestimmt wurden. Die Gehäusegröße und die Öffnungsgröße des Reduzierungsschnorchels versetzen die Luft in Schwingungen. Diese Resonanzschwingungen verursachen den Vorladeeffekt, der wiederum einen günstigeren Drehmomentverlauf zur Folge hat.

Wird ein Fahrzeug regelmäßig und gewissenhaft gewartet, werden die meisten Schäden an Luftfilter und Kasten nicht unentdeckt bleiben. Eine der Fehlerquellen findet sich bereits an den Verschraubungen des Luftfilterdeckels. Sehr oft fehlen einzelne Schrauben oder die Gewinde sind beschädigt. Für die Abstimmung des Motors, die Filterung der Luft und auch für die Geräuschentwicklung ist es wichtig, dass das Luftfiltergehäuse in Ordnung ist.

Luftfilter bei der Wartung.

Ein typischer Fehler, der auf ein undichtes Luftfiltergehäuse hinweist, ist das Abmagern des Motors. Der Motor lässt sich nur noch im Kaltstart sauber beschleunigen. Im Warmzustand stirbt er beim Beschleunigen ab. Hier sollte der Luftfilter dann auf Vollständigkeit, Sauberkeit und Unversehrtheit überprüft werden.

Schiebernadel, Clips und Führung

Eigenschaften: Edelstahlstift, der sich nach unten hin definiert verjüngt. Mehrere Kerben erlauben das Absenken und Anheben der Schiebernadel.

Typische Fehler:
- Nadel verbogen.
- Harzanhaftungen.
- Falsche Einbauhöhe.
- Sicherungsklipse gebrochen.
- Nadelsicherung defekt.

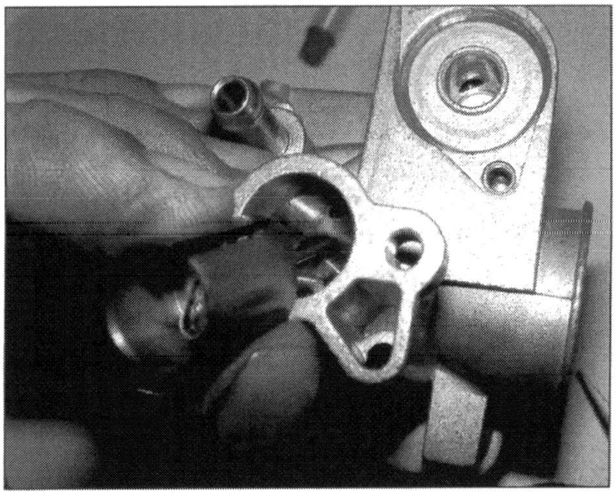
Einbau des Vergaserschiebers.

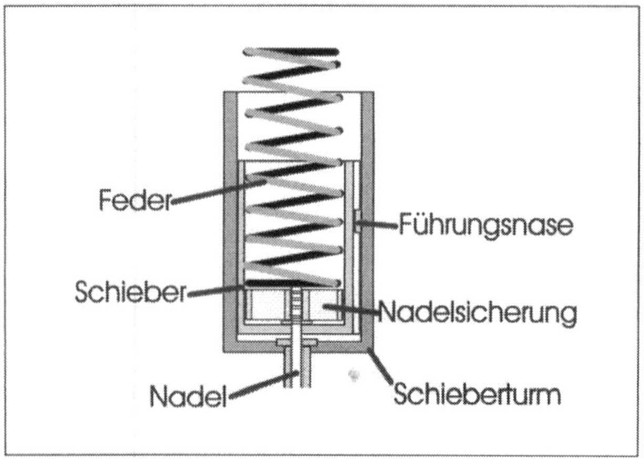

Aufbau des Schiebers mit Nadel.

Schwimmerkammer aufgeschnitten.

Die Vergaserschiebernadel hat die Aufgabe, die Kraftstoffmenge entsprechend der Schieberstellung zuzumischen.
In der Regel werden die Schiebernadeln im mittleren Bereich der Befestigungsrillen eingeklipst.
Die Vergasernadel hat unterschiedliche Durchmesser. Je weiter man nach unten kommt, umso dünner wird die Nadel. Der Nadeldurchmesser bei einer bestimmten Hubhöhe kann durchaus als »Kennfeld« der Kraftstoffzumischung gesehen werden.
Anhand der Rillen am oberen Ende der Schiebernadel kann dieses »Kennfeld« komplett verschoben werden. Wird die Schiebernadel höher gehängt (also der Clip in eine tiefere Rille eingeschoben) wird das Gemisch etwas angefettet. Hängt man sie dagegen tiefer, wird das Gemisch etwas abgemagert.
Auch hier kommen gelegentlich mal Fehler vor. Die Folge großer Laufleistungen kann beispielsweise den Clip der Vergasernadel verschleißen. So kann es sein, dass die Schiebernadel lose im Mischrohr liegt und die Hauptdüse verschließt. Der Roller würde so nicht laufen oder schon gar nicht anspringen.

Schwimmer

Eigenschaften: Der Schwimmer regelt mit der Schwimmernadel den Kraftstoffstand in der Schwimmerkammer. Er öffnet und schließt den Kraftstoffzulauf in den Vergaser.
Typische Fehler:
- Fehlerhafte Einstellung.
- Beschädigter Schwimmerkörper.
- Beschädigte Aufhängung.
- Verschlissene Schwimmernadel.
- Verschlissener Schwimmernadelsitz.

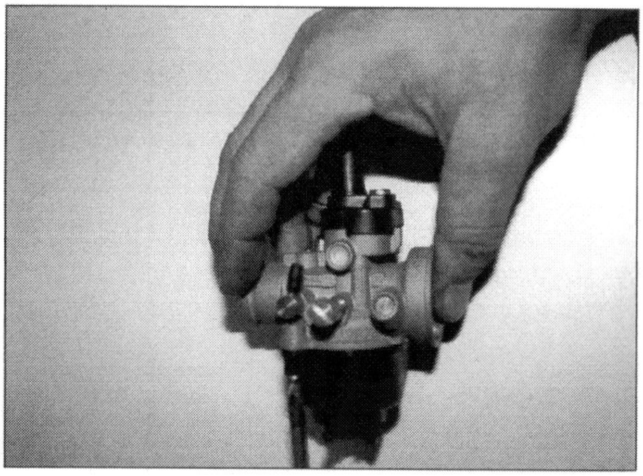
Damit nichts ausläuft: Transport bis zum Montageplatz.

In den meisten Fällen äußert sich ein Fehler an Schwimmernadel oder am Schwimmer selbst durch austretenden Kraftstoff am Vergaser. Da hilft dann kein Dichtsatz, sondern die Funktion des Schwimmers und der Schwimmernadel muss überprüft werden. Bei der Demontage des Vergasers sollten man vermeiden Kraftstoff aus der Schwimmerkammer zu verlieren oder zu verschütten, da sich in der Schwimmerkammer wichtige Hinweise auf Undichtigkeiten oder schlechte Motorleistung finden lassen.
Nun wird versucht die Schwimmerkammer wiederum so zu demontieren, dass die Schwimmerkammer immer waagerecht bleibt. Blickt man in die Schwimmerkammer, kann man eventuell vorhandene Verschmutzungen und auch Wasser sehr gut an der tiefsten Stelle erkennen. So bildet Wasser am Boden der Schwimmerkammer kleine »Perlen«, die sich gut erkennen lassen. Wenn zu viel Wasser in der Schwimmerkammer ist, magert der Rollermotor ab und hat oftmals keine Leistung mehr.

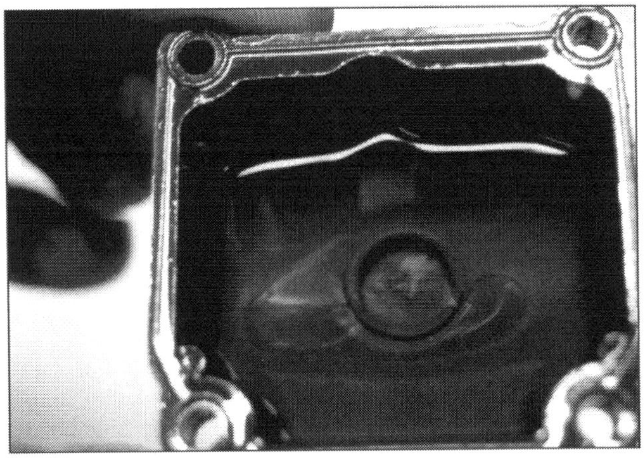

Wasseransammlung in der Schwimmerkammer.

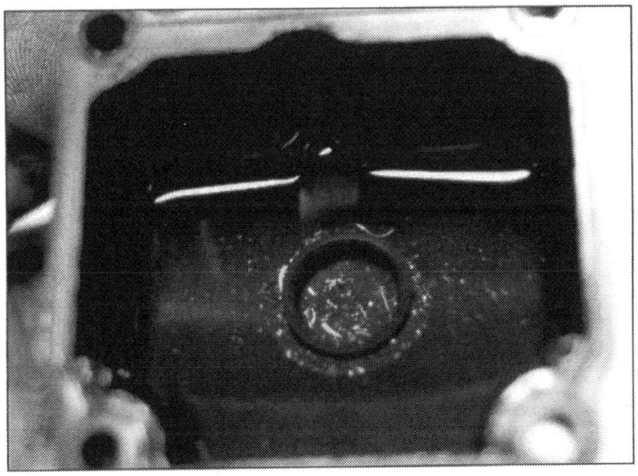

Verschmutzungen in der Schwimmerkammer.

Die Schwimmerkammer sollte zu gut 2/3 mit Kraftstoff gefüllt sein. Die Einstellung wird dann mit einem Schlauch geprüft. Der Vergaser wird mit abgenommener Schwimmerkammer auf den Kopf gestellt. An den Anschluss der Benzinzufuhr wird nun ein neuer, sauberer Schlauch angeschlossen. Nun versucht man, durch den aufgesteckten Schlauch Luft zu blasen. Solange der Vergaser auf dem Kopf liegt, wird der Schwimmer die Schwimmernadel herunterdrücken und so den Zulauf zum Vergaser dicht verschließen. Hier darf keine Undichtigkeit feststellbar sein. Wenn hörbar Luft austritt, müssen Schwimmernadel und Sitz genau betrachtet und untersucht werden. Sind Verschleißspuren erkennbar, muss zumindest die Vergasernadel erneuert werden. Bei Mikuni-Vergasern handelt es sich um einen Düsensatz, der den Nadelsitz beinhaltet. Bei den Dellorto-Vergasern ist die Spitze der Schwimmernadel aus Gummi. Diese dichtet zwar sehr gut und sicher ab, kann aber durchaus auch verschleißen.

Bei beiden Vergaserherstellern gibt es eigentlich keine »einstellbaren« Schwimmer. Trotzdem sollte man die Schwimmerhöhe kontrollieren. Hierzu wird die Höhe der Lage des Schwimmers gemessen, wenn der Vergaser auf dem Kopf steht und das Schwimmernadelventil geschlossen ist. Der Wert sollte bei Dellorto-Vergaser ca. 15 mm betragen und bei Mikuni-Vergasern in etwa 12 mm aufweisen.

Vergaser mit direkt angesteuertem Schieber

Eigenschaften: Rundschiebervergaser mit Kaltstarteinrichtung über Seilzug oder elektrischem Regelventil.

Typische Fehler:

- Verschmutzung.
- Verharzung.
- Haarrisse im Gehäuse.
- Undichte Abdichtungen.
- Verschlissener Vergaserschieber.

Der »Einfache« als Komplettansicht.

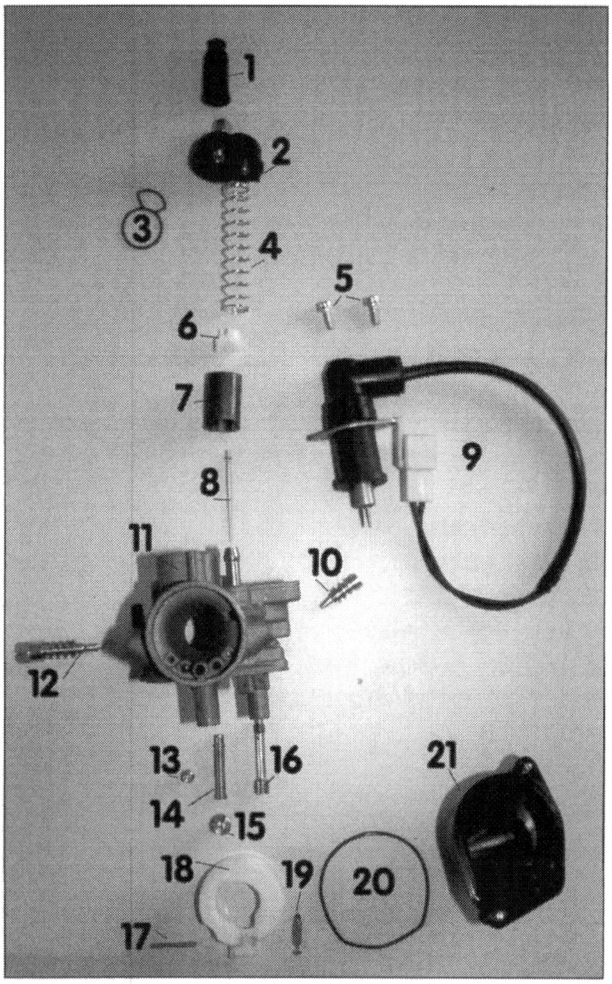

Dellorto in Teilen:

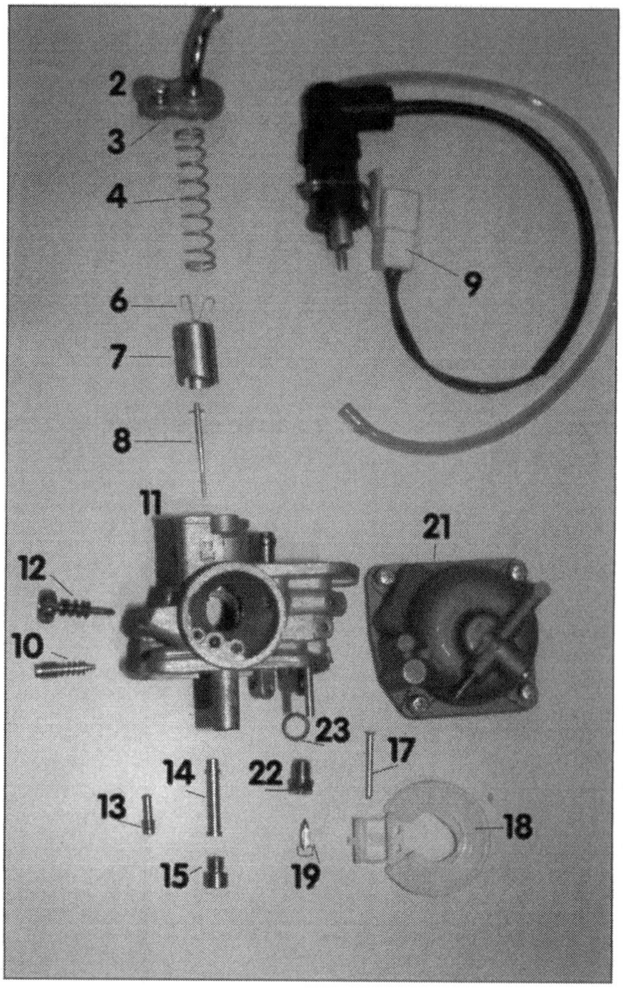

Mikuni in Teilen:

1 Dichttungstülle, 2 Deckel Schieberturm, 3 Dichtung Schieberturm, 4 Schieberfeder, 5 Schrauben Kaltstartventil, 6 Federclip, 7 Vergaserschieber, 8 Schiebernadel, 9 Kaltstartventil, 10 CO-Schraube, 11 Vergasergehäuse. 12 Leerlaufdrehzahlschraube, 13 Leerlaufdüse, 14 Mischrohr Hauptdüse, 15 Hauptdüse, 16 Chockedüse, 17 Schwimmerachse, 18 Schwimmer, 19 Schwimmernadel, 20 Schwimmerkammerdichtung, 21Schwimmerkammerdeckel, 22 Schwimmernadelführung, 23 Dichtung

Für die Wartungsarbeiten an Vergasern macht das allerdings kaum einen Unterschied, lediglich die Bauteillage unterscheidet sich im Einzelnen je nach Vergasertyp geringfügig.
Betrachten wir aber zunächst einmal die verbauten Komponenten des Vergasers und wie diese geprüft, gewartet oder repariert werden können:

Vergasergehäuse

Das Vergasergehäuse ist in der Regel kaum zu beschädigen. Vorausgesetzt natürlich, dass weder die Verschraubungen der Anbauteile noch die Gewinde selber durch zu starkes Anziehen beschädigt werden.

In seltenen Fällen kommt es allerdings schon vor, dass ein Vergasergehäuse einen sogenannten Haarriss hat. Dieser Haarriss kann so fein sein, dass er mit bloßem Auge nicht zu erkennen ist.
Der Vergaser »zieht Falschluft«, sagt dann der Fachmann. Der Motor läuft dann meist sehr unrund im Leerlauf oder der Leerlauf lässt sich nur schwer oder gar nicht einstellen. Die Prüfmethode ist denkbar einfach. Bei laufendem Motor wird der Vergaser mit Bremsenreiniger vorsichtig abgespritzt. Sie benötigen für diese Prüfung keine große Menge des Bremsenreinigers.

Düsen und Kanäle

Reinigen und untersuchen Sie alle Düsen und Kanäle des Vergasers sehr gewissenhaft. Demontieren Sie die Düsen soweit möglich und kontrollieren Sie auch ihren Durchlass. Als kleiner Tipp: Ein Ölzetteldraht ist ungefähr so dick wie der Durchlass der Leerlaufdüse. So lässt sich auch diese kleine Düse leicht reinigen. Hilfreich für die professionelle Reinigung ist ein Ultraschallbad. Hier werden auch Verschmutzungen in nicht erreichbaren Ecken des Vergasers gelöst und ausgewaschen.

Ein kleiner gezielter Spritzer auf einen Teil des Vergasergehäuses reicht aus, um einen eventuellen Riss feststellen zu können. Der Haarriss wird kurzzeitig von der Flüssigkeit abgedeckt und das Leerlaufverhalten verändert sich merklich. Es kann sogar sein, dass der Motor ausgeht. Natürlich muss man versuchen, nicht in den Ansaugbereich zu spritzen, da sonst auch das Leerlaufverhalten verändert wird. Stellen Sie einen solchen Riss fest, müssen Sie den gesamten Vergaser ersetzen. Das Gehäuse ist nicht einzeln erhältlich. Für den Dellorto-Vergaser gibt es Dichtsätze, in denen die Gummidichtung für die Schwimmerkammer, für den Schieberturm sowie der Gummiring für das Chokeventil enthalten sind.

Vergaser mit von Membran angesteuertem Schieber

Eigenschaften: Gleichdruckvergaser mit Gummimembran mit Kaltstarteinrichtung über elektrisches Regelventil und Leerlaufstabilisierung.

Typische Fehler:

- Verschmutzung
- Verharzung.
- Fertigungsfehler.
- Haarrisse im Gehäuse.
- Undichte Abdichtungen.
- Verschlissener Vergaserschieber.
- Gerissene Membrane am Schieber und an der Leerlaufstabilisierung.

Für die Wartungsarbeiten an Vergasern macht das allerdings kaum einen Unterschied, lediglich die Bauteillage unterscheidet sich im Einzelnen je nach Vergasertyp geringfügig.

Betrachten wir aber zunächst einmal die verbauten Komponenten des Vergasers und wie diese geprüft, gewartet oder repariert werden können:

Düsen und Kanäle

Reinigen und untersuchen Sie alle Düsen und Kanäle des Vergasers sehr gewissenhaft. Demontieren Sie die Düsen soweit möglich und kontrollieren Sie auch ihren Durchlass. Als kleiner Tipp: Ein Ölzetteldraht ist ungefähr so dick wie der Durchlass der Leerlaufdüse. So lässt sich auch diese kleine Düse leicht reinigen. Hilfreich für die professionelle Reinigung ist ein Ultraschallbad. Hier werden auch Verschmutzungen in nicht erreichbaren Ecken des Vergasers gelöst und ausgewaschen.

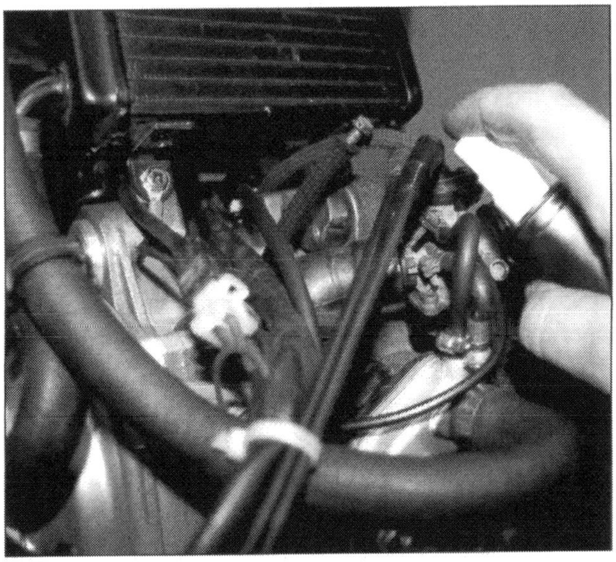

Fehlersuche am Gehäuse.

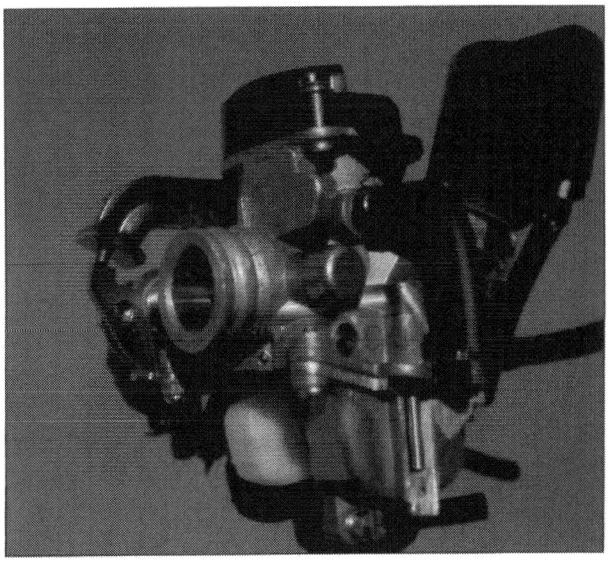

Der Gleichdruckvergaser in der Komplettansicht.

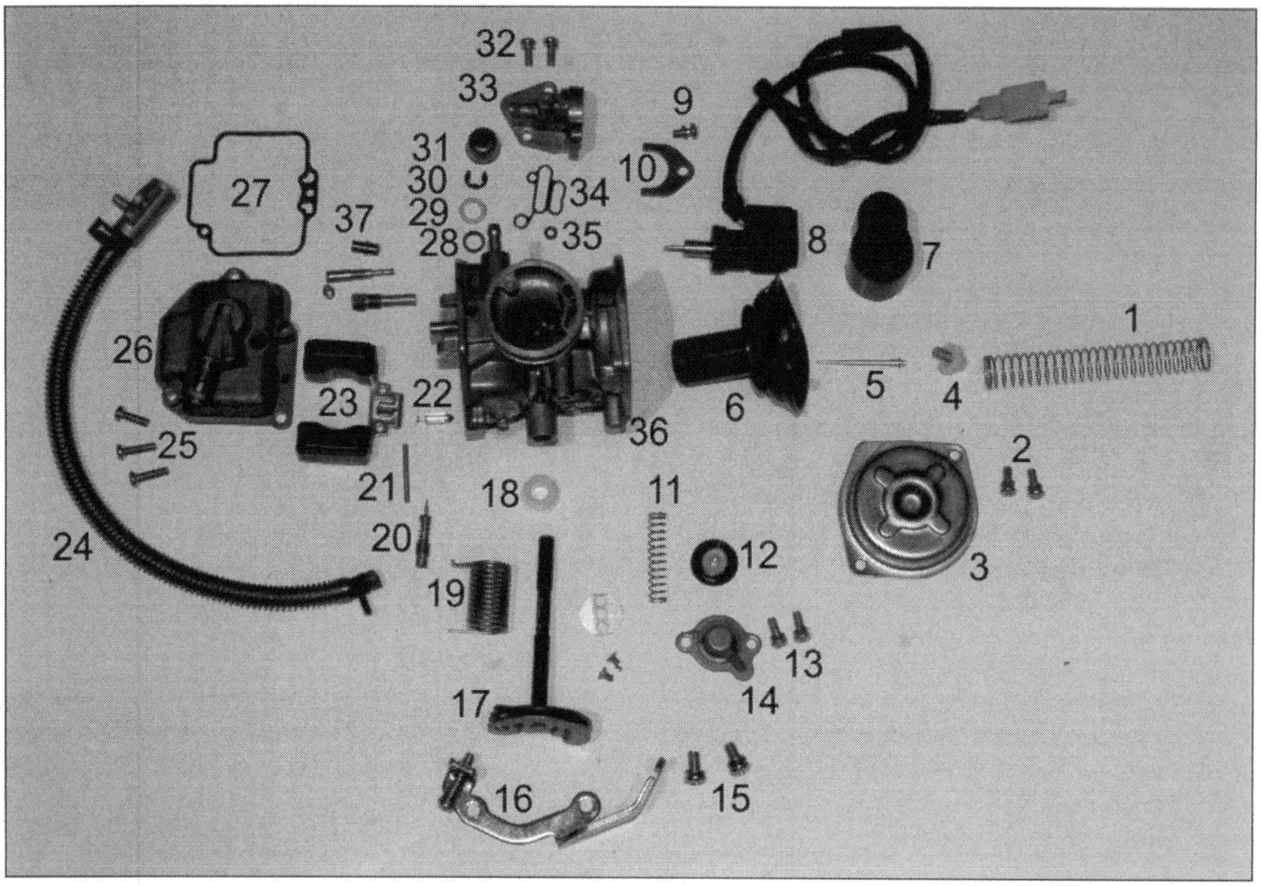

Gleichdruckvergaser in Teilen: 1 Schieberfeder, 2 Schrauben Membrandeckel, 3 Membrandeckel, 4 Schiebernadelsicherung, 5 Schiebernadel, 6 Vergaserschieber mit Membran (nicht weiter zerlegbar!), 7 Abdeckung Chokeventil, 8 Chokeventil (Kaltstartregler), 9 Halterungsschraube Kaltstartregler, 10 Halteplättchen Kaltstartregler, 11 Feder Leerlaufregler, 12 Membran Leerlaufregler, 13 Befestigungsschrauben Deckel, 14 Deckel Leerlaufregler, 15 Befestigungsschrauben Gaszugträger, 16 Gaszugträger, 17 Drosselklappenwelle (nicht demontierbar!), 18 Lagerring Feder (nicht demontierbar!), 19 Feder Drosselklappenwelle (nicht demontierbar!), 20 Abgasschraube Leerlauf mit Feder und Dichtung, 21 Schwimmerlagerwelle, 22 Schwimmernadelventil, 23 Schwimmer, 24 Ablaufschlauch Schwimmerkammer mit Ventil, 25 Befestigungsschrauben Schwimmerkammer, 26 Schwimmerkammer, 27 Schwimmerkammerdichtung, 28 Dichtung Drosselklappenwelle, 29 Lagerring Drosselklappenwelle, 30 Clipse Drosselklappenwelle, 31 Dichtkappe Drosselklappenwelle, 32 Befestigungsschrauben Chokeventilflansch, 33 Chokeventilflansch, 34 Dichtung Chokeventilflansch, 35 Dichtungsring Chokeventilflansch, 36 Vergasergehäuse mit Chokedüse, Schwimmernadelträger und Luftdüse (nicht weiter demontierbar!) 37 Düsenset mit Leerlaufdüse, Chokedüse, Hauptdüse und Mischrohr.

Vergasergehäuse

Das Vergasergehäuse ist in der Regel kaum zu beschädigen. Vorausgesetzt natürlich, dass weder die Verschraubungen der Anbauteile oder die Gewinde selber nicht durch zu starkes Anziehen beschädigt werden. In seltenen Fällen kommt es allerdings schon vor, dass ein Vergasergehäuse einen sogenannten Haarriss hat. Dieser Haarriss kann so fein sein, dass er mit bloßem Auge nicht zu erkennen ist. Der Vergaser »zieht Falschluft«, sagt dann der Fachmann. Der Motor läuft dann meist sehr unrund im Leerlauf oder der Leerlauf lässt sich nur schwer oder gar nicht einstellen. Die Prüfmethode ist denkbar einfach. Bei laufendem Motor wird der Vergaser mit Bremsenreiniger vorsichtig abgespritzt. Sie benötigen für diese Prüfung keine große Menge des Bremsenreinigers.
Ein kleiner gezielter Spritzer auf einen Teil des Vergasergehäuses reicht aus, um einen eventuellen Riss feststellen zu können. Der Haarriss wird kurzzeitig von der Flüssigkeit abgedeckt und das Leerlaufverhalten verändert sich merklich. Es kann sogar sein, dass der Motor ausgeht. Natürlich muss man versuchen,

nicht in den Ansaugbereich zu spritzen, da sonst auch das Leerlaufverhalten verändert wird. Stellen Sie einen solchen Riss fest, müssen Sie den gesamten Vergaser ersetzen. Das Gehäuse ist nicht einzeln erhältlich. Für den Dellorto-Vergaser gibt es Dichtsätze, in denen die Gummidichtung für die Schwimmerkammer, für den Schieberturm sowie der Gummiring für das Chokeventil enthalten sind.

Vergaserschieber

Eigenschaften: Der Vergaserschieber übernimmt zwei Aufgaben. Zum einen regelt er die Luftzufuhr zum Motor und zum anderen wird durch die eingehängte Schiebernadel der Kraftstoff zugemessen.

Typische Fehler:

- Schieber ausgeschlagen.
- Führungsnut defekt.

Auch der Vergaserschieber ist als wenig anfällig einzustufen. Im Laufe seiner Betriebszeit kann er allerdings verschleißen und hat dann ein zu großes Spiel. In diesem Fall können auch Leerlaufprobleme auftreten. Ein Richtmaß für das Laufspiel des Schiebers im Vergaser gibt es seitens der Rollerhersteller nicht. Natürlich gilt diese Beschreibung auch für die Viertaktmodelle aus China.

Als Daumenregel kann aber davon ausgegangen werden, dass deutliche Laufspuren und die Möglichkeit den Vergaserschieber merklich seitlich bewegen zu können ein guter Grund sind, den Vergaser zu ersetzen. In den wenigsten Fällen sind Vergaserschieber für diese doch recht kleinen Vergaser einzeln lieferbar. Bei der Montage ist unbedingt die Einbaurichtung zu beachten. Die Anschrägung des Schiebers kommt immer in die Richtung des Ansaugtrichters. Das verdrehte Einbauen ist bei intakter Führungsnut und intaktem Führungsstück im Vergaser nicht möglich.

Vergaserschieber.

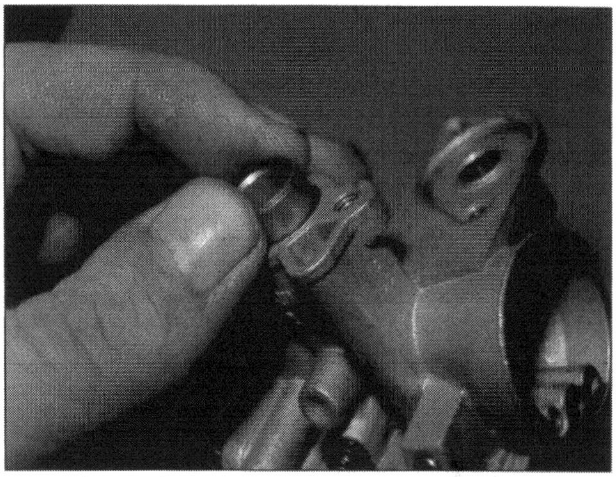

Spielfrei und leicht muss er laufen.

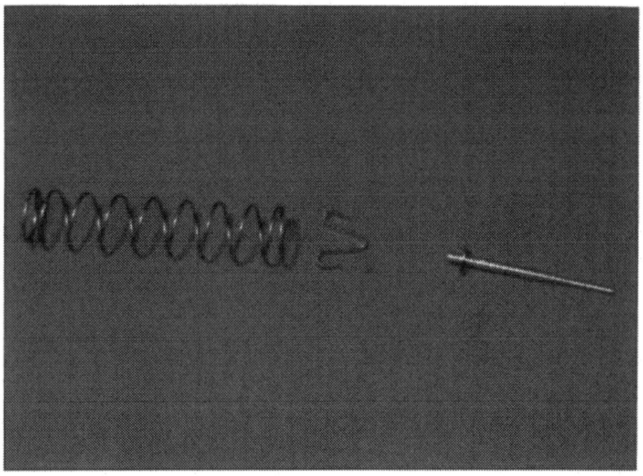

Nadel und Feder.

Die Vergaserfeder ist ebenso ein Bauteil, welches in der Regel eigentlich nicht verschleißt. Bei einigen Importeuren ist sie zwar lieferbar, wird aber meist nur ersetzt, wenn sie im Laufe der Demontagearbeiten abhandengekommen ist. Ein schwergängiger Vergaserschieber oder ein schwergängiger Gaszug können nicht durch die Vergaserschieberfeder ausgeglichen werden. Sie hat lediglich die Aufgabe, den Schieber in Richtung Leerlauf zu stellen und die Schiebernadelträger zu fixieren. Wichtig ist es auch darauf zu achten, dass die Vergaserfeder gerade ist. Verbogene Schieberfedern sollten ersetzt werden. Die Schieberfeder drückt über die Führungsstücke die Schiebernadel in den Sitz. Sollte das Führungsstück fehlen oder nicht in Ordnung sein, kann die Schiebernadelhöhe von der Werkseinstellung abweichen und die Vergaserabstimmung verloren gehen.

Die Lichtanlage

Diese Baugruppe umfasst die Beleuchtung, die Ausleuchtung und die Signalanlage des Motorrollers. Es geht um die Schalter und Birnchen, die den nächtlichen Betrieb ermöglichen und den Fahrbetrieb grundsätzlich sicherer machen.

Auf-/Abblendlicht

Eigenschaften: Birne 12 V, 25/25 W oder 30/30 W oder 35/35 W. Sockelbezeichnung: BAY 20 d
Typische Fehler:
- Übergangswiderstand in der Fassung.
- Steckkontakt ausgeweitet.
- Birne defekt durch Vibrationen.
- Birne defekt durch Überspannung.
- Birne defekt durch Verschleiß.

»Zweifaden«-Biluxlampe.

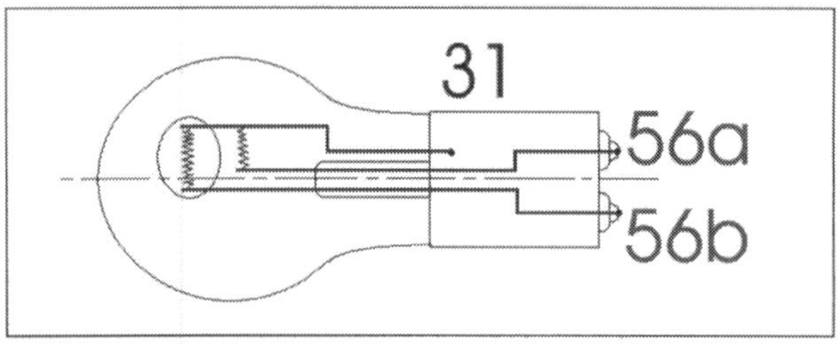

Skizze 2: Fadenlampe.

Auch eine Lampe kann verschleißen. Das Durchbrennen des Glühfadens in der Lampe wird durch zu hohe Spannungen und durch starkes Rütteln während des Betriebes begünstigt. Das Rütteln ist meist fahrbahnabhängig und kann wohl kaum beeinflusst werden. Eine zu große Betriebspannung kann auf Probleme mit dem Generator-Regler hinweisen.

Messungen

Durchgangsprüfung mit dem Multimeter
Die ausgebaute Glühlampe kann mit dem Multimeter auf »Durchgang« geprüft werden. Hierzu wird mit dem Multimeter der Durchgang vom Fassungsgehäuse zum Anschluss Fernlicht Kl 56a, Fassungsgehäuse zum Anschluss Fernlicht Kl 56b geprüft. Beide Messungen sollten einen Durchgang ergeben. Wenn sich herausstellt, dass eine der Messungen oder beide Messungen keinen Durchgang ergeben, ist die Lampe zu ersetzen.

Spannungsmessung an den Anschlüssen
Bei eingebauter und angeschlossener Glühlampe kann die Spannung zwischen den Anschlüssen gemessen werden. Natürlich muss der Motor hierzu laufen und das Licht eingeschaltet sein. In der Regel handelt es sich hier um Wechselspannung. Das Messgerät muss also entsprechend eingestellt werden.

Blinkerkontrollleuchte

Eigenschaften: Die Blinkerkontrollleuchte zeigt die Funktion der Blinkleuchten an. Birne 12 V, 2 W ohne Sockel. Sockelbezeichnung: W 2,1 x 9,5 d oder R10 W
Typische Fehler:
- Übergangswiderstand in der Fassung.
- Steckkontakt ausgeweitet.
- Birne defekt durch Vibrationen.
- Birne defekt durch Überspannung.
- Birne defekt durch Verschleiß.

Auch eine Lampe kann verschleißen. Das Durchbrennen des Glühfadens in der Lampe wird durch zu hohe Spannungen und durch starkes Rütteln während des

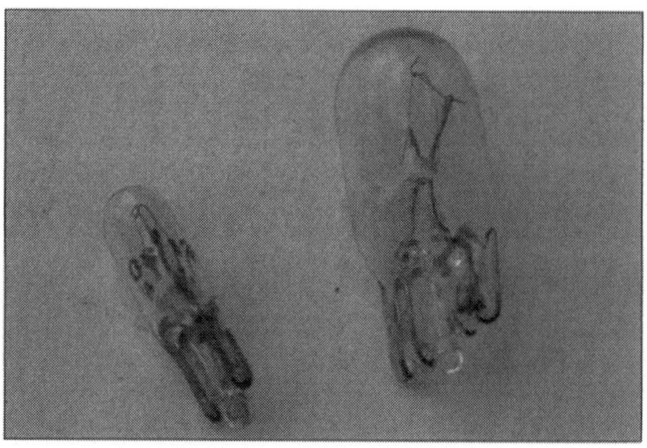

12 V, 2 W, 3 W oder 5 W sind hier zu finden.

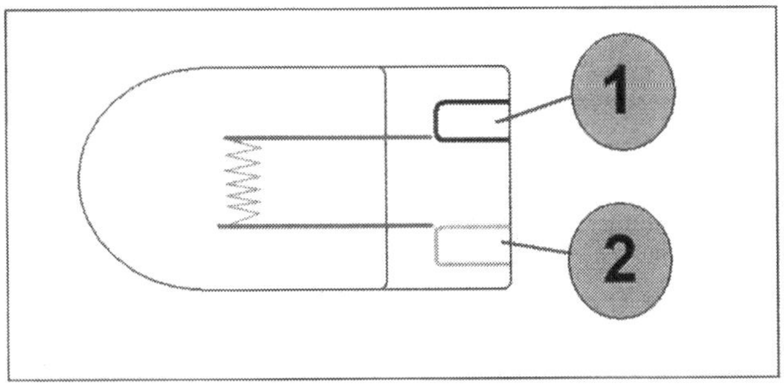

Fadenlampe ohne Sockel: 1 49L (Blinkerschalter links), 2 49R (Blinkerschalter rechts).

Betriebes begünstigt. Das Rütteln ist meist fahrbahnabhängig und kann wohl kaum beeinflusst werden. Eine zu große Betriebspannung kann auf Probleme mit dem Lichtmaschinen-Regler hinweisen. Durch einen Überspannungsschaden könnte auch das Blinkrelais betroffen sein. Lampen mit 5 W passen zwar auch in die Fassung des Blinkergehäuses, werden aber wesentlich wärmer als die 2-W-Version. Durch die stärkere Hitzeentwicklung kann das Armaturenbrett beschädigt werden.

Prüfungen

Bei eingeschalteter Zündung und betätigtem Blinker müssen je nach eingeschalteter Fahrtrichtung, die Blinkleuchten an der Karosserie und die Kontrollleuchte aufleuchten. Funktioniert eine Seite der Blinkerkontrollleuchte nicht, bekommt die Blinkleuchte beim Einschalten in die jeweils andere Fahrtrichtung keinen Massekontakt und kann nicht funktionieren. In diesem Fall ist der Fehler dann im Bereich der Blinkleuchten zu suchen.

Messungen

Durchgangsprüfung mit dem Multimeter

Die ausgebaute Glühbirne kann mit dem Multimeter auf »Durchgang« geprüft werden. Hierzu wird mit dem Multimeter der Durchgang vom Fassungsgehäuse (1) zum Anschluss Blinklicht Kl L (2) geprüft. Die Messungen sollten einen Durchgang ergeben. Wenn sich herausstellt, dass die Messung keinen Durchgang ergibt, ist die Birne zu ersetzen.

Spannungsmessung an den Anschlüssen

Bei eingebauter und angeschlossener Glühlampe kann die Spannung zwischen den Anschlüssen gemessen werden. Es ist zu empfehlen, die Gummifassung aus dem Tachogehäuse herauszuziehen. Durch das Einführen der Messspitze kann das Birnchen aus dem Sitz gedrückt und in das Tachogehäuse hineinfallen.

Blinkerleuchten

Eigenschaften: Die Blinkleuchten sollen den anderen Verkehrsteilnehmern die beabsichtigte Fahrtrichtungsänderung mit gelbem Licht verdeutlichen.
Birne 12V, 10 W. Sockelbezeichnung: BA15s oder R10W.

Typische Fehler:

- Übergangswiderstand in der Fassung.
- Steckkontakt ausgeweitet.
- Birne defekt durch Vibrationen.
- Birne defekt durch Überspannung.
- Birne defekt durch Verschleiß.

Auch eine Lampe kann verschleißen. Das Durchbrennen des Glühfadens in der Lampe wird durch zu hohe Spannungen und durch starkes Rütteln während des Betriebes begünstigt. Das Rütteln ist meist fahrbahnabhängig und kann wohl kaum beeinflusst werden. Eine zu große Betriebspannung kann auf Probleme mit dem Generator-Regler hinweisen. Durch einen Überspannungsschaden könnte auch das Blinkrelais betroffen sein. Lampen mit 5 W passen zwar auch in die Fassung des Blinkergehäuses, erbringen aber nicht die erforderliche Leuchtstärke und können die Blinkfrequenz beschleunigen.

Messungen

Durchgangsprüfung mit dem Multimeter

Die ausgebaute Glühbirne kann mit dem Multimeter auf »Durchgang« geprüft werden. Hierzu wird mit

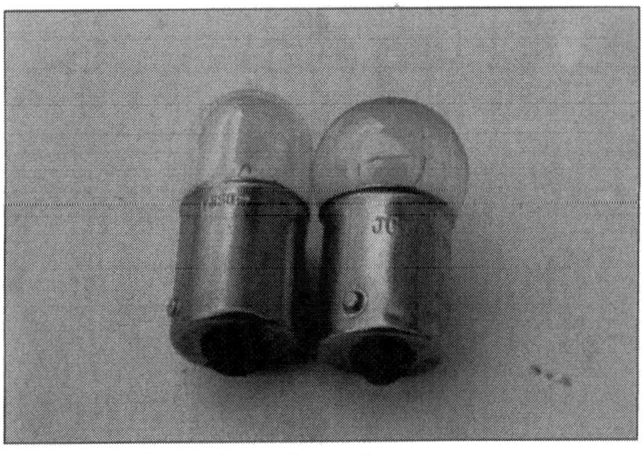

12 V, 10 W oder 5 W sind hier zu finden.

dem Multimeter der Durchgang vom Fassungsgehäuse (1) zum Anschluss Blinklicht Kl L (2) geprüft. Die Messungen sollten einen Durchgang ergeben. Wenn sich herausstellt, dass die Messung keinen Durchgang ergibt, ist die Birne zu ersetzen.

Spannungsmessung an den Anschlüssen
Bei eingebauter und angeschlossener Glühlampe kann die Spannung zwischen den Anschlüssen gemessen werden. Natürlich muss hierzu die Zündung eingeschaltet und die Batterie geladen sein. Durch das Takten des Ein- und Ausschaltens der Spannung durch das Blinkrelais kann es sein, dass das Multimeter nicht den vollen Spannungsausschlag erfasst und entsprechend eine geringere Spannung anzeigt.
Wenn eine ausgiebigere Fehlersuche im Bereich der Blinkanlage durchgeführt werden soll, kann das Blinkrelais entfernt und der Stecksockel von der Klemme 49 auf die Klemme 49a überbrückt werden.

Blinkerschalter

Eigenschaften: Der Blinkerschalter ermöglicht den Wechsel zwischen Blinker links und Blinker rechts sowie die Abschaltung der Blinker in der Mittelstellung.
Typische Fehler:
- Kontaktkorrosion am Schalter.
- Verbrennen des Schaltkontaktes durch Kurzschluss.

Lenkerschalter rechts.

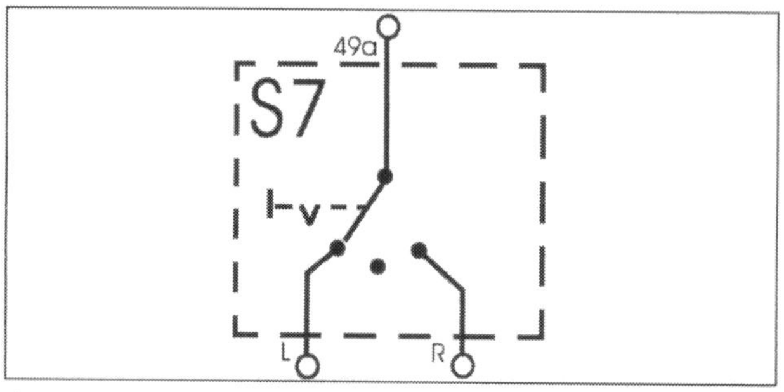

Schaltplan des Blinkerschalters.

- Verschleiß der Mechanik.
- Beschädigter Schalterhebel.

Für den Blinkerschalter erwarten wir zwei mögliche Fehlerbilder. Zum einen kann man mit Kontaktkorrosion rechnen und zum anderen kann aber auch Verschleiß zu Schäden an der Raste führen. In beiden Fällen wäre der Schalter defekt und müsste erneuert werden. In der Regel fallen aber nicht beide Seiten des Schalters aus.
Ein typisches Auftreten des Fehlers ist ein sporadischer (gelegentlicher) Aussetzer des Blinkers.

49a = zum Ausgang vom Blinkrelais.
L = Blinkleuchten links (vorne und hinten).
R = Blinkleuchten rechts (vorne und hinten).

Messungen

Durchgangsprüfung mit dem Multimeter
Die Durchgangsprüfung im eingebauten Zustand ist nicht sinnvoll, da die Blinkerkontrollleuchte zwischen den Anschlüssen (L) und (R) verbaut ist. Auch die Blinkleuchten selber können zu Fehlmessungen beitragen. Für die Durchgangsprüfung muss der Stecker der Schaltereinheit grundsätzlich abgezogen werden.

Spannungsmessung an den Anschlüssen
Wenn eine ausgiebigere Fehlersuche im Bereich der Blinkanlage durchgeführt werden soll, kann das Blinkrelais entfernt und der Stecksockel von der Klemme 49 auf die Klemme 49a überbrückt werden. Die Blinkerleuchten sollten auf jeden Fall angeschlossen bleiben. Da auch bei einem möglichen Übergangswiderstand noch immer eine Spannung anliegt, die durchaus nur etwas geringer ausfällt als die Bordnetzspannung. Unter Last, also dann, wenn die entsprechenden Blinkleuchten angeschlossen sind, tritt ein Fehler sehr deutlich hervor.

PIN	Kabelfarbe	Hupe	L	R	56b	56a	Lichthupe	Norm Bez.
1	Schwarz	●					●	15
2	Weiß					●		56b
3	Blau/Rot				●	●		56
4	Mint	●						Hupe
5	Blau				●		●	56a
6	Frei							Frei
7	Hellblau			●				49R
8	Orange		●					49L
9	Grau		●	●				49a

Funktionsplan des Lenkerschalters links.

Blinkersummer/Blinkerpiepser

Eigenschaften: Der Blinkerpiepser gibt ein akustisches Signal (ein Piepsen) beim Blinken ab. Er soll Fußgänger und Radfahrer noch einmal auf das abbiegende Fahrzeug hinweisen.

Typische Fehler:
- Relais defekt.
- Verkabelung defekt.
- Anschlussunterbrechung.

Das Ausfallen des Blinkerpiepsers wird in der Regel meistens nicht beklagt. Im Gegenteil, in vielen Fällen soll dieses »Geräusch« beim Setzen des Blinkers abgestellt werden. Verbaut werden zwei Varianten. Zum einen findet man Blinkpiepser, die fest in das Gehäuse des Blinkgebers eingebaut sind und zum anderen gibt es Blinkgeber, die extern, also außerhalb des Blinkgebergehäuses anzufinden sind.
49a = zum Ausgang vom Blinkrelais.
L = Blinkleuchten links (vorne und hinten).
R = Blinkleuchten rechts (vorne und hinten).

Kombigerät: Piepst und erzeugt die Blinkfrequenz.

A Steckverbindung zu den Blinkleuchten, B Blinkrelais.

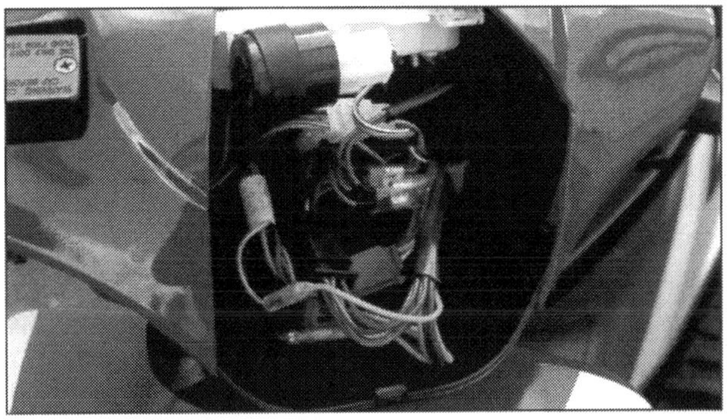

Einbaulage des Blinkrelais bei den meisten Rollern.

Messungen

Prüfungen am Fahrzeug

Bei der im Blinkgeber verbauten Version besteht eigentlich keine Prüfmöglichkeit, da die Anschlüsse nicht abgreifbar sind. Das Blinkrelais an der Klemme 49a mit Spannung zu beaufschlagen, ist nicht ratsam. Sollten also die Blinkleuchten alle funktionieren, der Blinkerpiepser jedoch nicht, so muss für diese Variante das Relais komplett gewechselt werden.
Bei dem extern verbauten Relais erfolgt der Anschluss an KL 49a des Blinkrelais und an KL31 Masse. Wird also das Blinkerrelais abgezogen und der Anschluss

49a mit KL 49 gebrückt, wird wahlweise die eine Blinkleuchtenseite dauernd leuchten und der Blinkerpiepser ein Dauergeräusch abgeben.

Spannungsmessung an den Anschlüssen
Wenn eine ausgiebigere Fehlersuche im Bereich der Blinkanlage durchgeführt werden soll, kann das Blinkrelais entfernt und der Stecksockel von der Klemme 49 auf die Klemme 49a überbrückt werden. So liegt auf der einen Seite des Blinkgebers eine Spannung von ca. 12 V an. Der andere Anschluss stellt die Masse dar.

Blinkrelais

Eigenschaften: Das Blinkrelais taktet die zugeschalteten Blinkleuchten in einer Frequenz von 1,5 Hz +/- 0,5 Hz (90 Impulse +/- 30 Impulse pro Minute)
Typische Fehler:
- Korrosion im Schaltkontakt.
- Übergangswiderstand in Masse oder Zuleitungsverkabelung.
- Defektes Blinkrelais.

In den meisten Fällen liegt der Fehler nicht am Blinkrelais selbst, sondern an den Blinkleuchten. Diese versorgen das Blinkrelais in den meisten Fällen mit Masse. Ein solches Relais erkennt man leicht an den zwei Anschlüssen. Die Relais mit drei Anschlüssen haben den Masseanschluss extra ausgeführt. Ein Kurzschluss an den Zuleitungen oder im Blinker selber kann das Relais zerstören. Auch Wassereintritt sorgt für den Ausfall dieses Bauteils. In beiden Fällen ist das Relais zu erneuern. Wichtig ist allerdings, die angeschlossene Peripherie zu überprüfen, da sonst auch das neue Relais beschädigt oder zerstört werden kann. Ältere Varianten werden noch über einen Bimetallstreifen geschaltet und sind somit lastabhängig. Hier wird durch den Einbau einer Blinkleuchte mit einer größeren oder kleineren Leistung die Blinkfrequenz verändert.

Blinkrelais von unten.

Messungen

Funktionsprüfung im ausgebauten Zustand
Um ein ausgebautes Relais prüfen zu können, ist es erforderlich, einen »Hilfsverbraucher« herzustellen. Hierzu werden lediglich ein Kabel an die Birnenfassung und ein weiteres an den Anschlusspol einer 12 V-21W-Lampe gelötet. Die Fassung wird anschließend mit Isolierband isoliert. Das Kabel sollte eine Länge von jeweils ca. 70 cm aufweisen, um auch an abgelegene Stellen des Motorrollers zu gelangen. Die offenen Stellen am anderen Ende des Kabels werden abisoliert und verlötet, sodass man »Messspitzen« erhält.
Die Klemme 49 des Relais wird nun mit (+) 12 V belegt. Die Klemme 49a mit dem einen Ende des Hilfsverbrauchers. Die andere Leitung des Hilfsverbrauchers wird an (-) angeschlossen. Wenn das Relais in Ordnung ist, sollte es nun blinken. Bei einigen Relais ist es erforderlich, eine zusätzliche Leitung als Masseleitung an das Relais anzuschließen.

Funktionsprüfung im eingebauten Zustand
Um einen möglichen Fehler an den Blinkleuchten und deren Verkabelung ausschließen zu können, empfiehlt es sich mit Hilfe einer 12V-21W-Lampe einen »Hilfsverbraucher« an die Klemme 49a anzuschließen. Mit Einschalten der Zündung sollte nun die 21-W-Lampe blinken. Die Funktion der Kontrollleuchte sollte nicht beachtet werden. Sollte kein Blinksignal oder gar

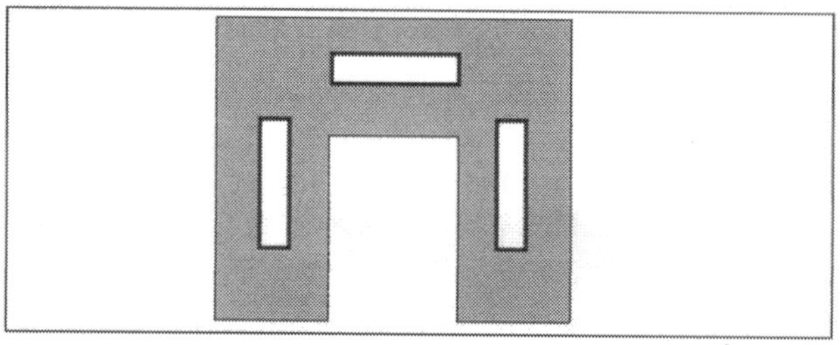
Skizze des Blinkrelaissockels.

	Kabelfarbe	Normbezeichn.	Hersteller
1	Schwarz	15	B
2	Grau	49a	L
3	Grün	31	E

keine Funktion erkennbar sein, aber der andere Anschluss 12-V-Bordnetzspannung aufweisen, ist das Blinkrelais zu ersetzen.

Spannungsmessung an den Anschlüssen
Im eingebauten Zustand sollte man an den Klemmen 49 (+) und 49a (-) eine Spannung um 12 V bei eingeschalteter Zündung, aber abgeschaltetem Relais messen können. In diesem Fall ist die Verkabelung zum Relais in Ordnung. Zur Sicherheit sollte das Relais aber immer noch mit dem »Hilfsverbraucher« getestet werden.

Bremslichtschalter

Eigenschaften: Der Bremslichtschalter schaltet mit Betätigen einer Bremse die 21-W-Glühwendel der Rücklichtbirne ein. Das helle rote Licht signalisiert dem nachfolgenden Verkehr die Absicht des Fahrers sein Fahrzeug zu verlangsamen.
Typische Fehler:
- Kontaktkorrosion am Schalter.
- Verbrennen des Schaltkontaktes durch Kurzschluss.
- Verschleiß der Mechanik.
- Beschädigter Schalterpin.

Der Bremslichtschalter kann zum einen durch Korrosion im Inneren beschädigt werden. Zum anderen besteht aber auch die Möglichkeit, dass er durch die Abnutzung des Betätigungsstiftes nicht mehr ausschalten kann. Bei solchem Dauerbremslicht muss natürlich auch überprüft werden, ob der Bremslichtschalter fest im Bremsgriff sitzt und sich nicht im Laufe des Fahrbetriebes losvibriert hat. Die Bremslichtschalter sind eigentlich so konstruiert, dass kein Wasser eindringen kann. Im Laufe der Betriebsdauer wird er trotzdem durch Korrosion beschädigt. Es gibt eigentlich keine Möglichkeit diese Miniaturschalter zu reparieren. Im Falle einer Fehlfunktion sind sie zu ersetzen.
Da die elektrische Schaltung so ausgelegt ist, dass der Motor nur bei angezogener Bremse gestartet werden kann, bedeutet der Ausfall beider Bremslichtschalter gleichzeitig den Funktionsverlust des Elektrostarters. Die Kabelfarben sind oft Gelb/Grün und Grün oder Schwarz, Das einfarbige Kabel ist in den meisten Fällen die Klemme 15 (geschaltetes Plus).

Bremslichtschalter.

Messungen

Durchgangsprüfung am Schalter.
Für die Durchgangsprüfung müssen die Stecker am Bremslichtschalter abgezogen werden. Bei den Fahrzeugmodellen mit Mikroschaltern sind die Stecker nach etwa 10 cm am Kabel zu finden. Das Multimeter wird nun an die Steckerpole angeschlossen. Bei nicht betätigter Bremse sollte nun kein Durchgang festzustellen sein. Bei betätigter Bremse ist ein Durchgang festzustellen. Sollte die Funktion abweichen, ist der entsprechende Bremslichtschalter zu erneuern.

Spannungsmessung an den Anschlüssen
Natürlich kann auch der Bremslichtschalter im eingebauten Zustand geprüft werden. Hierzu wird das Multimeter wie in der Durchgangsprüfung angeschlossen, nur ohne den Bremslichtsschalter abzuklemmen. Bei eingeschalteter Zündung und unbetätigter Bremse sollte eine Spannung von ca. 12 V abzulesen sein. Bei betätigter Bremse würde eine Spannung um 0 V den intakten Bremslichtschalter ausweisen. Liegt aber bei betätigter Bremse noch immer eine Spannung von

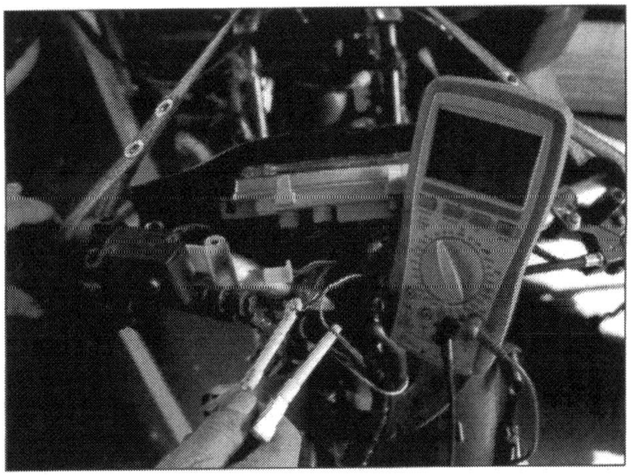
Durchgangsprüfung am Schalter.

mehreren Volt an den Kontakten des Bremslichtschalters an, so hat dieser einen Innenwiderstand und muss erneuert werden.

Cockpitbeleuchtung

Eigenschaften: Die Cockpitbeleuchtung soll das Armaturenbrett ausleuchten und auch bei Nacht lesbar machen. Birne 12 V, 3 W ohne Sockel. Sockelbezeichnung: W 2,1 x 9,5 d oder R10W.

Typische Fehler:

- Übergangswiderstand in der Fassung.
- Steckkontakt ausgeweitet.
- Lampe defekt durch Vibrationen.
- Lampe defekt durch Überspannung.
- Lampe defekt durch Verschleiß.

Auch diese Lampe kann verschleißen. Das Durchbrennen des Glühfadens in der Lampe wird durch zu hohe Spannungen und durch starkes Rütteln während des Betriebes begünstigt. Das Rütteln ist meist fahrbahnabhängig und kann wohl kaum beeinflusst werden. Eine zu große Betriebspannung kann auf Probleme mit dem Generator-Regler hinweisen. Lampen mit 5 W passen zwar auch in die Fassung der Lampe, werden aber wesentlich wärmer als die 2-W-Version. Durch die stärkere Hitzeentwicklung kann das Armaturenbrett beschädigt werden.

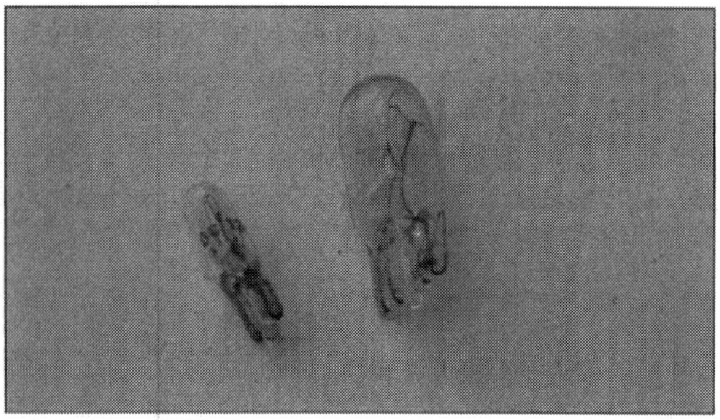

Cockpitbeleuchtung.

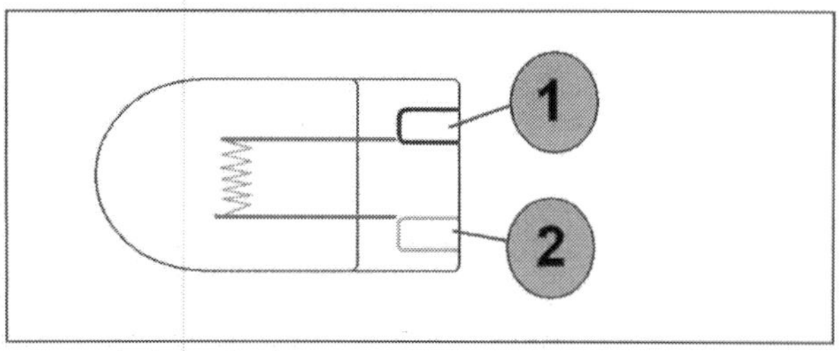

Lampe 12 V, 5 W ohne Sockel: 1 Masseanschluss, 2 Klemme 58 (Standlicht).

Prüfungen

Bei laufendem Motor und eingeschaltetem Licht müssen die verbauten Cockpitbeleuchtungen funktionieren. Bei Tageslicht lässt sich die Funktion der Birnchen nur schlecht erkennen. Zur Kontrolle kann man mit einer Decke über dem Kopf aber durchaus erkennen, ob die Ausleuchtung ausreichend ist. Die Anschlüsse befinden sich unter der vorderen Lenkermaske.

Messungen

Durchgangsprüfung mit dem Multimeter

Die ausgebaute Glühbirne kann mit dem Multimeter auf »Durchgang« geprüft werden. Hierzu wird mit dem Multimeter der Durchgang vom Anschluss 1 (oft grünes Kabel = Masse) zum Anschluss (oft braunes Kabel = Klemme 58) geprüft. Die Messungen sollten einen Durchgang ergeben. Wenn sich herausstellt, dass die Messung keinen Durchgang ergibt, ist die Birne zu ersetzen.

Spannungsmessung an den Anschlüssen

Bei eingebauter und angeschlossener Glühlampe kann die Spannung zwischen dem Anschluss 1 (oft grünes Kabel = Masse) zum Anschluss 2 (oft braunes Kabel = Klemme 58) gemessen werden. Natürlich muss der Motor hierzu laufen und das Licht eingeschaltet sein. In der Regel handelt es sich hier um Wechselspannung. Das Messgerät muss also entsprechend eingestellt werden. Des Weiteren ist zu empfehlen, die Gummifassung aus dem Tachogehäuse herauszuziehen. Durch das Einführen der Messspitze kann das Birnchen aus dem Sitz gedrückt werden und in das Tachogehäuse hineinfallen.

Fernlichtkontrolle

Eigenschaften: Die Fernlichtkontrolle soll die Funktion des Fernlichtes anzeigen und somit die Blendung des Gegenverkehrs verhindern. Birne 12 V, 2 W ohne Sockel. Sockelbezeichnung: W 2,1 x 9,5 d oder R10W.

Typische Fehler:

- Übergangswiderstand in der Fassung.
- Steckkontakt ausgeweitet.
- Birne defekt durch Vibrationen.
- Birne defekt durch Überspannung.
- Birne defekt durch Verschleiß.

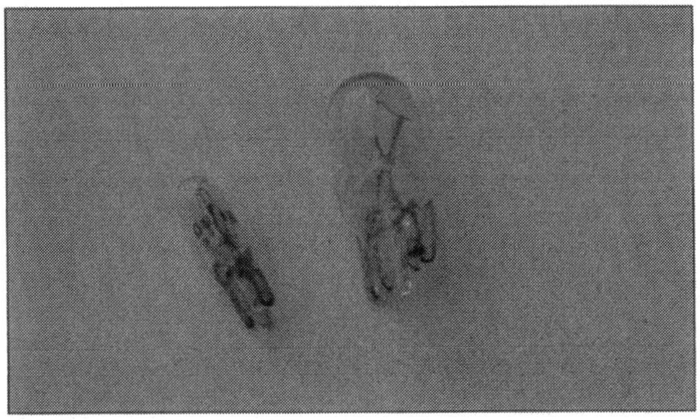

Glassockelbirnen.

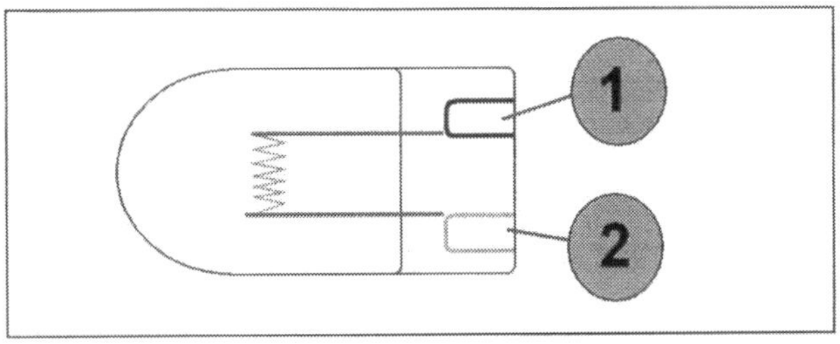

Lampe 12 V, 5 W ohne Sockel: 1 Masseanschluss, 2 Klemme 56a (Standlicht).

Auch eine Lampe kann verschleißen. Das Durchbrennen des Glühfadens in der Lampe wird durch zu hohe Spannungen und durch starkes Rütteln während des Betriebes begünstigt. Das Rütteln ist meist fahrbahnabhängig und kann wohl kaum beeinflusst werden. Eine zu große Betriebspannung kann auf Probleme mit dem Generator-Regler hinweisen. Lampen mit 5 W passen zwar auch in die Fassung, werden aber wesentlich wärmer als die 2-W-Version. Durch die stärkere Hitzeentwicklung kann das Armaturenbrett beschädigt werden.

Prüfungen

Bei laufendem Motor und eingeschaltetem Licht müssen die verbauten Cockpitbeleuchtungen funktionieren. Bei Tageslicht lässt sich die Funktion der Birnchen nur schlecht erkennen. Zur Kontrolle kann man mit einer Decke über dem Kopf aber durchaus erkennen, ob die Ausleuchtung ausreichend ist. Die Anschlüsse befinden sich unter der vorderen Lenkermaske.

Messungen

Durchgangsprüfung mit dem Multimeter

Die ausgebaute Glühbirne kann mit dem Multimeter auf »Durchgang« geprüft werden. Hierzu wird mit dem Multimeter der Durchgang vom Anschluss (1) zum Anschluss (2) geprüft. Die Messungen sollten einen Durchgang ergeben. Wenn sich herausstellt, dass die Messung keinen Durchgang ergibt, ist die Birne zu ersetzen.

Spannungsmessung an den Anschlüssen

Bei eingebauter und angeschlossener Glühlampe kann die Spannung zwischen dem Anschluss 1 (oft grünes Kabel = Masse) zum Anschluss (oft blaues Kabel = Klemme 58) gemessen werden. Natürlich muss der Motor hierzu laufen und das Fernlicht eingeschaltet sein. In der Regel handelt es sich hier um Wechselspannung. Das Messgerät muss also entsprechend eingestellt werden. Des Weiteren ist zu empfehlen, die Gummifassung aus dem Tachogehäuse herauszuziehen. Durch das Einführen der Messspitze kann das Birnchen aus dem Sitz gedrückt und in das Tachogehäuse hineinfallen.

Lastwiderstand

Eigenschaften: Der Lastwiderstand ist ein Heißwiderstand, der in der Lage ist, dauerhaft unter Spannung angeschlossen zu bleiben.
20–30 W = Bei ausgeschaltetem Licht wird die durch den Generator erzeugte Energie in Wärme umgewandelt. 5 W = Vorwiderstand für Warmlaufregler (Kaltstartventil) am Vergaser.
VORSICHT: Das Bauteil kann im Betrieb sehr warm werden!
Typische Fehler:
- Korrosion an den Anschlüssen.
- Schlechte Masseverbindung.
- Leistungswiderstand defekt.

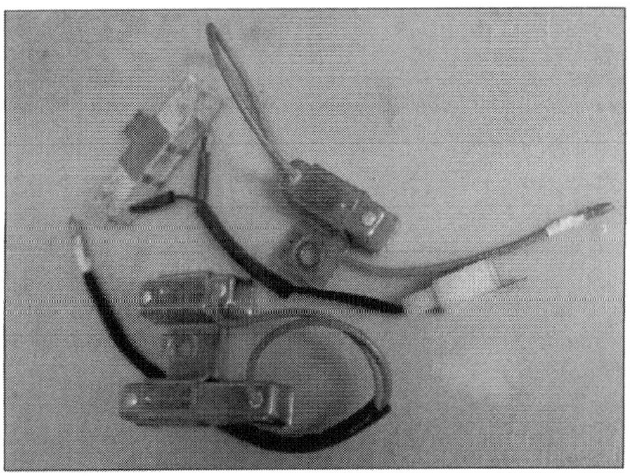

Lastwiderstände in zwei Bauarten.

Der Lastwiderstand hat die Aufgabe, Spannungsschwankungen und Spannungsspitzen im Bordnetz zu minimieren. Ein defekter Lastwiderstand kann durchaus ein Grund für durchbrennende Lampen und Bauteile sein. Teilweise werden auch Widerstände in die Wechselspannungsleitungen für die Lichtstromversorgung verbaut, um den Strom zu begrenzen. Vielfach wird zwar propagiert, diese Widerstände zu entfernen, um die Spannung für die Beleuchtung und somit auch die Helligkeit der Lampen positiv zu beeinflussen, hinsichtlich der Lebensdauer der Lampen und ihrer Funktionssicherheit wirkt sich dieser Eingriff aber eher negativ aus.

Messungen

Spannungsmessung an den Anschlüssen
Bei laufendem Motor sollte an dem Anschluss des Lastwiderstandes eine Spannung zwischen 10 und 15 V anliegen. Diese Spannung ist abhängig von der Motordrehzahl und wird in ihrer Höhe vom Regler begrenzt. Sollten die Spannungen höher ausfallen, kann von einem Defekt an dem Lichtmaschinenregler ausgegangen werden.

Widerstandsmessung an den Anschlüssen
Für die Widerstandsmessung muss der Lastwiderstand abgeklemmt werden. Nun können Sie an den Anschlüssen den Widerstand messen. Wichtig hierbei ist, dass der Lastwiderstand kalt ist und der Motorroller mindesten 1h nicht betrieben wurde. Der Sollwert ist in den meisten Fällen auf den Widerstand aufgedruckt und beträgt für beide ca 5–6 Ohm.

Lichtschalter

Eigenschaften: Es handelt sich um einen zweistufigen oder dreistufigen Wechselschalter. In der Schalterstellung »Licht AUS« wird der Lastwiderstand mit Spannung beaufschlagt.

Typische Fehler:

- Kontaktkorrosion.
- Verschleiß der Kontaktstellen.
- Bruch der Schalterführungen oder Kontaktlager.

Der Lichtschalter kann zum einen durch Korrosion im Inneren beschädigt werden. Zu anderen besteht aber auch die Möglichkeit, dass er durch Verschleiß der Kontakte nicht mehr schalten kann. Des Weiteren kann er durch Überlastung »ausglühen« und somit einen eigenen Widerstand entwickeln, der den Kontakt immer weiter verschlechtert. Ursächlich kann dafür ein Kurzschluss sein. Der geschaltete Lichtstrom ist nicht abgesichert. Es handelt sich bei den meisten Ausführungen um einen Wechselschalter. In der Schalterstellung »Aus« wird der Lastwiderstand mit Spannung beaufschlagt. Die Stellung »An« schaltet den Lastwiderstand ab und die Lampen der Beleuchtung ein. Bei diesen Lampen handelt es sich um den vorderen Scheinwerfer, das Rücklicht und die Tachobeleuchtung. Es gibt eigentlich keine Möglichkeit, diesen in der Griffschaltereinheit zu reparieren. Im Falle einer Fehlfunktion ist er zu ersetzen. Bei einigen Modellen hat der Lichtschalter selbst drei Stufen. Es handelt sich hierbei um einen kombinierten Schalter aus Wechselschalter und Serienschalter. Die Aufschaltung der Lastwiderstände ist bei beiden Schaltern gleich. In der ersten Stufe wird lediglich das Standlicht zugeschaltet.

Spannungsmessung am Leistungswiderstand.

Lenkerschalter rechts: Lichtschalter.

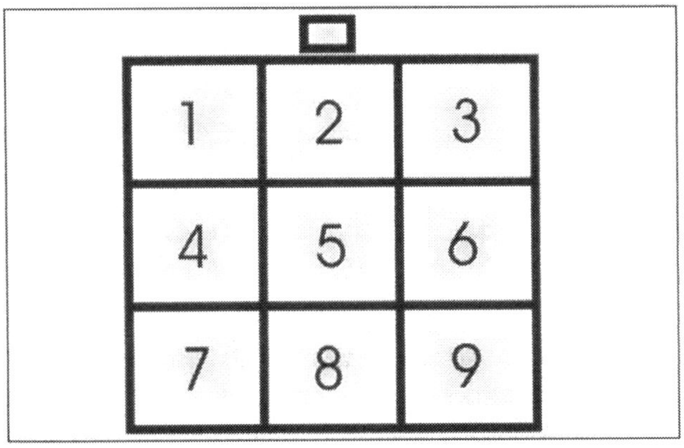

Stecker am Lichtschalter, Blick in Richtung Schalter.

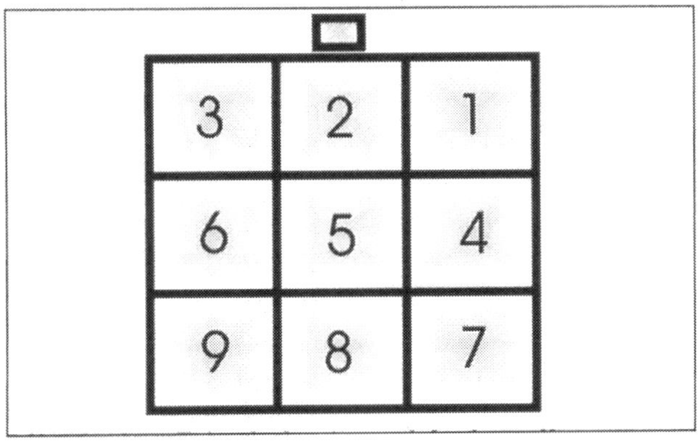

Stecker am Kabelbaum, Blick in Richtung Kabelbaum.

Messungen am Wechselschalter

(Beispiel China-Roller)

Durchgangsprüfung am Schalter

Für die Durchgangsprüfung müssen die Stecker am rechten Lenkerschalter abgezogen werden. Das Multimeter wird nun an den Steckerpolen angeschlossen. Bei der Schalterstellung »OFF« sollte nun ein Durchgang von 0 Ohm vom Kabel »Gelb/Rot« zum Kabel »Gelb/Schwarz« erfolgen. Bei der Schalterstellung »ON« wird diese Verbindung unterbrochen und ergibt nun einen unendlich hohen Widerstand.
In der Schalterstellung »ON« werden nun die Kabelfarben »Gelb/Rot« und »Blau« zusammengeschaltet und ergeben einen Widerstand von 0 Ohm. Nun hat die Verbindung zwischen »Gelb/Rot« und »Gelb/Schwarz« einen unendlich großen Widerstand. Sollten die Messergebnisse von dieser Schilderung abweichen, muss der Schalter ersetzt werden.

Spannungsmessung an den Anschlüssen

Auch der Bremslichtschalter kann im angeschlossenen Zustand geprüft werden. Der Motor des Rollers muss laufen. Da im Leerlauf noch keine volle Bordnetzspannung anliegt, werden die Messergebnisse keine 12 V erreichen. Der Messbereich des Multime-

Anschluss 3-stufiger Schalter (Beispiel SMC-Roller):

Pin Nr.	Klemmenbezeichnung	Kabelfarbe	Funktion
1	58	Braun	Standlicht und Rückleuchten
2	15W	Gelb	Ladespannung Generator
3	56c	Violett	Lastwiderstand Lichtanlage 20 W
4	56	Blau/Weiß	Fahrlicht (Wechselspannung)
5	--	Frei	--
6	--	Frei	--
7	--	Frei	--
8	31b	Gelb/Rot	Startrelais Ansteuerung über Masse
9	31	Grün	Masse

Anschluss 2-stufiger Schalter (Beispiel China-Roller):

Pin Nr.	Klemmenbezeichnung	Kabelfarbe	Funktion
1	31	Schwarz	Masse
2	56/58	Blau	Licht und Standlicht
3	31b	Blau/Weiß	Startrelais Ansteuerung über Masse
4	15W	Gelb/Rot	Ladespannung Generator
5	56c	Gelb/Schwarz	Lastwiderstand Lichtanlage 20 W

ters muss auf Wechselspannung eingestellt werden. Hierzu wird das Multimeter wie in der Durchgangsprüfung angeschlossen, nur wird der Lichtschalter nicht abgeklemmt.

Schalter	Farbe	Farbe	Ergebnis
«Off«	Gelb/Rot	Gelb/Schwarz	0 V
«Off«	Gelb/Rot	Blau	12 V
«Off«	Blau	Gelb/Schwarz	12 V
«On«	Gelb/Rot	Gelb/Schwarz	12 V
«On«	Gelb/Rot	Blau	0 V
«On«	Blau	Gelb/Schwarz	12 V

Messungen am kombinierten Wechsel-Serienschalter

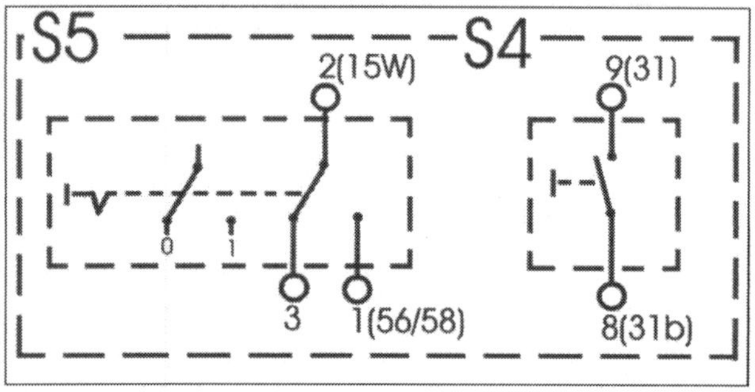

Schaltplan der Schaltereinheit rechts (An/Aus-Schalter).

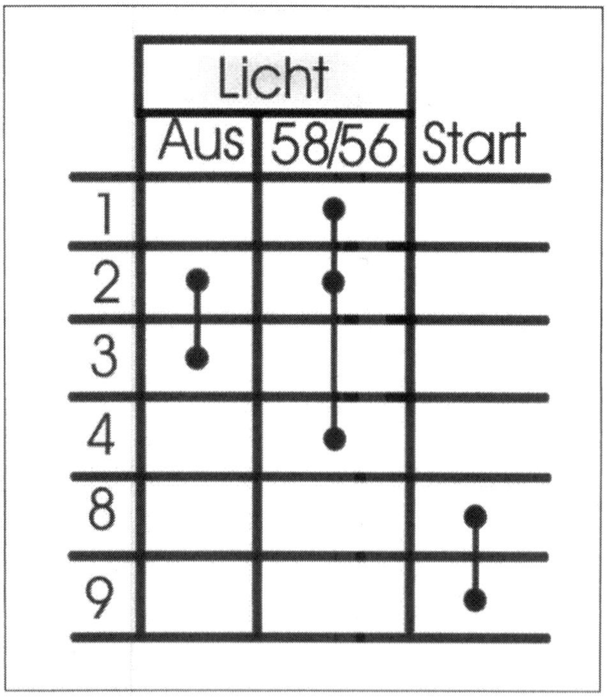

Schalterfunktionsbox der Schaltereinheit rechts (An/Aus-Schalter).

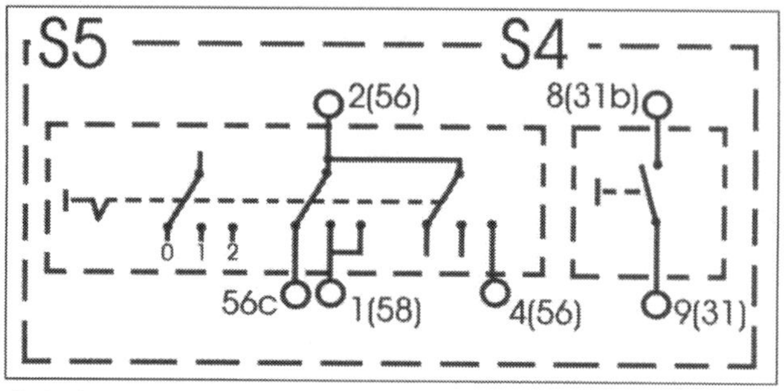

Schaltplan der Schaltereinheit rechts (Fahrlicht/Standlicht/Aus-Schalter).

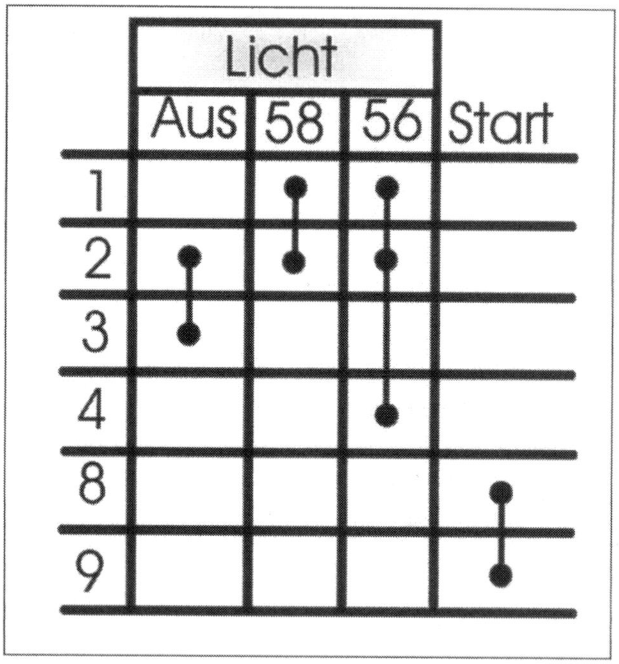

Schalterfunktionsbox der Schaltereinheit rechts (Fahrlicht / Standlicht/Aus-Schalter).

Durchgangsprüfung am Schalter

Für die Durchgangsprüfung müssen die Stecker am rechten Lenkerschalter abgezogen werden. Das Multimeter wird nun an die Steckerpole angeschlossen. Bei der Schalterstellung »OFF« sollte nun ein Durchgang von 0 Ohm vom Kabel »Gelb/Rot« zum Kabel »Gelb/Schwarz« erfolgen. Bei der Schalterstellung »ON« wird diese Verbindung unterbrochen und ergibt nun einen unendlich hohen Widerstand.

In der Schalterstellung »ON« werden nun die Kabelfarben »Gelb/Rot« und »Blau« zusammengeschaltet und ergeben einen Widerstand von 0 Ohm. Nun hat die Verbindung zwischen »Gelb/Rot« und »Gelb/Schwarz« einen unendlich großen Widerstand. Sollten die Messergebnisse von dieser Schilderung abweichen, muss der Schalter ersetzt werden.

Spannungsmessung an den Anschlüssen
Natürlich kann auch der Bremslichtschalter im angeschlossenen Zustand geprüft werden. Der Motor des Rollers muss laufen. Da im Leerlauf noch keine volle Bordnetzspannung anliegt, werden die Messergebnisse keine 12 V erreichen. Der Messbereich des Multimeters muss auf Wechselspannung eingestellt werden. Hierzu wird das Multimeter wie in der Durchgangsprüfung angeschlossen, nur wird der Lichtschalter nicht abgeklemmt.

Schalter	Farbe	Farbe	Ergebnis
»Off«	Gelb/Rot	Gelb/Schwarz	0 V
»Off«	Gelb/Rot	Blau	12 V
»Off«	Blau	Gelb/Schwarz	12 V
»Off«	Gelb/Rot	Gelb/Schwarz	12 V
»Off«	Gelb/Rot	Blau	0 V
»Off«	Blau	Gelb/Schwarz	12 V

Messungen am Rex Zweitakter

Schalter	Farbe	Farbe	Ergebnis
»Off«	Gelb/Rot	Gelb/Schwarz	0 V
»Off«	Gelb/Rot	Blau	12 V
»Off«	Blau	Gelb/Schwarz	12 V
»Off«	Gelb/Rot	Gelb/Schwarz	12 V
»Off«	Gelb/Rot	Blau	0 V
»Off«	Blau	Gelb/Schwarz	12 V

Messungen am Viertakt-China-Roller

Rücklicht

Eigenschaften: Das Rücklicht stellt die Beleuchtung für den hinteren Fahrzeugteil in Rot dar und es zeigt durch ein helleres rotes Licht den Bremsvorgang an.
Birne 12 V, 21/5 W. Sockelbezeichnung BAY 15d oder P21/5 W.
Typische Fehler:
- Übergangswiderstand in der Fassung.
- Steckkontakt ausgeweitet.
- Birne defekt durch Vibrationen.
- Birne defekt durch Überspannung.
- Birne defekt durch Verschleiß.

Das Rücklicht ist wie der Frontscheinwerfer auch mit einer »Zweifadenlampe« bestückt, die für das Fahrlicht hinten und das Bremslicht zuständig sind.
Die Bezeichnung dieser Lampen 12 V, 21/5 W weist bereits auf zwei unterschiedliche Leistungen der

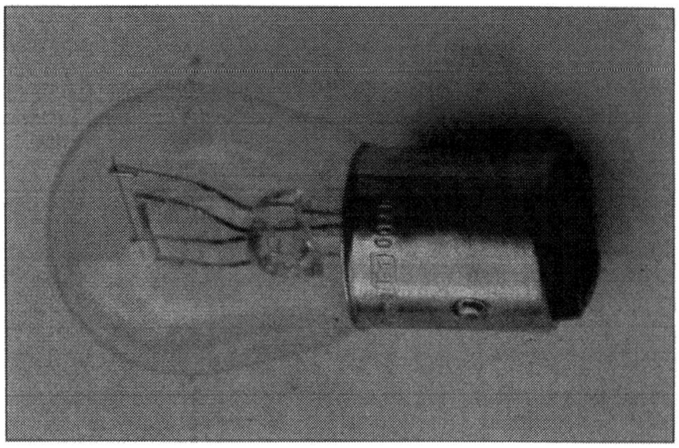

Die Standard-Rücklichtlampe.

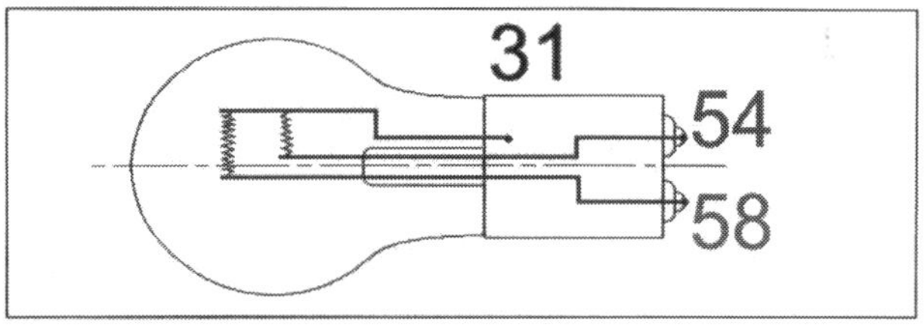

Skizze: Rücklichtlampe.

Birne hin. Auch eine Lampe kann verschleißen. Das Durchbrennen des Glühfadens in der Lampe wird durch zu hohe Spannungen und durch starkes Rütteln während des Betriebes begünstigt. Das Rütteln ist meist fahrbahnabhängig und kann wohl kaum beeinflusst werden. Eine zu große Betriebspannung kann auf Probleme mit dem Generator-Regler hinweisen.

Messungen

Durchgangsprüfung mit dem Multimeter
Die ausgebaute Glühlampe kann mit dem Multimeter auf »Durchgang« geprüft werden. Hierzu wird mit dem Multimeter der Durchgang vom Fassungsgehäuse zum Anschluss Standlicht KL58, Fassungsgehäuse zum Anschluss Bremslicht KL54 geprüft. Beide Messungen sollten einen Durchgang ergeben. Wenn sich herausstellt, dass eine der Messungen oder beide Messungen keinen Durchgang ergeben, ist die Birne zu ersetzen.

Spannungsmessung an den Anschlüssen
Bei eingebauter und angeschlossener Glühlampe kann die Spannung zwischen den Anschlüssen gemessen werden. Natürlich muss der Motor hierzu laufen und das Licht eingeschaltet sein. In der Regel handelt es sich hier um Wechselspannung. Das Messgerät muss also entsprechend eingestellt werden.

Die elektrische Anlage

Im Grundsatz kann man die Fehler der elektrischen Anlage recht leicht lokalisieren. Zu Beginn muss eine sehr penible Untersuchung der einzelnen Funktionen erfolgen. Die hieraus entstehenden Fehlfunktionen müssen auch im Zusammenhang mit anderen Funktionen betrachtet werden. Ist beispielsweise ein Fehler in einem Masseanschluss aufgetreten, können davon mehrere Funktionen betroffen sein. Ein typischer Fehler ist zum Beispiel der Bruch der Masseleitung zum Motorgehäuse. Nicht nur, dass dann eventuell der Anlasser nur gelegentlich funktioniert, auch die Zündanlage kann in ihrer Funktion beeinträchtigt werden. In vielen Fällen wirkt sich ein solcher Fehler in Kaltstartschwierigkeiten aus. Und in den meisten Fällen wird ein solcher Fehler nie gefunden. Über den Schaltplan erkennt man den Stromfluss recht schnell und würde mit etwas Erfahrung eine »Spannungsverlustmessung« zwischen Motorblock und Batteriemasseanschluss durchführen. Sehr oft stellt sich heraus, dass Kontaktkorrosion eine Ursache für diesen Fehler ist. Festgestellt werden kann er schon mit einem Multimeter. Für die Behebung ist meist lediglich das Reinigen und anschließende Versiegeln der betroffenen Anschlüsse erforderlich.

Die elektrische Anlage und der Umgang mit ihr wird von den meisten Schraubern recht kritisch betrachtet. Auch besitzt das Multimeter im Alltag längst nicht den Stellenwert, den es eigentlich aufgrund seiner Vielseitigkeit haben müsste. Für die Neueinsteiger und auch diejenigen, die die Handhabung des Digitalmultimeters nochmals vertiefen möchten, gibt es im Kapitel »Praxistraining« ein Messpraktikum mit dem Multimeter. Hier werden einige Messungen am Roller mit dem Multimeter genau beschrieben und natürlich auch der Umgang mit dem Buch für die Fehlersuche nachvollziehbar dargestellt.

Hupe/Hupentaster

Eigenschaften: Die Hupe ist das akustische Mittel, um sich im Straßenverkehr bei Bedarf bemerkbar zu machen. In der Regel handelt es sich um einen Metallkern, der durch eine Spule angezogen wird. Durch die Unterbrechung des Stromkreises und die zurückschwingende Membran wird der Ton erzeugt.

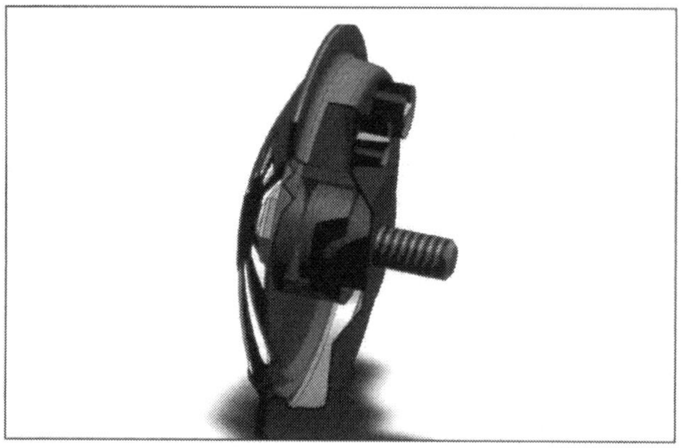

Hupe im Schnitt.

Typische Fehler:
- Hupentaster verbrannt.
- Anschlüsse korrodiert.
- Verkabelung defekt.
- Hupe verstellt.
- Hupe defekt.

Die Hupe an sich funktioniert recht einfach. In der Hupe befindet sich eine Spule mit einem Metallkern. Wird dieser Metallkern mit Spannung beaufschlagt, wird er magnetisch und zieht die Ankerplatte an. Trifft die Ankerplatte den im Innern verbauten Öffner, wird der Stromkreis unterbrochen. Das Magnetfeld wird abgebaut, die Membran mit der Ankerplatte schwingt zurück, bis der Öffner wieder schließt. Dann beginnt dasselbe Spiel wieder von vorne. Durch die Schwingung wird ein Ton erzeugt. Bei vielen Hupen ist es möglich, den Öffner mit einer kleinen Schraube einzustellen.

Schaltereinheit links mit Hupentaster.

Der Hupentaster kann durch Korrosion im Inneren beschädigt werden. Auch besteht die Möglichkeit, dass er durch Verschleiß der Kontakte nicht mehr schalten kann. Es gibt eigentlich keine Möglichkeit, den Hupentaster in der Griffschaltereinheit zu reparieren. Im Falle einer Fehlfunktion ist er zu ersetzen.

Messungen

Durchgangsprüfung am Schalter

Für die Durchgangsprüfung müssen die Stecker am linken Lenkerschalter abgezogen werden. Das Multimeter wird nun an die Steckerpole angeschlossen. Bei betätigtem Hupentaster sollte nun ein Durchgang festzustellen sein. Weicht die Funktion ab oder ist ein Widerstand messbar, muss die entsprechende Schaltereinheit erneuert werden.

Spannungsmessung an den Anschlüssen

Der Hupentaster kann auch im eingebauten Zustand geprüft werden.
Hierzu wird das Multimeter wie in der Durchgangsprüfung angeschlossen, nur wird der Hupentaster nicht abgeklemmt. Bei eingeschalteter Zündung und unbetätigtem Hupentaster sollte eine Spannung von ca. 12 V abzulesen sein. Bei betätigtem Hupentaster würde eine Spannung um 0 V den intakten Hupentaster ausweisen. Liegt aber bei betätigter Hupe noch immer eine Spannung von mehreren Volt an den Kontakten des Hupentasters an, so hat dieser einen Innenwiderstand und die Schaltereinheit muss erneuert werden.

Spannungsmessung an den Anschlüssen

Um die Hupe selber prüfen zu können, muss sowohl die Zündung eingeschaltet als auch der Hupentaster betätigt werden. Misst man nun an den Anschlüssen der Hupe bei aufgesteckten Steckern gegen Masse, sollte an dem einen Anschluss eine Spannung von 12 V anliegen, während der andere Anschluss 0 V anzeigt.
Ist keine Spannung festzustellen, kann die Hupe auch direkt mit Spannung versorgt werden. Stellt sich heraus, dass am anderen Anschluss ebenfalls 12 V messbar sind, muss die Masseverbindung geprüft werden. Zieht man den Massestecker der Hupe ab, muss das Multimeter an dem nun freien Anschluss wiederum 12 V anzeigen.

Öltankgeber

Eigenschaften: Der Öltankgeber ist ein Schwimmerschalter, der als Kontakt oder Reedschalter ausgelegt ist und bei zu geringem Füllstand des Tanks eine Warnleuchte einschaltet.
Typische Fehler:
- Kontakt im Schalter verschmutzt.
- Schwimmer defekt.
- Schwimmer verklemmt.

Die Warnleuchte für zu geringen Ölstand im Zweitakt-Vorratsbehälter ist im Alltagsbetrieb sehr wichtig. Ölmangel hätte unweigerlich einen Motorschaden zur Folge. Es gibt zwei unterschiedliche Ausführungen dieses Schalters. Die eine Variante arbeitet als REED-KONTAKT, die andere als Kontaktschalter. Der Reedkontakt wird ausgelöst, wenn der im Schwimmer befindliche Magnet in die Nähe des Reedkontaktes kommt. Die Kontaktschaltervariante verbindet mittels Schleifern die beiden Kontakte, die am unteren Ende des Sensors verbaut sind, und schaltet so durch. Beide Varianten vertragen keine großen Ströme. Im Falle eines Kurzschlusses in der Leitungsführung oder an der Kontrollleuchte sind sie auszutauschen. Für die Messung ergibt sich kein Unterschied.

Messungen

Durchgangsprüfung am Ölsensor

Für die Durchgangsprüfung müssen die Stecker am Ölsensor abgezogen werden und der Ölsensor selber ausgebaut werden. Wird nun der Ölsensor auf den

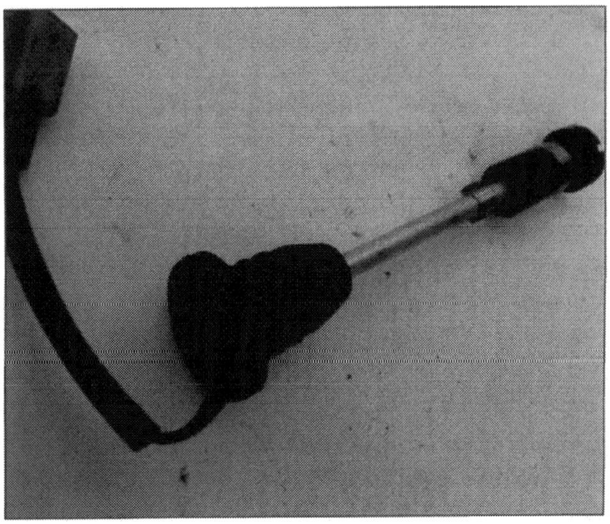

Öltankgeber.

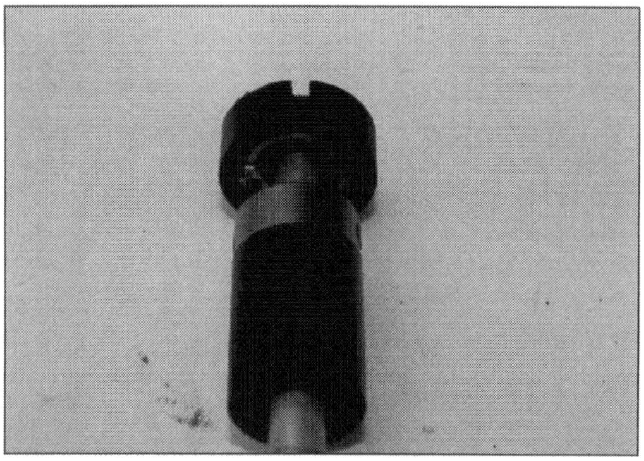

Öltankgeber mit Schwimmerkontakt.

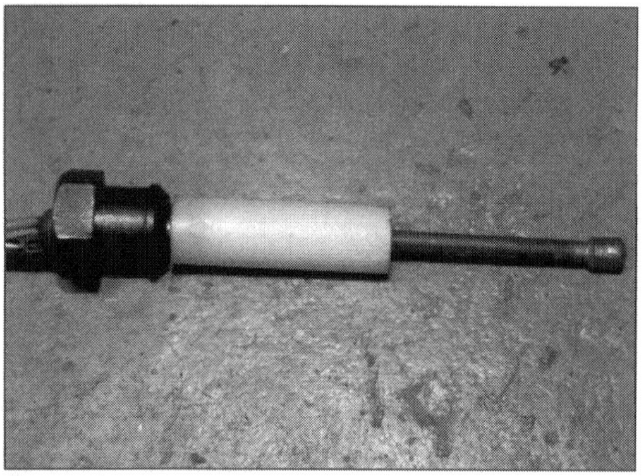

Öltankgeber mit Reedkontakt.

Kopf gedreht, darf er keinen Durchgang haben. Wird er in Einbaurichtung gehalten, sollte er einen Durchgang von »0« Ohm aufweisen. Stellt sich bei der Messung etwas anderes heraus, so muss der Ölsensor ersetzt werden.

Spannungsmessung an den Anschlüssen
Natürlich kann auch der Ölsensor im angeschlossenen Zustand geprüft werden. Die Zündung muss hierzu eingeschaltet sein. Auch für diese Prüfung muss der Ölsensor ausgebaut werden. Misst man nun parallel an den Anschlüssen des Ölsensors, sollten beim umgedrehten Ölsensor 12 V gemessen werden. Wird der Sensor in Einbaulage gehalten, muss das Ergebnis »0« Volt betragen. Sollten die Werte abweichen oder bei der Messung in Einbaulage ein Spannungswert herauskommen, der nicht plausibel erscheint, ist der Ölsensor zu tauschen. Eine Reparatur ist nicht nur aufgrund der Tatsache, dass es keine Ersatzteile gibt, nicht sinnvoll.

Haltung	Messung	Ergebnis
Über Kopf	Pin 1 auf Pin 2	12 V
Einbaulage	Pin 1 auf Pin 2	0 V

Sollten sich gar keine sinnvollen Messergebnisse erzielen lassen oder sich die Messwerte nicht in Abhängigkeit der Lage des Sensors verändern, kann davon ausgegangen werden, dass sich der Ölsensor verhängt hat. Auch hier bleibt nur der Austausch des Sensors.

Tankanzeige

Eigenschaften: Die Tankanzeige ist ein Spulenmessgerät, das den Spannungsabfall über dem Vorwiderstand misst. Die angezeigten Werte wurden vom Hersteller mit einer Anzeigeskala auf die Tankfüllung und den Tankgeber abgestimmt. Tankanzeigen sind nicht genau und können auch aufgrund der Tankform nicht abgestimmt werden.

Typische Fehler:
- Übergangswiderstände an den Anschlüssen.
- Korrosion an den Steckern.
- Unzureichende Spannungsversorgung.
- Defekte Messspule.

Eine fehlerhafte Anzeige über den gesamten Bereich der Tankuhr kann genauso auftreten wie Aussetzer für einen bestimmten Füllstand. Die angezeigten Werte der Tankanzeige wurden vom Hersteller mit einer Anzeigeskala auf die Tankfüllung und den Tankgeber abgestimmt. Tankanzeigen sind aufgrund der Tankform nicht genau und können auch nicht abgestimmt werden. Sie dienen nur als Anhaltswert und zeigen nie den tatsächlichen Kraftstoffinhalt des Tanks.

Tachoanlage in der Frontansicht.

Tankanzeige im Tachometer.

Messungen

Funktionsprüfung am Fahrzeug

Am einfachsten kann man die Funktion des Tankgebers prüfen, indem man ein Stück Draht entsprechend biegt, um den Schwimmer im Tank anzuheben. Hebt man den Schwimmer an, lässt sich bei leerem Tank die Stellung »Voll« simulieren. Um zu überprüfen, ob und in welcher Stellung der Tankgeber »Aussetzer« hat, hebt man den Schwimmer langsam an und beobachtet die steigende Anzeigenadel im Cockpit. Fällt die Nadel in einer Stellung ab, kann davon ausgegangen werden, dass der Tankschwimmer ersetzt werden muss. Die Tankanzeige selber kann keine »Aussetzer« haben.

Spannungsmessung an den Anschlüssen

Um die Spannungen am Cockpit und an der Tankanzeige prüfen zu können, muss das Cockpit demontiert werden. Auf der Rückseite kann man leicht die Anschlüsse erkennen, die zu der Tankuhr führen. Grundsätzlich finden sich hier die Anschlüsse:

An den meisten Minarelli und Nachbauten:

	Klemme	Funktion
1	15 (braun)	Spannung + 12 V
2	31 (schwarz)	Masseanschluss
3	Sensor (grün)	Tankgeberanschluss

Bei den China-Rollern sieht das dann so aus:

	Klemme	Funktion
1	15 (schwarz)	Spannung + 12 V
2	S (blau/weiß)	Sensor im Tankgeber
3	S (gelb/weiß)	Sensor im Tankgeber

Misst man nun zwischen der Klemme 1 und der Klemme 2 (siehe Bezeichnungen auf dem Bild), muss eine Spannung von 12 V anliegen, wenn die Zündung eingeschaltet ist.
Die Klemme 3 zeigt einen Spannungswert, der zwischen 0 V und 5 V liegt. Diese Spannung ist vom Schwimmerstand abhängig. Hebt man wie bei der Funktionsprüfung am Fahrzeug den Schwimmer im Tank an, so zeigt das Multimeter zwischen Klemme 2 und 3 eine Spannung von 0,7- 0 V (Tank »voll«). Hängt der Schwimmer im leeren Tank nach unten (Tank »leer«), liegt die Spannung bei annähernd 5 V.

China-Roller unter Spannung am Tacho:

	Gelb/Weiß	Blau/Weiß
Voll	180 mV	400 mV
Leer	400 mV	180 mV

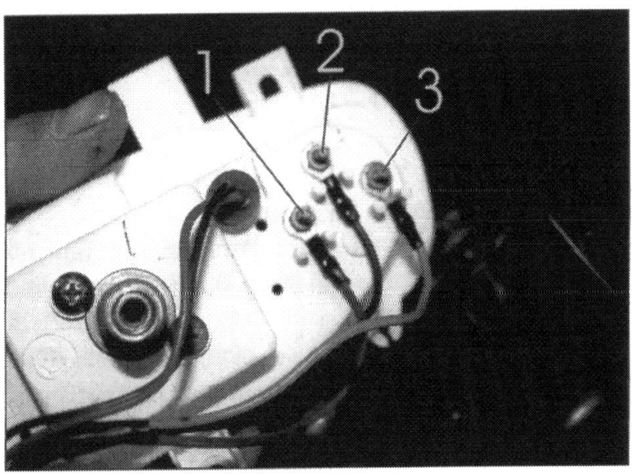

Von hinten: Messanschlüsse am Tacho.

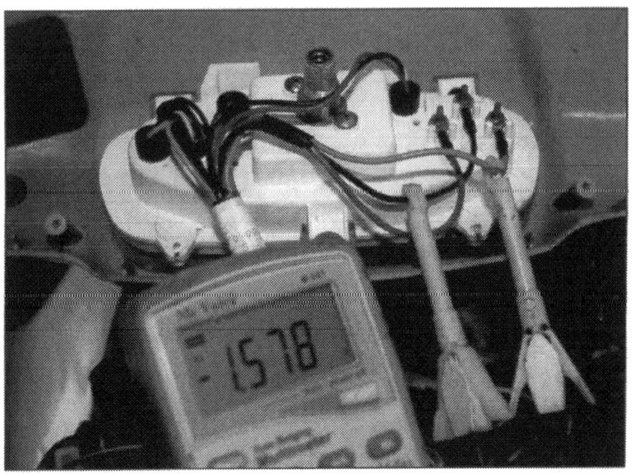

Messungen zwischen Pin 2 und Pin 3.

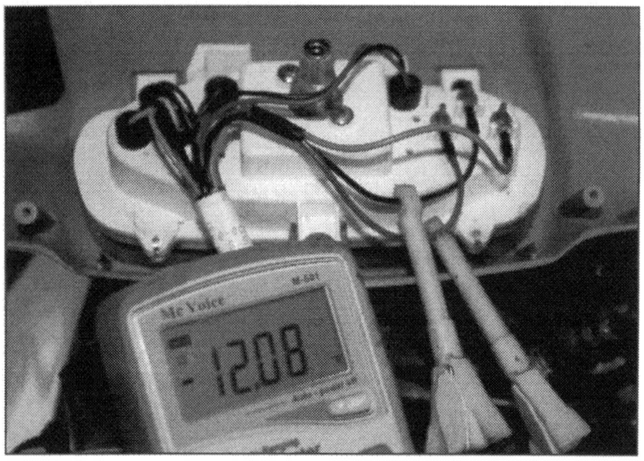

Messungen zwischen Pin 1 und Pin 2.

Tankgeber ausgebaut.

Testen mit dem Draht.

Entsprechen die gemessenen Werte den Angaben, aber die Tankuhr funktioniert nicht, kann man lediglich noch die Anschlüsse am Cockpit selbst überprüfen. Baut man die Tankuhr aus, so ist es auch möglich, den Vorwiderstand und die Messuhr selbst zu prüfen. Hier müssen folgende ohmschen Werte festzustellen sein:

Minarelli und Nachbauten:

Messspitze 1	Messspitze 2	Ergebnis
Anschluss 2	Anschluss 1 (KL15)	225 Ohm
Anschluss 2	Anschluss 3 (Sensor)	116 Ohm
Widerstand	Widerstand	70 Ohm

China-Roller:

Messspitze 1	Messspitze 2	Ergebnis
Anschluss 2	Anschluss 1 (KL15)	225 Ohm
Anschluss 2	Anschluss 3 (Sensor)	116 Ohm
Widerstand	Widerstand	70 Ohm

Tankgeber

Eigenschaften: Der Tankgeber erfasst mit einem Schwimmer den Kraftstoffpegel im Tank und setzt ihn in ein Spannungssignal um.

Typische Fehler:

- Übergangswiderstände in den Zuleitungen.
- Schlechte Masseverbindung.
- Ausgeschlagene Mechanik.
- Defekter Potenziometer.

Eine fehlerhafte Anzeige über den gesamten Bereich der Tankuhr kann genauso auftreten wie Aussetzer für einen bestimmten Füllstand. Die angezeigten Werte der Tankanzeige wurden vom Hersteller mit einer Anzeigeskala auf die Tankfüllung und den Tankgeber abgestimmt. Tankanzeigen sind aufgrund der Tankform nicht genau und können auch nicht abgestimmt werden. Sie dienen nur als Anhaltswert und zeigen nie den tatsächlichen Kraftstoffinhalt des Tanks.

Messungen

Funktionsprüfung am Fahrzeug

Am einfachsten kann man die Funktion des Tankgebers prüfen, indem man ein Stück Draht entsprechend biegt, um den Schwimmer im Tank anzuheben. Hebt man den Schwimmer an, lässt sich bei leerem Tank die Stellung »Voll« simulieren. Um zu überprüfen, ob und in welcher Stellung der Tankgeber »Aussetzer« hat, hebt man den Schwimmer langsam an und beobachtet die steigende Anzeigenadel im Cockpit. Fällt

die Nadel in einer Stellung ab, kann davon ausgegangen werden, dass der Tankschwimmer ersetzt werden muss.
Es kann auch der Verbindungsstrecker zum Tankgeber abgezogen und mit Hilfe des Multimeters der Ohmsche Widerstand gemessen werden.

Widerstandswerte bei den meisten Minarelli und Nachbauten:

Schwimmerstellung	**Messwert**
Oben	10 Ohm
Mitte	50 Ohm
Unten	100 Ohm

Widerstandswerte bei den chinesischen Rollermodellen:

Schwimmerstellung	**Pin 1 auf Pin 2**	**Pin 1 auf Pin 3**	**Pin 2 auf Pin 3**
Oben	33 Ohm	571 Ohm	603 Ohm
Mitte	280 Ohm	287 Ohm	560 Ohm
Unten	692 Ohm	155 Ohm	603 Ohm

Spannungsmessung an den Anschlüssen
Um die Spannungen am Tankgeber prüfen zu können, müssen die Messspitzen parallel zum Tankgeber angeschlossen werden. Das Multimeter muss auf 20 Volt Gleichspannung eingestellt werden. Wird nun der Tankgeber wie oben geschildert bewegt, ergeben sich annähernd folgende Messergebnisse:

Messwerte für die meisten Minarelli und Nachbauten:

Schwimmerstellung	**Messwert**
Oben	0,7 V
Mitte	2,5 V
Unten	4 V

Messwerte für die chinesischen Rollermodelle:

Tankfüllung	**Messspitze 1**	**Messspitze 2**	**Spannung**
Voll	S (blau/weiß)	Masse KL 31	5-6 V
Leer	S (blau/weiß)	Masse KL 31	2-3 V
Voll	S (gelb/weiß)	Masse KL 31	2-3 V
Leer	S (gelb/weiß)	Masse KL 31	5-6 V

Warnleuchte »Öl«

Eigenschaften: Birne 12 V, 3 W ohne Sockel.
Sockelbezeichnung W2,1 x 9,5 d.
Typische Fehler:
- Übergangswiderstand in der Fassung.
- Steckkontakt ausgeweitet.
- Birne defekt durch Vibrationen.
- Birne defekt durch Überspannung.
- Birne defekt durch Verschleiß.

Auch eine Lampe kann verschleißen. Das Durchbrennen des Glühfadens in der Lampe wird durch zu hohe Spannungen und durch starkes Rütteln während des Betriebes begünstigt. Das Rütteln ist meist fahrbahnabhängig und kann wohl kaum beeinflusst werden. Eine zu große Betriebspannung kann auf Probleme mit dem Lichtmaschinen-Regler hinweisen. Durch einen Überspannungsschaden könnten auch andere Bauteile betroffen sein. Lampen mit 5 W passen zwar auch in die Fassung der Warnleuchte, werden aber wesentlich wärmer als die 2-W-Version. Durch die

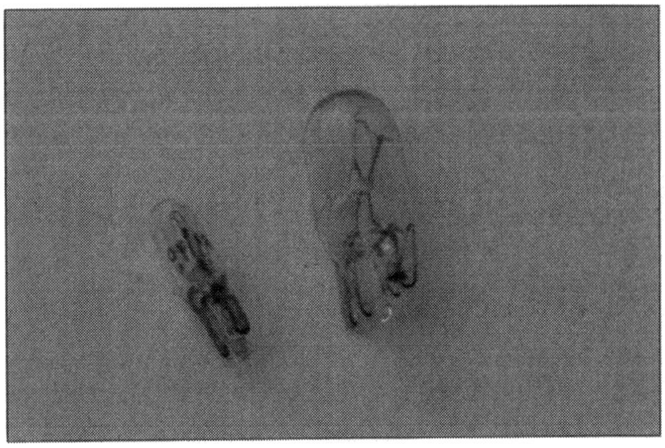

12 V, 2 W und 5-W-Variante für die Warnleuchte.

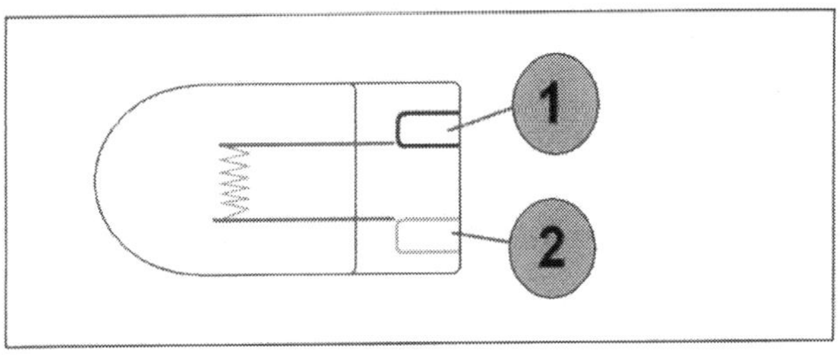

Glühlampe mit Glassockel.

stärkere Hitzeentwicklung kann das Armaturenbrett beschädigt werden.

Prüfungen

Um die Verkabelung, den Schwimmerschalter und die Birne kontrollieren zu können, empfiehlt es sich, den Schwimmerschalter auszubauen. Dreht man den Schwimmerschalter auf den Kopf, muss die Lampe aus sein. Wird der Schwimmerschalter in Einbaulage gehalten und der Schwimmer ist am unteren Ende angekommen, muss die Birne bei eingeschalteter Zündung leuchten.

Messungen

Durchgangsprüfung mit dem Multimeter
Die ausgebaute Glühbirne kann mit dem Multimeter auf »Durchgang« geprüft werden. Hierzu wird mit dem Multimeter der Durchgang vom Fassungsgehäuse (1) zum Anschluss (2) geprüft. Die Messungen sollten einen Durchgang ergeben. Wenn sich herausstellt, dass die Messungen keinen Durchgang ergeben, ist die Birne zu ersetzen.

Spannungsmessung an den Anschlüssen
Bei eingebauter und angeschlossener Glühlampe kann die Spannung zwischen den Anschlüssen gemessen werden. Natürlich muss der Schwimmerschalter wie beschrieben betätigt werden. Liegt keine Spannung an, sollte nun noch überprüft werden, ob die Spannung auch gegen Masse nicht anliegt. Hierzu wird der eine Pol des Multimeters an die Rahmenmasse (eine blanke Stelle) gehalten und der andere Anschluss an die Anschlusskabel angeschlossen. Auch hier müsste bei betätigtem Schwimmerschalter eine Spannung von 12 V anliegen. Des Weiteren ist zu empfehlen, die Gummifassung aus dem Tachogehäuse herauszuziehen. Durch Einführen der Messspitze kann das Birnchen aus dem Sitz gedrückt und in das Tachogehäuse hineinfallen.

Zündschloss

Eigenschaften: Das Zündschloss hat neben dem Blockieren der Lenkung eine Serienschaltfunktion.
Typische Fehler:
- Defekte Schlossmechanik.
- Fehler an den Schaltkontakten.
- Korrosion oder Übergangswiderstände in den Anschlusskabeln.

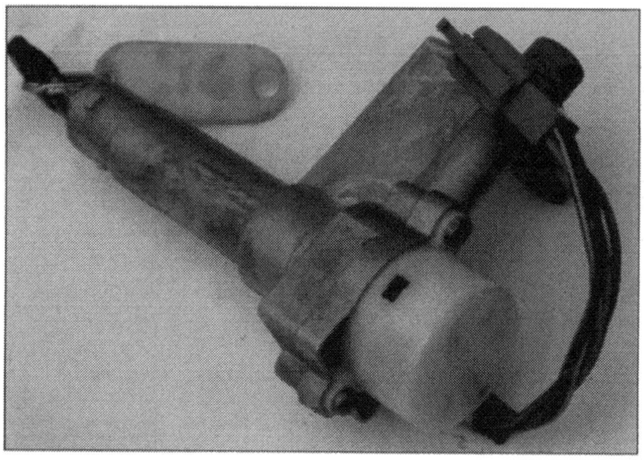

Zündschloss.

Zu viele Schlüssel am Schlüsselbund: Hohe mechanische Belastung zerstört auf Dauer den Schließzylinder.

Das Zündschloss ist zwar lediglich als komplettes Bauteil lieferbar, muss aber für die Fehlersuche durchaus in den einzelnen Funktionen betrachtet werden. Die meisten Fehler in der Mechanik treten durch Verschleiß am Schloss selbst und in der Lenksäulenarretierung auf. Da die mechanischen Teile bei den meisten Schlossherstellern verpresst sind, ist es wichtig, das Schloss bei den Wartungsarbeiten regelmäßig mit Kriechöl oder einem speziellen Schlossöl zu schmieren. Auch sollte vermieden werden, einen schweren Schlüsselbund am Zündschlüssel mitzuführen, da durch das Gewicht das Zündschloss deutlich schneller verschleißt. Das Zündschloss ist in unterschiedlichen Ausführungen verbaut. Im Wesentlichen unterscheiden sich die verbauten Schlosstypen lediglich in einer sogenannten Kontrollfunktion, die bei einigen Fahrzeugen zwischen der Stellung »OFF« und der Stellung »ON« eine »CHECK«-Funktion erlaubt, in der die Kontrolllampen aufleuchten. Die anderen Funktionen sind trotz anderer Kabelfarben gleich.

Messungen

Funktionsprüfung am Fahrzeug

In der Stellung »OFF« wird die Erregerspule der Zündanlage gegen Masse geschaltet. Somit entsteht kein Zündfunken. Die Kontakte für Zündung sind erst bei der Stellung »ON« geschaltet. Die Funktionen für Hupe, Blinker und alle Anzeigen stehen also erst bei der Stellung »ON« zur Verfügung.

Um das Zündschloss elektrisch prüfen zu können, ist es erforderlich, die Frontverkleidung zu demontieren. In den meisten Fällen ist die genaue Schaltung des Zündschlosses noch nicht bekannt oder die Funktion nicht sicher geklärt. Also wird zuerst das Verbindungskabel abgezogen und eine »Funktionsbox« für das Zündschloss erstellt.

Am besten kann man die Funktion des Zündschlosses anhand einer »Schalter-Funktionsbox« erkennen. Anhand der mit dem Durchgangsprüfer erfassten Durchgänge lässt sich die Kabelfarbe der Schaltfunktion im Schaltbild zuordnen.

Nun kann der Stecker wieder aufgesteckt werden. In dem dargestellten Fall muss in der Stellung »OFF« auf Pin 1 Dauerplus anliegen, auf allen anderen Anschlüssen liegt keine Spannung an. Pin 3 und Pin 4 haben beide Durchgang zur Masse mit 0 Ohm. Wird nun das Zündschloss auf die Stellung »ON« gestellt. Liegt nun auch an Pin 2 eine Spannung von 12 V an. Pin 3 hat nun einen Ohmschen Widerstand von 408 Ohm gegen Masse und Pin 4 weist immer noch einen Widerstand von 0 Ohm gegen Masse auf.

Wichtig! Niemals den Widerstand an spannungsführenden Leitungen messen. Das Multimeter kann dabei zerstört werden! Immer zuerst sich davon überzeugen, dass die Kabel und Verbindungen, die gemessen werden sollen, spannungsfrei sind.

Fassen wir die Ergebnisse tabellarisch zusammen:

PIN	Kabelfarbe	Off	On	Norm Bez.
1	Schwarz/Weiß		●	Stop
2	Schwarz	●		15
3	Grün	●	●	31
4	Rot	●		B+(30)
5	Grün	●	●	31

Messungen bei Stellung »OFF«:

Kabelfarbe	Messspitze		Messergebnis
	Rot	Schwarz	
Blau/Grün	Pin 1	Masse	12 Volt
Blau/Grün	Pin 1	Masse	0 Volt
Blau/Grün	Pin 1	Masse	0 Ohm
Blau/Grün	Pin 1	Masse	0 Ohm

Messungen bei Stellung »ON«:

Kabelfarbe	Messspitze		Messergebnis
	Rot	Schwarz	
Blau/Grün	Pin 1	Masse	12 Volt
Blau/Grün	Pin 1	Masse	0 Volt
Blau/Grün	Pin 1	Masse	0 Ohm
Blau/Grün	Pin 1	Masse	0 Ohm

Sollten die Messergebnisse abweichen oder völlig unplausibel sein, muss das Zündschloss ersetzt werden.

Starter, Generator und die Spannungsversorgung

Diese Baugruppe befasst sich mit den Bauteilen, die für die Spannungsversorgung, die Batterieladung sowie die Startfunktion des Elektrostarters zuständig sind. Hier finden Überschneidungen zu anderen Baugruppen statt. So werden beispielsweise für die Betätigung des Starterrelais die Bremslichtschalter (Baugruppe 5 Lichtanlage) und das Zündschloss (Baugruppe 6 elektrische Anlage) benötigt. Andersherum ist die Funktion anderer Baugruppen auch von dieser Baugruppe abhängig.
In dieser Baugruppe wurden also die eher größeren Verbraucher und Erzeuger sowie Speicher des Motorrollers im elektrischen Sinn einsortiert.

Anlasser

Eigenschaften: Anlasser 12-V-Gleichstrom

- Typische Fehler:
- Kohlen verschlissen.
- Lager verschlissen.
- Kollektor verschlissen.
- Festmagnet gebrochen.
- Wicklung durchgebrannt.

Der Anlasser ist ein Gleichstrommotor mit Kollektor und Kohleschleifern. Die Kohleschleifer gehören zu den Verschleißteilen. Bei einigen Importeuren sind sie auch als Ersatzteil lieferbar. Sollte der Kollektor verschlissen sein, müsste der Anker ausgetauscht werden. In den meisten Fällen ist dieser aber nicht lieferbar. Der Anlasser muss dann als komplettes Teil ersetzt werden.
Geschaltet wird der Anlasser vom Anlasserrelais. Wird das Anschlusskabel direkt an die Batterie angeschlossen, läuft der Anlasser. Auf diese Weise kann ein ausgebauter Anlasser auch geprüft werden.

Messungen

Spannungsmessung mit dem Multimeter
Man kann die Spannungsversorgung (+) prüfen. In der Regel sind die Kabelverbindungen zum Anlassermotor gesteckt. Liegt hier bei eingeschalteter Zündung, betätigter Handbremse und Starterkopf keine Spannung an, so muss der Fehler im Bereich Starterrelais oder Startertaster gesucht werden.
Wichtig ist es auch, die Spannung zwischen Batteriemasse und Anlassermasse zu messen. Ist bei dieser Fehlerspannungsmessung eine Spannung von mehreren Volt festzustellen, muss der Masseanschluss des Motors überprüft werden.

Sonstige Prüfungen
Erscheint die Anlasserdrehzahl ungewöhnlich niedrig und der Anlasser wird sehr heiß, so dürfte ein Fehler im Bereich der Kohlen oder des Ankers selber zu finden sein. Der Widerstand der Spule beträgt ungefähr 0,3 Ohm bei Raumtemperatur.
In den meisten Fällen kann man verbrannte Wicklungen des Ankers recht leicht erkennen. Bei diesem Schadensbild muss der Anlasser ersetzt werden. Eine Reparatur ist nicht wirtschaftlich.
Verschlissene Kohlen und verschlissene Kollektoren lassen sich gut am zerlegten Anlasser feststellen.

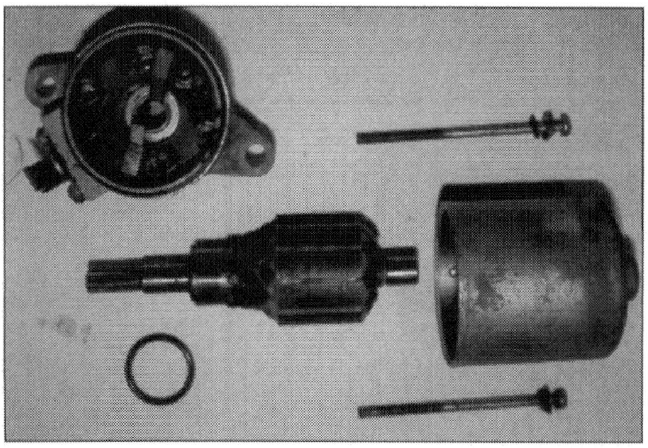

Anlasser in Teilen.

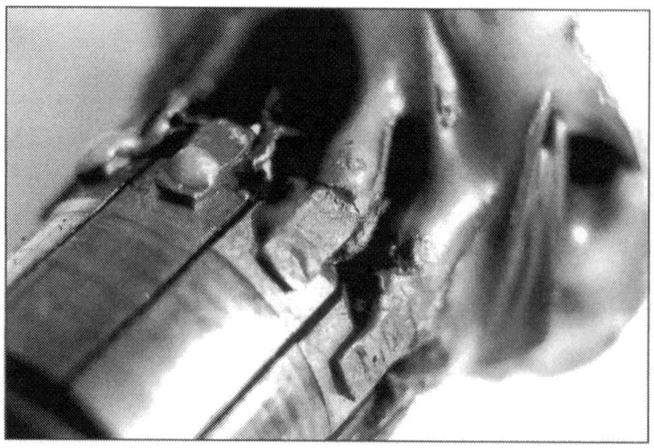

Durchgebrannte Wicklungen.

Blick auf die Kohlen.

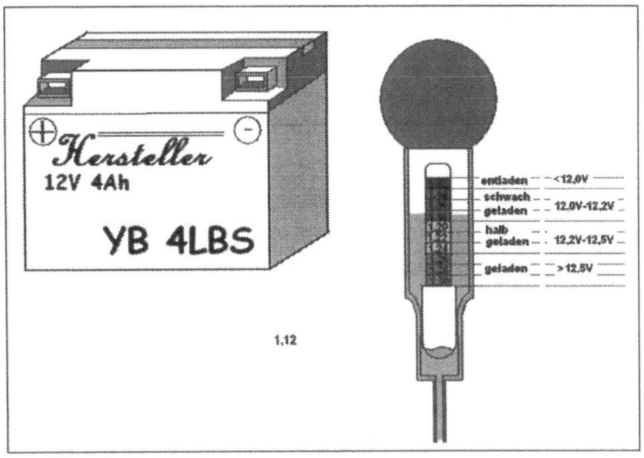

Säureheber, Säuredichte und Batterie.

Batterie

Eigenschaften: Batterie 12 V, 4 Ah. YB 4LB (offene Variante mit Säure). YB 4LBS (Wartungsfreie Variante). Beide sind als Energiespeicher ausgelegt und als Bleiakkumulatoren ausgeführt.

Typische Fehler:

- Entladene Batterie.
- Zellenschluss durch Ablagerung.
- Zu geringer Flüssigkeitsstand.
- Sulfatierung durch Alterung.

Bei Batterien können im Wesentlichen zwei Fehler auftreten. Zum einen ist der Säurestand sehr wichtig, da durch ihn die nutzbare Fläche der Platten bestimmt wird. Die Bleiplatten in der Batterie stehen nur solange als Energiespeicher zur Verfügung, wie sie auch vollständigen Kontakt mit dem Elektrolyt haben. Sinkender Säurestand bedeutet zwar nicht den Verlust der Batteriespannung, aber die Leistung der Batterie nimmt deutlich ab. Zu anderen entladen sich sogar

Batterie beim China-Roller.

neue Batterien in der Regel innerhalb von wenigen Monaten bis unter die Hälfte der Nennkapazität.
Ein weiterer Fehler tritt durch Sulfatierung der Bleiplatten auf. Die nutzbare Oberfläche wird so verkleinert. Die Kapazität der Batterie nimmt also schon durch Alter und Lagerung ab. Die Lebensdauer einer Batterie beträgt zwischen einem und vier Jahren, je nach Ladezyklen, Standzeiten und Belastung. Ein Dauerladegerät mit Überwachung und Lastsimulation kann die Lebensdauer einer Batterie gerade bei Fahrzeugen, die wenig bewegt werden, erheblich steigern.

Spannungsmessung mit dem Multimeter

Mit dem Multimeter kann festgestellt werden, wie groß die »Leerlaufspannung« (die Spannung ohne Last) der Batterie ist. Durch Spannungsmessung unter Belastung (z.B. Betätigen des Anlassers) können Rückschlüsse auf die Kapazität der Batterie gezogen werden. Im Ruhezustand sollte eine geladene Batterie eine Spannung zwischen 12,8 V und 13,6 V aufweisen. Unter Belastung darf diese Spannung nicht unter 9 V fallen.

Ladezustandsprüfung mit dem Säureheber

Diese Prüfung ist nur bei Batterien möglich, deren Zellen mit Verschlussstopfen verschlossen sind. Diese Stopfen werden mit einer Spitzzange entfernt und dann kann mit dem Säureheber Säure aus der Batteriezelle angesaugt werden. Es muss soviel Säure entnommen werden, dass der Messkolben im Inneren frei aufschwimmt. Anhand der Säureskala kann der Ladezustand abgelesen werden.

Generator/Ladespule Zündung/Pick up (OT Geber)

Eigenschaften: Magnetspulengenerator mit Lade- und Auslösespule für eine Kondensator-Zündanlage. Sie erzeugt den Strom zur Batterieladung, für die Lichtanlage sowie die Spannungsversorgung und die Auslösung der Zündung.

Typische Fehler:
- Korrosion an den Kontakten.
- Spulenbruch auf der Statorplatte.
- Kabelbruch an der Statorplatte.
- Durchgescheuerte Kabelverbindung.
- Windungsschluss.

Die Spulen des Generators unterliegen recht starken und zudem noch stetig wechselnden Magnetfeldern. Natürlich entstehen hierdurch auch Schwingungen. Auch die Temperaturunterschiede können zwischen –15 C° und +90 C° schwanken. Feuchtigkeit und eventuell auch Salze schaffen sicherlich auch keine günstigen Betriebszustände. Im Laufe eines »Rollerlebens« kann so auch ein Draht in einer Spule brechen oder der Übergangswiderstand durch Korrosion zu hoch werden. Gefährdet sind meist die Übergänge zur Masse und auch die Kabelabgänge. Die Auswirkungen sind oftmals zu geringe Ladespannung oder eine Ladespannung, die bei Einschalten der Beleuchtung zusammenbricht. Für

Generatorset mit Polrad.

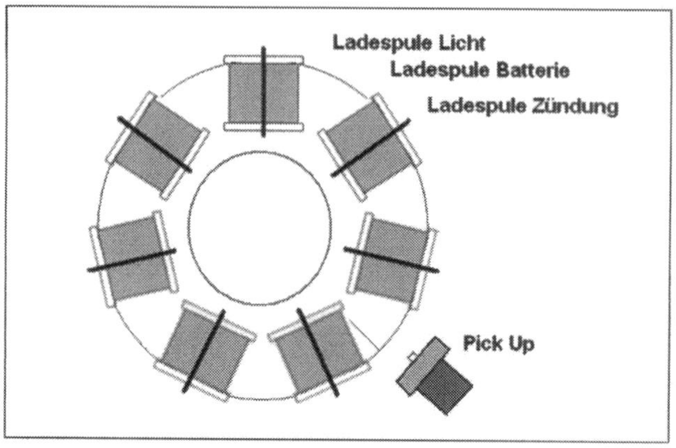

Skizze: Generator.

die beiden Spulen der Zündung bedeutet es oft, dass der Motor »stottert« oder »Aussetzer« hat.

Messungen

Spannungsmessung mit dem Multimeter

Die Generatorspannung zu messen macht eigentlich nur Sinn, um die Spannung der Lichtspule und die der Batterieladespule beurteilen zu können. Die Spannungsabgabe ist stark von der Motordrehzahl abhängig und somit schwierig als Vergleichswert anzunehmen. Für diesen Motor kann ein Anhaltswert von 65-V-Wechselstrom angenommen werden, wenn der Motor 5000 1/min dreht und die Lichtmaschine ohne Last, das heißt nicht angeschlossen läuft.
Schon diese Anforderung ist nur zu realisieren, wenn einzelne Stecker aus dem Kombistecker entfernt werden. Aufgrund der hohen Spannungen im Bereich der Zündanlage ist es nicht zu empfehlen die Spannungen nachzumessen.

Widerstandsmessung an den Anschlüssen

Die Widerstandmessung am Generator hat den großen Vorteil, dass sie statisch, also bei stehendem Motor durchgeführt wird. Für diese Messungen werden alle Anschlüsse des Generators abgezogen.
Die Messungen erfolgen immer gegen Motor oder Rahmenmasse
Variante 1:

Funktion	Kabelfarbe	Ohmscher Wert
Lichtspule	Gelb/Rot	0,3–0,5 Ohm
Ladespule	Weiß	0,3-–0,7 Ohm
Ladespule CDI	Schwarz/Rot	500–700 Ohm
Pickup-Spume	Weiß/Rot	110–130 Ohm

Variante 2:

Funktion	Kabelfarbe	Ohmscher Wert
Lichtspule	Gelb	0,2–0,5 Ohm
Ladespule	Braun	0,2–0,7 Ohm
Ladespule CDI	Grün	600–800 Ohm
Pickup-Spule	Schwarz/Rot	110–130 Ohm

Messwerte Chinaroller:

Funktion	Kabelfarbe	Ohmscher Wert
Lichtspule	Gelb/Rot	0,3–1,5 Ohm
Ladespule	Weiß	0,3–1,5 Ohm
Ladespule CDI	Schwarz/Rot	400–600 Ohm
Pickup-Spule	Weiß/Rot	110–150Ohm

Alle Werte können um bis zu 20% vom Nennwert abweichen. Bei größeren Abweichungen muss der komplette Stator ersetzt werden.

Spannungswerte bei abgezogenem Regler (Licht ausgeschaltet lassen!!!):
Lichtspule Gelb bis zu 90 V AC (Wechselspannung)
Ladespule Braun bis zu 70 V AC (Wechselspannung)

Regler Gleichrichter

Eigenschaften: Er wandelt die Wechselspannung aus dem Generator für den Ladestrom der Batterie in Gleichspannung um und begrenzt die Spannungshöhe auf ca. 12-14,5 V.

Typische Fehler:

- Übergangswiderstand in der Masseleitung.
- Übergangswiderstand in einer Anschlussleitung.
- Defekter Regler.
- Defekter Gerätestecker.

Regler in unterschiedlichen Ausführungen.

Der Lichtmaschinenregler hat zwei Aufgaben. Es wird der Ladestrom geregelt und gleichgerichtet sowie der Lichtstrom geregelt, aber nicht gleichgerichtet. Neben eventuellen Fehlern im Herstellerwerk können auch Überlastung oder Kurzschluss den Regler zerstören. Wird der Roller beispielsweise ohne Batterie betrieben, können die Spannungsspitzen beim Einschalten einiger Verbraucher wie beispielsweise Hupe, Anlasser oder auch die Blinkanlage bereits eine Zerstörung des Reglers bewirken. Eine defekte Batterie oder auch das Vertauschen der Anschlusspole hat in den meisten Fällen die Zerstörung des Reglers zur Folge.

Messungen

Um den Regler zu prüfen, werden die elektrischen Funktionen wie Gleichrichtung und Regelgrenzen nachvollzogen. Da der Regler zum einen die Gleichspannung und zum anderen für die Lichtanlage die Wechselspannung begrenzt, müssen diese beiden Funktionen kontrolliert werden.

Spannungsmessung an der Batterie

Betrachten wir zuerst die Ladespannung für die Batterie. Da der Roller hier laufen muss und dadurch das Rad frei dreht, wird ist es erforderlich, den Motorroller sicher auf dem Hauptständer abzustellen. Das Hinterrad darf dabei nicht den Boden berühren, da der Roller sonst unkontrolliert durch den Raum schießen könnte. Die Anschlüsse des Multimeters werden an die Batteriepole angeschlossen. Die gemessene Spannung merkt man sich, um sie später mit anderen Ergebnissen vergleichen zu können. Die Spannung darf beim Starten 9 V nicht unterschreiten. Ist das der Fall, sollte die Batterie geprüft werden. Sobald der Rollermotor läuft, muss die Spannung über der eben gemessenen

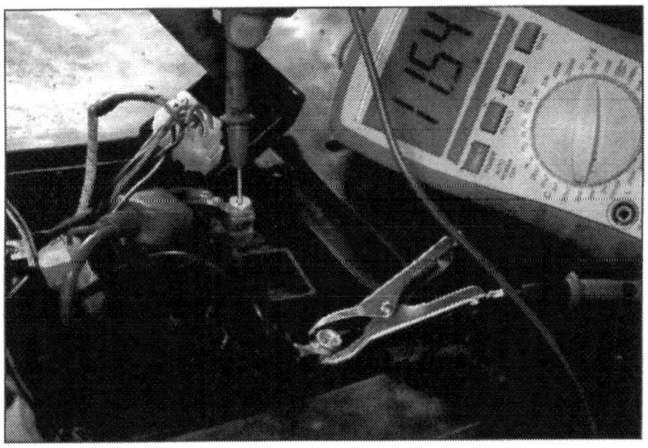

Spannungsmessung an der Batterie.

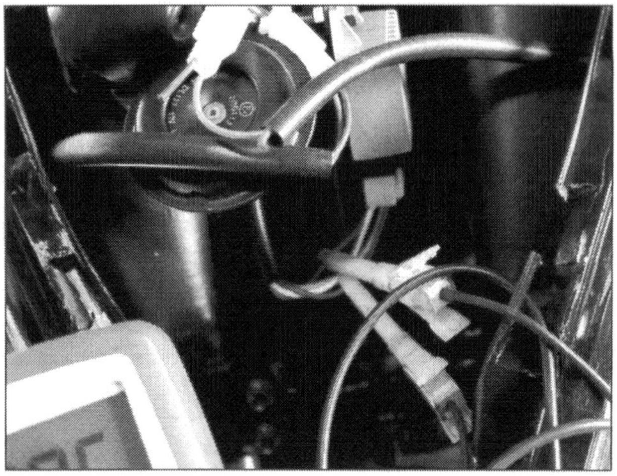

Spannungsmessung an den Anschlüssen.

Spannung im Ruhezustand sein. Die Ladespannung darf allerdings 14,5 V nicht übersteigen, da sonst die Batterie »überladen« wird und mit starker Gasbildung »kocht«. Diese Spannung darf auch bei Enddrehzahl des Motors nicht überschritten werden.

Spannungsmessung an den Anschlüssen
Grundsätzlich finden sich am Regler immer vier Anschlüsse: »Masse«, »Batterie +«, »Lichtausgang« als Wechselspannung und der »Generatoreingang«. Dieser zentrale Punkt eignet sich recht gut, um einen Fehler im Ladesystem zu suchen. Zuerst wird an den Anschlüssen des Reglers auf untenstehende Messergebnisse geprüft. Der Motor sollte dazu laufengelassen werden.

Messspitze schwarz	Messspitze rot	Einstellung Messbereich	Ergebnis
Masse	Pin 1 am Stecker	20 V Gleichspannung	13,2 V Gleichspannung
Masse	Pin 2 am Stecker	20 V Wechselspannung	13 V Wechselspannung
Masse	Pin 3 am Stecker	20 V Wechselspannung	Ca. 15 bis 20 V Wechselspannung
Pin 4 am Stecker	Pin 1 am Stecker	20 V Gleichspannung	13,2 V Gleichspannung

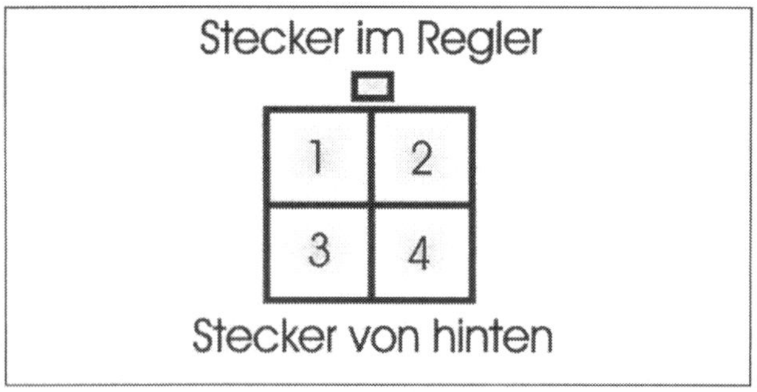

Anschlüsse am Chinaregler: 1 Rot (B+ KL30), 2 Gelb (Ladespule Licht), 3 Weiß (Ladespule Batterie), 4 Schwarz/Grau (Masse KL 31).

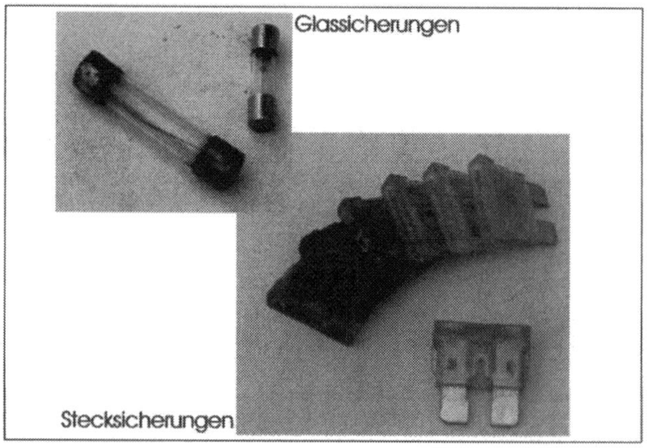

Sicherungen in der Übersicht.

Sicherung

Eigenschaften: Glassicherung 12 V 7A. Glassicherung 12 V 10A. Kunststoffstecksicherung 7,5 A. Kunststoffstecksicherung 10 A.
Typische Fehler:
- Kurzschluss.
- Alterung.
- Vibrationsbruch.

Die Sicherung ist eigentlich ein Draht, der bei einer ganz bestimmten Stromstärke durchbrennt. Je höher die Sicherung ausgelegt ist, umso dicker wird dieser Draht. Die Sicherung soll der »Schwachpunkt« in der

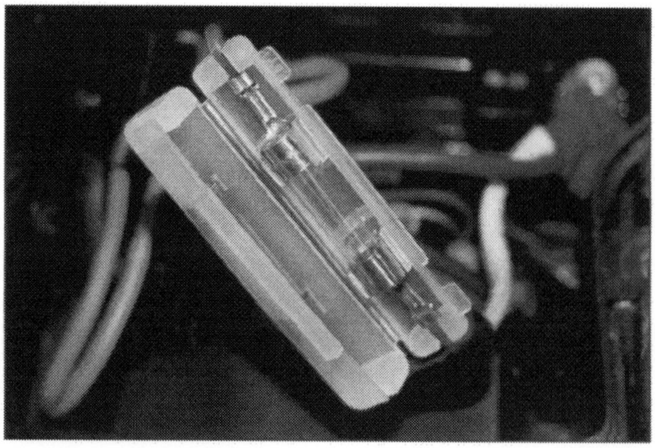

Glassicherung im Träger.

Stromversorgung darstellen, um die restliche Verkabelung vor zu großen Strömen bei Kurzschluss zu schützen.
Das Durchbrennen des Drahtes in der Sicherung wird durch zu hohe Ströme verursacht. Sie darf daher niemals durch eine stärkere Sicherung ersetzt werden, da sonst erhebliche Schäden an der elektrischen Anlage zu erwarten sind.

Messungen

Durchgangsprüfung mit dem Multimeter
Die ausgebaute Sicherung kann mit dem Multimeter auf »Durchgang« geprüft werden. Hierzu wird mit dem Multimeter der Durchgang von Anschluss zu Anschluss geprüft. Die Messungen sollten einen Durchgang ergeben. Wenn sich herausstellt, dass die Messung keinen Durchgang ergibt, ist die Sicherung zu ersetzen.

Spannungsmessung an den Anschlüssen
Hier ergeben sich zwei mögliche Vorgehensweisen. Bei eingebauter und angeschlossener Sicherung kann die Spannung zwischen den Anschlüssen gemessen werden. Ist die Sicherung intakt, ergibt sich bei eingeschalteter Zündung eine Spannung von 0 V. Bei defekter Sicherung ist hier eine Spannung von 12 V zu messen. Eine weitere Möglichkeit ist, die Spannung an beiden Anschlüssen einzeln gegen Masse zu messen. Ist die Sicherung in Ordnung, so muss am Sicherungseingang sowie am Sicherungsausgang eine Spannung von 12 V anliegen. Ergibt sich am Sicherungsausgang eine Spannung von 0 V, so ist die Sicherung durchgebrannt und muss ersetzt werden.

Starterrelais

Eigenschaften: Das Starterrelais soll den Strom für den Betrieb des Anlassers schalten und so den Startertaster entlasten. 12 V 40 A. 12 V 50 A.
Typische Fehler:
- Korrosion an den Anschlusskabeln.
- Ungenau abisolierte Kabelverbindungen.
- Schaltkontakt verbrannt.
- Relais defekt.

Das Starterrelais besteht aus einer Spule und einem Schalter. Wenn die Spule mit Spannung beaufschlagt wird, baut sich ein Magnetfeld auf und der Schalter wird betätigt. Da die Spule keine große Leistung hat,

Starterrelais.

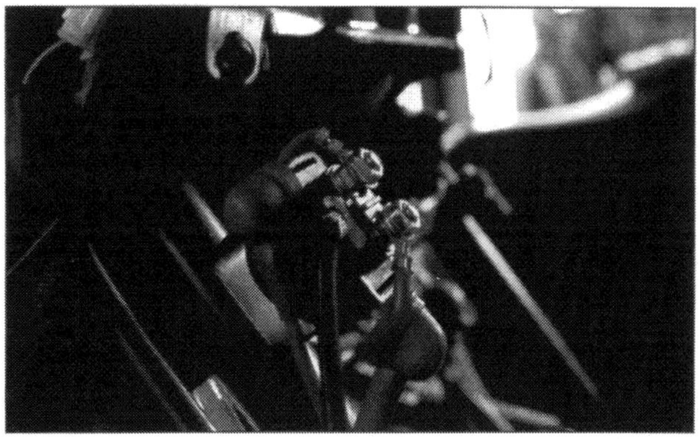
Messungen am Relais.

können so Ströme bis zu 50 A geschaltet werden, ohne dass der Startertaster dafür ausgelegt werden muss. Die Spannungsversorgung von der Batterie zum Starterrelais und auch weiter zum Anlasser ist nicht abgesichert. Ein Kurzschluss in diesem Bereich kann im ungünstigsten Fall die Batterie zur Explosion bringen. Die Anschlüsse an Batterie und Starterrelais müssen also entsprechend umsichtig behandelt werden.
Das Starterrelais ist eines der Bauteile, bei welchem eine erste Prüfung schon erfolgen kann, ohne dass irgendetwas demontiert werden muss. Schaltet man die Zündung ein und betätigt eine der beiden Handbremsen, muss das Relais zumindest deutlich klacken. Wenn das nicht der Fall ist, muss Folgendes geprüft werden:

Messung der Steuerspannung

Das Relais sollte dauernd mit Masse beaufschlagt sein. Bitte den roten Pin des Messgerätes an Batterie Plus anschließen und beide Seiten des Steckers zum Anlasserrelais mit der schwarzen Spitze antasten. Das

Messergebnis bei unbetätigtem Starter sollte 12 V betragen. In den meisten Fällen ist die Kabelfarbe für den Masseanschluss schwarz isoliert. Sollten die Messungen ein anderes Ergebnis zeigen, so besteht keine oder zumindest keine gute Masseverbindung zu dem Relais.
Legt man nun den schwarzen Anschluss des Multimeters auf Masse und misst nun die Spannung an dem anderen Pol des Starterrelais, so muss das Multimeter bei betätigter Bremse und Startertaster 12 V anzeigen. Ist das nicht der Fall, so muss der Fehler beim Startertaster, den Bremslichtschaltern oder den Verbindungen dahin gesucht werden.

Durchgangsprüfung am Relais.

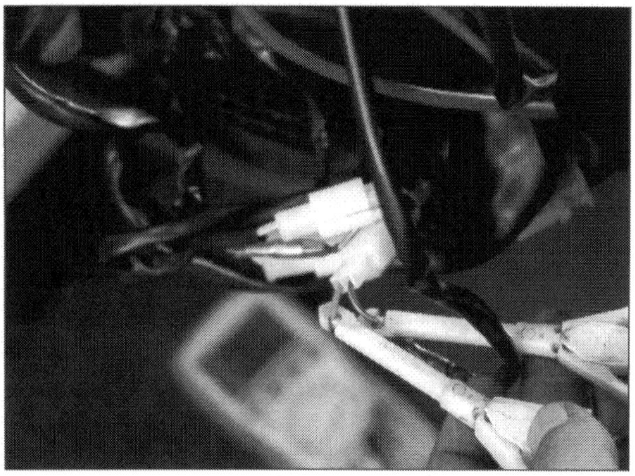

Spannungsmessung an den Anschlüssen.

Durchgangsprüfung mit dem Multimeter

Eine Durchgangsprüfung eines ausgebauten Relais ist nur schwer zu handhaben. Um den Schaltausgang prüfen zu können, muss die Spule des Relais mit Spannung beaufschlagt werden. Hierzu ist es erforderlich, dass das Relais zumindest »klackt«. Bei einem ausgebauten Relais können die dünnen Steuerleitungen mit Spannung beaufschlagt werden. So wird auch erreicht, dass das Relais schaltet und der Durchgang kann geprüft werden. Welcher Anschluss nun mit Plus und welcher mit Minus beaufschlagt wird, ist gleichgültig. Dieser Versuchsaufbau kann auch mit einem eingebauten Relais erfolgen. Es muss nur sichergestellt sein, dass der Stecker zur Ansteuerung abgezogen ist.

Spannungsmessung an den Anschlüssen
Das Starterrelais ist in der Regel so angeschlossen, dass die beiden dünnen Leitungen die Steuerleitungen darstellen. Die dickeren Anschlusspole sind zum einen Batterieplusanschluss und zum anderen die Zuleitung zum Anlassermotor. Misst man also die beiden dicken Pole der Batterie, so muss das Multimeter im Ruhezustand 12 V anzeigen. Wird das Relais betätigt, muss das Messergebnis 0 V betragen. Ergibt sich ein anderer Messwert als 0 V, so ist der Schaltkontakt des Relais verbrannt. Das Relais muss ersetzt werden.

Startertaster

Eigenschaften: Der Startertaster schließt den Kontakt bei eingeschalteter Zündung, um das Anlasserrelais zu betätigen. Dieses schaltet dann den Anlasser.
Typische Fehler:
- Korrosion der Schaltkontakte.
- Verbrennen der Schaltkontakte.
- Korrosion der Kabelverbindung.
- Korrosion der Anschlussstecker.

Der Startertaster kann zum einen durch Korrosion im Inneren beschädigt werden. Zum anderen besteht

Anschluss am Startrelais	Chinesen		Minarelli und Nachbauten	
	Pin	Kabelfarbe	Pin	Kabelfarbe
KL 54 (Bremslicht)	1	Grün/Gelb	3	Grün/Gelb
Starterknopf (KL 31b) geschaltete Masse	2	Gelb/Rot	1	Blau/Weiß
KL 50 zum Starter Spannung Starter	3	Rot/Weiß	4	Rot
KL 30 B+ von der Batterie	4	Rot	2	Rot

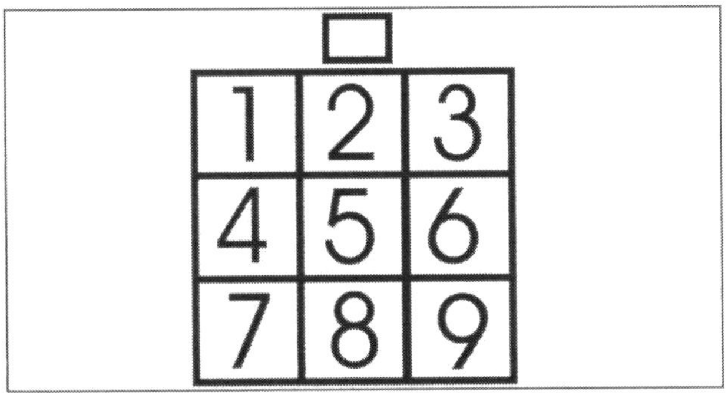

Stecker am Lenkerschalter rechts in Richtung Schalter.

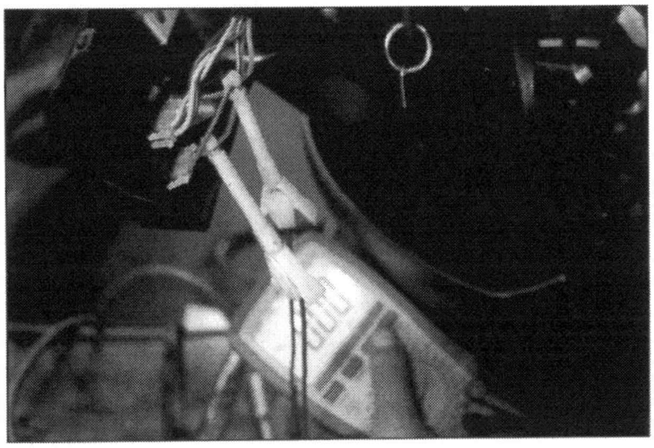

Spannungsmessung.

aber auch die Möglichkeit, dass der Taster aufgrund von Verschleiß der Kontakte nicht mehr schalten kann. Es gibt eigentlich keine Möglichkeit, diesen in der Griffschaltereinheit zu reparieren. Im Falle einer Fehlfunktion ist er zu ersetzen.

Messungen

Durchgangsprüfung am Schalter

Für die Durchgangsprüfung müssen die Stecker am rechten Lenkerschalter abgezogen werden. Das Multimeter wird nun an die Steckerpole angeschlossen. Bei betätigtem Startertaster sollte ein Durchgang festzustellen sein. Sollte die Funktion abweichen oder ein Widerstand messbar sein, ist die entsprechende Schaltereinheit zu erneuern.

Spannungsmessung an den Anschlüssen

Der Startertaster kann auch im eingebauten Zustand geprüft werden. Hierzu wird das Multimeter wie in der Durchgangsprüfung angeschlossen, nur wird der Startertaster nicht abgeklemmt. Bei eingeschalteter Zündung und unbetätigtem Startertaster sollte eine Spannung von ca. 12 V abzulesen sein. Bei betätigtem Startertaster würde eine Spannung um 0 V den intakten Startertaster ausweisen. Liegt aber bei betätigtem Startertaster noch immer eine Spannung von mehreren Volt an den Kontakten des Startertasters an, so hat dieser einen Innenwiderstand und die Schaltereinheit muss erneuert werden.
Weiter Informationen finden Sie auch unter der Überschrift »Lichtschalter« in diesem Kapitel. Da einige Schaltereinheiten als »Kombi« ausgelegt wurden, haben wir die zugehörigen Schaltpläne dort abgelegt.

Die Zündanlage

Die Baugruppe Zündanlage beschreibt die Bauteile, die neben dem Generator für die Zündung zuständig sind. Hier werden die Bauteile für die Hochspannungsanlage vorgestellt und ihre Prüfung mit den entsprechenden Messgeräten abgearbeitet. Auch hier finden wir einige Bauteile, die bereits in anderen Baugruppen eingeordnet und dementsprechend dort abgebildet sind.

CDI-Zündsteuergerät

Eigenschaften: Magnet-Hochleistungs-Kondensator-Zündanlage (MHKZ).
oder Capacitor-Discharge-Ignition (CDI).
Sie erzeugt und löst die Primärspannung bis zu 400 V aus, um einen Zündfunken mit Hilfe der Zündspule zu erzeugen.

CDI-Zündsteuergerät.

Typische Fehler:
- Masseschluss der Kabelverbindungen.
- Kurzschluss der Kabel.
- Übergangswiderstand in der Kabelverbindung.
- Kriechströme in den Anschlüssen.

Fehlerbild und Ursache

CDI bezeichnet eigentlich das gesamte Zündsystem und weist auf eine Kondensator-Entladungs-Zündanlage hin. Im Wesentlichen wird durch die Ladespule ein im Steuergerät verbauter Kondensator bis auf ca. 400 V aufgeladen. Dieser gibt die Spannung an die Zündspule ab, sobald der Pick-up den ebenfalls im Steuergerät verbauten Thyristor durchschaltet. In den meisten Fällen treten Fehler im Inneren des Steuergerätes auf, die aber nicht repariert werden können, da die Steuergeräte vergossen sind. Um sicher zu gehen, dass ein defektes Steuergerät nicht durch eine fehlerhaft angeschlossene Mofadrossel oder blank gescheuerte Kabel verursacht wurde, ist auf jeden Fall das Umfeld zu prüfen.

Messungen

Funktionsprüfung des Zündsteuergerätes
Die Prüfung des Zündsteuergerätes selbst ist nur mit einem speziellen Prüfgerät möglich. Ohne dieses Spezialwerkzeug ist es aber möglich, die umliegenden Bauteile zu überprüfen.

Spannungsmessung an den Anschlüssen
Es sollten grundsätzlich keine Spannungsmessungen bei laufendem Motor durchgeführt werden. Zum Teil werden Spannungen von mehreren 100 V erreicht. Wenn Messungen durchgeführt werden, sollte ein Motortester oder ein spezieller CDI-Tester zum Einsatz kommen.

Messungen an den Anschlüssen
Ziehen Sie das Steuergerät ab und prüfen Sie, ob die Anschlüsse alle spannungsfrei sind. Im Laufe der Jahre und auch aufgrund der unterschiedlichen Modelle, die in diesem Buch behandelt werden, ergeben sich unterschiedliche CDI-Typen:

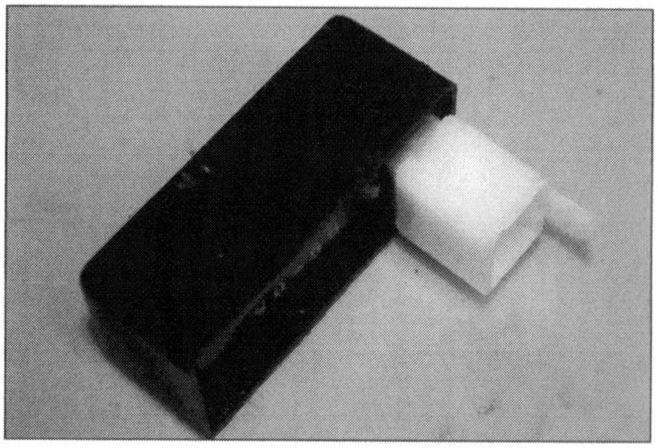

Kleine CDI mit einem Anschlussstecker.

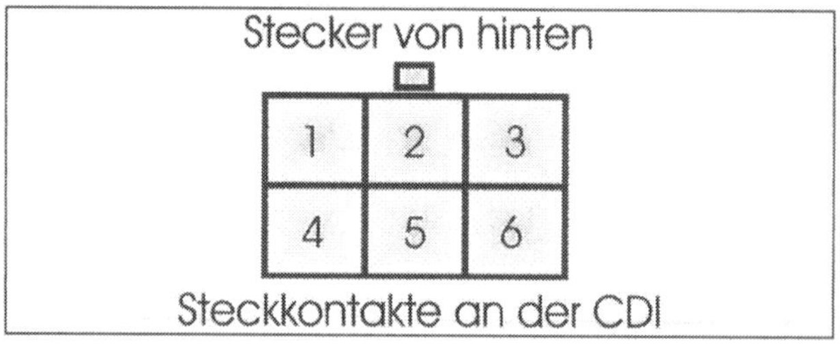

Steckerbelegung CDI klein.

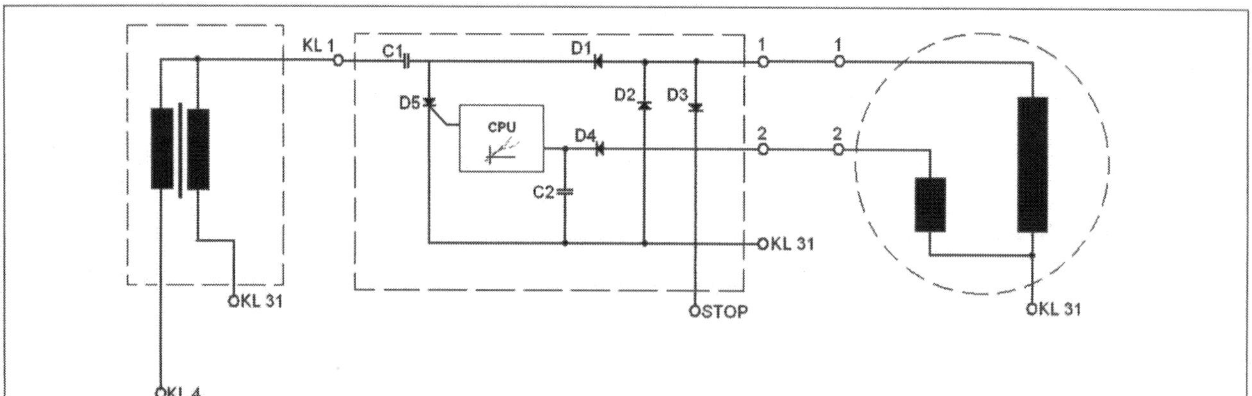

Schaltplan der CDI: 1 Ladespule im Generator, 2 Pick-up Spule im Generator, D1 Diode, D2 Diode, D3 Diode, D4 Diode, D5 Thyristor, C1 Kondensator, C2 Kondensator, KL 31 Masse, KL1 Primärstrom Zündspule, KL4 Hochspannung Zündspule, CPU Rechnereinheit, STOP Unterbrechung (kein Funke).

1

Messkabel 1	Messkabel 2	Aktion	Funktion	SOLL-Messwert
Pin 1	Masse	keine	Zündspule	
Pin 2	Masse	keine	Masse	0 Ohm
Pin 3	Masse	Zündung aus	STOP	0 Ohm
	Masse	Zündung an	STOP	Unendlich
Pin 4	Masse	keine	Ladespule CDI	400 – 600 Ohm
Pin 5	Masse	keine	Pick-up-Spule CDI	100 – 150 Ohm

2

Messkabel 1	Messkabel 2	Aktion	Funktion	SOLL-Messwert
Pin 1 (schwarz)	Masse	keine	MasseZündspule	0 Ohm
Pin 2 (orange)	Masse	keine	Zündspule	0,5 – 1,1 Ohm
Pin 3 (schw/ws)	Masse	Zündung aus	STOP	0 Ohm
	Masse	Zündung an	STOP	Unendlich
Pin 4 (schw/rot)	Masse	keine	Ladespule CDI	400 – 600 Ohm
Pin 5 (ws/rot)	Masse	keine	Pick-up-Spule CDI	100 – 150 Ohm

3

Messkabel 1	Messkabel 2	Aktion	Funktion	SOLL-Messwert
Pin 1	Masse	keine	Zündspule	0,5 – 1,10hm
Pin 2	Masse	keine	Masse	0 Ohm
Pin 3	Masse	Zündung aus	STOP	0 Ohm
	Masse	Zündung an	STOP	Unendlich
Pin 4	Masse	keine	Ladespule CDI	400 – 600 Ohm
Pin 5	Masse	keine	Pick-up-Spule CDI	100 – 150 Ohm

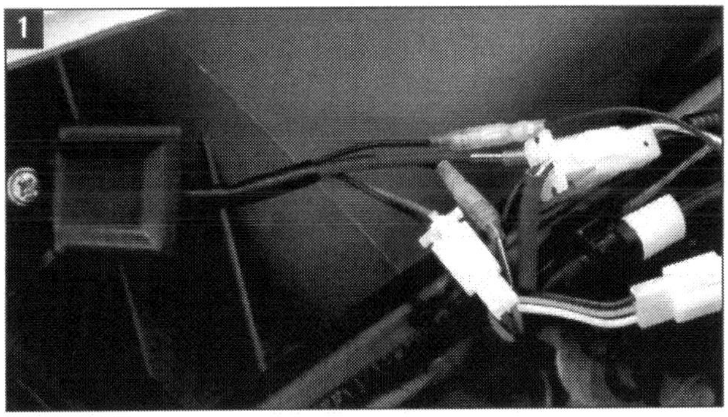

Kleine CDI mit mehreren Anschlusssteckern.

Große CDI mit mehreren Anschlüssen.

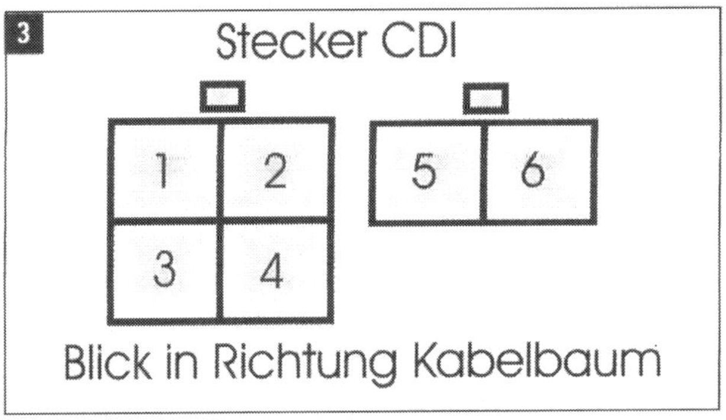

Große CDI mit mehreren Anschlusssteckern.

Große CDI mit mehreren Anschlusssteckern und Startunterstützung.				
Messkabel 1	**Messkabel 2**	**Aktion**	**Funktion**	**SOLL-Messwert**
Pin 1	Masse	keine	Zündspule	0,5 – 1,1 Ohm
Pin 2	Masse	keine	Masse	0 Ohm
Pin 3	Masse	Zündung aus	STOP	0 Ohm
	Masse	Zündung an	STOP	Unendlich
Pin 4	Masse	keine	Ladespule CDI	400 – 600 Ohm
Pin 5	Masse	keine	Pick-up-Spule CDI	100 – 150 Ohm
Pin 6	Masse	Zündung an	Spannungsversorgung	12 V
	Masse	Zündung aus	Spannungsversorgung	0 V

Variante 2 für die CDI mit mehreren Anschlusssteckern und Startunterstützung.				
Messkabel 1	**Messkabel 2**	**Aktion**	**Funktion**	**SOLL-Messwert**
Pin 1 (schwarz)	Masse	Zündung an	Spannungsversorgung	12V
	Masse	Zündung aus	Spannungsversorgung	0V
Pin 2 (blau/gelb)	Masse	keine	Pick-up-Spule CDI	100 – 150 Ohm
Pin 3 (schw/ws)	Masse	keine	Masse	0 Ohm
Pin 4 (schw/ge)	Masse	keine	Zündspule	0,5 – 1,1 Ohm
Pin 5 (rot/ws)	Masse	Zündung aus	STOP	0 Ohm
	Masse	Zündung an	STOP	Unendlich
Pin 6 (schw/rot)	Masse	keine	Ladespule CDI	400 – 600 Ohm

Große CDI mit mehreren Anschlusssteckern und Startunterstützung und Geschwindigkeitserfassung.				
Messkabel 1	**Messkabel 2**	**Aktion**	**Funktion**	**SOLL-Messwert**
Pin 1	Masse	Keine	Zündspule	0,5 – 1,1 Ohm
Pin 2	Masse	keine	Masse	0 Ohm
Pin 3	Masse	Zündung aus	STOP	0 Ohm
	Masse	Zündung an	STOP	Unendlich
Pin 4	Masse	keine	Ladespule CDI	400 – 600 Ohm
Pin 5	Masse	keine	Pick-up-Spule CDI	100 – 150 Ohm
Pin 6	Masse	Zündung an	Spannungsversorgung	12 V
	Masse	Zündung aus	Spannungsversorgung	0 V
Pin 7	Masse	keine	Sensor Variomatik	100 – 150 Ohm

Zündanlage CDI-Schaltgerät

Eigenschaften: Magnet-Hochleistungs-Kondensator-Zündanlage oder Capacitor-Discarge-Ignition. Sie erzeugt und löst die Primärspannung bis zu 400 V aus, um einen Zündfunken mit Hilfe der Zündspule zu erzeugen.

Typische Fehler:

- Masseschluss der Kabelverbindungen.
- Kurzschluss der Kabel.
- Übergangswiderstand in der Kabelverbindung.
- Kriechströme in den Anschlüssen.

Die richtige Bezeichnung müsste eigentlich »Capacitor-Discharge-Ignition« heißen. Auf Deutsch nennt sie sich »Magnet-Hochleistungs-Kondensator-Zündanlage« oder kurz »MHKZ«. Die Funktionsweise ist recht einfach. Der Rotor ist mit Magneten bestückt und erzeugt ein wechselndes Magnetfeld. Durch dieses Magnetfeld wird in den Spulen eine Spannung induziert. Eine der Spulen (die Erregerspule) erzeugt den Strom, um den im Steuergerät verbauten Kondensator aufzuladen. Eine vorgeschaltete Diode verhindert die Entladung des Kondensators über die Erregerspule. Diese Diode wird Ladediode genannt. Auch die Impulsgeberspule gibt durch Induktion eine Spannung ab. In

Schaltgerät beim Rex-Roller.

Schaltgerät beim China-Roller.

einem bestimmten Bereich des Rotors wird das Magnetfeld verstärkt. Passiert dieser Bereich den Pick-up, reicht die erzeugte Spannung aus, um den Thyristor auszulösen. Sofort wird eine Verbindung zwischen Kondensator und Masse geschaltet. Durch den Abbau der Kondensatorladung wird eine Spannung von ca. 200 V bis 300 V über den Primärkreis der Zündspule entladen. Diese Spannung wird durch die Zündspule im Sekundärkreis auf ca. 20.000 V – 30.000 V hoch transformiert und entlädt sich über einen Lichtbogen an der Zündkerze.

Die Zündanlage besteht aus mehreren Bauteilen. Zur Spannungserzeugung dient die Erregerwicklung des Stators und zum Auslösen des Zündfunkens der sogenannte Pick up. Je höher die Motordrehzahl steigt, umso höher wird auch die induzierte Spannung in den Spulen. Je schneller der Pick up die Spannung erreicht, um den Thyristor durchzuschalten, umso früher erfolgt die Zündung. Dieser technische Effekt wirkt dem Zündverzug bei der Verbrennung entgegen und ist typisch für dieses Zündsystem.

Fehlerbild und Ursache

In den meisten Fällen spricht man von Zündaussetzern oder einem gar nicht mehr vorhandenen Zündfunken. Zuerst einmal sollten die umliegenden Bauteile der Zündanlage, wie die Zündspule und der Stator sowie die »AUS«-Schaltung, geprüft werden. Die recht hohen Spannungen, die schon im Primärbereich erzeugt und gespeichert werden, begünstigen Störungen, die eine Kondensatorentladung verursachen können. Dringt beispielsweise Feuchtigkeit in das Steuergerät ein oder wird der Stromfluss des Erregerstromes durch Feuchtigkeit abgeleitet, kann es sein, dass der Zündfunken nur noch schwach oder gar nicht mehr gebildet wird. Ein ähnliches Fehlerbild ergibt sich bei einem defekten Zündschloss. Wird der Strom von »Pick up« oder »Erregerwicklung« durch einen Fehler im Schlossschalter des Zündschlosses oder im Kabelbaum abgeleitet, entsteht wiederum kein Zündfunke.

Messungen

Spannungsmessung mit dem Motortester

Auch mit dem Motortester gibt es kaum Möglichkeiten, die CDI-Einheit (das Schaltgerät) selber zu testen. Es kann lediglich die Spannung der Erregerspule, die Auslösung des Pick-up sowie die Primär- und Sekundärspannungen gemessen werden. Aufgrund der hohen Spannungen ist von einer Messung mit dem Multimeter dringend abzuraten.

Funktionstest mit dem CDI Testgerät

Das CDI-Testgerät ist in der Lage, zum einen die Spannungen der Spulen und zum anderen die Aus-

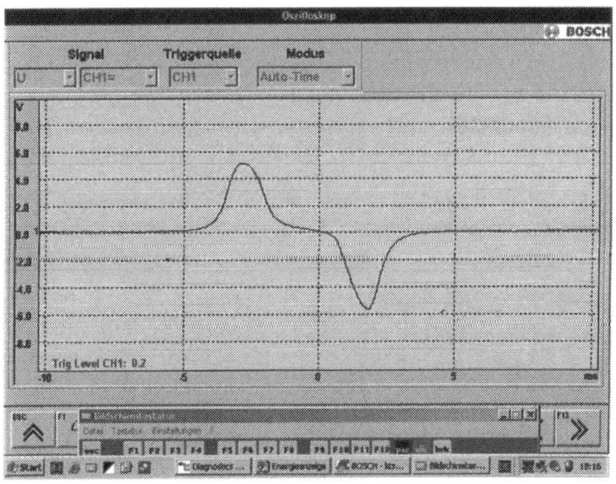

Signal Pick-up.

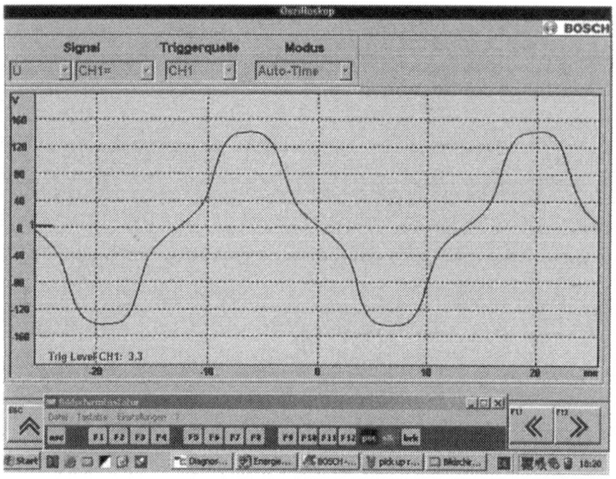

Signalbild der Erregerspule der Zündung: bis 200 V.

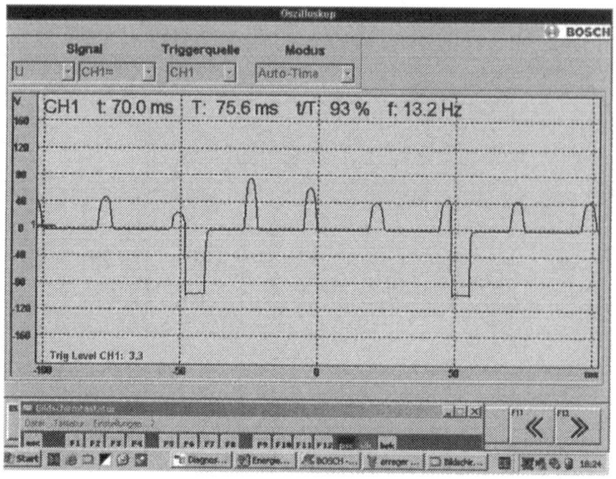

Signalbild der Primärseite ohne Zündspule: 120 V.

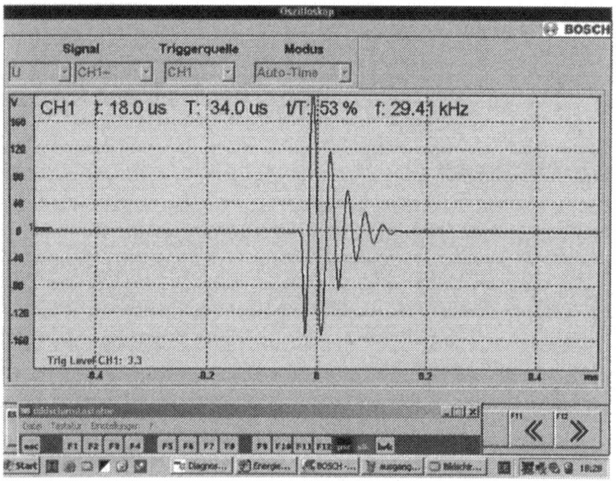

Signalbild der Primärseite der Zündspule: bis 200 V.

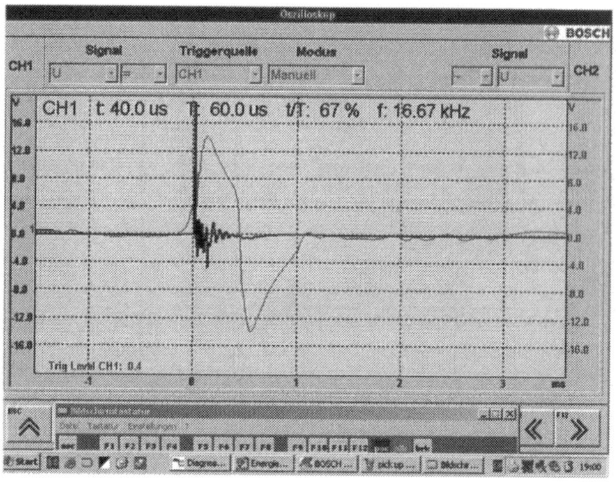

Signalbild der Hochspannung der Zündspule: 12.000 V.

gangsspannung der CDI-Einheit (dem Schaltgerät) zu messen.
Es ist aber auch möglich, die Spannungen des Pick-up und der Erregerspule zu simulieren sowie die Leistung des Schaltgerätes zu überprüfen.

Zündkerze

Eigenschaften: Die Zündkerze muss das Gemisch entzünden und sich selbst reinigen. NGK BR 7HS (die meisten Minarelli und Nachbauten) NGK C7HSA (die meisten China-Roller).

Typische Fehler:

- Gebrochene Isolatoren.
- Verkokung der Kerze.
- Unzureichender Elektrodenabstand.
- Ablagerungen an der Kerze.

Rehbraun - Brauntöne zeigen eine gute Verbrennung.

Den Verbrennungsablauf im Motor zu beobachten und zu bewerten ist schwierig bis gar nicht möglich, meint man. Neben den Möglichkeiten wie »colour-tune«-Zündkerzen, die mit einiger Übung erlauben, über die Brennfarbe, also die Farbe der Flammenfront im Zylinder, eine Aussage zu treffen, gibt es auch eine wesentlich einfachere Methode.
Sehr viel lässt sich anhand der Verfärbung der Kerze oder besser gesagt, an den Verfärbungen der Ablagerungen auf der Kerze erkennen. Man spricht auch vom »Kerzengesicht«.
Ablagerungen im Bereich der Mittelelektrode bedeuten einen Stromabfluss, da sich die Ablagerung wie ein Widerstand verhält. In Abhängigkeit von den Temperaturen im Brennraum müssen die Ablagerungen auf der Zündkerze sich selbsttätig entfernen. Hierzu legt der Hersteller die Zündkerze so aus, dass gerade im Bereich der Mittelelektrode so hohe Temperaturen entstehen, dass die Ablagerungen »verbrennen«. Das geschieht ungefähr bei 450°C. Die Temperatur darf aber nicht zu hoch werden, da sonst die Zündkerze überhitzen und Schaden nehmen könnte.

Zündkerzenstecker

Eigenschaften: Entstörwiderstand, Vorwiderstand, Abdichtung, Hochspannungsisolierung.
Typische Fehler:
- Riss im Gehäuse.
- Defekte Gewinde.
- Defekter Vorwiderstand.
- Defekte oder fehlende Abdichtgummis.

Zündkerzenstecker.

Widerstandsmessung am Kerzenstecker.

Der Zündkerzenstecker hat nicht nur die Aufgabe, die Hochspannung von der Zündspule an die Zündkerze weiterzuleiten. Neben der Isolierung steht auch die sogenannte Funkentstörung an. Hierzu werden die Kerzenstecker in der Regel als Vorwiderstand ausgelegt. Je nach Ausführung finden sich Kerzenstecker mit 1000 Ohm, 5000 Ohm und sogar 10.000 Ohm an den Zündanlagen der Roller. Grundsätzlich sollte der Widerstandswert des Kerzensteckers nicht verändert werden, da sich so auch der Spannungsverlauf an der Zündkerze verändern kann.
Wie bei allen Messungen im Hochspannungsbereich muss Sorge getragen werden, dass man keinen elektrischen Schlag bekommt. Die Spannungen im Betrieb liegen durchaus bei 8000 bis 12.000 V. Ohne Kerze als »Verbraucher« kann die Zündspannung sogar 20.000 V

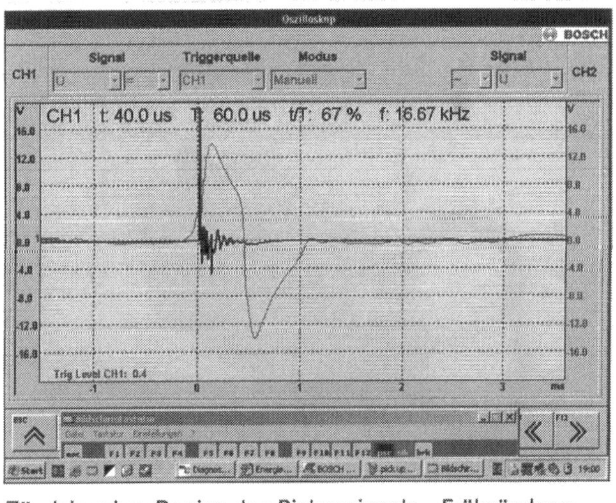

Zündsignal zu Beginn des Pickupsignals = Frühzündung.

übersteigen. Ein Schlag kann Herzkammerflimmern verursachen und zum Tode führen.

Der Zustand des Zündkabels im Bereich der Verschraubung im Kerzenstecker lässt sich am besten einfach durch Sichtprüfung bewerten. Korrosionsspuren weisen auf Kontaktschwierigkeiten hin. In diesem Fall sollte der Kerzenstecker sofort ersetzt werden. In vielen Fällen geht der Drahtclip für das Zündkerzengewinde verloren. Auch für diesen Fall bleibt nur der Ersatz gegen einen neuen.

Der Vorwiderstand wiederum kann mit einem Multimeter geprüft werden. Hierzu muss der Zündkerzenstecker demontiert werden. Nun wird zwischen Eingang des Kerzensteckers und dem Ausgang zur Zündkerze der Widerstand gemessen. In der Regel liegt er bei 5.000 Ohm.

Zündspule

Eigenschaften: Die Zündspule ist ein Transformator, der die im Kondensator des CDI-Steuergerätes gespeicherte Spannung auf die Zündspannung hochtransformiert.

Typische Fehler:

- Kabelbruch in der Primärspule.
- Kabelbruch in der Sekundärspule.
- Zündkabel abgerissen.
- Schlechte Masseverbindung.

	Bezeichnung	Aufgabe
1	Gehäuse	Bauteile schützen.
2	Zündkabel	Hochspannung zur Zündkerze ableiten.
3	Primäranschluss	Spannung vom Schaltgerät (Eingangsspannung).
4	Masseanschluss	Gemeinsamer Masseanschluss beider Wicklungen.

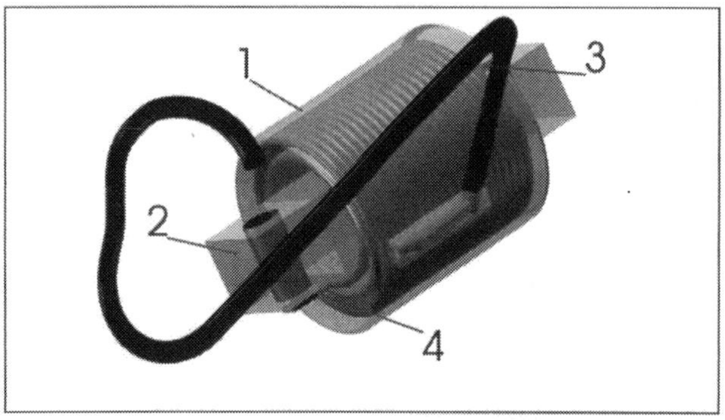

Zündspule im Schnittbild.

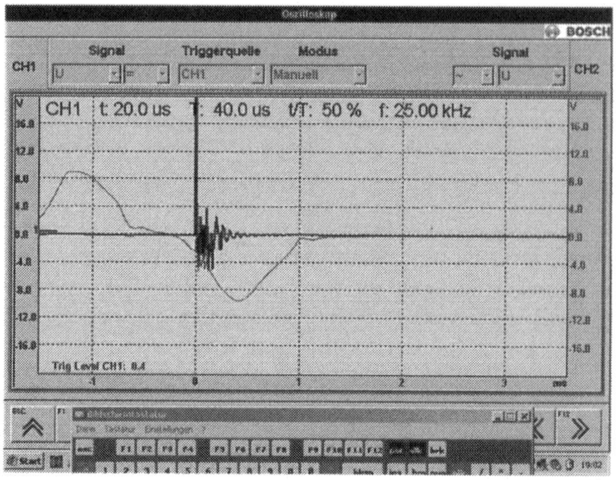

Zündsignal am Ende des Pickupsignals = Spätzündung.

Die Zündspule ist nur als komplettes Bauteil lieferbar, muss aber für die Fehlersuche durchaus in einzelnen Teilaufgaben betrachtet werden.

In der Regel machen sich Fehler an der Zündspule durch »Aussetzer« während der Fahrt oder im warmen Zustand bemerkbar. Die Spule wird im Betrieb auch warm und dehnt sich aus. In den meisten Fällen kommt es so zu Unterbrechungen bei der Spulenverdrahtung. Diese Fehler sind meist nur dann nachzuweisen, wenn sie auftreten. Das heißt, der Betriebszustand, in dem der Fehler auftritt, muss erreicht werden, um die entsprechende Messung durchführen zu können.

Spannungsmessungen können am Fahrzeug nicht durchgeführt werden. Zum einen muss eine bestimmte Drehzahl eingehalten werden, um vergleichbare Werte zu erzielen, zum anderen benötigt man ein geeignetes Messgerät, um die Hochspannung messen zu können. Mit einem Motortester ist es sogar möglich, den Spannungsverlauf genauer zu bewerten und die Brenndauer des Zündfunkens zu bestimmen. Mit Hilfe eines speziellen CDI-Testers können zumindest

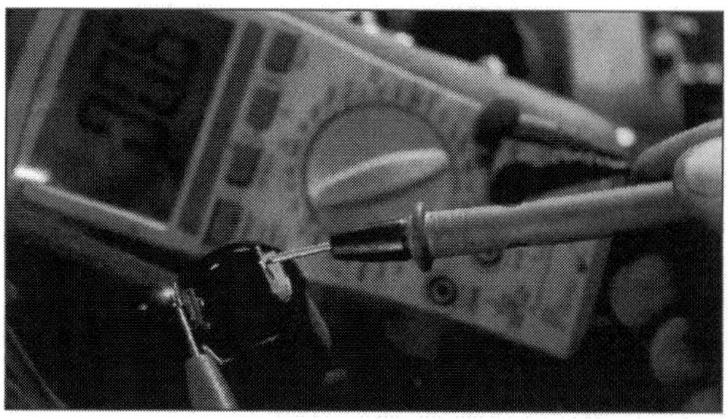

Widerstandsmessung an der Zündspule.

die Funktion und die Spannungswerte als Zahlenwert abgelesen werden. Der CDI-Tester simuliert eine bestimmte Drehzahl und erlaubt somit auch Rückschlüsse auf die Höhe des Spannungsausgangs.

Messungen

Widerstandsmessung mit dem Multimeter

Wie schon erwähnt, ist es sinnvoll, die Zündspule mit dem Multimeter ohmisch zu prüfen. Hierzu müssen die Anschlüsse der Zündspule abgeklemmt werden. Tritt der Fehler nur in bestimmten Situationen auf, so muss diese Situation zuerst herbeigeführt werden, um den Fehler an diesem Bauteil zu finden.

Messergebnisse für die meisten Minarelli-Motoren:

Messung	Messspitze		Messergebnis
	Rot	Schwarz	
Primärspule	Pin 4	Masse	1 Ohm
Sekundärspule	Pin 1	Masse	5000 Ohm
Kerzenstecker	Pin3	Pin 4	5.000 Ohm

Messergebnisse für die meisten Viertaktchinesen:

Messung	Messspitze		Messergebnis
	Rot	Schwarz	
Primärspule	Pin 4	Masse	0,5–1 Ohm
Sekundärspule	Pin 1	Masse	3000–5000 Ohm
Kerzenstecker	Pin3	Pin 4	5000 Ohm

Wichtig! Niemals den Widerstand an Spannungsführenden Leitungen messen. Das Multimeter kann dabei zerstört werden! Immer zuerst sich davon überzeugen, dass die Kabel und Verbindungen, die gemessen werden sollen, spannungsfrei sind.

Zündzeitpunkt einstellen

Eins vorne weg: Der Zündzeitpunkt ist bei den Serien-Zündanlagen nicht einstellbar! Die Kontrolle sollte aber trotzdem durchgeführt werden, da durch Kontaktschwierigkeiten an Steckverbindungen oder Spulenbrüchen sowie Schaltgeräteschäden der Zündzeitpunkt von den Sollwerten deutlich abweichen kann. Sollte der Zündzeitpunkt »springen« oder zu früh sein, müssen natürlich Gegenmaßnahmen getroffen werden. Immerhin kann durch eine verstellte Zündung auch ein Motorschaden verursacht werden.

Natürlich gibt es auch für diese Messung reichlich teures Spezialwerkzeug, was genau auf die Zündanlagen abgestimmt ist, aber meistens reicht das »normale« Autotestwerkzeug schon aus.

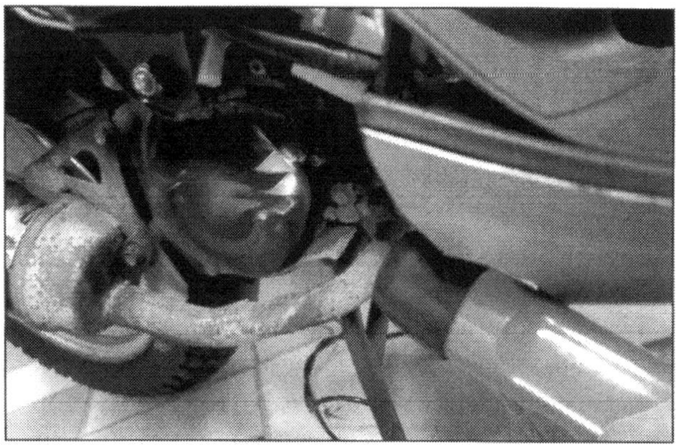

Abblitzen auf der OT-Markierung.

Die CDI oder MHKZ, wie die Zündanlage auch bezeichnet werden kann, hat einen deutlichen Nachteil, der sich auch negativ auf die Arbeit mit der Blitzlampe auswirken kann. Die Brenndauer des Zündfunkens fällt sehr kurz aus. Bei steigender Drehzahl kann es sein, dass die Blitzlampe das Signal nicht mehr sauber verarbeiten kann. Diese Langsamkeit der Geräte kann auch vom Hersteller meist nicht vorausgesagt werden.

Am einfachsten ist es, das Gerät zuerst einmal in der Funktion zu prüfen. Der Anschluss ist recht einfach. Die Plus- und Minusklemme muss an die Batterie angeklemmt werden. Die Stromzange umschließt das Zündkabel. Bei ca. 5000 1/min sollte die Frühstellung etwa 20° vor OT erreichen. Das Ablesen auf einer entsprechenden Skala ist wesentlich leichter und genauer. Bei einigen Polrädern ist aber auch für die »Soll«-Frühverstellung eine Markierung angebracht. Steht diese Markierung, bei der in den Datenblättern angegeben Drehzahl, der Markierung auf dem Motorblock gegenüber, stimmt die Zündverstellung ebenfalls.

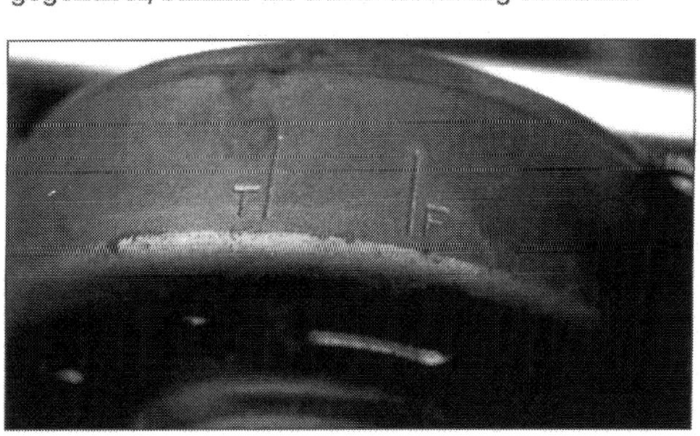

Markierung auf dem Polrad.

Die Kühlsysteme

Eigenschaften: *Luftgekühlt:* Zwangskühlung durch mechanisches Gebläse.
Wassergekühlt: teilweise geregelter Kreislauf über Kühler. Zwangsumlauf durch mechanisch angetriebene Wasserpumpe.
Typische Fehler:
Luftgekühlt:
- Defektes Gebläserad.
- Verdreckter Zylinder.

Wassergekühlt:
- Defektes Thermostat.
- Undichter Kühler.
- Unzureichender Frostschutzgehalt.
- Defekte Wasserpumpe.

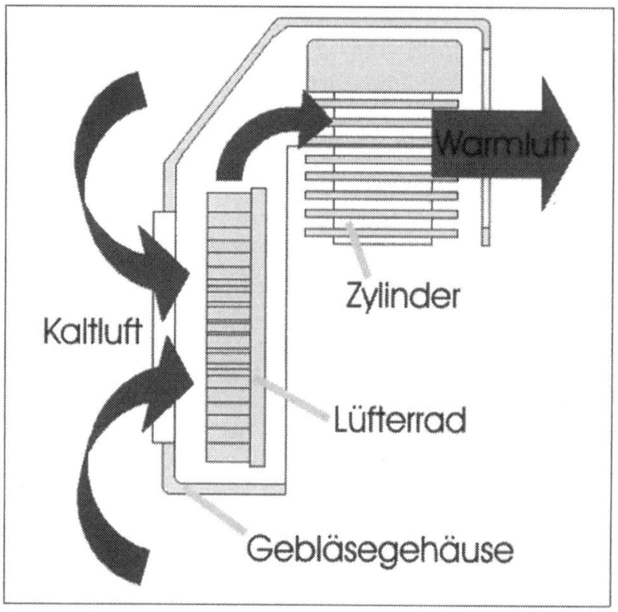

Luftkühlung als Funktionsprinzip.

Minarelli auf dem Prüfstand.

Bei den luftgekühlten Varianten ist das Kühlsystem noch recht einfach aufgebaut. Ein auf dem Lichtmaschinenrotor aufgeschraubter Ventilator bläst bzw. saugt Luft durch das Gitter in der Gebläseabdeckung (2) an. Die Zylinderhaube (1) leitet die Luft über den Zylinder und sorgt für eine Ableitung der warmen Luft nach unten.
Dieses Prinzip nennt sich Zwangsluftkühlung oder »forced air cooling«. Die Motoren dieser Bauweise werden meist mit »AC«-Motoren bezeichnet. »AC« steht dann für »aircooled«, also luftgekühlt.
Ein deutlicher Nachteil liegt darin, dass dieses Kühlsystem nicht geregelt wird. Es ist für einen mittleren Temperaturbereich ausgelegt und lässt sich eigentlich fast nicht auf veränderte Bedingungen abstimmen, wie größere Temperaturen im Tuningbereich oder große Kälte.

Gebläsegehäuseteile.

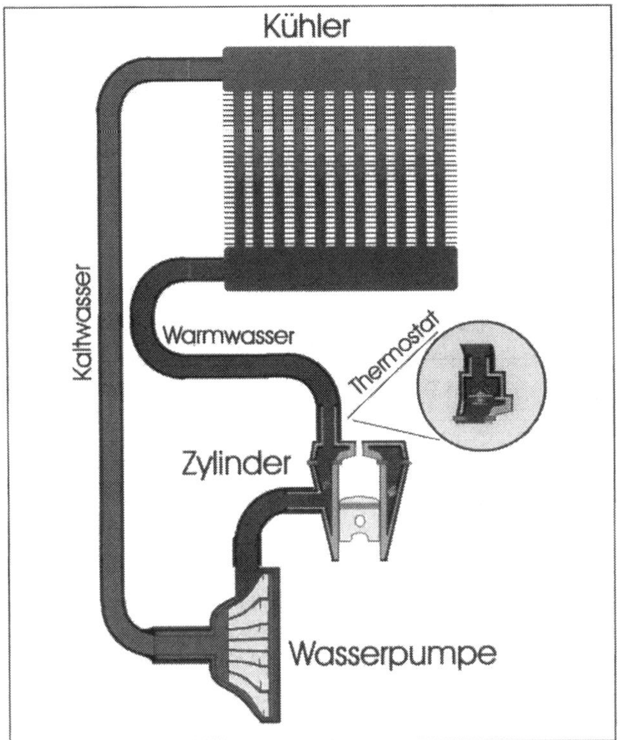

Wasserkühlung als Funktionsprinzip.

Die wassergekühlten Modelle sind auch nicht alle geregelt. Gerade bei Sportzylindern sind meistens keine Thermostate verbaut. Das Thermostat hat die Aufgabe, die Temperatur im Zylinder möglicht schnell auf die optimale Temperatur von ca. 90° Celsius zu bringen.

Solange die Temperatur noch nicht erreicht ist, bleibt der Thermostat geschlossen und das Wasser kann nicht zum Kühler gelangen. Wird die Temperatur größer, öffnet sich der Thermostat langsam und ermöglicht dann den Zufluss zum Kühler. Sinkt die Temperatur am Zylinder wieder ab, verschließt sich der Thermostat und versperrt den Weg zum Kühler.

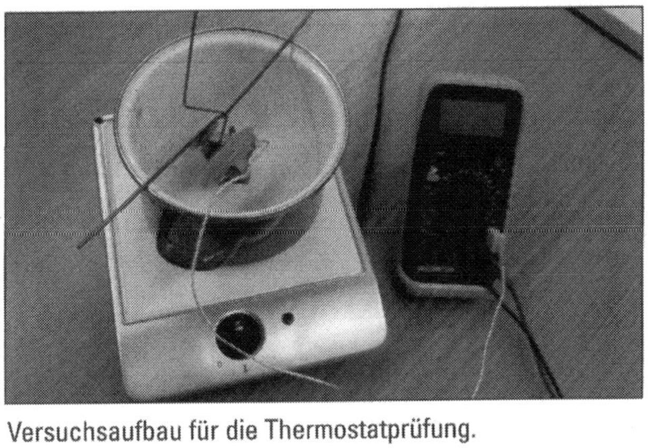

Versuchsaufbau für die Thermostatprüfung.

Die Regelung erfolgt stufenlos. Das Öffnen und Schließen des Thermostates erfolgt innerhalb mehrerer Minuten und kann recht gut mit einem einfachen Versuch beobachtet werden.

Für den Versuch wird ein Topf auf eine Herdplatte gestellt. Der Thermostat muss nun so in dem Topf aufgehängt werden, dass er vollständig mit Wasser bedeckt ist. Natürlich sollte man dafür sorgen, dass man den Thermostat gut beobachten kann.

Die Wassertemperatur wird nun mit einem Thermometer überwacht. Die meisten Multimeter sind bereits in der Lage dazu. Auf dem Thermostat ist in den meisten Fällen die Öffnungstemperatur angegeben. Wird die Öffnungstemperatur erreicht, sollte sich der Thermostat deutlich geöffnet haben.

Die Öffnung beträgt durchaus 4–6 mm und ist deutlich zu erkennen. Sollte der Thermostat nicht öffnen, muss er sofort ersetzt werden.

Auf dieselbe Art kann auch der Temperaturfühler, der in den Zylinderkopf eingeschraubt ist, geprüft werden. Wenn lediglich eine Warnleuchte im Cockpit verbaut ist, handelt es sich bei dem Fühler um einen Schalter. Dieser Schalter hat keinen Durchgang (unendlich großer Widerstand), wenn der Fühler kalt ist. Wird eine Temperatur überschritten, schaltet der Fühler durch (0 Ohm). Für die Messung im Wasserbad sollten entsprechende Messkabel vorbereitet werden.

Ist am Fahrzeug eine Temperaturanzeige verbaut, so handelt es sich um einen temperaturabhängigen Widerstand. Mit zunehmender Temperatur wird in den meisten Fällen sein Widerstand geringer.

Zeichnet man den Zusammenhang zwischen der Temperatur und dem gemessenen Widertandswert auf, ergibt sich eine Kurve, die der abgebildeten zumindest ähneln sollte.

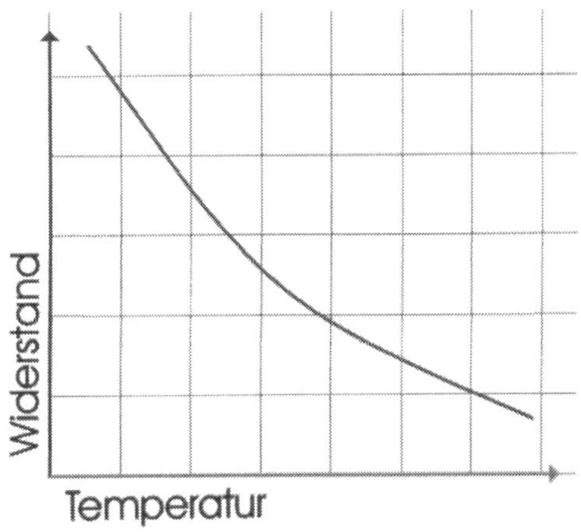

Temperaturkurve eines Temperatursensors.

Die Abgassysteme

Die Baugruppe der Abgassysteme hat sich in den letzten Jahren deutlich verändert. Neben den verbauten Katalysatoren finden sich auch Abgasrückführungssysteme und Sekundärluftsysteme in den Rollern wieder. Natürlich werden der Aufbau und die Funktion dieser Systeme auch dargestellt und die typischen Fehler erläutert.

Auspuffanlage

Eigenschaften: Die Auspuffanlage dient zur Schalldämpfung und zum Aufbau des erforderlichen Rückstaus, um die Spülverluste zu reduzieren.

Kammerschalldämpfer teilweise mit Kat.
Typische Fehler:

- Korrosionsschäden.
- Katalysatorschäden.
- Verformung durch Unfall.
- Verkokung.

Auspuffanlage am Roller.

	Bauteil	Aufgabe
1	Vorschalldämpfer und Resonanzkammer	Geräuschreduzierung und Gegendruckaufbau
2	Nachschalldämpfer	Geräuschreduzierung
3	Halterung	Befestigung
4	Krümmer	Verbindung zwischen Zylinder und Schalldämpfer
5	Position des Rohrkatalysators	Abgasreinigung
6	Schrauben	Befestigung

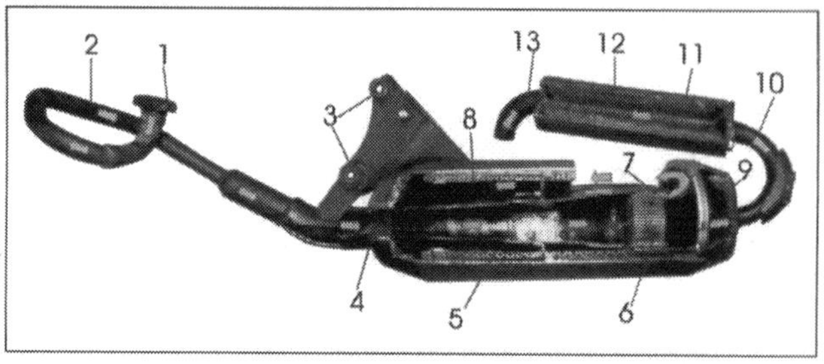

Schalldämpfer als Schnittbild: 1 Krümmerflansch, 2 Krümmerrohr, 3 Halterung, 4 Rohrkatalysator, 5 Kammer I, 6 Katalysator II, 7 Kammer II, 8 Kammer III, 9 Kammer IV, 10 Verbindungsrohr, 11 Dämmwolle, 12 Lochrohr, 13 Endrohr.

Die meisten Serienschalldämpfer sind als Kammerschalldämpfer ausgelegt. Mehrere hintereinander geschaltete Kammern beruhigen den Abgasstrom und reduzieren die Lautstärke. Das Problem an dieser Konstruktion sind die Verbindungsröhrchen von einer Kammer in die nächste. Die meisten Schäden an der Auspuffanlage entstehen tatsächlich im normalen Betrieb. Im Laufe der Zeit bilden sich im Inneren der Schalldämpferanlage Ablagerungen aus den Verbrennungsrückständen, die in der Hauptsache durch das Verbrennen des Zweitaktöls entstehen.
In den meisten Fällen erkennt man schon bei der Probefahrt, dass der Roller zwar gut anspringt und in den unteren Drehzahlen gut zieht, aber die Endgeschwindigkeit teilweise deutlich geringer ausfällt. Es kann einfach nicht mehr genug Abgas herausströmen. Der Rückstau wird so groß, dass der Motor nicht mehr genug Abgas in die Auspuffanlage bekommt und als Folge davon auch wesentlich weniger frisches Gemisch überströmt und ansaugt.
Bei einigen Rollern ist im Abgaskrümmer eine Reduzierhülse eingebaut. Diese Hülse dient zur Drosselung und hat einen Durchlass von ca. 10 mm. Wie auch der

Reduzierhülse im Krümmer.

Schalldämpfer kann sich diese Bohrung im Laufe der Zeit zusetzen.
Die Prüfung der Auspuffanlage kann in der Regel lediglich optisch erfolgen. Da die Reinigung der Auspuffanlagen nicht vorgesehen ist, muss sie von Zeit zu Zeit ersetzt werden. In der Regel halten die meisten Anlagen bis zu 10.000 km. Auspuffanlagen auch mit EG-Typgenehmigung gibt es bei vielen Händlern im Zubehörbereich.
Nicht nur aufgrund der mittlerweile stark gesunkenen Preise ist es nicht sinnvoll, durchrostete Auspuffanlagen zu schweißen oder anderweitig zu reparieren. Das »Aufflexen« und »Zuschweißen« bedingt meist auch eine bauliche Veränderung der Anlage und würde automatisch zum Verlust der Betriebserlaubnis führen.

Das Sekundärluftsystem

Eigenschaften: Dieses System wird eigentlich nur bei den Viertaktern verwendet. Es ist extern und als internes System verbaut.

Typische Fehler:
- Schaltmembran verklebt oder gebrochen.
- Anschluss undicht.
- Anschluss abgerostet.
- Verbindungsrohr zugesetzt.

Beim Roller kommt ein sogenanntes passives System »PARIC« zum Einsatz. Dieses System nutzt die Unterdruckphasen im Abgasstrom, um dem Abgas zusätzlich nach der Verbrennung Luftsauerstoff zuzuführen. Dadurch wird der HC (unverbrannter Kraftstoff) und der CO-Wert im Abgas deutlich gesenkt. Zudem erreicht der Katalysator deutlich schneller seine Arbeitstemperatur.
Das interne System unterscheidet sich nicht in seiner Funktionsweise. Der Zufuhrkanal liegt lediglich direkt am Zylinderkopf. Bei beiden Systemen sollten Sie regelmäßig den Zustand des Schaltmembrans sowie den Zustand der Verbindungsrohre und Schläuche kontrollieren.

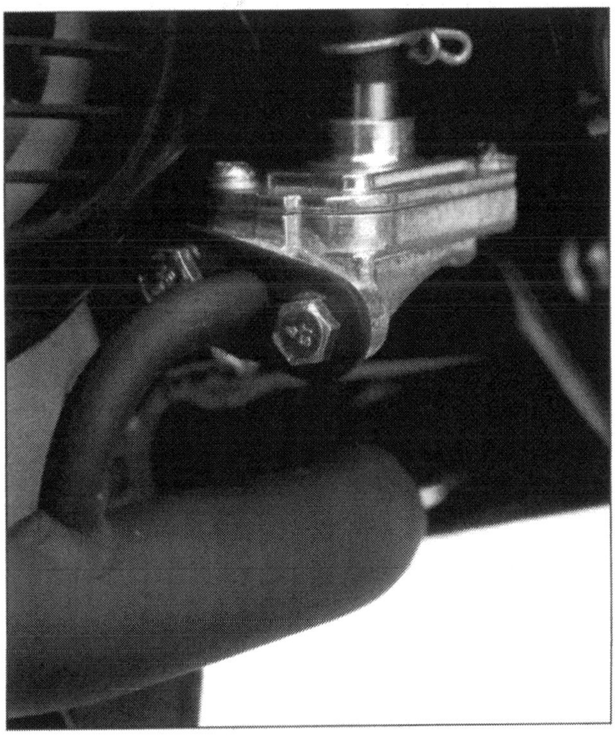

Extern.

Intern.

Drosseln und Begrenzer

In dieser Baugruppe stellen wir die Abdrosselungen der Fahrzeuge vor. Dieses soll nicht als Tuninganleitung missverstanden werden, sondern als technische Überprüfung, ob und in wieweit das Fahrzeug noch dem Originalzustand entspricht. Es ist sehr leicht möglich, dem erfolgreichen Streben des Sprösslings durch Sachkenntnis zumindest etwas Einhalt zu bieten. Die Motorroller sind bauartbedingt als Kleinkraftrad bis 45 km/h (die älteren noch auf 50 km/h) oder sogar als MOFA 25 km/h (Fahrrad mit Hilfsmotor) ausgelegt. Das bedeutet nicht nur, dass das Fahrverhalten und die Bremsanlage für höhere Geschwindigkeiten nicht ausgelegt sind, sondern auch, dass im Falle eines Unfalls die Haftung nicht unbedingt mehr von der Versicherung gedeckt ist. Schließlich ist noch kein Roller versehentlich schneller gemacht worden. Der Vorsatz kann dann recht teuer zu stehen kommen, wenn größere Sachschäden oder sogar Personenschäden entstanden sind. Anhand dieser Anleitung können Sie leicht nachvollziehen, ob und wie die Geschwindigkeitsbegrenzung an Ihrem Roller beeinträchtig (worden) ist. Die Ausrede »dem Kumpel seiner läuft auch schneller« verbessert in keinem Fall die Leistung der Bremsanlage und des Fahrwerks am eigenen Fahrzeug. Zudem sind die hier beschriebenen Bauweisen dieser Baugruppe sowohl der Polizei als auch den untersuchenden Sachverständigen bekannt.

Drosselklappenanschlag

Eigenschaften: M5-Gewindeschraube mit Sicherungsfeder begrenzt den Drehwinkel der Drosselklappenwelle des Vergasers.

Typische Fehler:

- Halter verbogen (Gas bleibt hängen).
- Zu weit hineingedreht (es kann kein Gas gegeben werden).
- Schraube verhängt sich im Gashebel des Vergasers (Gas bleibt hängen).

In den ersten Generationen der China-Roller wurde auf diesem Weg der Weg der Drosselklappe beschränkt. Der Hintergrund ist nicht unbedingt eine Leistungsreduzierung. Zumeist konnten die Fahrzeuge die Homoligationsbedingungen für den Lärmschutz nicht erfüllen.

Der einfache Weg mit eigenen Problemen.

Blick ins Helmfach.

Weniger Gas = weniger Lärm – ein Konzept, das hier aufgeht. Auch heute findet man diese Drosselung noch bei einigen Modellen, die sicherlich einen etwas längeren Vertriebsweg bis zum Käufer zurückgelegt haben. Man erkennt recht schnell, ob diese Drossel verbaut war: Demontiert man den kleinen Deckel im Helmfach und findet ein 5-mm-Loch im Halter, so ist dort eine Anschlagschraube »abhanden« gekommen.

Fahrgeschwindigkeitserfassung

Eigenschaften: Induktiver Sensor, der die Raddrehzahl der Kupplungsglocke erfasst und ans Zündsteuergerät weitergibt. Diese schaltet dann, wenn die Fahrgeschwindigkeit erreicht ist (45 km/h oder 25 km/h), die Zündung ab.

Typische Fehler:

- Sensor defekt (Roller drosselt nicht).
- Übergangswiderstand im Stecker (Roller drosselt nicht).

Der Sensor erfasst es: Fahrgeschwindigkeit erreicht!

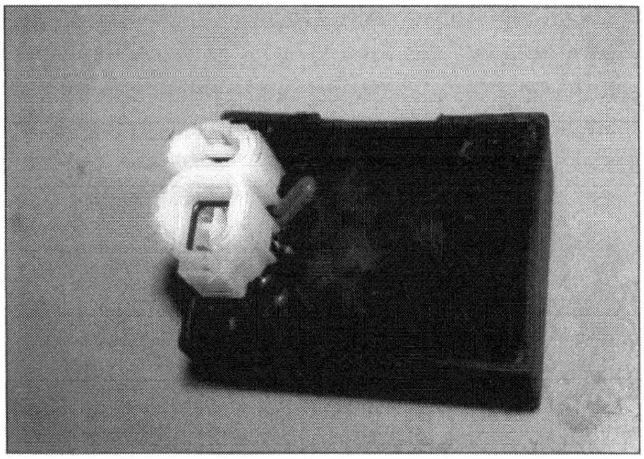

Sicherheit und Betriebssicherheit ist hier das Ziel!

■ Abstand zwischen Sensor und Kupplungsglocke zu groß (Roller drosselt nicht).

Zum heutigen Zeitpunkt ist das der aktuelle Weg, die Fahrgeschwindigkeitsbegrenzung mit vernünftigem Aufwand zu realisieren. Der Nachteil liegt darin, dass sich bei längerer Bergabfahrt im Drosselbereich Kraftstoff unter den Kolbenringen einlagern kann, der dann bei Zündung entsprechende Schäden am Kolben verursacht. Den Nachweis erbringen Sie dann am besten dadurch, indem Sie den Innendruck des Kurbelgehäuses messen.

Wenn Sie den Motorroller auf dem Hauptständer laufen lassen, können Sie die Drosselfunktion leicht überprüfen. Geben Sie Vollgas und lassen Sie den Motor hochdrehen. Bei drehendem Rad werden Sie schnell feststellen, dass die Motordrehzahl abgefangen wird. Bremsen Sie nun das Rad ab, nimmt der Motor für einen kleinen Moment etwas mehr Gas an.

Motordrehzahlbegrenzung

Eigenschaften: Das Zündsteuergerät erfasst die Motordrehzahl und schaltet bei Erreichen der festgelegten Höchstdrehzahl die Zündanlage ab.

Typische Fehler:

■ Externes Verbindungskabel durchtrennt (Motordrehzahl ungedrosselt)

■ CDI defekt (Motordrehzahl ungedrosselt).

Diese Drossel dient zur Begrenzung der Höchstdrehzahl des Motors. Der Viertaktmotor kann erhebliche Schäden davontragen, wenn er überdreht wird. Ab einer bestimmten Drehzahl schließt das Auslassventil langsamer, als der Kolben sich in Richtung OT bewegt. Die Kollision der beiden verursacht sofort einen kapitalen Motorschaden. Der Motor muss zerlegt werden, um die letzten Stückchen des ehemaligen Kolbens und eventuell des Ventils wieder zu finden. Die Kurbelwelle kann bei dieser Aktion auch leicht beschädigt werden. Die Folge ist meist, dass das Fahrzeug als Totalschaden bezeichnet werden kann.

Mofadrosselung

Eigenschaften: Das Zündsteuergerät erfasst die Motordrehzahl und schaltet bei Erreichen der festgelegten Höchstdrehzahl die Zündanlage ab. Zusätzlich wird der Variomat blockiert.

Typische Fehler:

■ Externes Verbindungskabel durchtrennt (Motordrehzahl ungedrosselt).

■ CDI defekt (Motordrehzahl ungedrosselt).

■ Fahrgeschwindigkeit ist höher als 30 km/h nach Tachometer.

Drossel in der Variomatik.

Neben der schon beschrieben Begrenzung der Höchstdrehzahl des Motors wird im Zusammenspiel mit der gestuften Gleithülse in der Variomatik die Geschwindigkeitsbegrenzung auf 25 km/h erreicht. Diese Technik wurde schon bei den Zweitaktmotoren angewandt. Hier allerdings wurde in der Regel noch ein kleinerer Vergaser beziehungsweise eine Reduzierung im Ansaugstutzen verbaut. Leider kann diese Drosselung nicht TÜV-gerecht in Eigenarbeit durchgeführt werden. Hierzu fehlt das Abgasgutachten. Das ist es auch, was die Drosselsätze so teuer macht.

Variomatiksperre

Eigenschaften: Der normale Arbeitsweg des Variators wird eingeschränkt. Somit kann die schnelle Übersetzung nicht mehr erreicht werden.
Typische Fehler:
- Riemenscheibe eingelaufen.
- Gleithülse auf dem Gleitlager angerostet.
- Gleithülse schwergängig.

Diese Drosselung kann nur dann kontrolliert werden, wenn der Variomatikgetriebedeckel entfernt und das Lüfterrad demontiert ist. Ist der Roller augenscheinlich zu schnell, verrät zumeist die neue oder eben eine fehlende Deckeldichtung die vorausgegangenen Umbaumaßnahmen. Die Dichtung ist recht gut von außen erkennbar.

Vergaserschieberanschlag

Eigenschaften: M5-Gewindeschraube oder Festanschlag im Schieberdeckel verhindert die volle Öffnung des Gasschiebers im Gleichdruckvergaser.
Typische Fehler:
- Keine bekannt.

Wie bei den ersten Generationen der China-Roller wurde auf diese Weise der Weg des Gasdurchsatz beschränkt. Der Hintergrund ist nicht unbedingt eine Leistungsreduzierung. Zumeist konnten die Fahrzeuge die Homoligationsbedingungen für den Lärmschutz nicht erfüllen. Weniger Gas = weniger Lärm – ein Konzept, das hier aufgeht. Natürlich dient diese Drosselung auch der Leistungs- und somit der Geschwindigkeitsreduzierung. Bei den heutigen gesteuerten Zündanlagen der Roller ist diese Drosselung überflüssig geworden. Trotzdem findet man heute diese Drosselung noch bei einigen Modellen, die sicherlich einen etwas längeren Vertriebsweg bis zum Käufer zurückgelegt haben.

Deckel mit Anschlag.

Man erkennt recht schnell, ob diese Drossel verbaut war: Demontiert man den kleinen Deckel im Helmfach und demontiert den Membrandeckel des Vergasers, verrät das Loch in dem Deckel schon sehr viel: Gewinde vorhanden? → Da müsste eine Schraube oder Anschlag aus Messing verbaut sein und ist sicherlich »abhanden« gekommen.

Hubraumerhöhung

Eigenschaften: Durch einen größeren Kolbendurchmesser wird der Hubraum des Motors auf 70 cm³ vergrößert. Die Leistung und das Drehmoment steigen.
Typische Fehler:
- Laufleistung des Antriebsriemens und die Lebensdauer des Motors werden deutlich kleiner.

Natürlich gibt es im Zubehör für alle derzeit gängigen Motorroller einen Rennzylindersatz. Wie aber schon die Bezeichnung aussagt, ist dieser für die Rennstrecke und nicht für den Betrieb im Straßenverkehr vorgesehen. Neben der möglichen Überschreitung der bauartbedingten Höchstgeschwindigkeit wird auch der Hubraum und die Leistungsangabe überschritten. Nun handelt es sich nicht mehr um ein Kleinkraftrad der Führerscheinklasse M, sondern müsste mit dem Führerschein A1 bewegt werden. Die Zulassung ist nicht möglich, da kein Abgasgutachten und keine Typabnahme derzeit vorliegen.

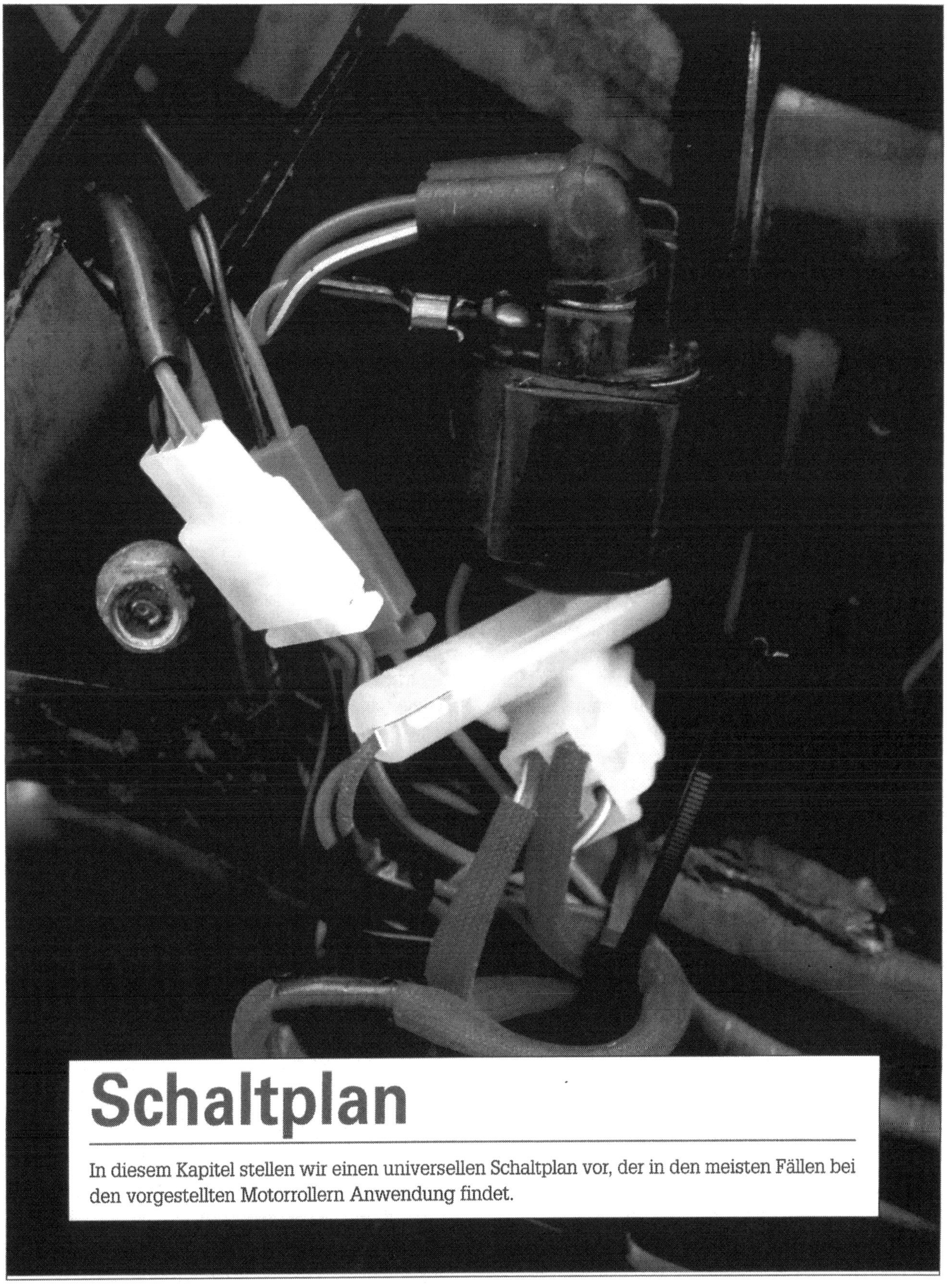

Schaltplan

In diesem Kapitel stellen wir einen universellen Schaltplan vor, der in den meisten Fällen bei den vorgestellten Motorrollern Anwendung findet.

Schaltplan

In diesem Kapitel stellen wir einen universellen Schaltplan vor, der in den meisten Fällen bei den vorgestellten Motorrollern Anwendung findet. Sicherlich gibt es die eine oder andere Abweichung hinsichtlich der Kabelfarben oder der eingesetzten Stecker. Das Schaltprinzip verändert sich allerdings nicht. Der Schaltplan ist in aufgelöster Darstellung ausgeführt. Im Gegensatz zu den Schaltplänen, die Sie in Ihren Originalunterlagen haben, werden die Bauteile nach Funktionen geordnet und nicht nach ihrer Einbaulage. Der Aufbau ist recht einfach und für die Fehlersuche ausgelegt.

Oben finden Sie immer alle Plus-führenden Anschlüsse, unten hingegen den Masseanschluss. Die unter dem Masseanschluss (31) angeordneten Zahlen geben den Strompfad an. Diese Angabe erleichtert Ihnen das Auffinden der Bauteile. Betrachten wir beispielsweise den Anlasser. Er hat das Kurzzeichen »M14«, wir finden ihn im Strompfad 18 und er ist am »Motor hinten oben« verbaut.

Kurzzeichen:	M1
Bezeichnung:	Startermotor/ Anlasser
Strompfad:	18
Wo verbaut?:	Motor hinten oben

Suchen Sie sich nun den Strompfad 18 heraus. Sie stellen fest, dass der Anlassermotor durch das K1 (Starterrelais) angesteuert wird. Dieses wiederum ist an 30 (Dauerplus) angeschlossen. Sie sehen also im Schaltplan die Funktion der Bauteile, die Sie für die Prüfung brauchen. Wenn Sie mehr über das eine oder andere Bauteil wissen wollen, schlagen Sie im Kapitel »Bauteile und Prüfungen« nach.

Genormte Anschlüsse

In der Fahrzeugtechnik haben sich genormte Bezeichnungen für bestimmte Anschlüsse durchgesetzt. Das erleichtert zum einen die Kommunikation und zum anderen unterstützt es die Faulheit der männlichen Schrauberwelt, vollständige Sätze zu formulieren. »Da gehste an 30 und 31 und misst 12-14 Volt«, sagt sich eben schneller als »Den einen Anschluss des Multimeters musst Du an Batterieplus anschließen, den anderen an eine blanke Stelle am Rahmen. Dann kannst Du 12–14 Volt auf dem Messgerät ablesen«. In der Tabelle finden Sie die wichtigsten Anschlüsse und ihre Normkürzel abgestimmt auf die Arbeiten am Roller.

Klemme	Funktion
15	Geschaltetes Plus
15a	Nebenfunktion geschaltetes Plus
15W	Wechselspannung bei laufendem Motor
49	Blinkrelais Eingang
49a	Blinkrelais Ausgang
L	Blinkleuchten links
R	Blinkleuchten rechts
1	Signaleingang Zündspule
4	Hochspannungsausgang Zündspule
30	Dauerplus
30a	Dauerplus abgesichert
31	Masse und Batterie Minus
31b	Geschaltete Masse
50	Auslösung Anlasser
56	Fahrlicht
56a	Aufblendlicht
56b	Abblendlicht
58	Standlicht und Rücklicht

Besonderheiten an den CDI

Das Steuergerät der Roller hat sich im Laufe der Jahre stark verändert. Gerade der Viertaktmotor machte Motordrosseln zwingend erforderlich, um kapitale Motorschäden durch die Ventil/Kolben-Begegnung zu vermeiden. Aus diesem Grund sollte immer auf die Anschlusscodierung der Stecker am Steuergerät geachtet werden. Es ist nämlich nicht egal, wo welcher Anschluss angeklemmt wird oder welches Zusatzgerät vorgesehen war. Schnell ist dann ein intaktes CDI-Schaltgerät kaputt. Die wichtigsten Steckercodierungen haben wir Ihnen im Kapitel »Bauteile und Prüfungen« zum Thema Zündanlage unter CDI-Zündsteuergerät abgelegt.

Schwer zu erkennen: Kabelcodierungen am Steuergerät

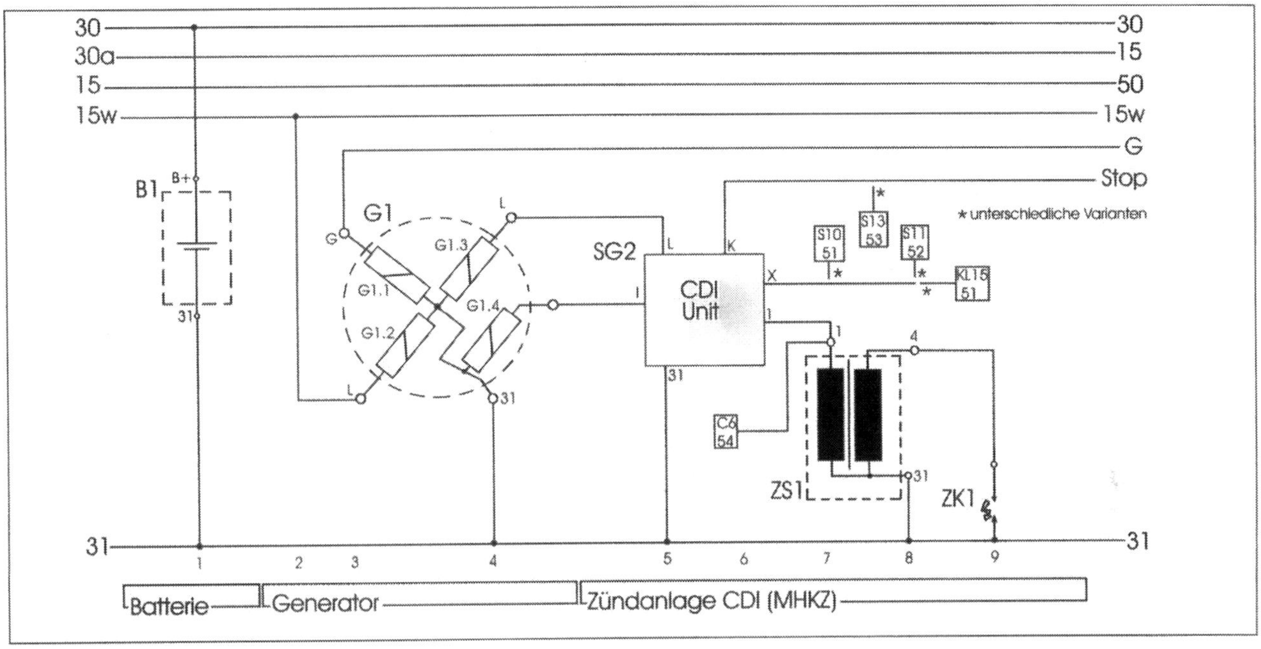

Kürzel	Bezeichnung	Kürzel	Bezeichnung	Kürzel	Bezeichnung
B1	Batterie	G1.2	Lichtspule	SG2	CDI Zündsteuergerät
G1	Generator	G1.3	Ladespule Zündung	ZK1	Zündkerze
G1.1	Batterieladespule	G1.4	Pick-up (OT Geber)	ZS1	Zündspule

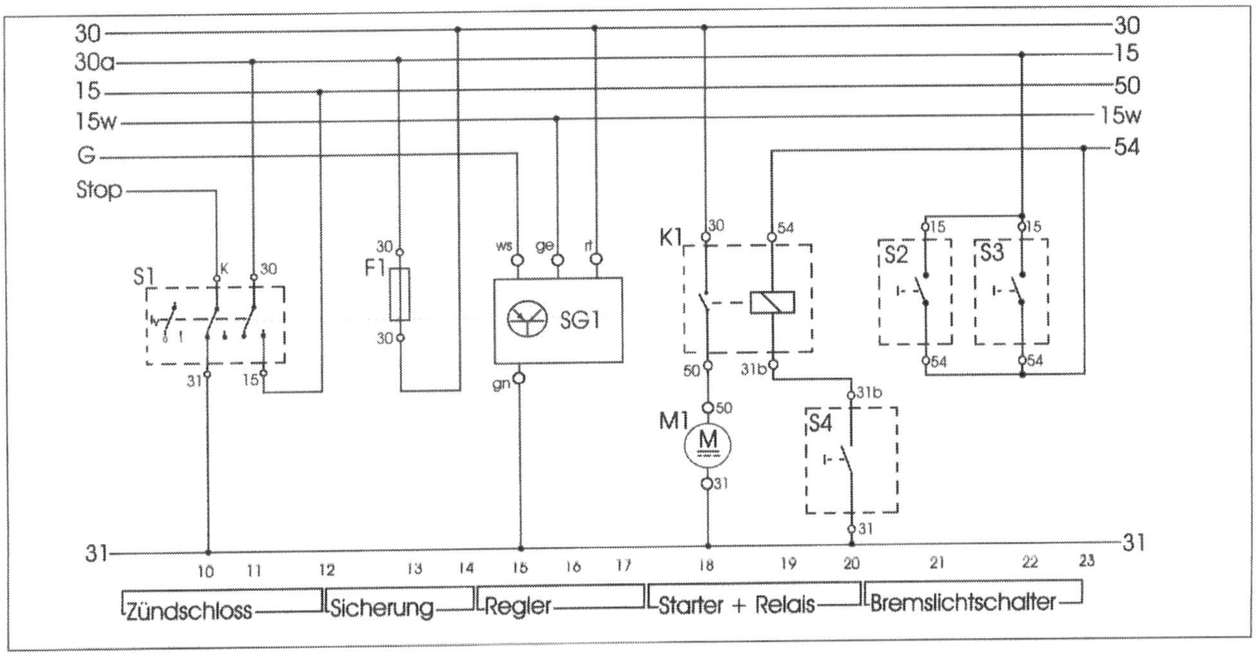

Kürzel	Bezeichnung	Kürzel	Bezeichnung	Kürzel	Bezeichnung
F1	Sicherung	S1	Zündschloss	S4	Startertaster
K1	Startrelais	S2	Bremslichtschalter V	SG1	Spannungsregler
M1	Anlassermotor	S3	Bremslichtschalter H		

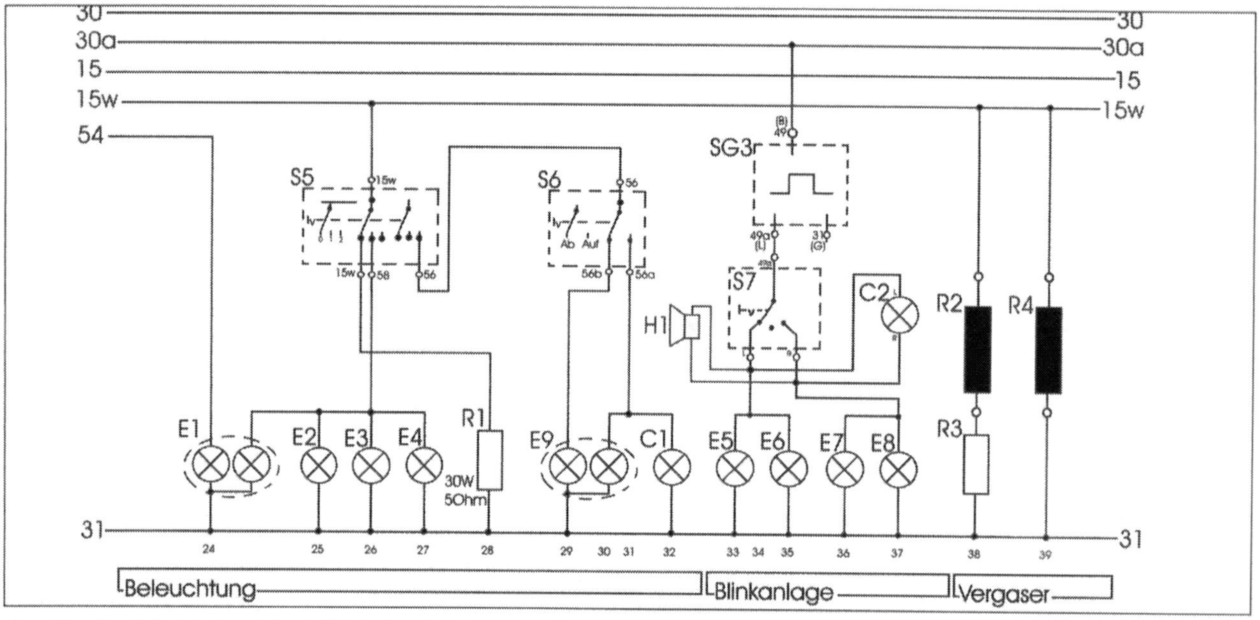

Kürzel	Bezeichnung	Kürzel	Bezeichnung	Kürzel	Bezeichnung
C1	Fernlichtkontrolle	E7	Blinker VL	R4	Vergaservorheizung
C2	Blinkerkontrolle	E8	Blinker HL	S5	Lichtschalter
E2-E4	Tachobeleuchtung	E9	Frontscheinwerfer	S6	Auf/Abblendlicht
E1	Rücklicht	H1	Blinkersummer	S7	Blinkerschalter
E5	Blinker VR	R2	Lastwiderstand	SG3	Blinkrelais
E6	Blinker HR	R3	Kaltstartventil		

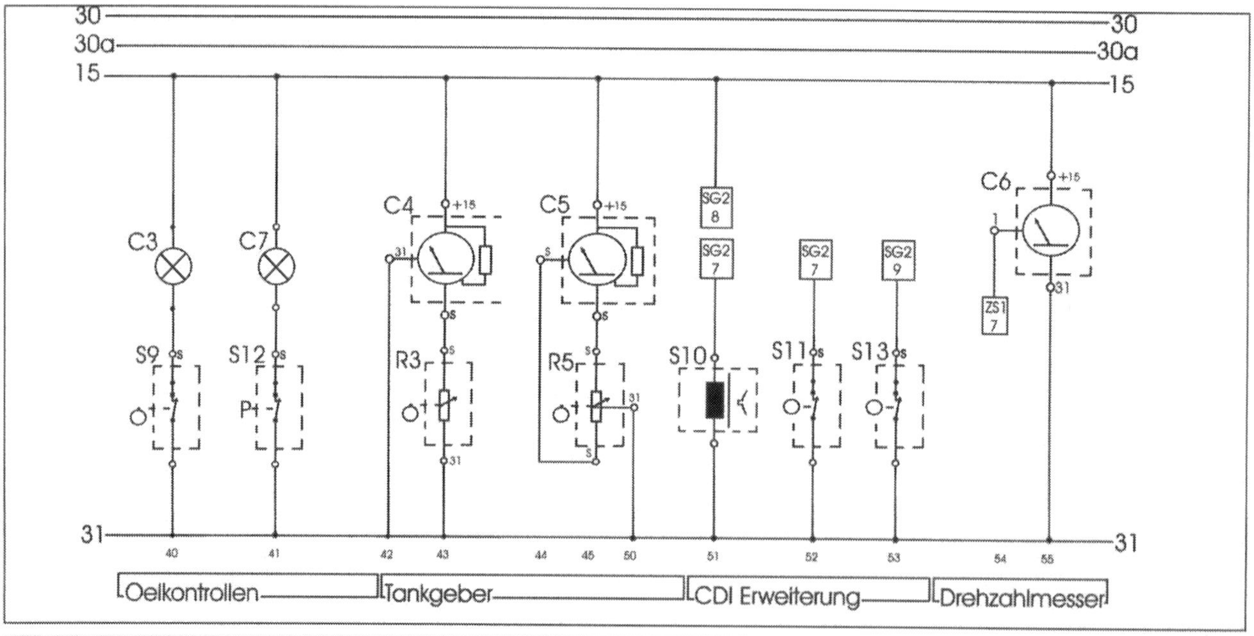

Kürzel	Bezeichnung	Kürzel	Bezeichnung	Kürzel	Bezeichnung
C3	Warnleuchte Öl	C7	Öldruckleuchte	S10	Sensor Raddrehzahl
C4	Tankanzeige 2polig	R3	Tankgeber 2polig	S11	Ständerschalter 1.
C5	Tankanzeige 3polig	R5	Tankgeber 3polig	S12	Öldruckschalter
C6	Drehzahlmesser	S9	Öltankgeber	S13	Ständerschalter 2.

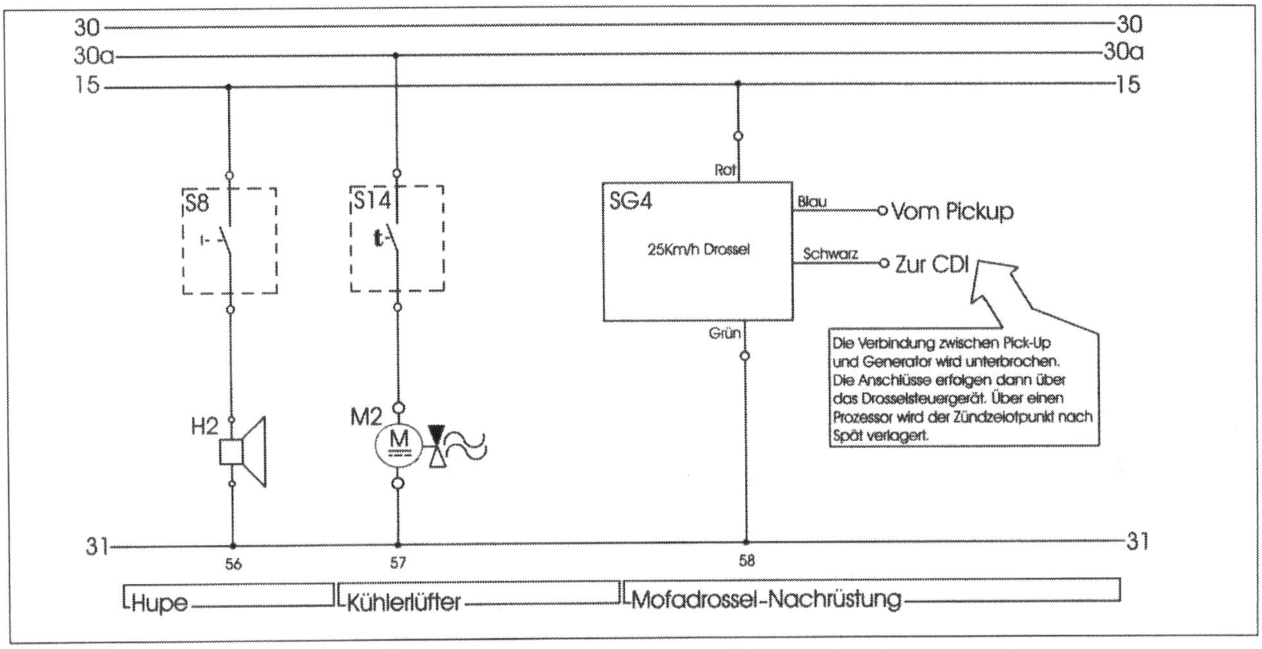

Kürzel	Bezeichnung	Kürzel	Bezeichnung	Kürzel	Bezeichnung
H2	Hupe	S8	Hupentaster	S14	Thermokontaktschalter Lüfter
M2	Elektrolüfter Kühler	S13	Seitenständerschalter Variante 2	SG4	Mofa Drosselsteuergerät

Legende zu den Schaltplänen:

Kurzzeichen	Bezeichnung	Strompfad	Wo verbaut?
B1	Batterie	1	Karosserie seitlich am Rahmen, Trittbrett oder im Helmfach
C1	Fernlichtkontrolle	32	Anzeige Cockpit
C2	Blinkerkontrollleuchte	37	Anzeige Cockpit
C3	Warnleuchte Öl	40	Anzeige Cockpit
C4	Tankanzeige 2-poliger Sensor	43	Anzeige Cockpit
C5	Tankanzeige 3-polig	45	Anzeige Cockpit
C6	Drehzahlmesser	55	Anzeige Cockpit
C7	Öldruckkontrollleuchte	41	Anzeige Cockpit
E1	Rücklicht	24	Karosserie hinten
E2	Cockpitbeleuchtung 1	25	Gehäuse Cockpit
E3	Cockpitbeleuchtung 2	26	Gehäuse Cockpit
E5	Blinker vorne rechts	33	Karosserie vorne
E6	Blinker hinten rechts	35	Karosserie hinten
E7	Blinker vorne links	36	Karosserie vorne
E8	Blinker hinten links	37	Karosserie hinten
E9	Frontscheinwerfer	29	Karosserie vorne
F1	Sicherung	13	Karosserie seitlich am Rahmen
G1	Generator	4	Motor seitlich rechts
G1.1	Ladespule Batterie	3	Im Generator

Kurzzeichen	Bezeichnung	Strompfad	Wo verbaut?
G1.2	Ladespule Licht	3	Im Generator
G1.3	Ladespule Zündung	4	Motor seitlich rechts am Stator
G1.4	Pick-up (OT-Geber)	4	Motor seitlich rechts am Stator
H1	Blinkersummer	32	Gehäuse Cockpit
H2	Hupe	56	Karosserie vorne
K1	Starterrelais	18/19	Karosserie seitlich am Rahmen
M1	Startermotor/Anlasser	18	Motor hinten oben
M2	Elektrolüfter Kühler	57	Am Wasserkühler
R1	Lastwiderstand	28	Karosserie vorne oder seitlich im Helmfach
R2	Kaltstartregler Vergaser	38	Motorseite links am Vergaser
R3	Tankgeber 2-polig	43	Im Tank
R4	Vergaservorheizung	39	Im Vergasergehäuse
R5	Tankgeber 3-polig	45	Im Tank
S1	Zündschloss	10	Beinschild innen
S2	Bremslichtschalter vorne	21	Hebelträger rechts
S3	Bremslichtschalter hinten	22	Hebelträger links
S4	Startertaster	20	Schaltereinheit links
S5	Lichtschalter	26	Schaltereinheit rechts
S6	Auf-/Abblendlicht	29	Schaltereinheit links
S7	Blinkerschalter	34	Schaltereinheit rechts
S8	Hupentaster	56	Schaltereinheit links
S9	Öltankgeber	40	Im Öltank
S10	Geschwindigkeitsgeber	51	Im Variomatikdeckel an der Kupplungsglocke
S11	Seitenständerschalter Variante 1	52	Am Trittbrett unten links
S12	Öldruckschalter	41	Am Motorblock
S13	Seitenständerschalter Variante 2	53	Am Trittbrett unten links
S14	Thermokontaktschalter Lüfter	57	Im Wasserkühler
SG1	Regler	15	Karosserie seitlich am Rahmen
SG2	CDI-Zündsteuergerät	5	Karosserie seitlich am Rahmen, Trittbrett
SG3	Blinkrelais	35	Gehäuse Cockpit, Beinschild vorne
SG4	Mofa Drosselsteuergerät	58	Meist im Bereich des Trittbrettes in der Nähe der CDI
ZK1	Zündkerze	9	Im Zylinderkopf
ZS1	Zündspule	7	Karosserie seitlich am Rahmen

Sonstige Pläne

Nach dem Abziehen der Schläuche ratlos? Wo gehört was hin? Hier finden Sie die Anschlüsse für Schläuche und Anbaugeräte wie das Sekundärluftventil oder den Benzinhahn.

Unterdruckverschlauchung, Entlüftung und Verbindungen am Zweitakter

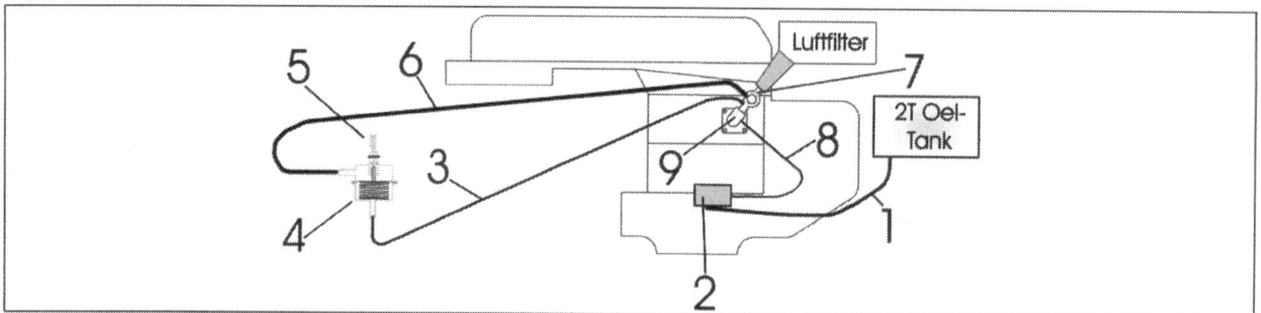

Schlauchplan Zweitakter: 1 Ölzufuhr zur Gemischpumpe, 2 Gemischpumpe, 3 Unterdruckschlauch Benzinhahn, 4 Benzinhahn, 5 Anschluss zum Tank oder im Tank, 6 Benzinleitung (eventuell mit Filter), 7 Vergaser, 8 Öldruckleitung, 9 Ansaugstutzen.

Kühlwasseranschluss 2-Takt-wassergekühlt

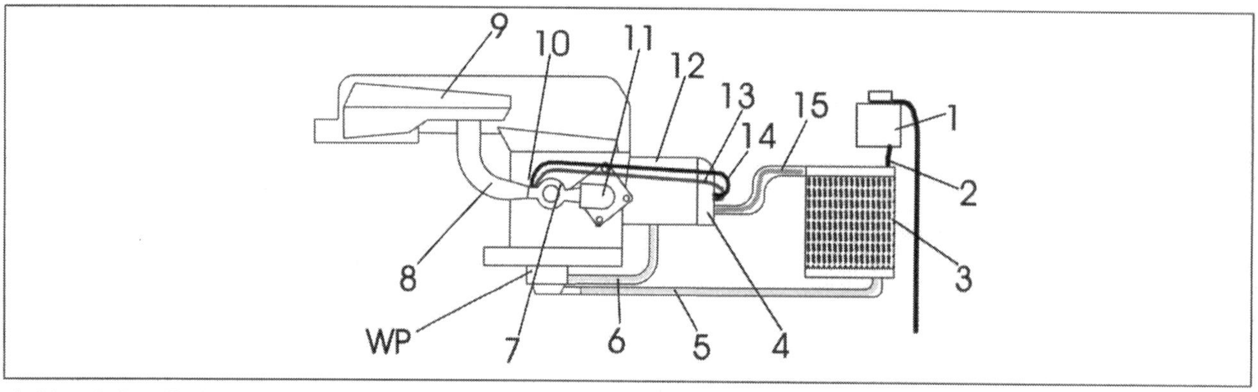

Schlauchplan Kühlwasser: 1 Ausgleichsbehälter, 2 Verbindungsschlauch zum Kühler, 3 Kühler, 4 Zylinderkopf mit Thermostat, 5 Zulauf vom Kühler, 6 Verbindung zum Zylinder, 7 Vergaser, 8 Ansaugschlauch, 9 Luftfilter, 10 Vergaservorwärmung, 11 Ansaugstutzen, 12 Zylinder, 13 Vorlaufschlauch Vergaservorwärmung, 14 Rücklaufschlauch Vergaservorwärmung, 15 Rücklauf zum Kühler, WP-Wasserpumpe im Gehäusedeckel.

Unterdruckverschlauchung, Entlüftung und Verbindungen am Viertakter

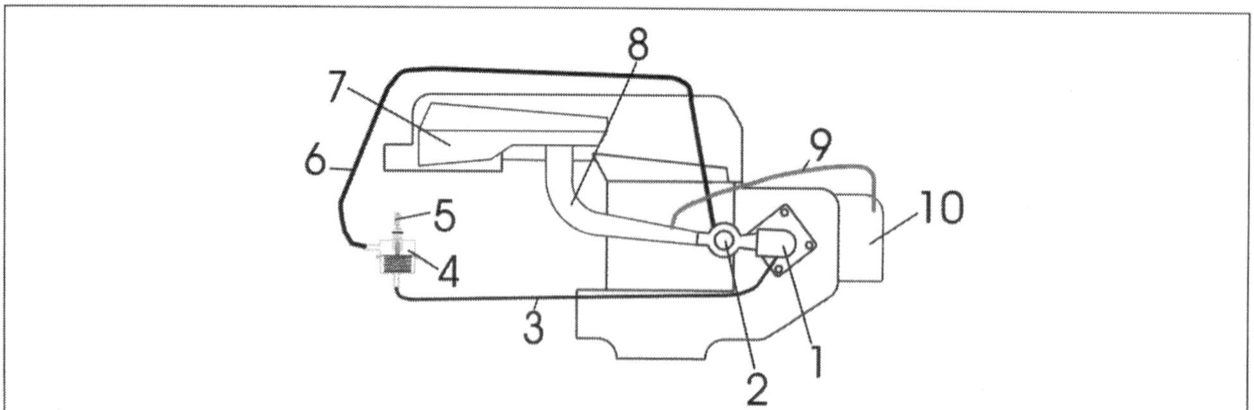

Schlauchplan Viertakter: 1 Ansaugstutzen, 2 Vergaser, 3 Unterdruckschlauch zum Benzinhahn, 4 Benzinhahn, 5 Anschluss zum Tank oder im Tank, 6 Benzinschlauch, 7 Luftfilter, 8 Ansaugschlauch, 9 Motorentlüftung, 10 Ventildeckel.

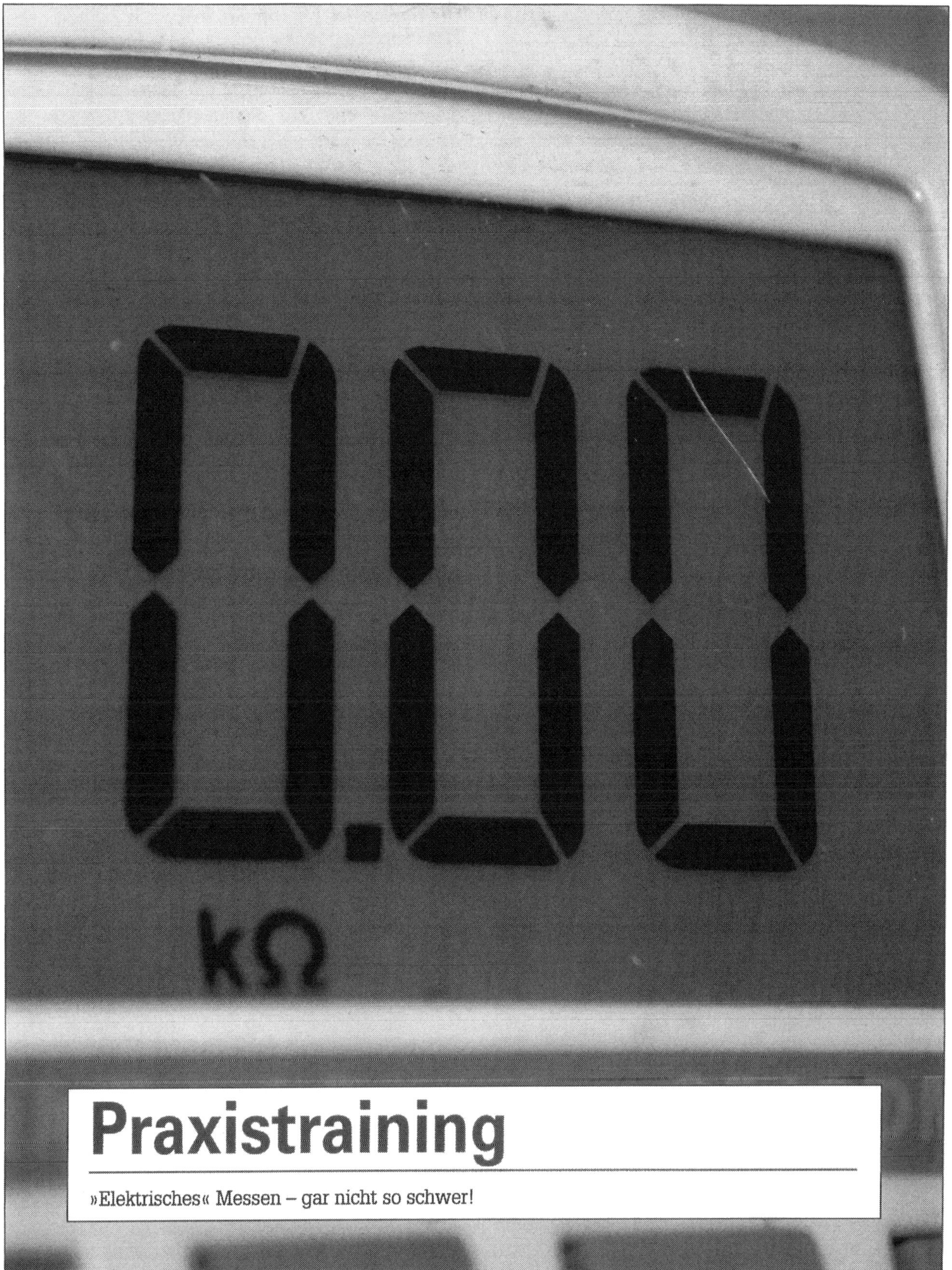

Praxistraining

»Elektrisches« Messen – gar nicht so schwer!

Messtechnik

Wir alle kennen das Problem. Geht man von der Mechanik aus, so lassen sich Fehler häufig alleine durch die Tatsache finden, dass sie »begreifbar« sind, soll heißen, Verschleiß ist sichtbar oder zu mindestens erfassbar.

Bei der Elektrik/Elektronik ist es etwas anders. Hier gestaltet sich eine Fehlersuche häufig frustrierend. Sensoren, Kabel und Aktoren (z.B. Motoren, Magnetventile usw.) zeigen sich optisch meist ohne Fehler. Das System ist nicht mit den Händen »begreifbar«.

Deshalb ist es wichtig, es durch Messgeräte »begreifbar« zu machen, indem man z. B. Spannungen an Bauteilen misst und damit optisch darstellt. Die ermessenen Ist-Werte können dann mit Soll-Werten verglichen werden.
Vor allem die graphische Auswertung über ein Oszilloskop kommt dann der begreifbaren Überprüfbarkeit der mechanischen Bauteile sehr nahe.
Oftmals ist die Messung selber gar kein Problem. Auch die Messpunkte werden schnell gefunden. Es hängt nur an der Auswertung des Ermessenen und setzt lediglich ein gewisses Verständnis sowie eine gewisse Logik voraus. Beides kann man jedoch durch Erfahrung erwerben.
Auch die meisten Mechatroniker stehen mit dem »elektrischen Bereich« ihres Berufes Kriegsfuß. In diesem Kapitel wollen wir Ihnen das Multimeter näher bringen und einige Messübungen an Ihrem Fahrzeug durchführen. Die Messübungen wurden so zusammengestellt, dass sie die wichtigsten Funktionen der Messgeräte zeigen, gleichzeitig aber auch schon Prüfungen am Auto beinhalten, die einem in der Praxis weiterhelfen können.

Achtung Unfallgefahr!
Bei allen Messungen im Motorraum gilt äußerste Vorsicht. Es kann sehr schnell passieren, dass Körperteile oder Kleidungsstücke in rotierende Teile (z. B. Riemenscheiben, Lüfterrad) gelangen. Auch können plötzlich Bauteile in Betrieb gehen, z. B. Elektrolüfter, die vorher in Ruhe waren.

Messkabel immer so verlegen, dass sie nicht in rotierende Teile gelangen können.

Aufbau und Funktion der Handmessgeräte

Nein, wir werden jetzt nicht ein theoretisches Thema aufgreifen und die Bedienungsanweisungen, so schlecht sie meist auch sind, aufgliedern und vorstellen. Dieses Buch befasst sich mit der praktischen Arbeit. Sie sollen möglichst schnell und einfach in die Lage versetzt werden, ein Standardmessgerät als Werkzeug einzusetzen, denn mehr ist es auch nicht.

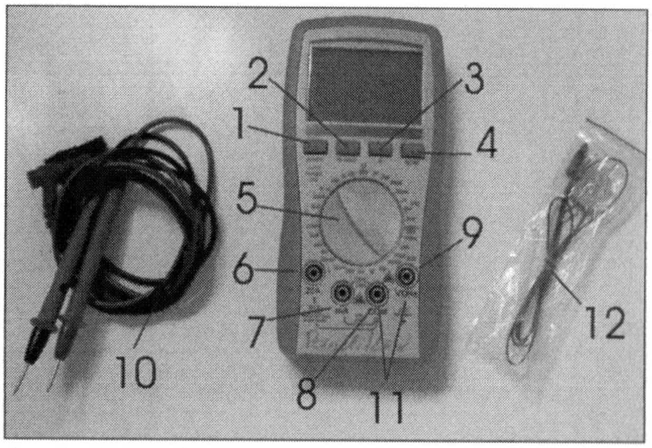

Beschreibung Multimeter »Peak Tech 2010DMM«.

Nr.	Bezeichnung
1	Einschalter
2	»Peak Hold« Taste
3	Lichtschalter
4	Wechselspannung (AC) Gleichspannung (DC)
5	Messbereichswählschalter
6	Ampere-Anschluss bis 20 A
7	0,1 Ampere Anschluss bis 200 mA= 0,2 A
8	COM-Anschluss als Messpol
9	V/Ohm/Herz-Messbuchse
10	Messkabel
11	Kabelabgriffe für Spannung und Widerstand
12	Temperatursensor

Dieses Multimeter ist das Standardmultimeter, das wir im Diagnosebereich einsetzen und für ca. 40 Euro im Handel zu erstehen ist. Der Vorteil eines Multimeters dieses Bautyps liegt im großen Display, dem manuell wählbaren Messbereich, den laborkabeltauglichen Anschlussbuchsen, der automatischen Abschaltung bei Nichtgebrauch und der geringen Messspannung im Widerstandsbereich von bis zu 2 V.
Manchmal erscheinen folgende Anzeigen bei Messungen auf dem Display:

OL bedeutet »Over Load« also Hochschalten!

Keine Aussagen möglich:
Der Messbereich ist zu groß eingestellt, er muss verkleinert werden (runterschalten!), um noch eine aussagefähige Messung machen zu können.

Keine Aussage möglich:
Der Messbereich ist zu klein eingestellt. Der Messwert kann nicht erfasst werden. Der Messbereich muss vergrößert werden (hochschalten!)
Ist man sich über die Größe des Messwertes nicht im Klaren, dann sollte man mit einem größeren Messbereich anfangen und Stufe für Stufe solange runterschalten, bis man ein brauchbares Messergebnis erhält.

Aufbau und Funktion des Multimeters mit Amperezange Benning CM2
Auch dieses Gerät ist bei uns im Dauereinsatz. Die Vorteile dieses Messgerätes liegen in seiner kleinen Bauweise und den hohen messbaren Strömen bis 300 A, die auch eine Starterprüfung zulassen. Für Prüfungen von Bauteilen ist es durch die automatische Messbereichswahl nur bedingt brauchbar. Der Preis liegt bei etwa 165 Euro.
Wie auch beim Multimeter soll diese Beschreibung der Amperezange keine Exkursion ins Machbare der Welt der Elektronik werden, sondern lediglich anhand einiger Beispiele den praxisnahen Umgang vorstellen und Ihnen eine Möglichkeit zum Einüben geben. Für Prüfungen von Bauteilen ist es durch die automatische Messbereichswahl nur bedingt brauchbar.
Multimeter sind recht praktische »Vielfachmessgeräte«, die sich für fast alle Messungen eignen, deren Signalablauf entweder langsam oder gleichmäßig erfolgt.

Typische Messungen am Fahrzeug werden auf den nächsten Seiten vorgestellt.

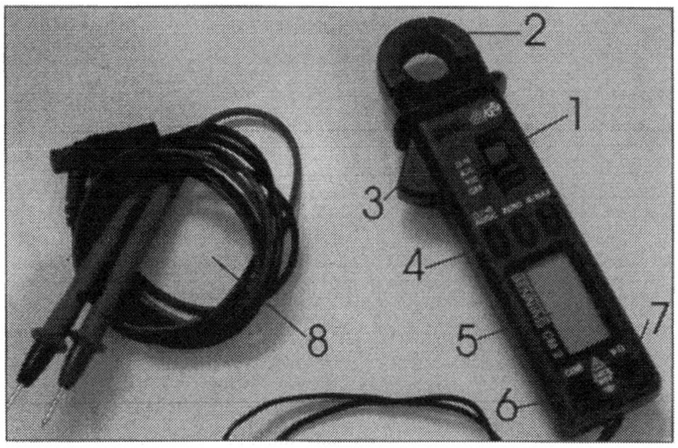

Beschreibung Amperezange.

Nr.	Bezeichnung
1	Funktionswahlschalter
2	Amperezange
3	Öffnungshebel Amperezange
4	Funktionswahltasten
5	Display
6	COM-Anschluss als Messpol
7	V/Ohm-Anschluss
8	Messkabel

Spannungsmessung

Spannung bedeutet Ladungsträgerunterschied! Der Ladungsträgerunterschied zwischen den beiden Batteriepolen ergibt eine Spannung von »12 V«. Die Spannungsmessung ist die häufigste Messung, die am Fahrzeug durchgeführt wird.
Ein klarer Vorteil liegt darin, dass die Messungen im Betrieb, also bei eingeschalteten Geräten erfolgen kann. Die Ergebnisse werden also im Betriebszustand bewertet.
Zum Einsatz kommen unterschiedliche Messverfahren für die Spannungsmessung, die die Arbeit mit dem Messgerät deutlich vereinfachen sollen.
Potenzialgebundene Messung
Schwieriges Wort, aber eine deutliche Vereinfachung in der Messtechnik. Der Begriff steht für eine Messung gegen Masse. Das schwarze Kabel des Messgerätes wird bei potenzialgebundenen Messungen immer an die Fahrzeugmasse angeschlossen. Das kann durchaus mit der Kabelklemme geschehen. Für die eigentliche Messung muss nun nur noch das rote Messkabel geführt werden.
Wie versprochen liefern wir ein Beispiel, das Sie sofort durchführen können:

Prüfung von Sicherungen im eingebauten Zustand

Messübung 1

Arbeitsschritt	**Aufgabe**	**Bemerkung**
1. Vorbereitung am Roller	Legen Sie die Batterie frei.	
2. Vorbereitung am Multimeter	Schalten Sie das Multimeter ein.	Taste 1.
	Stellen Sie den Messbereichswählschalter des Multimeters auf den Messbereich bis 20 V Gleichspannung (DC).	Schalter 5.
	Schalten Sie mit der Taste DC/AC auf Gleichspannung (DC) um.	Taste 4.
	Schließen Sie das schwarze Messkabel an den Batterie-Pol und an das Multimeter an.	COM-Anschluss am Messgerät (Buchse 8) und Klemme am Minuspol der Batterie.
	Schließen Sie das rote Messkabel an das Multimeter an.	V/Ohm/Herz-Messbuchse (Buchse 9).
3. Messen der Batteriespannung	Halten Sie die Messspitze des roten Kabels an den Batteriepluspol.	Das Multimeter sollte nun eine Spannung von ungefähr 12 V bis 13,7 V anzeigen. Zeigt es immer noch 0 V an, ist entweder Ihre Batterie leer oder Ihr Masseanschluss zum Multimeter ist nicht richtig angeschlossen. Erst wenn hier eine Spannung gemessen wird, kann weitergearbeitet werden.
Der Messaufbau zum Masseanschluss bleibt so bestehen.		
4. Prüfen der Sicherung	Schalten Sie die Zündung ein.	
Betrachtet man die eingebauten Sicherungen von oben, kann man oft an beiden Enden der Sicherung die Anschlussstifte erkennen. Halten Sie nun das rote Kabel an diese Stelle und messen Sie die Spannung am Eingang und am Ausgang der Sicherung.		
	Halten Sie nun das rote Kabel an diese Sicherung und messen Sie wieder die Spannung am Eingang und am Ausgang der Sicherung.	Das Multimeter sollte nun eine Spannung von ungefähr 12 V bis 13,7 V anzeigen. Zeigt es nur auf der Eingangseite 12 V an, ist Ihre Sicherung defekt. Zeigt es keine 12 V an, prüfen Sie Ihren Masseanschluss oder eben das Plusverbindungskabel zur Batterie.
Die Spannungsmessung ist die am häufigsten eingesetzte Messmethode in der Fahrzeugtechnik. Potenzialgebunden erleichtert diese Messung die Fehlersuche erheblich.		

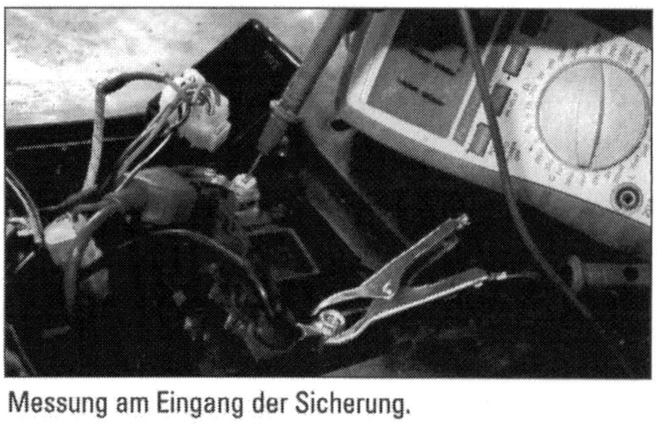

Messung am Eingang der Sicherung.

Messung am Ausgang der Sicherung.

Auswertungen der Messungen an der Sicherung:

Arbeitsschritt	Aufgabe	Bemerkung
Defekte Sicherungen:	Führen Sie eine potentialgebundene Messung für die entsprechende Sicherung durch.	Liegen im Eingang 12 V an, jedoch im Ausgang 0 V, so ist die Sicherung defekt.
Intakte Sicherungen:	Führen Sie eine potentialgebundene Messung für die entsprechende Sicherung durch.	Im Ausgang sowie im Eingang liegen 12 V Spannung an.

Sie können nun auch leicht alle Sicherungen im Auto im Sicherungsträger prüfen. Die Sicherungen an der Batterie selber können so ohne Demontage sehr schnell und leicht getestet werden. Soll eine ganze Reihe von Sicherungen geprüft werden, wird der Unterschied zwischen »Schaffen« und »Messen« extrem deutlich. Zum »Durchmessen«" wird nur ein Bruchteil der Zeit benötigt, da die Sicherungen nicht zuerst herausgezogen und optisch kontrolliert werden müssen.

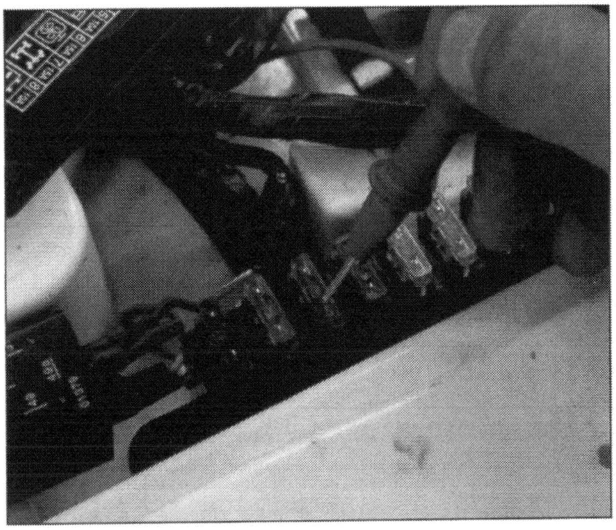

Spannungsmessung am Sicherungseingang.

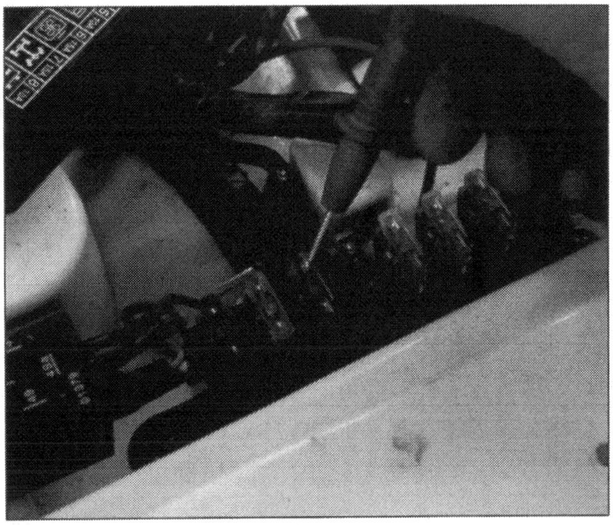

Spannungsmessung am Sicherungsausgang.

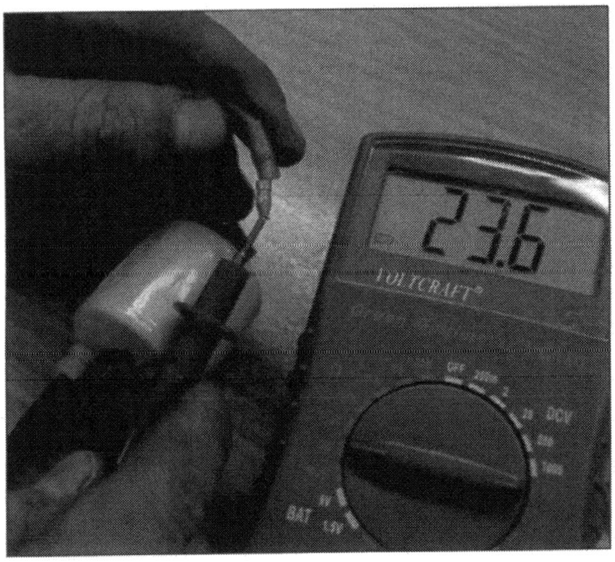

Links: ***Zündspulenprüfung einfach:*** die Widerstandsmessung an der Zündspule ergibt etwa 1 bis 2 Ohm auf der Primärseite (Eingangsseite) und ungefähr 4000 bis 6000 Ohm auf der Sekundärseite. Die Sekundärseite wird am Zündkabel ohne Kerzenstecker gemessen.

Spannungsverlustmessung

Potenzialfreie Messungen

Diese Bezeichnung benennt eigentlich die typische Vorgehensweise, die beim Messen am Kraftfahrzeug durchgeführt wird. Es kommen beide Messkabel in den Einsatz und »verglichen« werden zwei Messpunkte miteinander. Zuerst einmal erscheint diese Messung unsinnig. Tatsächlich erlaubt diese Messung die Anschlüsse eines angeschlossenen Verbrauchers direkt zu prüfen. Gerade beim Anlasser kann ein oxidiertes Kabel die Startleistung des Anlassers deutlich vermindern. Anhand dieser Messung lässt es sich leicht überprüfen, ob die 100 Euro für den neuen Anlasser nun angelegt werden müssen oder die Urlaubskasse merklich gestärkt werden darf.

Prüfung des Spannungverlusts Batterieplus zum Anlasserplus

Messübung 2

Arbeitsschritt	Aufgabe	Bemerkung
1. Vorbereitung am Roller	Legen Sie das Startrelais und die Batterie frei.	Bei den China-Rollern finden Sie die Batterie unter dem Deckel im Trittbrett, das Starterrelais befindet sich auf der rechten Seite neben dem Helmfach. Bauen Sie das Helmfach aus.
2. Vorbereitung am Multimeter	Schalten Sie das Multimeter ein.	Taste 1.
	Stellen Sie den Messbereichswählschalter des Multimeters auf den Messbereich bis 20 V Gleichspannung (DC).	Schalter 5.
	Schalten Sie mit der Taste DC/AC auf Gleichspannung (DC) um.	Taste 4.
	Schließen Sie das schwarze Messkabel an den Batterie-Pluspol (ja das stimmt schon!) und an das Multimeter an.	COM-Anschluss am Messgerät (Buchse 8) und Klemme am Minuspol der Batterie.
	Schließen Sie das rote Messkabel an das Multimeter an.	V/Ohm/Herz-Messbuchse (Buchse 9)
3. Messaufbau	Halten Sie die Messspitze des roten Kabels an das dicke Kabel des Anlassers (notfalls beide Klemmen mit Messklemmen ausführen).	Das Multimeter sollte nun eine Spannung von ungefähr 0 V anzeigen (Spannung wird gemessen von + Batterie auf + Anlasser).
	Legen Sie das angeschlossene Multimeter so hin, dass Sie das Display beim Starten ablesen können.	ACHTUNG: Achten Sie darauf, dass kein Messkabel sich in drehende Teile des Motors verwickeln kann.
4. Messung	Starten Sie den Motor.	Die Messung wird bei drehendem Anlasser einen Spannungswert bis zu 2 V ergeben. Das ist der Spannungsverlust, der durch die hohe Leistung des Anlassers im Kabel zwischen Batterie und Anlasser entsteht.

Diese Messung ist dann wichtig, wenn Fehler unter Last auftreten. Es kann leicht überprüft werden, ob der Spannungsverlust »Plus-seitig« oder »Minus-seitig« entsteht. .

Auswertungen der Spannungsverlustmessung:

Arbeitsschritt	Aufgabe	Bemerkung
Spannungen bis 2 V.	Führen Sie eine Spannungsverlustmessung zwischen Generator-Plus und Batterie-Plus durch.	Fällt das Messergebnis unter 2 V aus, ist die Leitungsverbindung in Ordnung.
Spannungen über 2 V.		Fällt das Messergebnis über 2 V aus, ist die Leitungsverbindung nicht in Ordnung. Prüfen Sie die Anschlussstecker und Klemmen.

Spannungsverlustmessung am Starterkabel.

Beispiele:

Masseproblem am Rücklicht

Alles geht aus oder blinkt, wenn beispielsweise Bremslicht und Blinker zusammen betätigt werden.

Masseproblem Lichtmaschine

Die Ladespannung ist an der Batterie zu niedrig. An der Lichtmaschine selbst ist sie in Ordnung.

Pluskabelproblem zum Anlasser

Der Anlasser hat zu wenig Leistung.

Widerstandsmessung

Für die Widerstandsmessung wird eine Messspannung vom Multimeter über Messwiderstand an die Messspitzen gebracht. Die Widerstandsmessung gibt uns am Fahrzeug ein Problem auf. Eine Grundregel für den Umgang mit dem Multimeter sagt »Ohm ohne Strom!« Die zu messenden Bauteile müssen immer abgeklemmt und spannungsfrei gemacht werden. Wird versucht einen Widerstand zu messen, während das Bauteil unter Spannung steht, kann entweder das Messgerät oder sogar das Bauteil, das gemessen werden soll, beschädigt werden.

Widerstandsmessung

Messübung 3

Arbeitsschritt	Aufgabe	Bemerkung
1. Vorbereitung am Roller	Schalten Sie die Zündung aus und ziehen Sie den Schlüssel ab.	
	Legen Sie die Zündspule frei.	Bei den China-Rollern finden Sie die Zündspule auf der rechten Seite neben dem Helmfach. Bauen Sie das Helmfach aus.
	Ziehen Sie das Kabel von der Zündspule ab und demontieren Sie den Kerzenstecker (losdrehen – er hat ein Gewinde für die Kabelbefestigung).	Achten Sie darauf, dass die Gummidichtung im Stecker verbleibt.

Arbeitsschritt	Aufgabe	Bemerkung
2. Vorbereitung	Schließen Sie das rote Messkabel an den grünen Pin der Zündspule an.	V/Ohm/Herz-Messbuchse (Buchse 9)
	Schließen Sie das schwarze Messkabel an den schwarzen Pin der Zündspule an.	COM-Anschluss am Messgerät (Buchse 8) und Klemme am Minuspol der Batterie.
3. Messaufbau	Schalten Sie das Multimeter ein.	Taste 1.
	Stellen Sie den Messbereichswählschalter des Multimeters auf den Messbereich bis 2.000 Ohm (2K).	Schalter 5.
4. Messung	Messen Sie den Widerstand der Primärseite der Zündspule.	
Mit dieser Messung werden Bauteile ohmisch geprüft. Man geht immer davon aus, dass diese Messungen bei Raumtemperatur durchgeführt werden. Widerstandsmessungen werden grundsätzlich nur bei abgeklemmten Geräten durchgeführt. OHM OHNE STROM!		

Auswertungen der Widerstandsmessung:

Arbeitsschritt	Aufgabe	Bemerkung
Widerstandswert der Zündspule Primär (eingangsseitig).	Prüfung der Zündspule primär.	Alle Messergebnisse zwischen 0,3 Ohm und 0,5 Ohm sind in Ordnung. Fallen Sie deutlich (um 10 Ohm) geringer oder höher aus, muss die Zündspule erneuert werden.
Widerstandswert der Zündspule sekundär (ausgangsseitig).	Prüfung der Zündspule sekundär.	Alle Messergebnisse zwischen 3 KOhm und 5 KOhm sind in Ordnung. Fallen Sie deutlich (um 1000 Ohm) geringer oder höher aus, muss die Zündspule erneuert werden.
Widerstandswert des Zündkerzensteckers.	Prüfung des Vorwiderstandes im Kerzenstecker.	Der zu erreichende Wert (Ist-Wert) steht auf dem Kerzenstecker drauf. Meistens sind es 1 KOhm oder 5 KOhm.
		Fallen Sie deutlich (um 1000 Ohm) geringer oder höher aus, muss der Kerzenstecker erneuert werden.

Durchgangsprüfung

Die Durchgangsprüfung sollte eigentlich immer im Widerstandsmessbereich des Multimeters durchgeführt werden. Da Mechatroniker oftmals aber zu faul sind (wir zumeist auch ...) den Wert im Display abzulesen, kann (sollte zwar nicht) auch die Diodenprüffunktion mit Piepser für diese Prüfung herhalten. »Ist das braune Kabel am Steuergerät das gleiche, das zum Gerät XY geht?« Diese Prüfung eignet sich recht gut, um beispielsweise Kabel im Kabelbaum zu verfolgen. Oder aber auch, um die Funktion eines Schalters oder einer Glühbirne zu »testen«. Sie ersetzt allerdings niemals die Spannungsmessung unter Last.

Durchgangsprüfung

Messübung 4

Arbeitsschritt	Aufgabe	Bemerkung
1. Vorbereitung am Roller	Demontieren Sie das Rücklichtglas.	
	Bauen Sie eine Birne aus.	Wischen Sie vor der Montage der Birne immer den Glaskolben mit einem sauberen fettfreien Lappen ab.
2. Vorbereitung	Schließen Sie das rote Messkabel an den mittleren Kontakt der Birne an.	
	Schließen Sie das schwarze Messkabel an den Masseanschluss (die Hülse außenrum) der Birne an.	
3. Messaufbau	Schalten Sie das Multimeter ein.	Taste 1.
	Stellen Sie den Messbereichswählschalter des Multimeters auf den Messbereich Diodenprüfung (Diode mit Schallzeichen).	Schalter 5.
4. Messung	Prüfen Sie den Durchgang der Birne.	

Die Birne ist in Ordnung, wenn Ihr Multimeter piepst und das Display »000« anzeigt. Der Displaywert kann auch einen Widerstand darstellen. Solange dieser lediglich einstellig ist, kann er vernachlässigt werden.

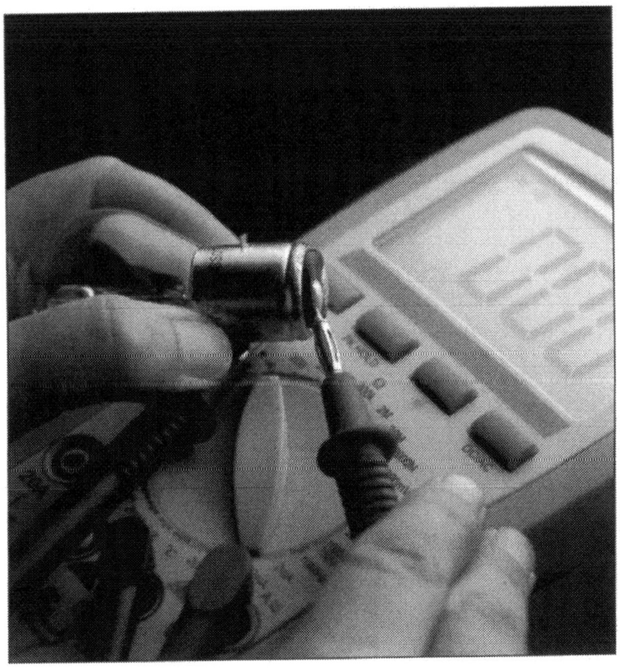

Links: Ein abgelöster Glühfaden einer Lampen kann oft nicht mit dem Auge erkannt werden. Die Durchgangsprüfung zeigt es dann gut hörbar, ob der Faden der Lampe oder auch die Kontakte noch in Ordnung sind.

Strommessung

Die Stromaufnahme stellt ein Indiz für die Leistung des angeschlossen Gerätes dar. Eine typische Messung ist die Anlasserstromaufnahme. So kann ermittelt werden, ob und wie groß die Leistung des Anlassers ist.

Strommessung

Messübung 5

Arbeitsschritt	Aufgabe	Bemerkung
1. Vorbereitung am Roller	Demontieren Sie das Helmfach, beziehungsweise sorgen Sie für ausreichend Platz, um an das Anschlusskabel des Anlassers zu gelangen	Bei den China-Rollern finden Sie die Zündspule auf der rechten Seite neben dem Helmfach. Bauen Sie das Helmfach aus.
	Suchen Sie sich das Pluskabel zwischen Anlasser und Batterie.	Sorgen Sie dafür, dass die Batterie vollgeladen ist.
	Ziehen Sie den Stecker der Zündspule ab.	Der Motor springt nicht an. Der Motor springt nach dem Aufstecken des Kabels wieder normal an.
3. Messaufbau	Umfassen Sie mit der Amperezange das Pluskabel.	Die Amperezange muss wieder geschlossen sein.
	Schalten Sie die Amperezange ein.	Messbereich Ampere (A). Achten Sie darauf, dass es auf »DC« Gleichspannung eingestellt ist.
	Setzen Sie die Amperezange auf »Null« zurück.	Drücken Sie auf die Taste »Zero«.
4. Messung	Lassen Sie einen Helfer den Motor starten. Lesen Sie den Maximalwert an der Amperezange ab.	Achten Sie darauf, dass kein Gang eingelegt ist. Achten Sie bei Arbeiten am Motor immer darauf, dass Sie oder Ihr Werkzeug nicht in die drehenden Teile geraten.

Der Anlasserstrom liegt je nach Motortyp, Temperatur-, Anlasser- und Batterie-Zustand zwischen 100 und 250 A. Fällt die Stromaufnahme deutlich geringer aus, kann es bedeuten, dass der Motor zu leicht dreht (keine Kompression). Bei größerer Stromaufnahme kann der Anlasser defekt sein.

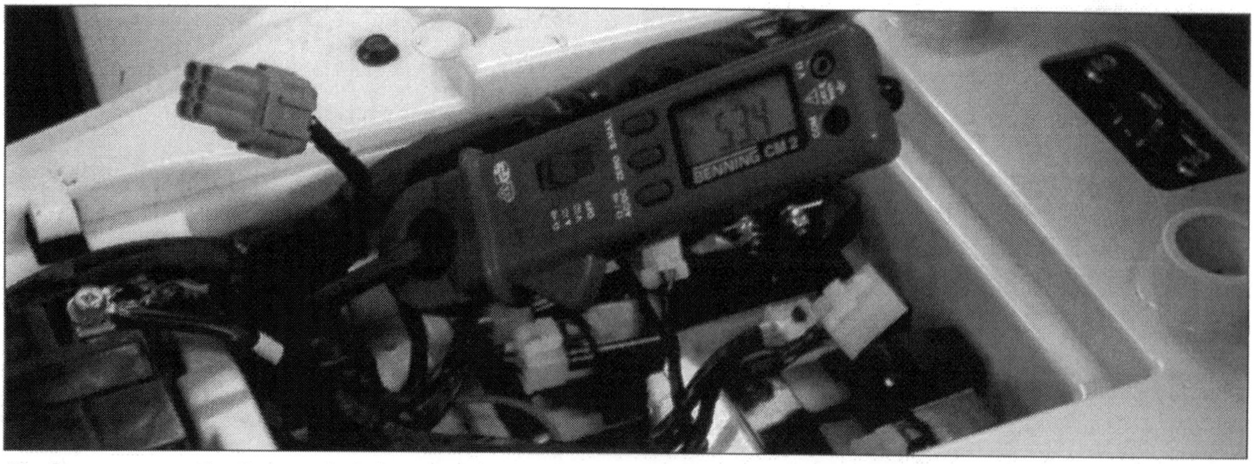

Die Strommessung im Anlasserkabel ermöglicht dem Fachmann eine klare Aussage über den elektrischen Zustand des Anlassers. Die Voraussetzung ist aber immer eine geladene Batterie. Eine defekte oder verrostete Mechanik muss aber immer noch »ins Auge genommen.

Messungen mit dem Oszilloskop

Ein Multimeter hat einen deutlichen Nachteil. Um die Messergebnisse gut lesbar auszuwerten, braucht es Zeit. In der Regel werden die Messungen drei Mal pro Sekunde abgetastet. Solange eine Spannung permanent anliegt, ist das kein Problem. Wird die Spannung aber kurzfristig abgeschwächt, kann die langsame Messfolge des Multimeters entweder falsche Messwerte einbringen oder es erfasst eine schnelle Änderung des Signals gar nicht.
Ein Oszilloskop zeichnet den Spannungsverlauf auf eine Zeitschiene auf. Somit kann der Verlauf der Spannung über die ganze Zeit ausgewertet werden. Auch sehr schnelle Signale können dargestellt werden.
Zuerst einmal sieht diese Messmethode für den Einsteiger sehr kompliziert aus. Sie ist aber genauso leicht zu verstehen wie die Messung mit dem Multimeter.
Sollten Sie Lust bekommen haben, auch andere Signale genauer zu betrachten: nur zu! Mit der Spannungsmessung können Sie nichts beschädigen.
Zur Sicherheit hier einmal einige Eckdaten, um das Oszilloskop vor Überspannung zu schützen:
Kontrollieren Sie diese Angaben bei Ihrem Roller in jedem Fall mit dem Multimeter.
Messen Sie die Hochspannung nur über eine Messzange! Die anliegende Spannung kann lebensgefährlich sein!

Pick-up gegen Masse	2 – 10 V AC
Erreger (Ladespule) gegen Masse	80 – 200 V AC
Lichtspule angeschlossener Regler	14 V AC
Lichtspule ohne Regler (Licht aus lassen!)	65 – 80 V AC
Primärspannung Zündspule (mit Zündspule)	Bis 400 V AC
Sekundärspannung Zündspule	5.000 V bis 15.000 V
Primärspannung CDI ohne Zündspule	30 – 100 V AC

Messungen mit dem Oszilloskop

Messübung 6

Arbeitsschritt	**Aufgabe**	**Bemerkung**
1. Vorbereitung am Roller	Legen Sie das Zündsteuergerät frei.	Bei den China-Rollern finden Sie das Zündsteuergerät unter dem Deckel im Trittbrett, bei den meisten Taiwanesen befindet es sich auf der rechten Seite neben dem Helmfach. Bauen Sie dann das Helmfach aus.
2. Messaufbau	Schließen Sie den Oszilloskopvorsatz an den Laptop an. Starten Sie das Programm für das Oszilloskop.	Messgerätschaften startklar machen.
	Stellen Sie die Zeitachse auf 2,5 Sekunden und die Spannung auf 5 V Wechselspannung ein.	
	Schließen Sie das Anschlusskabel zum Pick-up und an die Fahrzeugmasse an.	Das Kabel ist in der Regel weiß mit einem roten Streifen.
3. Messung	Beobachten Sie den Spannungsverlauf.	Lassen Sie den Motor laufen. Die Spannungshöhe dürfte im Leerlauf ca. 5–-8 V betragen. Sie erkennen eine gleichmäßig geformte »Sinuswelle«.

Sie führen eine dynamische Messung durch. Das heißt, im Moment beobachten Sie die Funktion des Pick-up bei laufendem Motor. Wenn Sie die Drehzahl erhöhen, werden Sie feststellen, dass die Abstände zwischen den Halbwellen kleiner werden. Die höhere Drehzahl bedeutet eben auch eine höhere Anzahl von Signalen.
Sie können sofort den Spannungsverlauf beobachten. Sollten sich »Aussetzer« zeigen oder »Abrisse« im Linienverlauf erkennbar sein, zeigt das einen Bruch in der Pick-up-Spule oder in seiner Verkabelung.

Kolibri 360 GmbH
Ferdinand-Jühlke-Straße 7
99095 Erfurt, Deutschland
produktsicherheit@kolibri360.de

Druck:
CPI Druckdienstleistungen GmbH
im Auftrag der
Kolibri 360 GmbH
Ferdinand-Jühlke-Str. 7
99095 Erfurt